改訂2版

SLAM入門

ロボットの自己位置推定と地図構築の技術

友納正裕［著］
Masahiro Tomono

改訂2版のまえがき

2018年に本書の第1版が発行されてから6年あまりが経ち，ロボティクスをとりまく技術は大きく進化しました．本書のテーマであるSLAMもその1つです．執筆していた2017年時点からのSLAMの流れとして，3D-LidarやIMUの導入による3D-SLAMの高性能化，および，深層学習によるSLAMの実装があります．また，SLAMの実用化が進み，SLAMを導入したロボットシステムが数多く開発・販売されています．

このような流れの中で，本書の改訂2版をどのような内容にするか迷いました．第1版では，実用書として，SLAMの基本的な原理から説明してプログラムの実装につなげるというスタイルをとっていました．改訂の方向性としては，第1版で入門者に難しかった部分をよりわかりやすく説明するか，あるいは，より発展的な内容を組み入れて実用に役立つものにするか，2つの選択肢がありました．そうしたなか，2022年に，本書のプログラムをPythonに翻訳した，より入門的な実践書[82)]が和歌山大学の中嶋秀朗教授によって書かれ，入門的な部分は補強されました．そこで，改訂2版では発展的な内容を盛り込むことにしました．

改訂2版で追加した内容は大きく2つあります．1つは，2D-SLAMの処理速度やロバスト性を向上させる方法です．第1版では原理やシステム構成の基礎的な理解を重視していましたが，今回は実用において必要と思われる技術を解説しています．これらの技術を第1版の2D-SLAMプログラムに追加して，より高度なプログラムに発展させています．

もう1つは，3D-SLAMの原理の説明です．3D-Lidarを用いた3D–SLAMはこの数年で大きく進展し，実用的なシステムも開発されています．そこで，3D-SLAMを実現する際の鍵となる技術である，3次元回転の扱い，3D-Lidarの点群処理，3D-LidarとIMUのセンサ融合などを中心に解説しています．2D-SLAMのようにプログラムのソースコードを説明することは分量的にできませんが，3D-SLAMの課題と原理が明確になるように心がけました．

千葉工業大学未来ロボット技術研究センター（fuRo）の吉田智章副所長，入江清主席研究員，原祥尭上席研究員，鈴木太郎上席研究員には，原稿の校正・助言および実験データ収集のサポートをしていただきました．また，本書の企画・出版において，株式会社清閑堂および株式会社オーム社編集局の方々にたいへんお世話になりました．ここに感謝し，御礼申し上げます．

2024年6月

友　納　正　裕

まえがき

本書は，移動ロボットが自分で地図をつくる技術（SLAM）の解説書です．地図構築は環境認識の一種であり，ロボティクスにおいて難しい問題と考えられてきました．しかし，ここ20年ほどの間に，センサやコンピュータが進歩し，それに相まってSLAMの研究も進んで，いまでは実用レベルに達しています．SLAMを用いたロボットの身近な例として，掃除機ロボットがあります．これは自ら部屋の地図をつくり，その地図をもとに効率的に掃除をする賢いロボットです．このほかにも，車の自動運転，ドローンの自律飛行，ヒューマノイドの環境認識など，SLAMは多くのロボットの基盤技術となっています．

筆者は，移動ロボットの自律走行を目的とした環境認識の研究を行ってきました．ロボットの自律走行には，地図構築のほか，自己位置推定，場所認識，路面認識，障害物回避，経路計画など多くの課題があります．地図はこれらすべてに必要な情報であり，地図構築は自律走行を支える土台として非常に重要です．

ロボティクスは総合技術ですが，その部分問題であるSLAMも多くの技術の上に成り立っています．SLAMの基礎となるのは，幾何学，最適化，確率統計，センサ工学，そして，プログラミングです．しかし，これらの基礎理論を先に解説すると，SLAMに行き着く前にずいぶん時間がかかります．そこで，本書の筋立てを，直観的な理解とプログラムを先にし，詳しい理論や定式化はなるべく後の章に回すという構成にしました．そして，本書を読み進めるうちに，必要に応じて基礎に立ち返ることができるようにしました．

本書の特色の1つは，ソースコードをもとに説明していることです．これらは疑似コードや単機能のサンプルプログラムではなく，センサデータ（ファイル）を入力して地図を生成するまでのフル機能をもったC++プログラムです．このようなプログラムの作成を本書で追体験することで，SLAMという問題を理解し，それを実現する基礎技術を身につけてもらうことを目指しています．

本書の執筆にあたってとくに意識したことは，プログラムをつくりながら考えるというスタイルです．実世界は複雑・多様で，演繹的な理論や予想だけでは太刀打ちできません．ロボットのプログラミングをしていると，予想外，想定外のことが必ず起きます．つくって動かさなければわからないことが数多くあるのです．とくに，初めてロボットのプログラミングをする場合は，「なんでうまくいかないの？」「こんなことも起こるのか！」と驚きの連続だと思います．プログラムをつくって実験し，理論をもとにその結果を分析してプログラムにフィードバックするという工程が不可欠です．これは，どのシステムプログラミングでも必要な工程ですが，ロボットのように実世界を相手にしたシステムではとくに重要です．

本書のプログラムは，筆者が所属する千葉工業大学 未来ロボット技術センター（fuRo）で開発した 2D–SLAM システムを学習用に大幅に改変したものです．細かい処理は削って分量を減らし，構造をできるだけシンプルにして，理解しやすくなるようにしています．そのかわり，性能は少し落ちます．また，例外処理も十分ではないので，実用システムには向いていません．

近年は，オープンソースソフトウェア（OSS）が普及し，SLAM にも多くの OSS があります．優れた OSS はシステム開発を促進する強力な手段になりますが，原理を把握しないまま利用すると，改良や拡張を行うことが困難になる場合もあります．これに対して，本書のプログラムには，学習用の OSS として SLAM の原理を知る道具となり，読者が自力で同様のプログラムを書けるようになってほしいという意図が込められています．

本書のプログラムは，機能をできるだけ部品化して置き換えが可能なようにつくってあります．「まずは原理も構造も簡単な部品をつくり，うまくいかなければ何がうまくいかなかったかを分析しながら，改良して部品を置き換える」というやり方でプログラムをつくります．本書でこのような構成にしたのは，簡単なところから段階的に理解を深めてもらうためです．プログラムを部品化して改良しやすくする技法は，プログラムをつくりながら考えるスタイルには不可欠です．

本書の狙いを以下にまとめます．

- プログラムを通して，SLAM がどういうものかを実感する．
- SLAM の原理を，最初は直観的に，必要に応じて深掘りして理解する．
- 実験による考察とプログラム改良を繰り返して研究・開発を行うスタイルを経験する．

千葉工業大学 未来ロボット技術研究センターの吉田智章主席研究員，入江清上席研究員，原祥尭主任研究員には，本書の原稿についてご指摘をいただき，また，プログラムの公開方法について助言をいただきました．千葉工業大学先進工学部未来ロボティクス学科の林原靖男教授，上田隆一准教授，信州大学学術研究院工学系の山崎公俊准教授には，本書の原稿について多くのご指摘をいただきました．また，本書の企画・出版において，オーム社書籍編集局の方々にたいへんお世話になりました．ここに感謝し，御礼申し上げます．

2018 年 2 月

友　納　正　裕

本書の構成

本書の対象は，大学の学部生，大学院生，企業の技術者，ロボットを趣味とする人などです．とくに，ロボットの環境認識，センシング，SLAM などに興味があり，既存のオープンソースを使うだけでなく，自分でプログラムをつくれるようになりたい，あるいは，プログラムの内容を理解したいと考えている人を対象にしています．基礎的な幾何学，線形代数，微分積分，確率論，および，プログラミング言語 C++ の知識があることを前提としますが，本書を読むために必要な知識は第 13 章にまとめてあります．

本書の構成は，大きく 4 つに分かれます．

第 1 章～第 4 章では，SLAM の原理やシステムについての基礎知識を解説します．初学者にもわかりやすいように，直観的な説明から始めて，徐々に説明を掘り下げていきます．

第 1 章

ロボットになぜ地図が必要なのか，SLAM で何ができ，現在の動向はどのようなものか説明します．

第 2 章

SLAM とはどのような問題か，その原理と要素技術について，少し掘り下げて説明します．

第 3 章

SLAM の入出力について説明します．

第 4 章

SLAM のシステム構成をどのように具体化するか，また，本書のプログラムの原理のもとになる理論について説明します．最後の 4.3 節はやや高度な知識を必要とするので，最初は読み飛ばしてもかまいません．

第 5 章～第 11 章では，SLAM を構成する技術をプログラムにもとづいて解説します．

第 5 章

本書のプログラムの構成と使用方法を説明します．

第 6 章

最も簡単なシステムとして，オドメトリだけで Lidar のデータを並べて地図をつくる方法を紹介します．

第 7 章

Lidar のデータをつなぎ合わせて地図をつくる技術であるスキャンマッチングを説明します．

第 8 章

スキャンマッチングを改良して，地図の品質を改善させる手法を紹介します．

第 9 章

スキャンマッチングとオドメトリデータを確率的に融合することで，SLAM の安定性を向上させるセンサ融合について説明します．

第 10 章

地図がループ（周回路）を含む場合に，地図の歪みを修正して，一貫性のあるきれいな地図をつくる技術であるループ閉じ込みについて説明します．

第 11 章

スキャンマッチングを第 8 章からさらに改良して，ロバスト性や処理速度を改善させる方法を紹介します．

第 12 章では，急速に発展している 3D-SLAM について解説します．

第 12 章

3D-SLAM の課題と原理を説明します．とくに，3 次元空間でのスキャンマッチングや，IMU とのセンサ融合などについて説明します．

最後の第 13 章では，SLAM を理解するために必要な基礎理論を説明します．

第 13 章

SLAM の基礎となる線形代数，確率統計，誤差解析，最小二乗法，M 推定，3 次元回転，および，プログラミング技法について，本書に必要な範囲で簡単に解説します．各章を読む際に，必要が生じたらここを参照するとよいでしょう．線形代数，座標変換，正規分布などは，本書で頻繁に使われるので，最初にざっと読んでおくことを勧めます．

また，本書のストーリーにはのらない派生的な知識については，トピック欄を設けて各章に適宜配置しました．

目　次

CHAPTER 1

はじめに

この章では，地図の重要性について説明します．ここでいう地図とは，地図帳に載っているような地図に限らず，場所や物体の位置を知らせる情報全般のことを指します．ロボットになぜ地図が必要なのか，また，SLAM があると何の役に立つのかを説明します．

SLAM には，運動の自由度やセンサによって多くの種類があります．SLAM の種類についてもこの章で簡単に紹介します．

1.1 なぜ地図が必要か？

ロボットが行動するためには地図が不可欠です．

たとえば，ユーザがロボットに「キッチンの冷蔵庫からお茶の入ったペットボトルをもってくる」という作業をさせることを考えましょう（**図 1.1**）．この作業は次のような手順で行うことができます．

(1) 現在地からキッチンの冷蔵庫まで移動する．
(2) 冷蔵庫の中のお茶の入ったペットボトルを見つけてつかむ．
(3) ペットボトルをもって，ユーザのいる所まで移動する．

(1) を行うためには，冷蔵庫の位置を知る必要があります．いま，ロボットはキッチンの隣の部屋にいると想定します．隣の部屋からは冷蔵庫は見えないとすると，その位置を直接知ることはできません．ロボットが詳細なフロア地図をもっていれば，キッチンや冷蔵庫の位置がわかるので現在地からキッチンに移動して冷蔵庫まで行く経路を見つけることができるでしょう．しかも，地図にはドアや家具の位置も載っているでしょうから，それらにぶつからないでスムーズに移動できる経路を探せます．

もし地図がなければ，どうするでしょうか？ まず，ドアを探して部屋から出て，次に，どの部屋がキッチンか探し回り，うまく見つかったら，キッチンに入るという行動をとるでしょう．しかし，作業のたびに毎回このような探索を行うのは非常に効率が悪いといえます．私たちはふだん地図をもたずにこのような作業を行いますが，それができるのは，その作業を経験することによって頭の中に地図（場所の記憶）をつくっているからです．

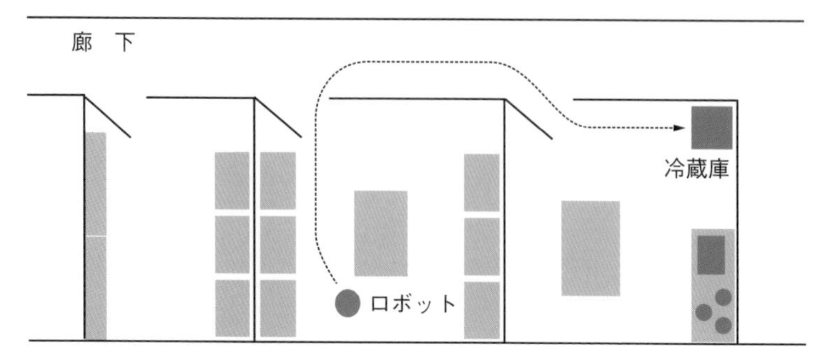

■ 図 1.1　地図の例

ロボットはキッチンにお茶の入ったペットボトルをとりに行く．途中，テーブルや壁やドアにぶつからないように進む．地図がなければ，ロボットはどうやって冷蔵庫まで行くだろう？

(2) を行うためには，ペットボトルの位置を知る必要があります．ロボットはもう冷蔵庫の前にいるので，冷蔵庫のドアを開いて，ペットボトルを探すことになります．ここで，もし冷蔵庫の中のレイアウトを知っていれば，ドリンクホルダーなどペットボトルのありそうな場所の見当をつけて，すばやく目的のペットボトルを見つけることができるかもしれません．もし，ペットボトルではなくリンゴをもってくるならば，冷蔵庫の野菜室の位置を知っていると有利でしょう．これは，冷蔵庫内部の地図をもっていると可能です．

(3) は (1) と同様です．ロボットが地図をもっていれば，冷蔵庫まで来た経路を戻っていけばよいので簡単です．一方，地図をもっていなければ，あるいは，(1) を行う際にロボットの頭の中に地図をつくっていなければ，再び探索行動をとりながら帰ることになり，またたいへんな手間がかかります．

このように，屋内での小さな例でも，地図は効率よく移動するために必要です．(2) のように，ペットボトルのような物体を操作する場合にも，物体の位置をすばやく知るために，物体付近の様子を記した局所的な地図があると便利です．

ところで，いままでの議論で 1 つ忘れていることがあります．それは，ロボットが自分の現在位置をどうやって知るかということです．地図があっても，自分の位置がわからないと，どこに向かえばよいかわかりません．一般に，自分の位置は，環境と地図を照らし合わせることで見つけることができます．

地図の目的をまとめると次のようになります．

- 目的地や目的物体の位置を知ること．
- 家具，ドア，壁などの障害物の位置を知ること．
- 自分の位置を知ること．

地図がなくても，ロボットが行動することは，原理的には可能です．しかし，毎回，目的地や目的物体を探索する必要があり，非効率で，本来の作業に支障をきたしてしまいかねません．

しかも，目的地に行く途中にあるさまざまな物体や障害物（壁，ドア，段差，家具など）に，事前知識なしで対処しなければなりません．事前知識なしに臨機応変に対応することは，現在のロボットにとってはかなり難しいことです．これらのことから，地図がないと，安全に効率よく目的地に着くのは難しいことがわかります．

本書でロボットが地図をつくる目的は，ロボットの頭の中に地図をつくることです．もちろん，人間が利用する地図をロボットがつくるという応用もありますが，第一義的には，ロボット自身が使うことを想定します．本書では，人間と同じくらいの大きさのロボットが移動することを想定し，上記の 3 つの目的をみたすために必要な地図をつくる技術を考えます．

1.2 SLAM で何ができるのか？

SLAM とは，ロボットが地図をつくる技術の 1 つで，英語の Simultaneous Localization And Mapping の頭文字をとった言葉で，“スラム” と読みます．直訳すると，「同時（simultaneous）に自己位置推定（localization）と地図構築（mapping）を行うこと」です．第 2 章で述べるように，自己位置推定と地図構築には相互依存関係があって同時に行う必要があるので，このような名前がつけられています．

SLAM を用いなくても地図構築は可能ですが，その場合，ロボットの位置を別途推定するしくみ（既知のランドマークや GPS など）が必要です．ロボットに搭載したセンサだけを用いて地図構築を行う場合，SLAM の考え方は本質的になります．

1 SLAM の効果

SLAM では，ロボットが移動しながらセンサで周囲を計測し，移動軌跡に沿って地図をつくります．SLAM の入力はセンサデータであり，出力はロボットの移動軌跡と地図です．

図 1.2 は，Lidar（ライダーと読みます．3.1 節の 1 項参照）というセンサで得たデータ（スキャンといいます）から地図ができていく段階を示したものです．ロボットの位置（以下，ロボット位置）がわからないと，スキャンだけ並べても同図 (a) のように，地図とはいえない，わけのわからないものになります．個々のスキャンは周囲環境の形状を表しているのですが（たとえば，図 3.1 参照），この図では数千個のスキャンを同じ位置に重ねているので，このようになってしまいます．

オドメトリ（3.1 節の 2 項参照）というセンサを用いれば，SLAM によらずにロボット位置を求めることができます．その軌跡に沿ってスキャンを並べると，同図 (b) のようになります．一般に，オドメトリだけだと，移動するほどロボット位置の誤差は大きくなっていきます．そのため，この地図の形状は歪んでいます．

(a)全スキャンを同じ位置に置いた結果

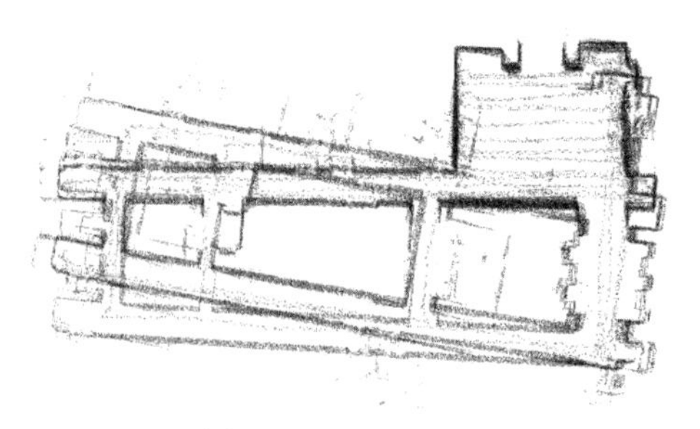

(b)オドメトリによる地図

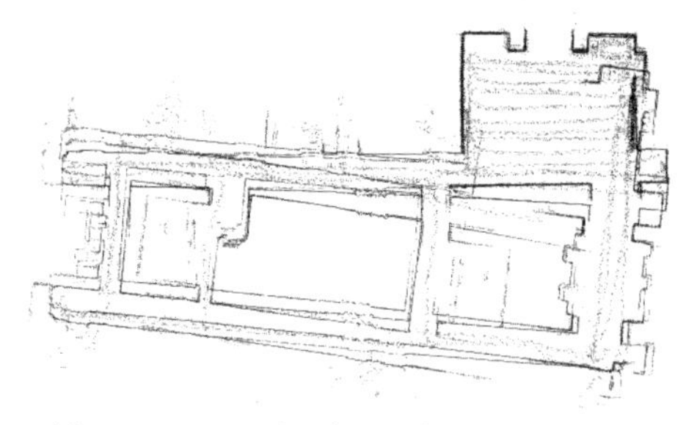

(c)SLAMによる地図(ループ閉じ込みなし)

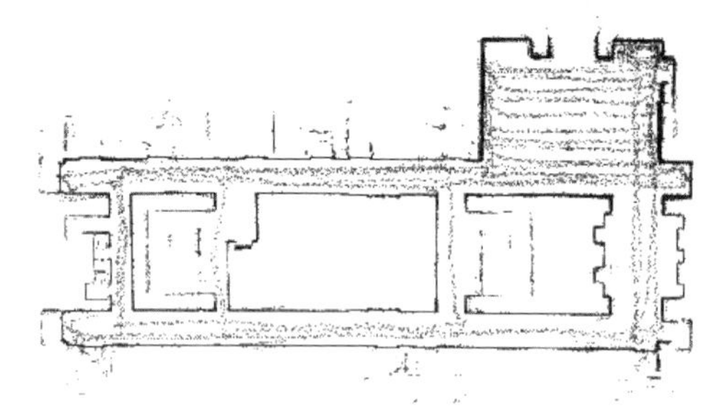

(d)SLAMによる地図(ループ閉じ込みあり)

■ 図 1.2 いろいろな処理段階における地図の例

処理段階が上がるにつれて地図の精度がよくなる．SLAMを用いればきれいな地図がつくれる．

SLAMを用いると，この歪みを減らすことができます．SLAMには大きくレベルが2段階あり，ループ閉じ込みという技術を用いないレベルでは，同図(c)のように局所的なぶれや歪みは小さくなりますが，全体的な歪みは残ります．ループ閉じ込みを行うレベルでは，同図(d)のように全体形状の歪みも小さくなった地図を得ることができます(注1)．

このように，SLAMは地図の精度を向上させる技術なのです．

2 SLAMの実行形態

SLAMの具体的な説明は第2章以降で述べるとして，ここでは，SLAMをどのように実行するかを考えてみます．

SLAMを行う際にまず問題となるのは，センサデータ取得のための走行経路をどのように決めるかです．ロボットはまだ地図をもっていないとすると，どういう経路を通るのが安全で，効率がよいか，あらかじめ知ることはできません．そこで，以下の2つの方法が考えられます．

(注1) 地図上にある筋（すじ）のような点列は，ロボットを操縦するために伴走した人間の軌跡です．これは，たとえば3.2節2項(3)の占有格子地図を用いれば消すことができます．

- 人間がセンサデータの取得経路を与える．
  対象環境をよく知っている人間がロボットにセンサデータの取得経路を与えます．たとえば，人間がロボットを操縦してセンサデータを集める場合がこれにあたります．地図の生成は，操縦と同時に行う場合も，データ収集後にオフラインで行う場合もあります．目的地への自律走行（ナビゲーション）を行う場合は，この方法で地図をつくることが多いと思われます．ナビゲーションでは，あらかじめ作成した地図の上で目的地への経路計画と自己位置推定を行うため，その場で地図をつくる必要はないからです．ただし，ナビゲーションの最中に障害物や環境変化に対処するために，局所的な地図をその場でつくって対処することはよくあります．
- ロボットがセンサデータの取得経路を自律的に決める．
  ロボットが自律走行してセンサデータを取得しつつ，リアルタイムに地図をつくります．その際，それまでに生成した地図と現在地周辺の局所的な地図を自律走行のために使います．ロボットは障害物を回避しながら走行し，次にどこに行くかを自分で決める必要があるため，SLAM だけでなく，探査，経路計画，障害物回避なども含んだ総合的なシステムが必要になります．このようなシステムは，人間が操縦や遠隔操作をするのが難しい環境，あるいは，地図構築の知識をもったオペレータを用意できないアプリケーションなどで重要になります．

ロボットが自律的に経路を決めることができると便利ですが，ユーザの望む経路や地図がうまく得られるとは限りません．また，自律性を高くするには多くの機能を必要とするので，システムのコストも高くなります．そのため，上記 2 つの実行形態はどちらが優位ということはなく，目的に応じて使い分けたり，併用したりすることになります．

3　SLAM の種類

センサや地図には多くの種類があり，それに応じて SLAM の手法も変わります．詳細は第 2 章および第 3 章で説明するとして，ここでは SLAM の大きな分類軸として，2 次元か 3 次元かを考えます．

ロボットの位置（運動）と地図が，それぞれ 2 次元か 3 次元かで，原理的には 4 通りの分類ができます．位置が 2 次元だと運動は 3 自由度，位置が 3 次元だと運動は 6 自由度になります．ここでは，ロボット位置/地図のそれぞれの次元によって，SLAM を 2D/2D 型，2D/3D 型，3D/3D 型に分けたものを**表 1.1** にまとめます．3D/2D 型は事例が少ないのでこの表からは除外しています．なお，センサについては，第 3 章で概説します．

これらのどの型を選ぶかは，ロボットの種類，タスク，コストなどにより変わります．一般に，2D/2D 型，2D/3D 型，3D/3D 型の順に機能が高くなるといえますがコストもかかります．機能的には 3D/3D 型が最も望ましいですが，処理量が多いため，多くの場合，高性能

■表 1.1　SLAM の種類

	ロボット位置	地図	センサ
2D/2D 型	2 次元 3 自由度	2 次元	2D-Lidar，オドメトリ，ジャイロ
2D/3D 型	2 次元 3 自由度	3 次元	2D/3D-Lidar，カメラ，オドメトリ，ジャイロ
3D/3D 型	3 次元 6 自由度	3 次元	3D-Lidar，カメラ，IMU

コンピュータが必要になります．

移動機能をもったロボットには，車輪型ロボット，クローラ型ロボット，脚型ロボット，ヒューマノイド，飛行ロボットなどがあります．たとえば，ヒューマノイドや飛行ロボットのように 3 次元の運動をするロボットには，3D/3D 型が必要です．車輪型ロボットでは，起伏のない地面や床面を走る場合は，2D/2D 型が使えます．起伏や段差があったり周囲の物体形状が複雑な環境では，3D/3D 型を使うのが望ましいでしょう．最近は，コンピュータの処理性能やメモリ容量が向上し，3D 地図の作成・保存コストも下がったので，3D/3D 型 SLAM が使われることが多くなっています．地図の規模が小さければ，携帯端末レベルのコンピュータでも 3D/3D 型 SLAM が可能になっています．

以下，2D/2D 型の SLAM を **2D-SLAM**，3D/3D 型の SLAM を **3D-SLAM** と呼びます．

1.3　SLAM で構築した地図の例

ここでは，いままでに SLAM でどのような地図がつくれるようになったか，いくつかの例を紹介します．SLAM システムは，Lidar を使ったものとカメラを使ったものに大別できます．カメラはさらに，単眼カメラ，ステレオカメラ，距離画像カメラに分かれます．

2D-SLAM は Lidar を用いるものが多く，また，古くから研究が行われていたので，現在では実用レベルになっています．代表的なものに GMapping[34)] や Cartographer[42)] があります．筆者も，Lidar による 2D-SLAM および 3D-SLAM を研究しています[115), 121), 123)]．

3D-SLAM には，3D-Lidar かカメラ，あるいはその両方が用いられます．こちらも古くから研究が行われていましたが，近年性能が大きく向上し，ロボットや測量での実用化が進んでいます．

図 1.3 に地図構築の例を示します．2D 地図はほとんどが Lidar によるものですが，3D 地図にはカメラもよく使われます．なお，同図 (d) は，つくばチャレンジ 2017[126)] という移動ロボットの自律走行実験の場で，筆者が所属する千葉工業大学チームのロボットが収集したデータから生成した地図です．

本書では 2D-SLAM を主な対象として，SLAM の原理や実装方法を解説していきます．3D-SLAM については，第 12 章で原理を説明します．また，3D-SLAM の概要と動向をトピック 7 とトピック 8 にまとめてあります．

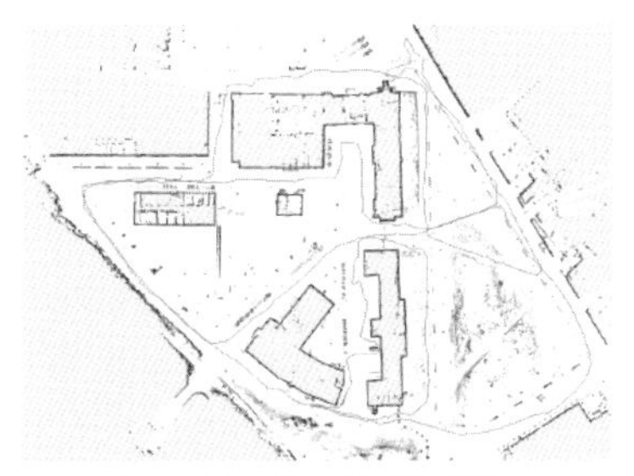

(a) Lidar による 2D 地図
〔*TRO*, Vol. 23, No. 1, p. 40[34], Fig. 5〕

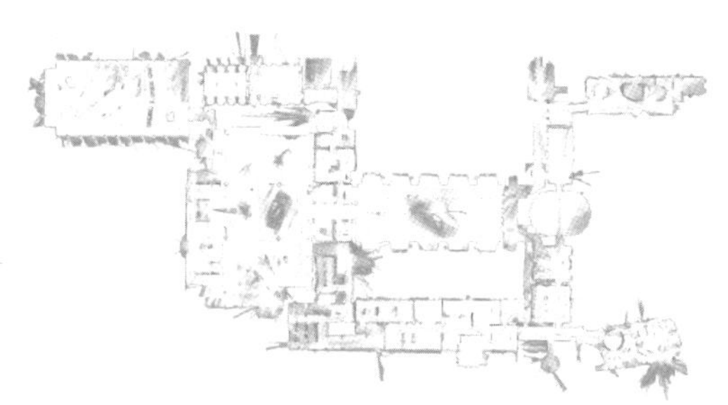

(b) Lidar による 2D 地図
〔*ICRA*, 2016[42], Fig. 4〕

(c) Lidar による 2D 地図

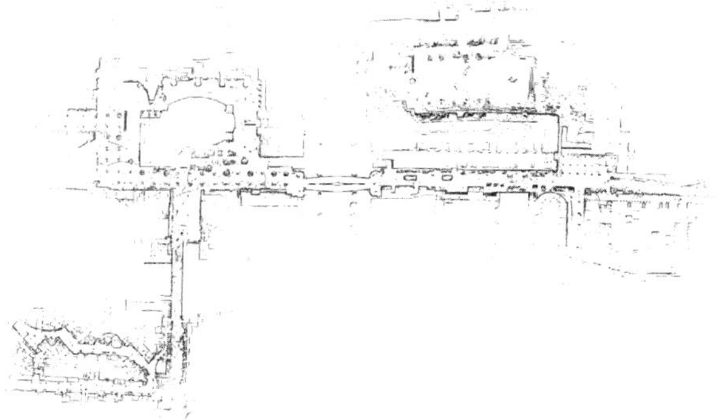

(d) Lidar による 2D 地図

(e) Lidar による 3D 地図
〔*RSS*, 2014[138], Fig. 10(c)〕

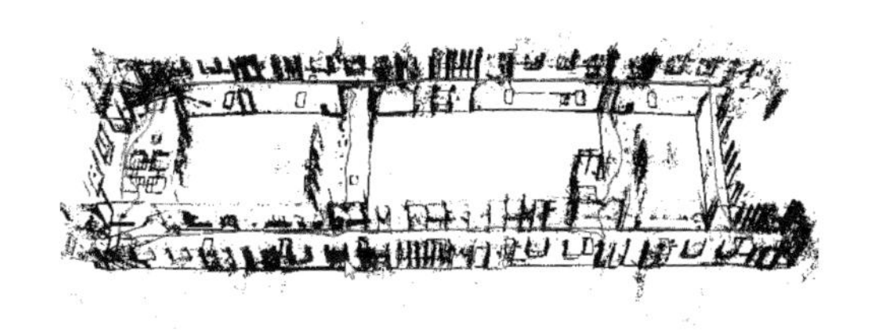

(f) ステレオカメラによる 3D 地図

(g) 単眼カメラによる 3D 地図
〔*ECCV*, 2014[26], p. 12, Fig. 7〕

(h) 距離画像カメラによる 3D 地図
〔*IROS*, 2013[134], Fig. 8〕

■ 図 1.3　2D および 3D 地図の例

地図構築の例．(c)，(d) は文献 121) のシステムで生成した地図，(f) は文献 118) のシステムで生成した地図である．

■トピック 1 ■

移動ロボットのナビゲーション

本書は SLAM についての解説書ですが，移動ロボットのナビゲーションについて，SLAM 以外に重要な技術をここで説明しておきます．

まず，移動ロボットの**ナビゲーション**という言葉は，「目的地への自律走行」とかなり近い意味で使われます．英語の “navigate” には，「地図や道具を用いて自分の位置と目的地への進路を知る」，また，「（船や飛行機を）操縦・誘導する」，といった意味があります．自動車のナビゲーションシステムは，運転者に対してこれらを行いますが，移動ロボットの場合はロボット自身に対して行います．このため，自律走行とよく似た意味になります．ただし，走行制御（加速・減速・操舵）よりも走行計画に重点が置かれた意味合いになります．

SLAM 以外で，ナビゲーションに必要な技術として以下のものがあります．

- 自己位置推定

  自己位置推定（self localization，robot localization）とは所定の地図の上で，自分の位置を知ることです．自己位置推定には 2 種類あります．1 つは**位置追跡**（position tracking，pose tracking）であり，初期位置が与えられ，その初期位置から少し進んだら次の位置を推定し，その位置からまた少し進んだら次の位置を推定する，というように次々と位置を求めていく技術です．SLAM は自己位置推定と地図生成を同時に行いますが，そこでの自己位置推定は位置追跡です．もう 1 つは**大域自己位置推定**（global localization）といい，初期位置が与えられず，いきなり地図上の位置を推定する技術です．初期位置がわからないので，地図上の全領域を探索する必要があり，地図に含まれる領域が広い場合は非常に難しくなります．
- 経路計画

  経路計画（path planning）は，所定の地図上で，現在位置から目的地までの走行経路を計画する技術です．地図上で障害物にぶつからず，しかも，なるべく早く目的地に着く経路を求めることが要件となります．
- 障害物回避

  障害物回避（obstacle avoidance）は障害物を検出して回避する技術で，ここではとくに，地図に載っていない障害物を対象にします．環境が変化して物体が置かれたが，地図にはまだ登録されていなかったり，移動障害物が通り過ぎるなどの場合を想定します．外界センサで障害物を正しく検出して地図に載せることができれば，更新後の地図上で経路計画をして障害物を回避することができます．しかし，障害物の形状や動きを即時に検出・認識するのは難しいため，「何か存在することがわかったらとりあえず止まる」などの反射的な動作で対処することもあります．

移動ロボットのナビゲーションは，次のような流れになります．

① まず，あらかじめ地図構築をしておきます．
② 走行時は，地図を用いて目的地までの経路計画をして，地図上で自己位置推定をしながら走行します．
③ 地図にない障害物を検出したら，それを回避する局所的な経路を計画します．
④ 障害物のために当初の通路がふさがれて迂回路を通る必要が生じたら，目的地までの全経路を再計画します．
⑤ もし自己位置を見失ってしまったら，大域自己位置推定を起動して正しい自己位置に復帰し，そこから目的地への走行を再開します．

CHAPTER 2

SLAMの基礎

この章では，SLAMの基礎について詳しくみていきます．

まず，SLAMはロボット位置とランドマーク位置の関係を記述した連立方程式で表されることを示します．数式がいくつか出てきますが，概念を把握するためのものであり，この時点で数式を細かく追う必要はありません．

次に，SLAMの処理を行う際に必要な要素技術である，不確実性の扱い，データ対応づけ，センサ融合，ループ閉じ込みについて説明します．

最後にSLAMの処理形態について説明します．

関連知識

この章をより深く読むには，次の項目を確認しておくとよいでしょう．

線形代数（13.1節），座標変換（13.2節），正規分布（13.4節），誤差解析（13.5節），最小二乗法（13.3節）

2.1 SLAMとは

第1章で述べたように，SLAMはロボットが自分で地図をつくるための技術であり，自己位置推定と地図構築を同時に行う必要があるため，このような名前がつけられています．まずは，直観的な説明から始めます．

ロボットにはあるセンサが載っていて，**ランドマーク**（landmark）を計測できるとします．ランドマークとは位置の目印になるものです．人間でも，道順の目印として，交差点や有名な建物などをランドマークにしたりしますが，ロボットも位置を知るためにランドマークを使います．このセンサは，センサの中心からランドマークまでの距離と方向を計測できるとしましょう．これはつまり，センサ座標系でのランドマーク位置がわかるということです．センサ座標系はセンサに張り付けた座標系であり，そのセンサがロボットに載っていれば，ロボットとともにセンサ座標系も移動します．さらに，ここでは簡単のため，個々のランドマークの区別もつくと仮定します．

このロボットが地図をつくることを考えます．ロボットは移動しながらセンサデータを取得し，それをつなぎ合わせて地図をつくります．ここで重要なのは，上記のように，センサデー

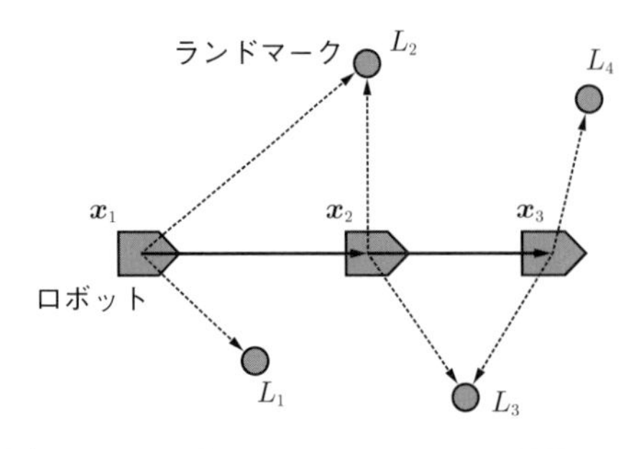

(a) ロボットが進みながらランドマークを計測する

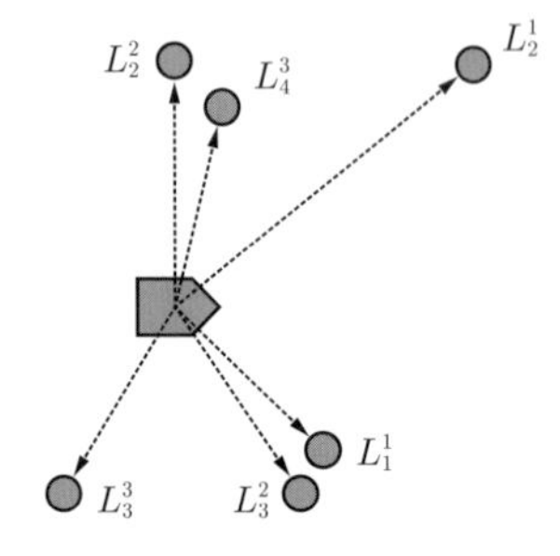

(b) センサデータをそのまま並べる

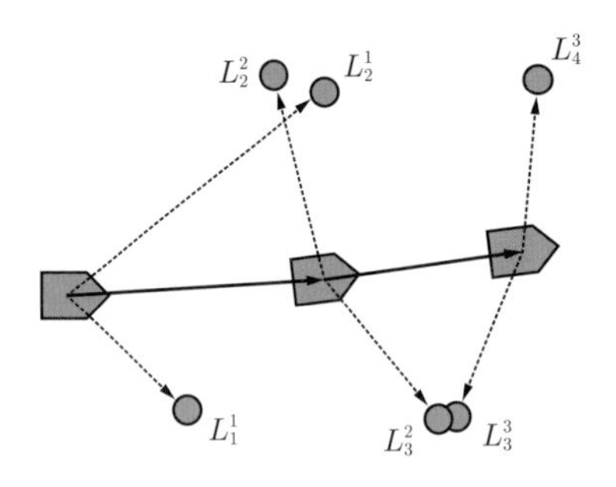

(c) 推定したロボット位置に沿って並べる

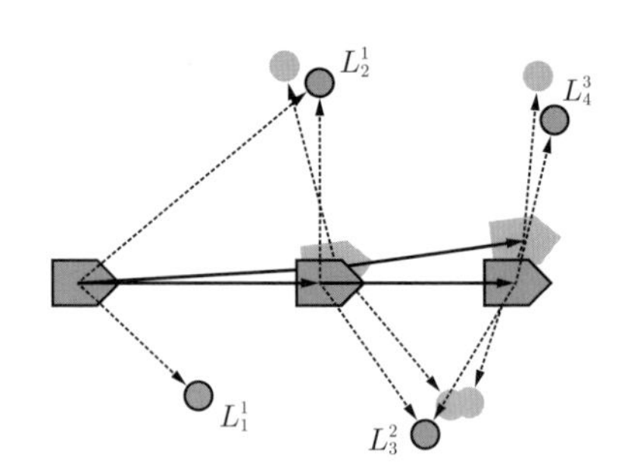

(d) ロボットの推定位置を修正して並べる

■ **図 2.1**　ロボットで地図をつくる様子

(a) は実世界でロボットが計測している様子を，(b)〜(d) は (a) で得たセンサデータからコンピュータで地図を計算する様子を表している．

タはセンサ座標系で得られることです．一方，地図は地図座標系（または，世界座標系(注 1)）で定義されます．地図座標系は，ロボットのいる環境（世界）に張り付けられた座標系であり，静止しています．このように，センサデータと地図では座標系が異なるため，地図をつくるには，センサデータをセンサ座標系から地図座標系に変換する必要があります．

図 2.1 に例を示します．同図 (a) は，実世界で，ロボットが進みながらランドマークを計測している様子です．$\boldsymbol{x}_1$，$\boldsymbol{x}_2$，$\boldsymbol{x}_3$ はロボットの位置を表し，$\boldsymbol{x}_1$ からはランドマーク L_1 と L_2 が見えています．$\boldsymbol{x}_2$ や $\boldsymbol{x}_3$ からも同様にランドマーク L_2，L_3 および L_3，L_4 が見えます．

ここで，センサ座標系から地図座標系に変換せずにセンサデータを並べたらどうなるかみてみましょう．同図 (a) の各位置 $\boldsymbol{x}_1$，$\boldsymbol{x}_2$，$\boldsymbol{x}_3$ から見えるランドマークをセンサ座標系にすべて置いてみると，同図 (b) のようになります．どれもセンサ中心から見たランドマーク位置であり，ロボットの移動分を考慮していないので，これでは有効な地図になりません．L_j^i は，位置

(注 1)　本書では，地図座標系も世界座標系も静止したユークリッド座標系であり，両者を区別しません．ただ，ニュアンスとしては，世界座標系は地図構築とは独立に設定した概念的な座標系であるのに対し，地図座標系は原点や座標軸の向きが地図構築の都合で決められるという違いがあります．地図座標系の原点は，多くの場合，地図構築を開始した時のロボット位置とします．

$\boldsymbol{x}_i$ から見たランドマーク L_j です．L_2^1 と L_2^2 は本来は同じランドマーク L_2 ですが，別々の位置にあり，ずいぶん離れています．

ロボットの位置を知り，センサデータをロボット座標系から地図座標系に変換すれば，地図をつくることができます．同図 (c) にその様子を示します．いま，何らかの方法（後述のオドメトリなど）で，地図座標系でのロボット位置がわかったとします．すると，センサ座標系でのランドマーク位置をロボット位置の分だけ移動させることで，地図座標系でのランドマーク位置を求めることができます．これは，ロボット位置を使って，ランドマーク位置をセンサ座標系から地図座標系に座標変換したことに相当します．このことから，地図をつくるには，ロボット位置の推定が必要なことがわかります．ロボットは自分で自分の位置を推定するので，これを**自己位置推定**といいます．

しかし，同図 (c) には気になるところがあります．ロボットの位置が同図 (a) に比べて少しずれており，地図もちょっとおかしくなっています．たとえば，同図 (c) のランドマーク L_2^1 と L_2^2 は同図 (b) のものよりはだいぶ近づきましたが，ずれがまだ残っており，1 つの L_2 になっていません．実は，ロボットの自己位置推定は簡単なことではなく，うまくやらないと誤差が大きくなってしまうのです．

自己位置推定の精度を上げる方法の 1 つは，地図を使うことです．「地図はいまつくっている最中じゃないの？」と思われるかもしれませんが，地図の一部はすでにできています．同図 (c) で，ロボットが $\boldsymbol{x}_2$ に来たときには，ランドマーク L_1^1 と L_2^1 が地図にすでに登録されています．このランドマークを使って，ロボット位置を修正することを考えます．同図 (d) にこの様子を示します．$\boldsymbol{x}_2$ の位置で見たランドマーク L_2^2 は本来 L_2 なのだから，これは L_2^1 の位置にあるはずです．そこで，L_2^2 が L_2^1 の位置に見えるようにロボット位置を逆算します(注 2)．こうすれば，L_2^2 は L_2^1 と一致し，$\boldsymbol{x}_2$ も正しく修正されるはずです．

さらに，推定したロボット位置を使って次のランドマークを配置し，それまでにつくった地図を使って次のロボット位置を推定する，ということをくり返せば，地図を「成長」させていくことができます．たとえば，同図 (d) で，$\boldsymbol{x}_2$ を修正したら，L_3^2 の位置もそれに合うように配置します．同様に，$\boldsymbol{x}_3$ についても，L_3^3 が（修正後の）L_3^2 の位置に見えるように修正します．これを次々にくり返すわけです．

以上をまとめると，「地図をつくるには自己位置推定が必要であり，自己位置推定をするためには地図が必要である」，ということになります．すなわち，地図構築と自己位置推定には相互依存の関係があります．このため，単に地図構築ではなくて，「自己位置推定と地図構築の同時実行」，すなわち，“SLAM” と呼ばれるようになったのです．

ここまでは，センサもランドマークもロボット位置の推定方法も特定しないまま，概念的に説明してきました．次節以降で少しずつ具体化して，掘り下げていきます．

(注 2) 実際は，単純に逆算できないことも多いのですが，ここでは簡単のため，逆算できると考えます．

2.2　SLAMの原理

この節では，SLAMの原理を模式的に詳しくみていきます．まず前提として，ロボットに搭載されたセンサだけを使います．GPSなど絶対位置が直接得られるセンサや装置は使いません．また，簡単のため，センサがロボットのどこに設置されているか（相対位置）は既知とし，センサ座標系とロボット座標系は同一視します．また，ロボットの前方向をロボット座標系の x 軸とします．ロボット位置 $\boldsymbol{x}$ は方向も含めて $(x, y, \theta)^{\mathsf{T}}$ と表します．これは地図座標系での値であり，x，y は床面などの2次元座標系での位置（並進成分），θ はロボットが向いている xy 平面上の方向です．なお，右肩のTはベクトルの転置を表します．

図2.2 に2D-SLAMの模式図を示します．地図はランドマークだけで構成されるとします．ランドマーク位置は点 $\boldsymbol{q}$ で表します．ランドマークに向きはありません．この図では点がまばらにあるだけなので，障害物などの形状を表せず，地図としては不十分ですが，ロボットが位置を知るためには使えます．ここでも，ロボットは各ランドマークを区別できると仮定します．

1　地図構築：ランドマーク位置の推定

前述のように，ロボット位置がわかればランドマーク位置は計算できます．**図2.3**(a) に例を示します．この図では，図2.2のロボット位置 $\boldsymbol{x}_1$ からランドマーク位置 $\boldsymbol{q}_2$ を見る部分に注目しています．$\boldsymbol{q}_2$ の地図座標系での位置を $\boldsymbol{q}_2 = (q_{2,x}, q_{2,y})^{\mathsf{T}}$，また，センサの計測データ（ロボット座標系での値）を $\boldsymbol{z}_2 = (z_{2,x}, z_{2,y})^{\mathsf{T}}$ とします．ここで，ロボット位置 $\boldsymbol{x}_1 = (x_1, y_1, \theta_1)^{\mathsf{T}}$ がわかれば，$\boldsymbol{q}_2$ は式(2.1)のように計算できます．

$$\begin{pmatrix} q_{2,x} \\ q_{2,y} \end{pmatrix} = \begin{pmatrix} \cos\theta_1 & -\sin\theta_1 \\ \sin\theta_1 & \cos\theta_1 \end{pmatrix} \begin{pmatrix} z_{2,x} \\ z_{2,y} \end{pmatrix} + \begin{pmatrix} x_1 \\ y_1 \end{pmatrix} \tag{2.1}$$

ここで，R_1 をロボットの方向 θ_1 による回転行列，$\boldsymbol{t}_1$ をロボット位置の並進成分とすると

$$R_1 = \begin{pmatrix} \cos\theta_1 & -\sin\theta_1 \\ \sin\theta_1 & \cos\theta_1 \end{pmatrix}$$

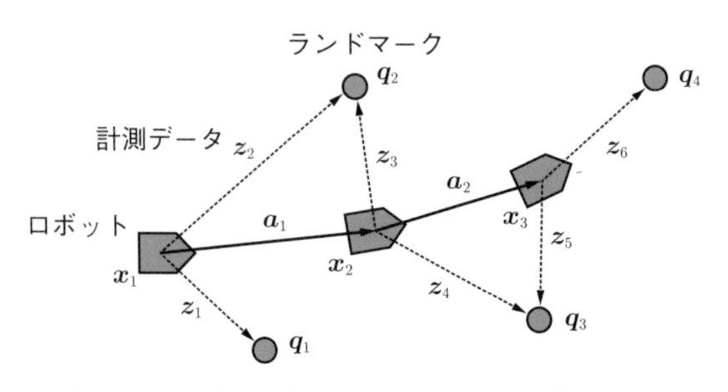

■図2.2　ロボット位置とランドマーク位置の推定

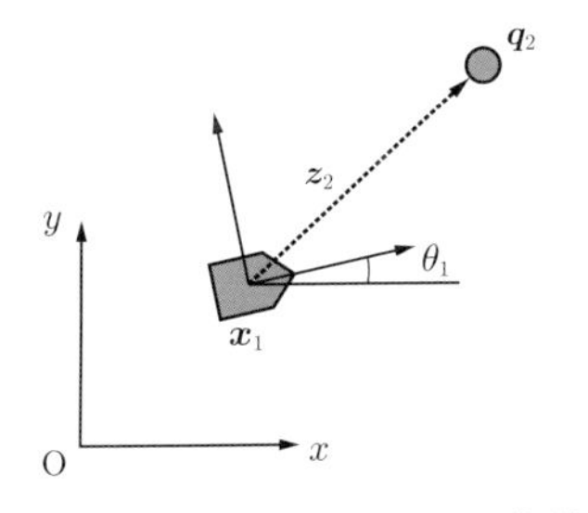

(a) ランドマークの計測値 $\boldsymbol{z}_2$ と位置 $\boldsymbol{q}_2$

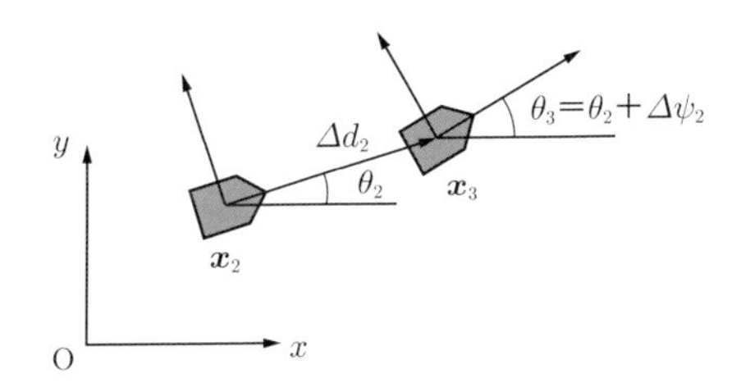

(b) オドメトリによるロボット位置

■ 図 2.3　ランドマーク位置の推定 (a) とロボット位置の推定 (b)

$$\boldsymbol{t}_1 = \begin{pmatrix} x_1 \\ y_1 \end{pmatrix}$$

となり，式 (2.1) は次のように表すことができます．

$$\boldsymbol{q}_2 = R_1 \boldsymbol{z}_2 + \boldsymbol{t}_1 \tag{2.2}$$

なお，センサが Lidar の場合，センサ中心からランドマークまでの距離 d_2 と方向 ϕ_2 を計測します．すると，$\boldsymbol{z}_2 = (d_2 \cos(\phi_2), d_2 \sin(\phi_2))^{\mathsf{T}}$ となります．

2　ロボット位置の推定

ロボット位置を推定する有力な方法の 1 つに**オドメトリ**（odometry）があります．オドメトリは，与えられた初期位置から微小変位を積分してロボットの現在位置を求めるしくみです．たとえば，車輪型ロボットでは，車輪の回転数から移動量を求める「車輪オドメトリ」がよく用いられます(注 3)．

オドメトリによるロボット位置の計算方法はいくつかありますが[112), 125)]，ここでは，図 2.3 (b) を例に，簡単な方法を紹介します．この図では，図 2.2 のロボットが $\boldsymbol{x}_2$ から $\boldsymbol{x}_3$ に移動する様子を表しています．オドメトリで得た移動量（ロボット座標系での並進と回転）を $\boldsymbol{a}_2 = (\Delta d_2, 0, \Delta\psi_2)^{\mathsf{T}}$ とします．オドメトリで得る移動量は短時間の微小量なので，瞬間的にはロボットは直進しているとみなし，y 成分は 0 にします．すると，ロボット位置 $\boldsymbol{x}_3$ は式 (2.3) のように計算できます．

$$\begin{pmatrix} x_3 \\ y_3 \\ \theta_3 \end{pmatrix} = \begin{pmatrix} \cos\theta_2 & -\sin\theta_2 & 0 \\ \sin\theta_2 & \cos\theta_2 & 0 \\ 0 & 0 & 1 \end{pmatrix} \begin{pmatrix} \Delta d_2 \\ 0 \\ \Delta\psi_2 \end{pmatrix} + \begin{pmatrix} x_2 \\ y_2 \\ \theta_2 \end{pmatrix} \tag{2.3}$$

なお，図 2.3 (b) では，見やすいように誇張して描かれていますが，実際の $\boldsymbol{a}_2$ は微小量であることに注意してください．

(注 3)　ほかにも，連続したカメラ画像列から移動量を求める「ビジュアルオドメトリ」，Lidar のスキャン列から移動量を求める「Lidar オドメトリ」などがあります．

この計算は回転成分も込みの座標変換といえ，**compounding 演算子** $\oplus$ で表すことがあります[100)]．compounding 演算子を用いると，式 (2.3) は，次のように表せます．

$$\boldsymbol{x}_3 = \boldsymbol{x}_2 \oplus \boldsymbol{a}_2$$

詳しくは，13.2 節の 2 項を参照してください．

オドメトリで位置を求めるには，最初に初期位置 $\boldsymbol{x}_1$ を与え，そこを起点として，式 (2.3) によって微小な移動量を次々に加算していきます．そうすると，時々刻々とロボットの位置を計算することができます．しかし，オドメトリは移動量を加算していく積分計算なので，移動量に含まれる誤差も加算されていきます．このため，ロボット位置の誤差が累積してどんどん増えていくという問題があります．そのため，1.2 節の図 1.2 (b) のように，オドメトリによる推定位置は走行するにつれてずれていきます．

これは，たとえば，目をつぶって歩数で距離を推測するようなものです．歩いているうちに，どんどん位置がずれていくことでしょう．

3　ロボット位置とランドマーク位置の同時推定

オドメトリには「走行するにつれて誤差が累積する」という問題がありました．図 2.1 (c) のロボット位置のずれは，これを想定したものです．この**累積誤差**（accumulated error）を減らすには，前述のように，センサデータを地図に登録されたランドマーク位置と照合して，ロボット位置を修正する方法が有効です．目をつぶって歩く例でいえば，ときどき目を開けてランドマークを見て，自分がどこにいるか確認するようなものです．

このとき重要なのは，同じランドマークを複数回計測することです．たとえば，図 2.2 で計測データ $\boldsymbol{z}_3$ からもロボット位置 $\boldsymbol{x}_2$ に関する計算式が得られます．

$$\boldsymbol{q}_2 = R_2 \boldsymbol{z}_3 + \boldsymbol{t}_2 \tag{2.4}$$

2.1 節では，すでに計測したランドマーク位置からロボット位置を逆算して修正するといいました．そこで，式 (2.2) によって $\boldsymbol{q}_2$ が既知になったと考え，その $\boldsymbol{q}_2$ を使って，式 (2.4) を用いて $\boldsymbol{x}_2$ を逆算すれば，ロボット位置を修正できそうです．ただし，この式だけでは位置を制約する計算式が足りず逆算できないので，もっと多くの計算式を集めます．図 2.2 において，オドメトリとランドマーク位置計測の計算式を全部つくると，以下のような連立方程式が得られます．

$$\begin{aligned}
\boldsymbol{q}_1 &= R_1 \boldsymbol{z}_1 + \boldsymbol{t}_1 \\
\boldsymbol{q}_2 &= R_1 \boldsymbol{z}_2 + \boldsymbol{t}_1 \\
\boldsymbol{q}_2 &= R_2 \boldsymbol{z}_3 + \boldsymbol{t}_2 \\
\boldsymbol{q}_3 &= R_2 \boldsymbol{z}_4 + \boldsymbol{t}_2 \\
\boldsymbol{q}_3 &= R_3 \boldsymbol{z}_5 + \boldsymbol{t}_3 \\
\boldsymbol{q}_4 &= R_3 \boldsymbol{z}_6 + \boldsymbol{t}_3
\end{aligned}$$

$$\boldsymbol{x}_2 = \boldsymbol{x}_1 \oplus \boldsymbol{a}_1$$
$$\boldsymbol{x}_3 = \boldsymbol{x}_2 \oplus \boldsymbol{a}_2 \tag{2.5}$$

これらの式の変数は，ロボット位置 $\boldsymbol{x}_i$ とランドマーク位置 $\boldsymbol{q}_j$ です．ただし，地図がない時点でロボットの初期位置 $\boldsymbol{x}_1$ を決める手がかりはないので，$\boldsymbol{x}_1$ は適当な定数（多くの場合，地図座標系の原点）にします．そのため，変数としてのロボット位置は 2 個になります．そうすると，ロボット位置は 3 次元，ランドマーク位置は 2 次元なので，これらの式の変数は全部で $3 \times 2 + 2 \times 4 = 14$ 個，式は $2 \times 6 + 3 \times 2 = 18$ 個となり，変数より式のほうが多い連立方程式になります．

変数より式のほうが多い連立方程式には，多くの場合，厳密な解が存在しないので，最小二乗法を用いて解くのが一般的です[92]．ただし，これらの式は非線形関数である三角関数を含むので，非線形最小二乗問題となります．一般に，センサデータには誤差があり，ロボット位置や地図の推定値にも誤差が波及します．連立方程式を**最小二乗問題**として解くことは，推定値の誤差を減らすことにもなります．このような誤差の扱いについては，2.3 節の 1 項で説明します．

2.1 節での概念的な説明と，ここでの連立方程式による説明は似ていますが，1 つ大きな違いがあります．2.1 節での説明では，ロボット位置の推定のために，それまでにつくった地図しか使っていません．たとえば，図 2.2 のロボット位置 $\boldsymbol{x}_2$ の推定では，すでに地図に登録されたランドマーク L_2 だけを使っていました．

ところが，連立方程式においては，地図全体を使います．たとえば，$\boldsymbol{x}_2$ についての式

$$\boldsymbol{q}_2 = R_2 \boldsymbol{z}_3 + \boldsymbol{t}_2$$

は，「それまでに推定したランドマーク位置 $\boldsymbol{q}_2$ を使って $\boldsymbol{x}_2$（すなわち，R_2，$\boldsymbol{t}_2$）を制約している」と解釈できます．一方，もう 1 つの式

$$\boldsymbol{q}_3 = R_2 \boldsymbol{z}_4 + \boldsymbol{t}_2$$

は，「次の計測で推定されるランドマーク位置 $\boldsymbol{q}_3$ を使って $\boldsymbol{x}_2$ を制約する」と解釈できます．この場合，$\boldsymbol{q}_3$ は $\boldsymbol{x}_3$ をもとに

$$\boldsymbol{q}_3 = R_3 \boldsymbol{z}_5 + \boldsymbol{t}_3$$

から求めるわけです．これは，$\boldsymbol{x}_2$ の時点を現在とすると，「未来である $\boldsymbol{x}_3$ から現在の $\boldsymbol{x}_2$ に制約を利かせている」ことになります．

2.1 節での直観的な説明では過去から現在までの制約だけを使っていましたが，連立方程式では過去と未来の両方から現在に制約がおよびます[注 4]．同じ変数に対して制約が多いことは，誤差の軽減に役立ちます．ここでは明記しませんでしたが，2.3 節の 1 項で述べるように，

〔注 4〕 これは全データを集めた後に処理を行う場合になりたつことです．走行中にリアルタイムで処理する場合は，当然ながら，未来の制約を使うことはできません．

上記の連立方程式には誤差が内在しています(注 5)．誤差を減らして精度を上げるには，多くの制約を連立方程式にまとめていっぺんに解くほうがよいと期待されます．

4　外界センサデータが一度に大量に得られる場合

外界センサによる 1 回の計測で多くのランドマークデータを取得できれば，オドメトリなしでもロボット位置を決められます．Lidar やカメラを用いる場合にこれが可能になります．

図 2.4 の例で考えてみましょう．この図からは，次のような連立方程式が得られます．

$$
\begin{aligned}
\boldsymbol{q}_1 &= R_1\boldsymbol{z}_1 + \boldsymbol{t}_1 \\
\boldsymbol{q}_2 &= R_1\boldsymbol{z}_2 + \boldsymbol{t}_1 \\
\boldsymbol{q}_3 &= R_1\boldsymbol{z}_3 + \boldsymbol{t}_1 \\
\boldsymbol{q}_1 &= R_2\boldsymbol{z}_4 + \boldsymbol{t}_2 \\
\boldsymbol{q}_2 &= R_2\boldsymbol{z}_5 + \boldsymbol{t}_2 \\
\boldsymbol{q}_3 &= R_2\boldsymbol{z}_6 + \boldsymbol{t}_2
\end{aligned}
$$

ロボット位置は 3 次元，ランドマーク位置は 2 次元なので，これらの式の変数は全部で $3 \times 1 + 2 \times 3 = 9$ 個，式は $2 \times 6 = 12$ 個となります．変数より式のほうが多いので，前節と同様に最小二乗法により解を求めることができます．この連立方程式にはオドメトリの制約が含まれていませんが，このように外界センサデータだけでロボット位置を求めることができます．

上記の例は，ランドマークまでの距離と方向を計測できる Lidar を用いた場合です．Lidar のデータだけからロボット位置を求める方法には，たとえば，「スキャンマッチング」があります．その詳細は第 7 章で説明します．距離を計測できない単眼カメラでは，さらに多くの方程式を必要としますが，やはりオドメトリなしでロボット位置を求めることができます．この問題は **Structure-From-Motion** と呼ばれ，多くの研究がなされています．詳しくは**トピック 8** を参照してください．

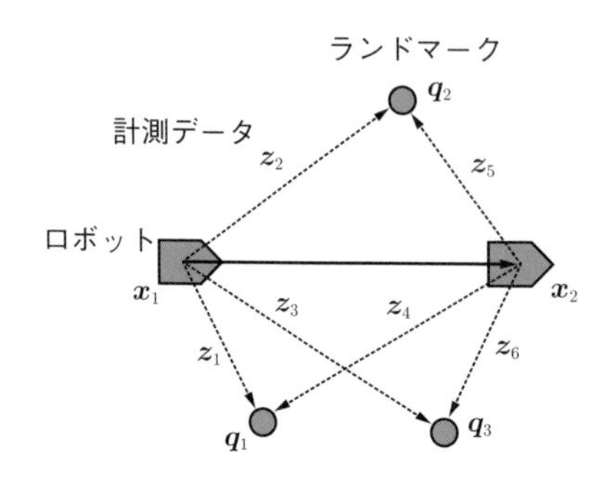

■ 図 2.4　外界センサデータが一度に大量に得られる場合

(注 5)　ちなみに，まったく誤差がなければ，上記の連立方程式は，独立な式の個数が変数と同じになり，厳密な解をもちます．

ここでの説明だけをみると，Lidarやカメラを用いる場合は，オドメトリは必要ないと思えるかもしれません．しかし，オドメトリは依然として重要な役割を果たします．これについては，2.3節の3項で説明します．

2.3 SLAMの要素技術

この節では，SLAMで必要となる主な要素技術について説明します．2.2節の原理をどのように実現するかという観点に移っていきます．

なお，ここにあげたもののほかに，地図の表現方法も重要な要素技術ですが，それについては3.2節の2項で説明します．

1 不確実性の扱い

センサデータには多くの誤差が含まれており，自己位置推定や地図構築に**不確実性**（uncertainty）をもたらします．

誤差の種類にはいくつかありますが，ここでは偶然誤差の扱い方を中心に説明します．**偶然誤差**とはランダムに発生する誤差で，原因が特定できないので，確率的に扱う必要があります．2.2節の連立方程式には誤差が明示的に考慮されておらず，方程式自体はいわば誤差のない理想的な状態を表していますが，現実にはそうはなりません．なお，誤差解析については，13.5節を参照してください．

不確実性を扱うために，誤差を明示的に表します．式(2.2)を例にして考えます．

$$\boldsymbol{q}_2 = R_1 \boldsymbol{z}_2 + \boldsymbol{t}_1 \tag{2.2 再掲}$$

これを次のように変形して，ロボット（センサ）座標系で見たランドマーク位置を考えます．

$$\boldsymbol{z}_2 = R_1^{-1}(\boldsymbol{q}_2 - \boldsymbol{t}_1) \stackrel{\text{def}}{=} \boldsymbol{h}(\boldsymbol{x}_1, \boldsymbol{q}_2) \tag{2.6}$$

ここで，$\stackrel{\text{def}}{=}$は定義を表します．$\boldsymbol{z}_2$は実際の計測値，$\boldsymbol{h}$はロボット（センサ）座標系でのランドマーク位置を計算する関数です．

この式では等号で結んでいますが，実際は計測値$\boldsymbol{z}_2$に誤差があるため左の等号は成り立ちません．そこで，誤差を導入します．**誤差**は計測値と真値の差です．$\boldsymbol{x}_1$と$\boldsymbol{q}_2$は変数ですが，いったんそれらを真値とみなすと，$\boldsymbol{z}_2$の誤差$\boldsymbol{v}_2$は次のようになります．

$$\boldsymbol{v}_2 = \boldsymbol{z}_2 - \boldsymbol{h}(\boldsymbol{x}_1, \boldsymbol{q}_2) \tag{2.7}$$

多くの誤差は**正規分布**（normal distribution）にしたがうことが知られており，SLAMでも正規分布が最もよく使われます(注6)．正規分布の詳細は，13.4節の2項を参照してください．

(注6) 実際には，正規分布にしたがわない誤差も多いのですが，誤差の程度が小さければ正規分布で近似しても差し支えなかったり，あるいは，正規分布で近似しないと計算量が膨大になるという理由で正規分布を採用することもよくあります．

そこで，ここでの誤差 $\boldsymbol{v}_2$ も正規分布にしたがうと仮定することにします．正規分布は平均と分散（多次元の場合は共分散行列）の 2 つのパラメータで定義できるので，$\boldsymbol{v}_2$ の平均を $\boldsymbol{\mu}_2$，共分散行列を Σ_2 とすると，$\boldsymbol{v}_2$ は次式の正規分布で表されます．

$$p(\boldsymbol{v}_2) = \frac{1}{\sqrt{|2\pi\Sigma_2|}} \exp\left\{-\frac{1}{2}(\boldsymbol{v}_2 - \boldsymbol{\mu}_2)^\mathsf{T} \Sigma_2^{-1}(\boldsymbol{v}_2 - \boldsymbol{\mu}_2)\right\} \tag{2.8}$$

いま，センサが校正されていてデータに偏りがなければ，$\boldsymbol{\mu}_2 = \boldsymbol{0}$ とみなせます．すると，式 (2.8) は次のようになります．

$$p(\boldsymbol{v}_2) = \frac{1}{\sqrt{|2\pi\Sigma_2|}} \exp\left\{-\frac{1}{2}(\boldsymbol{z}_2 - \boldsymbol{h}(\boldsymbol{x}_1, \boldsymbol{q}_2))^\mathsf{T} \Sigma_2^{-1}(\boldsymbol{z}_2 - \boldsymbol{h}(\boldsymbol{x}_1, \boldsymbol{q}_2))\right\} \tag{2.9}$$

これを**計測モデル**（measurement model）(注 7) といいます．

オドメトリの誤差も同様に，式 (2.3) を例にすると，関数 $\boldsymbol{g}$ を使って

$$\boldsymbol{x}_3 = \boldsymbol{x}_2 \oplus \boldsymbol{a}_2 \stackrel{\text{def}}{=} \boldsymbol{g}(\boldsymbol{x}_2, \boldsymbol{a}_2)$$

と表します．誤差 $\boldsymbol{u}_2$ を導入して，次のように表します．

$$\boldsymbol{u}_2 = \boldsymbol{x}_3 - \boldsymbol{g}(\boldsymbol{x}_2, \boldsymbol{a}_2)$$

上と同様に，$\boldsymbol{u}_2$ は正規分布にしたがうと仮定して，その共分散行列を Σ_3 とすると

$$p(\boldsymbol{u}_2) = \frac{1}{\sqrt{|2\pi\Sigma_3|}} \exp\left\{-\frac{1}{2}(\boldsymbol{x}_3 - \boldsymbol{g}(\boldsymbol{x}_2, \boldsymbol{a}_2))^\mathsf{T} \Sigma_3^{-1}(\boldsymbol{x}_3 - \boldsymbol{g}(\boldsymbol{x}_2, \boldsymbol{a}_2))\right\} \tag{2.10}$$

となります．これを**運動モデル**（motion model）(注 8) といいます．

2.2 節の 3 項の連立方程式 (2.5) の全誤差の確率密度 p は，$\boldsymbol{u}_i$，$\boldsymbol{v}_j$ の確率密度 p を掛け合わせたものになります．

$$p = \prod_{i=1}^{2} p(\boldsymbol{u}_i) \prod_{j=1}^{6} p(\boldsymbol{v}_j)$$

この式は SLAM の構造を完全に表しており，この確率密度 p を推定する問題は**完全 SLAM 問題**（full SLAM problem）と呼ばれています．この式は，最終的には，非線形最小二乗問題に帰着されます．その詳細は 4.3 節で説明します．

（注 7）観測モデルと呼ばれることもあります．

（注 8）動作モデルとかシステムモデルと呼ばれることもあります．

2 データ対応づけ

データ対応づけ（data association）とは，「別々に計測されたセンサデータ間で，同じものを対応づけること」です．SLAM では，とくに，現在計測したセンサデータと，地図に登録されたランドマークの対応づけが重要になります．

2.2 節では，「ロボットはランドマークを区別できる」という前提で SLAM の原理を説明しました．たとえば，IC タグやビーコンなどで ID（識別子）がついたランドマークであれば，ID をもとに一意に区別することが可能です．このような装置を用いてロボットが場所や物体を認識する研究もなされており，目的・応用によっては非常に有効です．一方，SLAM では，もともと存在する地形・風景・物体などを（ID のない）ランドマークとして用いることがよく行われます．

ID のないランドマークを区別してデータ対応づけを行うのは，そう簡単ではありません．ID にかわる手がかりとして，ランドマーク位置と特徴量がよく使われます．

- 位置制約による対応づけ
  自己位置がある程度の精度で推定できるならば，その周辺の地図に登録されたランドマーク位置もだいたい予測できるでしょう．「自分はいま地点 A にいるのだから，この方向にランドマーク B が見えるはずだ」という感じです．そうすると，周辺のランドマーク位置を予測して，現在取得したセンサデータに最も近いものを対応づけるという方法が考えつきます．シンプルな方法ですが，非常によく使われます．
- 特徴量による対応づけ
  センサデータとランドマークに何らかの特徴量を付加して，その特徴量によって両者の対応づけを行う方法です．特徴量はセンサによって多種多様で，Lidar のスキャンならば**局所記述子**（local descriptor，近傍情報からつくられる特徴ベクトル）やレーザーの受光強度，カメラ画像ならば局所記述子や小領域の色・形状などがあります．強力な特徴量ならば，それだけでかなりの対応づけができます．単純な特徴量では，それだけで対応づけるのは難しいですが，対応候補の絞り込みに使うことができます．

一般には，位置制約だけで対応づけを行うのは十分ではありません．同じくらいの位置に 2 つのランドマークがあったときに，どちらに対応づけるのがよいか判定するのは難しいからです．逆に，特徴量を用いる場合も，それだけで対応づけを完結するのは危険です．形状や外見がよく似たランドマークは区別が難しいからです．このため，特徴量を用いて対応候補を減らしたうえで位置制約を使うこと（あるいは，その逆）が行われます．

ただし，ロボット位置の探索範囲が狭く，しかも，一度に多くのセンサデータを計測できる場合は，位置制約だけで対応づけがうまくいく可能性が高くなります．探索範囲が狭いために対応づけの候補が少なく，しかも，同時に計測したデータ間の位置制約も使えるからです．第 7 章で説明する「スキャンマッチング」という手法は，この性質を利用します．

3 センサ融合

2.2 節の 4 項のように，大量データを一度に取得できる外界センサがあれば，基本的には，オドメトリなしで SLAM を行うことが可能です．しかし，実際には，そのような外界センサを用いても状況によっては大量データを得られないことがあるし，センサデータに十分な情報が含まれていない場合もあります．たとえば，極端な場合，センサデータにランドマークが 1 つも含まれていなければ，ロボット位置は推定できません．この場合は，オドメトリを使うしかありません．さらに，もっと紛らわしい状況もあります．それは，センサデータはとれているけれども，情報が不足している場合です．

オドメトリを使わない場合，一度に得たセンサデータにランドマークが 1 個しか含まれていなければ，それだけではロボット位置を確定できません．2.2 節の 3 項での SLAM の定式化では，オドメトリを用いていたので，ランドマークが 1 個でも，連立方程式の一部として，ロボット位置の推定に活かすことができました．しかし，オドメトリを使わない場合，センサデータにランドマークが 1 個しか含まれないとロボット位置は不定になってしまいます．たとえば，式 (2.1) では，ロボット位置が変数 3 個に対して，方程式は 2 個しかないので，解は不定になります．一般には，センサデータにランドマークが多く含まれているほど，安定して解が得られます．

ところが，センサデータにランドマークが多数含まれていても，うまくいかない場合があります．たとえば，長い廊下にロボットがいる場合を考えてみます．いま，外界センサによって壁を計測してロボット位置を推定することを考えます．廊下の 2 つの壁は平行なので，その地図は計測点が 2 本の平行な直線上に並んだようになります（**図 2.5**）．同様に，センサデータも 2 本の平行な直線になります．壁に模様がないと仮定すると，この 2 本の直線を使ってロボット位置を一意に確定することはできません．地図とセンサデータは，これらの直線に垂直な方向には位置が決まりますが，平行な方向にはどこの位置でも合うからです．このような状況を**退化**（degeneracy）といいます．退化については，第 9 章で詳しく説明します．

■ **図 2.5**　廊下でのロボット位置の推定

2D-Lidar で計測すると，廊下の壁は 2 本の平行線となり，直線方向のどの位置でもマッチしてしまう．

このように，一度に大量のデータを計測できるセンサを用いたとしても，状況によっては情報が不足することがあり，ロボット位置を確定できなくなります．

このため，ロボットが安定して動作するには，1 つの外界センサだけでなく，オドメトリのような他のセンサを併用することが重要になります．複数のセンサからのデータを融合してロボットの状態推定を行う技術を**センサ融合**（sensor fusion）といいます．もともと，2.2 節の 3 項における SLAM の連立方程式には，複数のセンサからのデータが含まれており，センサ融合の考えが入っています．2.2 節の 3 項では，「オドメトリの累積誤差を減らすために外界センサを使う」という目的でしたが，ここでのセンサ融合は「外界センサの情報不足を補完する」目的だといえます．第 9 章で，Lidar を用いた場合の具体的な例を紹介します．

4 ループ閉じ込み

SLAM において重要な概念にループがあります．**ループ**（loop）とは周回路のことで，以前通った場所を再び通る経路です．

2.2 節では，SLAM によってランドマーク位置を複数回計測してオドメトリによるロボット位置の累積誤差を減らしました．確かにこれによって累積誤差は減りますが，完全には消せません．それは，ランドマーク位置計測にも誤差があるためです．ランドマーク位置が外部から与えられたもの（既存地図など）であれば，誤差は累積しません．しかし，SLAM においては，ランドマーク位置も自分で推定したものなので，ランドマーク位置に誤差が入り，そのランドマークを基準に自己位置推定するとまた誤差が生じて，…というように，誤差は累積していきます．SLAM でロボット位置の累積誤差をオドメトリ単体の場合よりも減らせるのは，その誤差の増加が，たいていはオドメトリ単体の場合よりも小さいからです．

このように，SLAM にも累積誤差があるので，ループは多くの場合，閉じません．**図 2.6** に例を示します．ロボットは S（スタート）から出発して 1 周し，S と同じ位置にある G（ゴール）

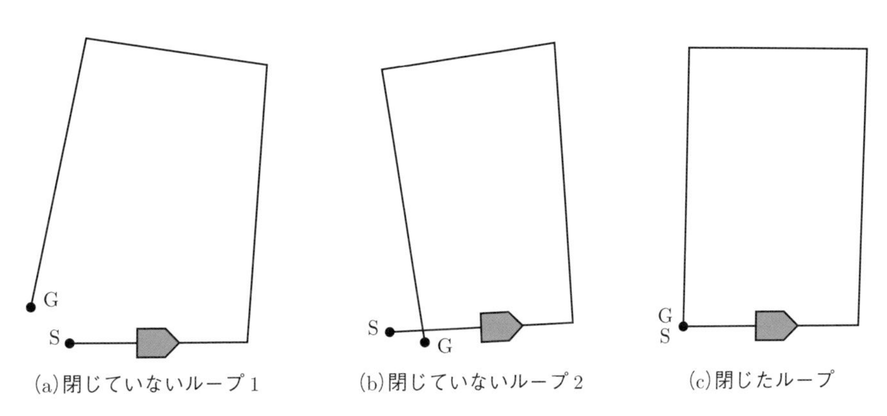

■ 図 2.6　ロボット軌跡のループ

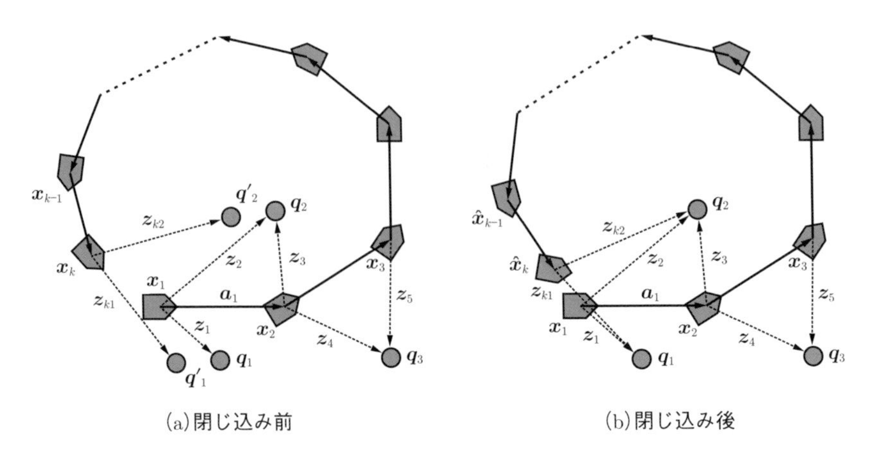

■ 図 2.7　ループ閉じ込みの様子

(a) ループは閉じておらず，本来同じはずのランドマーク位置 $\boldsymbol{q}'_1$，$\boldsymbol{q}'_2$ と $\boldsymbol{q}_1$，$\boldsymbol{q}_2$ がずれている．

(b) ループ閉じ込みにより正しいロボット位置 $\hat{\boldsymbol{x}}_k$ を見つけ，$\boldsymbol{q}'_1$，$\boldsymbol{q}'_2$ は $\boldsymbol{q}_1$，$\boldsymbol{q}_2$ と一致した．

に行くとします．この図で，(a) は開いてしまった例，(b) は重なってしまった例です．このように地図が歪んで実世界との違いが大きくなれば，ロボットが壁や障害物に衝突するかもしれません．さらに困るのは，地図が歪んで経路の接続関係が変わることです．たとえば，経路がつながらなかったり，偽の交差点ができたりすると目的地までの経路をうまく見つけられなくなります．

このため，ループを閉じることが SLAM の重要な処理になります．これを**ループ閉じ込み**（loop closure）といいます．同図 (c) がループが閉じた状態です．ループ閉じ込みは，次の手順で行います．

(1) ループ検出
ロボットが同じ場所に戻ったことを検出します．ただし，まったく同じ座標に戻ることはめったになく，たいていは少しずれます．**図 2.7** にその様子を示します．同図 (a) はループがまだ閉じていない状態です．位置 $\boldsymbol{x}_k$ で，$\boldsymbol{x}_1$ と同じランドマーク $\boldsymbol{q}_1$，$\boldsymbol{q}_2$ を計測したとします．$\boldsymbol{x}_k$ は誤差によりずれているので，それにもとづいて配置したランドマーク位置 $\boldsymbol{q}'_1$，$\boldsymbol{q}'_2$ もずれています．しかし，本来は同じランドマークなので，$\boldsymbol{q}'_1$，$\boldsymbol{q}'_2$ と $\boldsymbol{q}_1$，$\boldsymbol{q}_2$ が同じになるようなロボットの位置 $\hat{\boldsymbol{x}}_k$ を求めます．

(2) ロボット軌跡と地図の修正
図 2.7 で，ループを閉じると，$\boldsymbol{x}_k$ は $\hat{\boldsymbol{x}}_k$ の位置に来るはずです．しかし，そうすると，$\hat{\boldsymbol{x}}_k$ と $\boldsymbol{x}_{k-1}$ のずれが大きくなってしまうので，$\boldsymbol{x}_{k-1}$ も修正します．こうして，逆向きにロボットの位置を修正していきます．これにともなって，各ロボット位置で計測したランドマーク位置も修正します．

この手順にしたがうと，軌跡を逆向きに修正していくことになりますが，これはあくまでイメージです．そのように計算することもできますが，より効率的で精度もよいのは，連立方程式をいっぺんに解くことです．

ループ閉じ込みは，前述の SLAM の累積誤差を解消するのに有効です．ループが大きいほど累積誤差は大きくなるので，それをループ閉じ込みで解消すれば，大きな誤差が一気に修正されたことになります．

以上のとおり，ループ閉じ込みは SLAM の重要な要素技術であり，多くの研究が行われてきました．詳しくは，第 10 章で説明します．

2.4 SLAM の処理形態：一括処理と逐次処理

SLAM を連立方程式として考えると，センサデータを十分にそろえて，多くの方程式を立てたうえで一括で計算することになります．前述の完全 SLAM 問題やループ閉じ込みは，基本的には一括処理です．人間がロボットを操縦してセンサデータを集める場合は，このような一括処理で地図をつくることができます．

一方，ロボットが走行している最中に地図をつくりたいこともよくあります．1.2 節の 2 項で述べたように，ロボットが自律的にセンサデータを集める場合は，センサデータを集めている最中にも地図が必要になります．また，既存の地図を用いてナビゲーションを行っている場合でも，地図構築時とは環境が変化しているかもしれないので，安全のために周囲の局所地図をリアルタイムでつくり続けることは重要です．このような場合は，連立方程式がすべてそろうのを待たずに，それまでに収集された少数のセンサデータでつくった部分的な連立方程式を解いて，逐次的に地図を構築していくことになります．

逐次的な地図構築は，2.1 節で述べたように，ロボット位置と地図を交互に求めていくことで行います．すなわち，時刻 $t-1$ までにつくられた地図に時刻 t の計測データをマッチングして時刻 t のロボット位置を求め，次に，そのロボット位置に合わせて時刻 t の計測データを時刻 $t-1$ の地図に統合して，時刻 t の地図を求めます．

以上のように，SLAM の実行形態には，一括処理と逐次処理が考えられます．それぞれの特徴を以下に記します．

一括処理の特徴

- センサデータが十分多くそろってから行うため，リアルタイム処理には向かない．
- 多くのセンサデータを用いるので，処理時間は長いが，地図の精度は高い．

逐次処理の特徴

- リアルタイムで逐次的に地図を構築する．このため，未知環境や変化する環境で行動する場合に有用である．
- 一部のセンサデータしか用いないので，処理時間は短いが，地図の精度は高くない．

なお，一括処理においても，必ずしも全センサデータがそろっている必要はありません．十分多くのセンサデータがあれば一括処理する意味があります．実用上の１つの区切りは，ループを見つけるまでです．

このように，両者は補完し合う性質をもつので，組み合わせて使うのが望ましいといえます．そのようなシステム構成については，4.1 節で説明します．

■トピック 2 ■

SLAM の関連技術

SLAM に関係する重要なトピックスとして，次のものがあります．いずれも，2000 年代後半から現在にかけて研究が進められている比較的新しい研究課題です．

- ロボットの長時間活動（long-term autonomy）
  長時間（何日，何か月のオーダ）にわたってロボットを自律で活動させる研究です．長時間活動の研究は以前から行われていましたが[37]，SLAM に関連する長時間活動の研究がなされるようになったのは 2010 年頃からです．長時間活動で重要なのは，環境変化への対応です．環境変化にロバストな自己位置推定，失敗したときの復帰，環境変化を反映した地図の更新などが重要な技術になります[13), 63), 75), 131]．
- 複数地図の結合（map merging）
  大きな環境の地図をつくる場合は，**地図結合**の技術が重要になります．大規模環境では，1 台のロボットが 1 回のデータ取得でカバーできる範囲は限られるので，複数回に分けてデータを集めるか，または，複数台のロボットで手分けしてデータを集める必要があります．
  　どちらの場合も，複数のデータからつくられた地図を結合して，矛盾のない全体地図をつくる技術が必要になります．地図の結合箇所を検出するのは大域自己位置推定とよく似た問題になります．また，結合して全体地図の形を整えるためには，ループ閉じ込みと同じ技術が使われます[118), 120]．
- 自己位置推定のバリエーション
  SLAM における自己位置推定のほとんどは，ロボット自身がつくった地図を用いて行います．また，自己位置推定と地図構築はほぼ同じ条件下で行われます．
  　ところが，ナビゲーションで行う自己位置推定にはさらに多くの種類があります．たとえば，昼と夜などの極端な照明変化，晴天と雨天などの天候変化，さらには季節変化など極端な条件下での自己位置推定が重要な研究課題となっています[76), 84]．
  　このような困難な条件に対して，深層学習を用いた画像検索を場所認識に応用した方法がよい結果を出しています[4), 5), 9), 17]．さらに，場所認識に専用のニューラルネットワークをつくるのではなく，汎用的な知識をもった基盤モデル（foundation model）をうまく調整して，多様な環境の種類，季節，照明，視点変化に対応できる場所認識を実現した研究もあります[58]．
  　また，ロボットがつくった地図ではなく，人間用につくられた地図を用いた自己位置推定の研究もあります[49), 94]．国土交通省が推進している PLATEAU[61] という 3D モデルを用いて，移動ロボットの自己位置推定を行う試みもあります[128]．

CHAPTER 3

SLAMの入出力

第 2 章までは，システムをあまり特定せず，SLAM を概念的に説明しました．この章から少しずつ具体的な説明に移ります．

まず，SLAM の入力となるセンサについて簡単に説明します．どのセンサを用いるかで，SLAM の構成も処理も変わるので，センサの特性を知ることは重要です．

次に，SLAM の出力であるロボット位置と地図について説明します．地図にはいくつかの種類があり，目的に応じて適切なものを選ぶ必要があります．

3.1 SLAMの入力

一般に，ロボットに用いられるセンサには，外界センサと内界センサがあります．外界センサは地図をつくるために必須です．内界センサは使わないで済む場合もありますが，処理の安定性や地図の品質を上げるために非常に有用です．

1 外界センサ

外界センサとは，ロボットの外部にある空間や物体を計測するセンサです．SLAM においては，物体までの距離と方向を計測することが重要です．

現在，SLAM で多く使われる外界センサは Lidar とカメラです．**Lidar**（ライダー）は，light detection and ranging の略で，レーザ光を照射して対象物までの距離を計測する装置の総称です(注 1)．多くの Lidar は，レーザビームを走査することで物体上の点までの距離と方向を計測し，センサ周囲の広い範囲の点群を得ることができます．本書では，1 周期分の走査で得られた点群を**スキャン**（scan）と呼びます．2D-Lidar では，レーザビームが 2 次元平面上を走査され，平面上に分布したスキャンが得られます．3D-Lidar では，レーザビームが 3 次元的に走査され，3D 空間に分布したスキャンが得られます．図 3.1 に，2D-Lidar で得られるスキャンの例を示します．

(注 1) 本書の初版では，レーザ光による距離センサを**レーザスキャナ**と呼んでいました．しかし，改訂版を執筆している 2024 年時点で Lidar という用語は広く普及しているので，本書では Lidar を用います．レーザスキャナも Lidar の一種です．

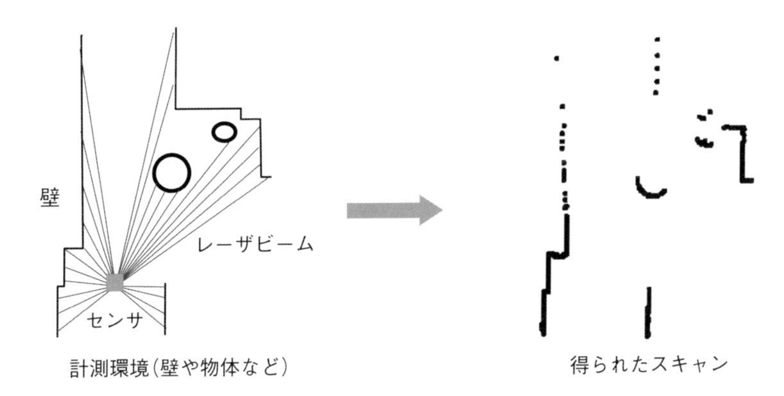

■ 図 3.1 Lidar による計測例

Lidar からレーザビームが照射され，ビームが当たった物体までの距離を計測する．ビームを走査することで周囲の広い範囲を計測した点群（スキャン）を得る．なお，実際のビームは左の模式図よりもずっと本数が多い．

ロボットで使われる**カメラ**には，単眼カメラとステレオカメラがあります．ロボット用のカメラの多くは，日常でよく使うデジタルカメラと同様に，デジタル画像を出力します．デジタル画像は，物体の色や明るさを表す画素の集合です．ロボットに重要な距離と方向の観点でいうと，個々の画素からは画像上の点の方向しかわかりません．そのため，複数の画像から三角測量によって距離を計算します．たとえば，2 つの異なる位置で画像を撮影し，その 2 枚の画像上で同じ点を見つければ，その点と 2 つのカメラ位置から三角法を用いて，その点までの距離を求めることができます．

単眼カメラ（monocular camera）はカメラを 1 台しかもたないので，センサ自体としては距離を得ることはできません．カメラを移動させて得た複数の視点から三角測量によって距離を算出することになり，その処理自体が SLAM の一部になります．**ステレオカメラ**（stereo camera）は複数のカメラをもつので，静止したまま三角測量で距離を計算できます．すなわち，SLAM とは独立にセンサとして距離と方向を得ることができます．

距離画像カメラ（range camera）は，赤外線などを発光して距離情報を画像として計測します．それと同時に通常の RGB 画像を取得できるものもあります．距離画像カメラを用いれば，物体までの距離と方向をセンサとして直接得ることができます．

このほかに重要なセンサとして超音波センサがあります．**超音波センサ**（ultrasonic sensor）は，超音波を照射して，物体までの距離と方向を計測します．古くから移動ロボットによく使われ，初期の SLAM の研究では超音波センサの使用が想定されていました．

ただ，超音波センサは，一般に，Lidar に比べて最大計測距離や指向性が悪く，解像度も低いので，陸上のセンサとしては，Lidar にとって代わられました．いまでは，陸上用で主力センサとして使われることは少なくなりましたが，小型で安価なこと，Lidar やカメラが苦手なガラスなどの透明物体が検出できることなどから，近距離の障害物検出用によく使われます．

また，水中では，レーザ光や可視光は急速に減衰するため，条件がよい場合にしかLidarやカメラは使えず，超音波センサが主力となります．

以下では，陸上の移動ロボットを想定し，外界センサとしてLidarとカメラを考えます．これらの外界センサを評価する指標として次のものがあります．センサデータの特性によってSLAM手法も変わるため，外界センサの特性を把握することは重要です．

- 距離計測能力

  ロボットの外界センサにおいて重要なポイントの1つは，距離が直接計測できるかどうかです．Lidarや距離画像カメラは距離を直接計測できるセンサです．距離が直接計測できると，処理コスト，安定性，精度に関して有利になります．

- 計測可能距離

  計測可能な最小距離および最大距離のことです．最大距離はとくに重要で，これが小さいと広い環境の地図をつくる際，見えるランドマークが少なくなり不利になります．最小距離は，地面を見たり，障害物を見つけるために重要で，なるべく小さいほうが望ましいです．

- 分解能

  分解能は空間をどれだけ細かく計測できるかの指標で，多くの場合，面積あたりの点数で評価できます．Lidarならばビーム本数（角度分解能），カメラならば画像解像度です．分解能が高いほど処理コストは増大しますが，精度・安定性で有利になります．

- 視　野

  視野が広いことはロボットにとって重要です．よいランドマークをすばやく見つけるには視野が広いほうがよく，また，一度に環境の全体形状を把握できるとSLAM処理の安定性が増します．視野が限られる場合は，センサを振る（パン・チルト）などして計測範囲を広げることが必要になりますが，そのために視点計画が必要になって処理が複雑になったり，振る動作に時間がかかるなどの問題があります．

- 照明条件

  ロボットは屋内・屋外のさまざまな環境で活動するので，照明条件を考慮することは重要です．考慮すべき状況として，照明が少ない場合，および，極端に明るい場合があります．Lidarや距離画像カメラは自ら発光するアクティブセンサなので，照明の少ない暗いところでも使用できます．一方，直射日光下のような極端に明るい環境では，Lidarの多くは使えますが，現状，距離画像カメラの多くは使えません．

  単眼カメラやステレオカメラは，照明条件の影響を大きく受けます．発光機能をもたないので，照明のないところでは，基本的に使えません．また，屋外は照明のダイナミックレンジが非常に広く，通常のカメラでは十分に対応しきれずに，画像に白飛びや黒つぶれが発生することがあります．これに対処するため，高ダイナミックレンジに対

■ 表 3.1 外界センサの典型的な仕様

点数は 1 スキャンまたは 1 画像あたりのオーダ（桁），視野は主に水平視野，レートは 1 秒間に取得可能なスキャンまたは画像数を表す．

センサ	最大計測距離〔m〕	点 数	視野〔°〕	レート〔fps〕	照 明	特徴量
Lidar	5～400	10^2～10^6	120～360	10～50	暗・屋外可	受光強度
単眼カメラ	–	10^5～10^7	60～180	10～1,000	暗不可	輝度・色
ステレオカメラ	5～30	10^5～10^6	60～120	20～100	暗不可	輝度・色
距離画像カメラ	1～10	10^5～10^6	60～120	20～60	屋外不可	輝度・色

応したカメラの開発が行われています．

- 特徴量

位置と方向のほかにセンサから直接得られる情報で，カメラならば輝度や色，Lidar ならば受光強度などがあります．センサにそもそも備わったこのような特徴量のほかに，近傍の点群や画素から局所記述子と呼ばれる特徴ベクトルを計算によって求めることもよく行われます．

現状での Lidar およびカメラの典型的な仕様を**表 3.1** に示します．新しい製品が日々開発されているため，この表はあくまで目安です．また，測量用の Lidar には解像度や精度が非常に高い製品もありますが，大型でリアルタイム処理には向きません．ここでは，移動ロボットに搭載して移動しながらリアルタイム計測が可能な小型 Lidar に限定しています．

2 内界センサ

内界センサとは，ロボット外部の計測なしにロボットの状態を知るセンサです．移動ロボットでは車輪オドメトリ（以下，オドメトリ），ジャイロスコープ，IMU などがよく使われます．

オドメトリは車輪の回転数からロボットの速度・角速度を求め，さらにそれを積分して位置を求めます．この定式化は，文献 112), 125) に詳しく述べられています．前述のように，オドメトリは微小移動量の積分によってロボット位置を求めるので，誤差が累積するという問題があります．また，車輪がスリップすると大きな誤差が生じます．

ジャイロスコープ（以下，ジャイロ）は，回転量・角速度を求めるセンサです．2D 姿勢ならばヨー軸まわりの 1 軸ジャイロ，3D 姿勢ならばロール・ピッチ・ヨー（次節参照）の 3 軸ジャイロが使われます．最近は，小型のジャイロでも精度の高い製品が市販されており，オドメトリと併用することで自己位置推定の精度を大幅に高めることができます．ただし，ジャイロの計測値は温度に影響されます．また，角速度から積分によって角度を求めるので，オドメトリと同様に誤差が累積していきます．

IMU（inertial measurement unit）はジャイロ，加速度センサ，磁気センサなどが一体となったセンサです．このうち，加速度センサは衝撃の検出や歩行ロボットの姿勢制御などに使われます．原理的には加速度センサで並進量を推定できるはずですが，実際は誤差が急激に累積するため，加速度センサ単体では並進量の推定は困難です．ただ，センサ融合に用いることは可能であり，12.5節でその例を紹介します．また，磁気センサは磁気の方向を計測し，ロボットの向きを知るために使うことがあります．

3.2　SLAMの出力

SLAMの出力は，ロボットの移動軌跡（位置の時系列）と地図です．とくに，地図にはさまざまな種類があるので，この節で基本的なものを紹介しておきます．本書のプログラムは，ここで紹介したもののうち，2次元の移動軌跡と点群地図を出力します．

1　ロボット位置

ロボット**位置**（robot pose）は，SLAMの「自己位置推定」の部分で得られます．2.2節で述べたように，本書では，「位置」という言葉で，位置と方向の両方を含むことにします．

ロボット位置は地図座標系で定義されますが，ロボットの方向を表すためにロボット座標系を考えます．ロボット座標系はロボットに張り付けられた座標系であり，本書では走行面に平行な平面上にxy座標系を定義し，ロボットの前方向をx軸，左方向をy軸とします．また，走行面に垂直な上向きの方向をz軸とします．車輪型ロボットのように2D運動する場合の位置は3自由度で$(x, y, \theta)^{\mathsf{T}}$となります．本書のプログラムで用いるロボット位置はこれに相当し，その詳細は6.1節の3項で述べます．また，ロボットが3D運動する場合の位置は6自由度で，たとえば，$(x, y, z, \psi, \phi, \theta)^{\mathsf{T}}$と表します．$\psi$，$\phi$，$\theta$は，それぞれ$x$軸まわり，$y$軸まわり，$z$軸まわりの回転で，**ロール角**，**ピッチ角**，**ヨー角**と呼びます．このほか，3D回転の表現として，単位四元数や回転ベクトルもよく使われます．3D回転については，12.3節や13.11節であらためて詳しく説明します．

センサの種類によって，得られるロボット位置の周期は違います．オドメトリによるロボット位置はオドメトリ周期で得られ，典型的には，50〜200 Hz程度で高頻度に得られます．一方，外界センサデータから推定したロボット位置は，外界センサのフレームレート（1秒あたりのスキャンまたは画像の取得数）で得られ，たいていは，オドメトリより1桁分遅くなります．

2.3節の3項で述べたように，SLAMでは「センサ融合」が使われます．センサ融合をする際は，複数のセンサで推定した各ロボット位置を時刻によって対応づける必要があります．また，ロボットとセンサの相対位置もセンサ融合に必要です．ロボット位置の基準は，普通はロボットの中心あるいは車軸の中心に置きますが，センサはロボットの中心に置かれているとは限らないので，センサとロボットの相対位置を校正によってきちんと求める必要があります．ただし，本書では簡単のため，この相対位置は既知として，センサ位置とロボット位置は同一視します．

2 地 図

(1) 計量地図と位相地図

ロボットが用いる地図にはさまざまな表現形式があります．まず，大きな区分けとして，計量地図と位相地図があります．

計量地図（metrical map）とは，実世界の距離と方向が（ある縮尺のもとで）保たれている地図のことです(注2)．計量地図で得られた経路は，実世界の経路と相似形であり，その経路を（縮尺を考慮して）そのままたどれば，実世界で目的地に着くことができます．地図帳に載っている多くの地図はこれにあたります．

一方，**位相地図**（topological map）は，場所のつながりは保っているが，正確な距離や方向は保たない地図のことです．鉄道路線図などはこれにあたります．位相地図は，環境情報の要点を抽出した抽象度の高い地図であり，データ量が少なくて済み，人間にとっては解釈が容易です．しかし，ロボットにとって位相地図を解釈するのは容易ではなく，ロボットが強力な認識能力をもつ必要があります．一般に，位相地図では多くの環境情報が省略されているので，ナビゲーション実行時にリアルタイムで周囲環境を認識しなければならないからです．それでも，見た目やデータ量のコンパクトさは大きな利点であり，ロボットの認識能力が向上すれば，位相地図は有望な地図表現になると期待されます．

本書では，計量地図を対象とします．以下では，計量地図として，特徴地図と占有格子地図を詳しく説明します．

(2) 特徴地図

特徴地図（feature map）とは，センサデータから抽出された特徴を構成要素とした地図です．センサデータから抽出される最も基本的な特徴は点であり，多くの点で構成された**点群地図**（point-cloud map）はよく用いられる表現です．点群地図の利点は，考え方も実装もシンプルだということです．また，他のさまざまな地図に発展する基本形としても有用です．本書のプログラムでも，点群地図を用いています．

図3.2に点群地図の例を示します．これは2D-Lidarで得た点（スキャン点）から構成された地図です．右の拡大図からわかるように，左の図で線分に見える部分は，実際は点の集合からなっています．

センサデータから得られる点以外の特徴としては，直線，線分，平面などがあります．一般

〔注2〕 ロボティクスで「計量地図」という用語はたびたび使われますが，明確な定義はないようなので[112]，ここではこのように定義しました．

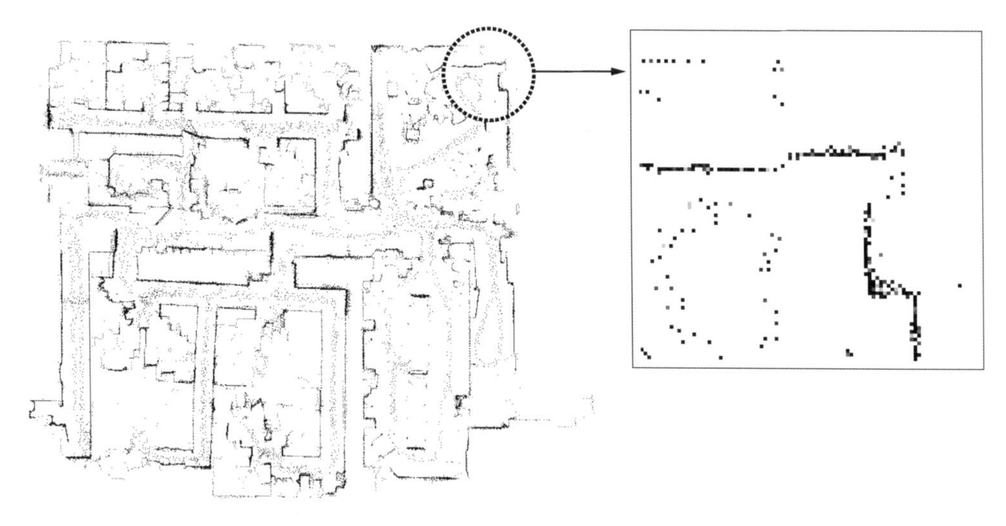

■ 図 3.2　点群地図の例

2D-Lidar のデータから生成した点群地図．線分に見える部分も，細かい点の集まりでできている．

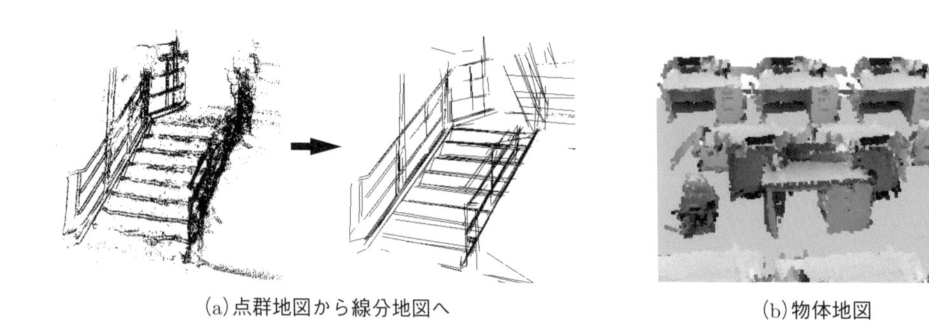

(a) 点群地図から線分地図へ　　(b) 物体地図

■ 図 3.3　幾何地図と物体地図の例

(a) 幾何地図：点群から抽出した線分を構成要素とする[119]．
(b) 物体地図：机などの物体の 3D モデルをあらかじめ画像から生成しておき，2D–SLAM で生成した地図に物体モデルをあてはめて生成した[116]．

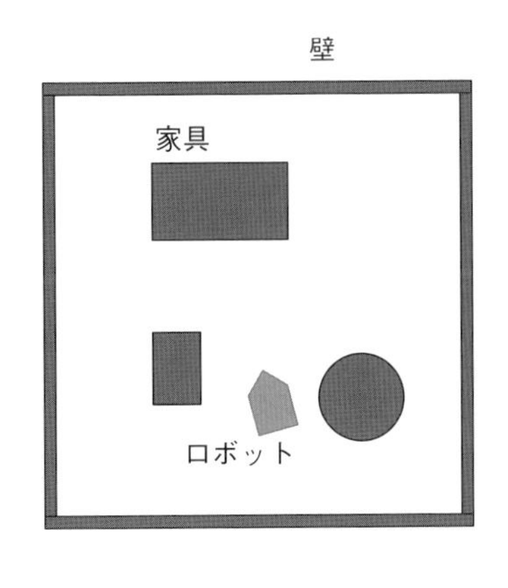

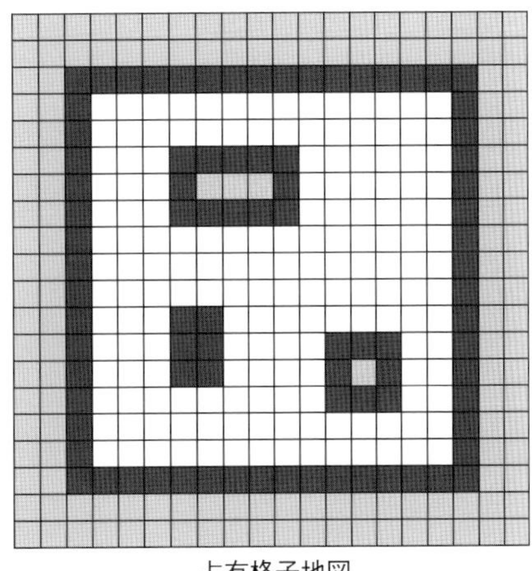

■ 図 3.4　占有格子地図の模式図

左の環境をロボットが走り回って計測したとき，右のような占有格子地図ができる．格子状に区切られた各矩形がセルである．壁の向こう側は未観測なので灰色となる．長方形や円の内部も未観測なので灰色となる．解像度が粗いため，円は正方形になっている．

に，高次の特徴になるほど抽象度が高くなり，データ量が減るとともに制約が強くなります．たとえば，直線性，平面性，平行性，直交性などの制約を用いると，曖昧（あいまい）性を解消できる場合があります．一方，SLAM 自体は点群地図で行い，そこから線分や平面などの高次の特徴を検出して，データ量の削減や抽象度を上げることもよく行われます．

このような点や線の幾何学的要素からなる地図を**幾何地図**（geometric map）と呼ぶことがあります．筆者の知る限り幾何地図の明確な定義はないようですが，人間が CAD（computer aided design）で作成した地図などは幾何地図と呼ぶほうがふさわしいでしょう．

また，点群地図から物体を抽出して，物体の配置を記した地図を**物体地図**（object map），あるいは**意味を付与した地図**（semantic map）と呼ぶことがあります．

点群から線分，平面，物体へと抽象度が上がるほど，特徴地図というよりも幾何地図や物体地図に近くなっていきます．**図 3.3** に線分地図や物体地図の例を示します．

(3) 占有格子地図

占有格子地図（occupancy grid map）は，地面や床面を等間隔の格子状に区切って**セル**に分割し，各セルが物体に占有されているかどうかの確率を表す地図です．各セルは，占有（occupied，物体がある）と自由（free，物体がない）の 2 つの状態をとります．そして，占有状態にある確率（占有確率）をセル値としてもちます．占有格子地図は，センサデータを入力するたびに，各セルの占有確率を計算します[112)]．占有確率 0.5 だと占有か自由かわからない状態を表しますが，これと未観測（unknown）とは区別したいこともあるので，実装においては，「未観測状態」を用意して占有確率とは別にもっておくと便利です．

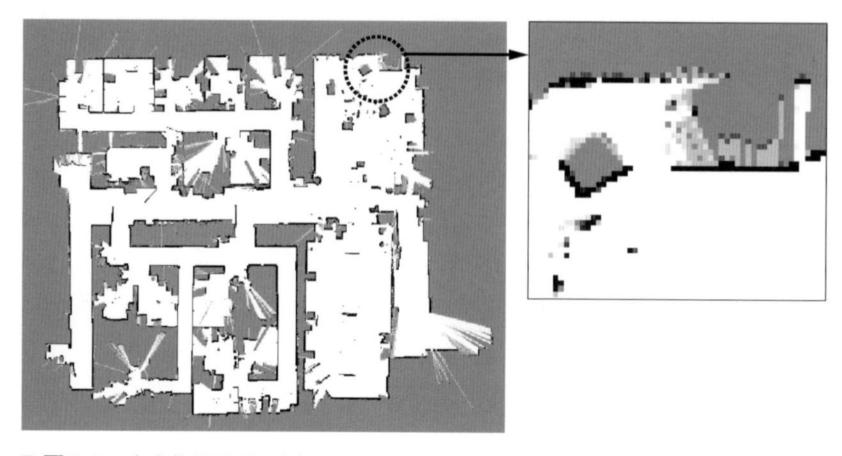

■ 図 3.5　占有格子地図の例

拡大すると，細かいセルでできているのがわかる．

図 3.4 は，占有格子地図がどのようにできるかを模式的に示しています．ここでは，占有確率 1 を黒，占有確率 0 を白，その中間を灰色で表しています．この例では，セルのサイズが大きく解像度が粗いので，少し大ざっぱな地図になっています．セルサイズを小さくすれば，もっと詳細な地図になります．

図 3.5 は，実際のセンサデータから生成した占有格子地図です．この図では占有確率 0.5 と未観測の区別はつきませんが，たいていの灰色セルは未観測です．拡大図を見ると，各セルが格子状になって濃淡がついているので，それぞれ値をもつことがわかります．

点群地図に比べて，占有格子地図には 3 つの利点があります．第 1 の利点は，「地図が格子状に区切られているので，ある位置に障害物があるかどうか即座にわかる」ことです．たとえば，位置 (x, y) に障害物があるかどうかを調べるには，まず，次式によってセルを特定します．

$$
\begin{aligned}
i_x &= \mathrm{floor}\left(\frac{x - c_x}{d}\right) \\
i_y &= \mathrm{floor}\left(\frac{y - c_y}{d}\right)
\end{aligned}
\tag{3.1}
$$

(c_x, c_y) は地図範囲の下限，d はセルの 1 辺の長さです．floor は実数の小数点以下を切り捨てて整数にする関数です．

(i_x, i_y) は，図 3.4 の右の地図において，各セルの x 方向と y 方向の離散的な位置を表します．したがって，(i_x, i_y) は格子地図上の離散的な座標系を構成するので，これを格子地図座標系と呼ぶことにします．i_x，i_y は配列のインデックスとして使うことができ，これによって特定のセルに一意かつ即座にアクセスできます．ちなみに，点群地図では，位置 (x, y) に点（障害物）があるかどうかを判定するためには，すべての点と位置 (x, y) との距離を計算する必要があり，時間がかかります．実際は，効率的なデータ構造を用いて近傍点を高速に見つけるア

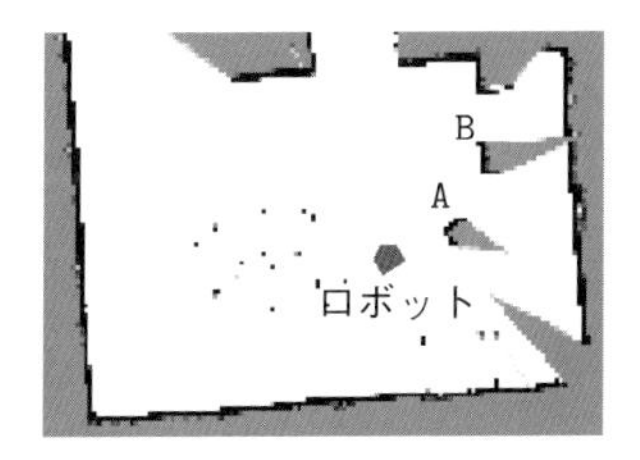

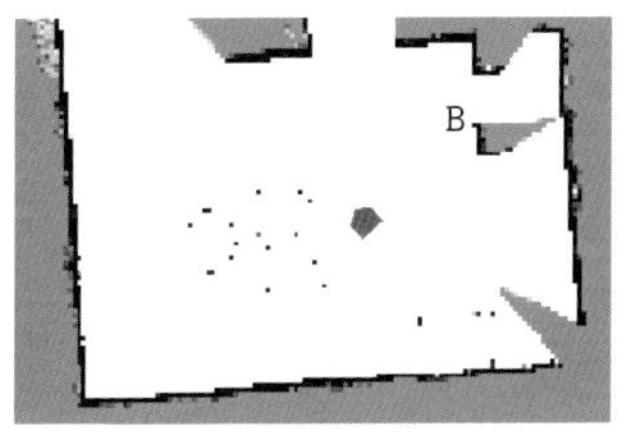

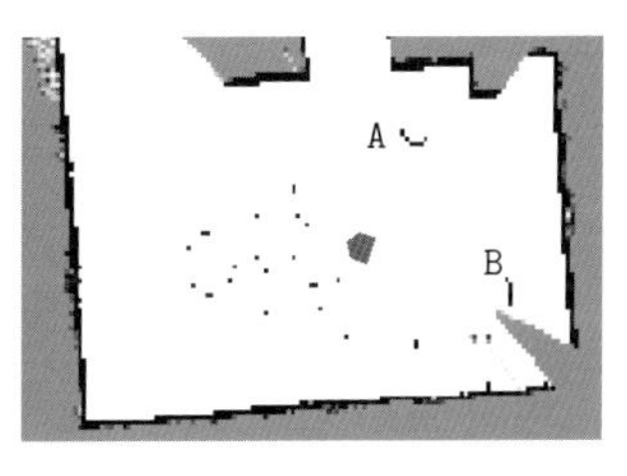

■ **図 3.6** 物体移動による占有格子地図の変化

左から右に時間が経過する．物体 A と B を人間が運んで位置を変えた．

ルゴリズムを用いますが，それでも占有格子地図よりは時間がかかります．

第 2 の利点は，物体がないことを明示的に表せることです．占有確率 0 は，そのセルに障害物がないことを明示的に表しているので，ロボットはそのセルの上を通過してよいことがわかります．一方，点群地図では，そこに点データが存在しないだけでは，本当に物体がないのか未観測なのか，区別できません．

第 3 の利点は，時間的な変化を表せることです．占有確率はセンサデータが入力されるたびに更新されるので，物体が移動するとセルの占有確率が変わります．**図 3.6** に物体の移動にともない，占有格子地図が変化する例を示します．この例では，2 つの物体 A，B を移動させていますが，それぞれ，もとの位置は自由状態に，新しい位置は占有状態に変化しています．ただし，時間変化を速やかに反映するには，各セルが過去の入力をすべて保持せずに，古いものを捨てるようなしくみが必要です．一方，点群地図では，物体がないことを明示的に表せないので，移動した物体を消すことはそれほど容易ではありません．

これらの利点により，占有格子地図では，障害物の有無を容易に判定できるため，障害物回避や目的地までの経路計画を効率よく行うことができます．

格子表現の欠点は，対象環境が広いと使用メモリや処理コストが増大することです．とくに，3 次元になると使用メモリは大幅に増大します．しかも，セルのサイズを小さくするとメモリは増大します．占有格子地図が表せる空間の解像度はセルサイズで決まるので，セルを小さくして細かい形状まで表そうとするとメモリが増えます．しかし，メモリ節約のためにセルを粗くすると，占有領域が膨らんで，本来通れる空間を通れないと判断するということが起こったりします．また，格子表現には格子地図座標系が介在するため，点群表現に比べて座標変換が複雑になり，地図境界が動的に変化する場合や，複数の部分地図を結合して全体地図をつくるような場合に，プログラムが煩雑になるという問題もあります．

■トピック3■

SLAMの歴史

SLAMの研究が始まったのは，1980年代半ばです．1980年から1990年初頭にかけて，現在も使われている主要な地図表現方法が提案されました．すなわち，特徴地図や幾何地図，占有格子地図，位相地図はこの時期にはすべて出そろっています．また，センサもほぼこの時期に出そろっています．たとえば，内界センサとしてオドメトリ，ジャイロ，外界センサとして超音波センサ，Lidar，ステレオカメラ，単眼カメラなどがこの時期にすでに用いられています．ただし，この時期は装置の性能やコンピュータの処理速度などの制約から，処理量の少ない超音波センサがよく用いられました．

SLAMの概念が明確に提案されたのは，1986年ごろ，R. Smith，P. Cheesemanらによる**カルマンフィルタ**を用いたSLAMの論文[100),101)]といわれています．その後，カルマンフィルタを用いたSLAMや自己位置推定法は，H. Durrant-Whyteのグループを中心に発展しました．1990年代後半に，より一般的な手法として，S. Thrun，W. Burgardらを中心としたグループにより，ベイズ–マルコフモデルを用いた占有格子地図での自己位置推定法やパーティクルフィルタを用いた自己位置推定法が提案されました[112)]．

2000年代になると，コンピュータやセンサの進歩とともに，2D-Lidarを用いたSLAMによってリアルタイムで精度のよい2D地図が構築できるようになりました．さらに，2D-Lidarを回転させるなどして，3D地図を構築する研究も行われました．これにともない，対象領域も屋内，屋外，水中，空中，坑道などに多様化していきました．その後も，安価で高性能なLidarが次々と開発され，SLAMの主要なセンサの1つとなっています．また，ステレオカメラ，単眼カメラによるSLAM技術もこの時期から本格的に進歩を始めます．

2000年代後半から2010年代には，3D地図に研究がシフトしました．それまでは，2D-Lidarを回転させて3Dデータを得ていたため，リアルタイムで詳細な3D地図を得るのは難しかったのですが，比較的小型でリアルタイム計測可能なロボット向けの3D-Lidarが開発され，詳細な3D地図が容易に構築できるようになりました．

同じ時期に，ステレオカメラや単眼カメラによるSLAMも急速に発展しました．最近では，IMUを組み合わせることで，単眼カメラによるドローン用の高速な6自由度SLAMも開発されています．

また，近年は，赤外線レーザを用いて物体までの距離を計測した画像（距離画像）を取得できる安価な距離画像カメラが普及し，3D–SLAMに利用されています．このセンサは直射日光に弱いことから，ほぼ屋内利用に限定されますが，スマートフォンやタブレットなどに搭載して3D地図をつくることも可能になっています．

SLAM手法としては，2000年代はベイズフィルタにもとづくSLAMの研究が盛んで，カルマンフィルタのほか，情報フィルタによるSLAM，パーティクルフィルタによるSLAMなどが提案されています[112)]．

その一方で，最適化にもとづく手法は，LuとMilios[71)]に始まってThrunらによって展開されていました[112)]．そして，Olsonら[90)]によって完全SLAM問題をロボット軌跡の最適化に縮約して高速に解く方法（ポーズグラフ最適化）が提案され，実用への道が開かれました．この考え方は，SPA[64)]やG2O[66)]，GTSAM[22),23)]などのツールに引き継がれています．この最適化アプローチは大規模化に向いていることから，現在のSLAMの主流となっています．

CHAPTER
4
SLAMシステムの具体化

この章では，SLAMのシステム構成を具体的に考えていきます．SLAMシステムは，目的や応用ごとにさまざまなものがあります．ここでは，それらを網羅的に説明するのではなく，本書のプログラムを設計する際に考慮したことを，SLAMのシステム構成の一例として紹介します．

まず，大きな設計方針として，グラフベースSLAMのアプローチをとることを説明します．次に，第2章で述べた要素技術について，本書のシステムでどう具体化するかを説明します．最後に，このシステムがグラフベースSLAMの枠組みにどのように位置づけられるか考察します．

関連知識

4.3節は確率論に関するやや高度な知識を必要とします．次の項目を確認しておくことよいでしょう．

最小二乗法（13.3節），確率分布（13.4節），誤差解析（13.5節），共分散（13.6節），ベイズフィルタ（13.13節）

4.1 システム構成の方針

1 フィルタアプローチと最適化アプローチ

SLAMの手法には，大きく分けて，ベイズフィルタを用いるアプローチと，最適化にもとづくアプローチがあります．

ベイズフィルタ（Bayes filter）とは，ベイズの定理（13.4節の1項参照）を利用した時系列フィルタの総称で，カルマンフィルタやパーティクルフィルタなどがあります．歴史的に最初のSLAMはベイズフィルタを用いたものです[100]．そこでは，超音波センサなどによる疎な計測点にカルマンフィルタを適用してSLAMを構成しました．その後，大規模な環境に対処するために，パーティクルフィルタを用いたSLAMが提案されました[112]．ベイズフィルタによるSLAMの利点は，ロボット位置とランドマーク位置の確率分布を逐次的に推定できることです．これにより，それぞれの位置を不確実性を含めてリアルタイムで知ることができます．ベイズフィルタによるSLAMの概要は，13.13節を参照してください．

一方，**最適化アプローチ**は，2.2節で述べた連立方程式を最小二乗問題として解くものです．この最小二乗問題は非線形となるので，多くの場合，くり返し計算で解きます．このくり返し計算を行うには初期値が必要なので，オドメトリの計測値を用いたり，SLAMの逐次処理の結果を用いたりします．この逐次処理も部分的なセンサデータに関する最適化にもとづきます．

これら2つのアプローチを比較すると，推定精度や計算量の点で，最適化アプローチのほうが有利だと考えられます．SLAMでよく使われる拡張カルマンフィルタは繰り返し計算をしないので，推定精度は最適化アプローチに劣ります(注1)．また，拡張カルマンフィルタでSLAMを実装するとランドマーク数の2乗に比例した計算量になります[112]．そのため，大規模な環境では計算量が非常に大きくなります．パーティクルフィルタによるSLAMも，最適化アプローチに比べて計算量が多いことが示されています[104]．

2 本書のアプローチ

本書では，最適化アプローチをとります．本書で用いる最適化アプローチは，**グラフベースSLAM**（graph-based SLAM）の一種であり，2.2節で述べた連立方程式をロボット位置だけに軽量化したうえで，非線形最小二乗問題として解きます[71), 90), 112]．

この最適化処理は一括処理でありリアルタイム性に欠けるので，逐次処理と合わせて，2段階でSLAMを構成します．**図4.1**にシステム構成を示します．

システムは，**フロントエンド**（front-end）と**バックエンド**（back-end）で構成されます．おおまかにいうと，フロントエンドは前述の逐次処理，バックエンドは一括処理に相当します．フロントエンドでは，地図の逐次生成のほか，データ対応づけやループ検出，ポーズグラフ生成などを行います．バックエンドでは，ループ閉じ込みで必要となるポーズ調整および地図の一括修正などを行います．これらの処理は，次節の概要で示すとおり，本書の各章で説明していきます．

バックエンドの処理は一般に負荷が重いのですが，バックエンドはフロントエンドとは別スレッドで実行してもよいので，リアルタイムで動かなくてはならない逐次処理に影響がおよば

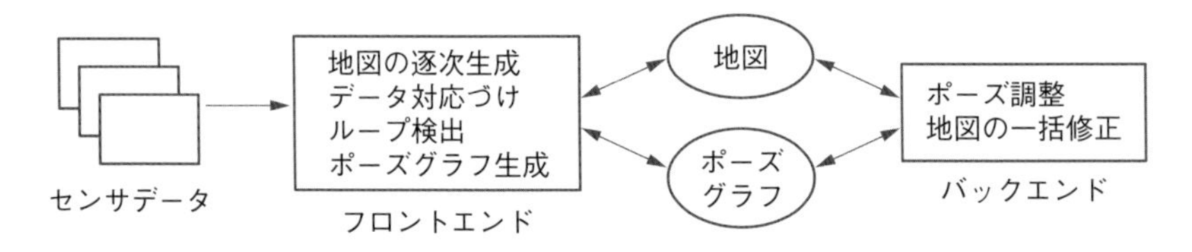

■図4.1　SLAMシステムの構成

(注1) 13.13節の1項で述べているように，繰り返し拡張カルマンフィルタという手法は，最適化アプローチでよく使われるガウス–ニュートン法と等価であることが知られています．したがって，繰り返し拡張カルマンフィルタを用いれば，最適化アプローチと実質的に同じになります．

ないようにできます．ただし，本書のプログラムでは，簡単のため，マルチスレッドによるバックエンドの実行は実装されていません．

このように，フロントエンドとバックエンドを分けることで，2.4 節で述べたような，逐次処理と一括処理の利点を活かしたシステムにすることができます．このような構成は大規模な地図構築に向いており，近年の SLAM システムの主流となっています[66), 67), 105)]．

4.2 システムの概要

ここでは，第 2 章で述べた概念をシステムとしてどう具体化するか，その概要を述べます．個々の詳細は，第 6 章以降で説明します．

- 入　力

  本書のプログラムでは，センサとして 2D-Lidar とオドメトリを用います．そのデータの入力方法は，第 6 章で説明します．また，第 12 章では 3D-Lidar と IMU のデータを入力とした 3D-SLAM を説明します．

- 出　力

  SLAM の出力はロボットの移動軌跡と点群地図で，どちらも 2 次元です．これらの描画の仕方は第 6 章で説明します．点群地図の構造については，第 7 章と第 8 章で説明します．また，第 12 章の 3D-SLAM の出力は，3 次元のロボットの移動軌跡と点群地図です．

- ロボット位置とランドマーク位置の推定

  スキャンマッチングを用いて，リアルタイムでロボット位置とランドマーク位置を推定する逐次処理（以下，**逐次 SLAM**）を行います．

  スキャンマッチング（scan matching）は，Lidar で得た点群データの位置合わせによってロボット位置を推定する技術です．スキャンマッチングは，一度に計測した大量のデータを使うため，2.2 節の 4 項で述べたように，オドメトリデータなしで位置推定が可能です．ただし，スキャンマッチングには初期値が必要であり，その初期値としてオドメトリ値を用います．

  スキャンマッチングについては，基本形を第 7 章で，改良形を第 8 章と第 11 章で説明します．また，第 12 章では，3 次元でのスキャンマッチングの原理を説明します．

- データ対応づけ

  スキャンマッチングの手法である ICP の中で，2.3 節の 2 項で述べた位置制約によるデータ対応づけが行われます．データ対応づけの方法も，第 7 章，第 8 章，第 11 章で説明します．

- センサ融合

  2.3節の3項で述べたように，Lidarを用いても，環境条件によっては退化が生じる可能性があります．これに対処するため，スキャンマッチングによる推定値とオドメトリによる推定値を確率的に融合します．センサ融合の詳細は，第9章で説明します．また，第11章では，センサ融合を最適化計算の中に組み込むMAP推定という方法を説明します．第12章では，3D-SLAMにおけるスキャンマッチングによる推定値とIMUによる推定値の融合方法を説明します．

- ループ閉じ込み

  ループ閉じ込みは，ループ検出とポーズ調整から構成されます．ループ検出はスキャンマッチングにより行います．逐次SLAMよりも広い範囲を探索して，マッチングスコアの高い場所があれば，ループを検出したとみなします．ポーズ調整は，ループ検出結果にもとづいて，ループが閉じるようにロボット軌跡を修正します．ループ閉じ込みの詳細は，第10章で説明します．また，第11章で，ループ閉じ込みのロバスト性を向上させる方法を説明します．

- 地図の管理

  占有格子地図と同様のしくみを使って，点群地図を効率よく管理します．その詳細は，第8章で説明します．また，第11章では kd木を用いた方法を説明します．

4.3　グラフベースSLAM

ここでは，グラフベースSLAMの観点から，2.3節の議論を掘り下げて，SLAMの定式化につなげていきます．さらに，本書のSLAMシステムの構造も定式化します．この節は数式が少し複雑なので，最初は読み飛ばして，第11章の後に読むようにしてもよいでしょう．

1　SLAMのグラフ表現

グラフベースSLAMは，その名のとおり，SLAMの構造をグラフで表して定式化する手法で，**完全SLAM問題**を表すことができます．完全SLAM問題は，ロボットの制御値とランドマーク計測値を入力として，ロボット軌跡と全ランドマーク位置を推定する問題です[112]．**図4.2**(a)に，完全SLAM問題のグラフ表現を示します．同図で，$\boldsymbol{x}$はロボット位置，$\boldsymbol{q}$はランドマーク位置，$\boldsymbol{a}$はロボットの制御値（実際はオドメトリデータなど），$\boldsymbol{z}$はランドマーク計測値を表します．

なお，2.3節の1項で述べた不確実性を考慮したうえでのロボット位置とランドマーク位置の同時推定の定式化は，このグラフベースSLAMの考え方にもとづいています．

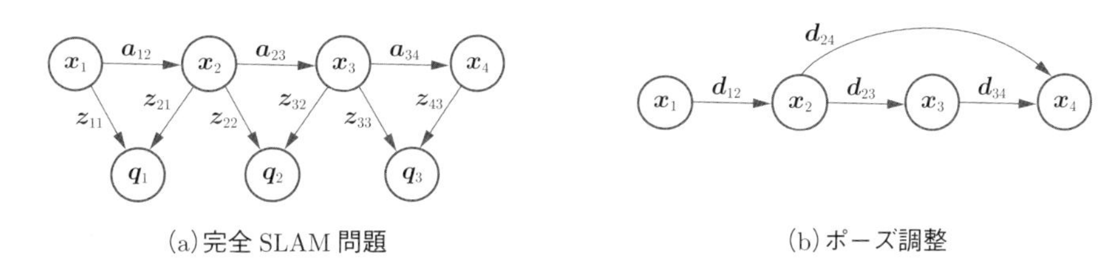

■ 図 4.2　SLAM のグラフ表現

$\boldsymbol{x}$ はロボット位置，$\boldsymbol{q}$ はランドマーク位置，$\boldsymbol{a}$ はロボットの制御値，$\boldsymbol{z}$ はランドマーク計測値，$\boldsymbol{d}$ はロボット位置間の相対位置の計測値を表す．

完全 SLAM 問題は計算量が膨大になるため，グラフベース SLAM の多くのアプローチでは，グラフを簡略化してポーズ調整（図 4.2 (b)）という問題に変換します．$\boldsymbol{x}$ はロボット位置，$\boldsymbol{d}$ は**拘束**（constraint）と呼ばれ，ロボット位置間の相対位置の計測値です．$\boldsymbol{d}$ は，ロボットの制御値 $\boldsymbol{a}$ として与えられることもあれば，他の方法で与えることもあります．とくに，ループを表す場合，$\boldsymbol{d}$ はループ検出によって与えられます．こうして計算量を減らしたうえで，最小二乗問題に落とし込んでロボット軌跡を推定し，その軌跡にもとづいて地図を構築します．

2　完全 SLAM 問題

ここでは，文献 112) にもとづいて，完全 SLAM 問題を定式化します．完全 SLAM 問題では，確率密度 $p(\boldsymbol{x}_{0:t}, \boldsymbol{m} \mid \boldsymbol{z}_{1:t}, \boldsymbol{a}_{1:t}, \boldsymbol{c}_{1:t})$ を推定します．$\boldsymbol{x}_{0:t}$ は，ロボット位置の時系列 $\boldsymbol{x}_0, \ldots, \boldsymbol{x}_t$ を表します．$\boldsymbol{m}$ は地図であり，ランドマークの集合 $\boldsymbol{q}_1, \ldots, \boldsymbol{q}_n$ です．$\boldsymbol{z}_{1:t}$ はランドマーク計測値の時系列，$\boldsymbol{a}_{1:t}$ は制御値あるいはオドメトリで得た移動量の時系列です．$\boldsymbol{c}_{1:t}$ はランドマークと計測データの対応づけの時系列です．なお，$\boldsymbol{z}_t$ には，時刻 t に計測された（複数の）ランドマーク計測値をまとめて格納します．

この式を漸化式として展開して，次のように変形します．

$$
\begin{aligned}
&p(\boldsymbol{x}_{0:t}, \boldsymbol{m} \mid \boldsymbol{z}_{1:t}, \boldsymbol{a}_{1:t}, \boldsymbol{c}_{1:t}) \\
&\quad = p(\boldsymbol{x}_{0:t}, \boldsymbol{m} \mid \boldsymbol{z}_t, \boldsymbol{z}_{1:t-1}, \boldsymbol{a}_{1:t}, \boldsymbol{c}_{1:t}) \\
&\quad = \frac{p(\boldsymbol{z}_t \mid \boldsymbol{x}_{0:t}, \boldsymbol{m}, \boldsymbol{z}_{1:t-1}, \boldsymbol{a}_{1:t}, \boldsymbol{c}_{1:t})\, p(\boldsymbol{x}_{0:t}, \boldsymbol{m} \mid \boldsymbol{z}_{1:t-1}, \boldsymbol{a}_{1:t}, \boldsymbol{c}_{1:t})}{p(\boldsymbol{z}_t \mid \boldsymbol{z}_{1:t-1}, \boldsymbol{a}_{1:t}, \boldsymbol{c}_{1:t})} \\
&\quad \approx \eta p(\boldsymbol{z}_t \mid \boldsymbol{x}_t, \boldsymbol{m}, \boldsymbol{c}_t)\, p(\boldsymbol{x}_t \mid \boldsymbol{x}_{0:t-1}, \boldsymbol{m}, \boldsymbol{z}_{1:t-1}, \boldsymbol{a}_{1:t}, \boldsymbol{c}_{1:t})\, p(\boldsymbol{x}_{0:t-1}, \boldsymbol{m} \mid \boldsymbol{z}_{1:t-1}, \boldsymbol{a}_{1:t}, \boldsymbol{c}_{1:t}) \\
&\quad \approx \eta p(\boldsymbol{z}_t \mid \boldsymbol{x}_t, \boldsymbol{m}, \boldsymbol{c}_t)\, p(\boldsymbol{x}_t \mid \boldsymbol{x}_{t-1}, \boldsymbol{a}_t)\, p(\boldsymbol{x}_{0:t-1}, \boldsymbol{m} \mid \boldsymbol{z}_{1:t-1}, \boldsymbol{a}_{1:t-1}, \boldsymbol{c}_{1:t-1})
\end{aligned}
\tag{4.1}
$$

この導出の 3 段目では，ベイズの定理を使って，式を 2 つに分解しています．ここで，η はベイズの定理の分母 $p(\boldsymbol{z}_t \mid \boldsymbol{z}_{1:t-1}, \boldsymbol{a}_{1:t}, \boldsymbol{c}_{1:t})$ の逆数にあたる正規化因子であり，$\boldsymbol{x}_{0:t}$ や $\boldsymbol{m}$ によらないので定数として扱います．定数因子はここでの推定に影響しないので，以下では，定数因子を同じ η でまとめて表します．4 段目の第 1 因子では依存関係のない変数を取り除いています．これは，現在のロボット位置 $\boldsymbol{x}_t$ と $\boldsymbol{m}, \boldsymbol{c}_t$ が決まれば，他の情報に依存せずに計測値 $\boldsymbol{z}_t$ が決まるという仮定にもとづいています．また，4 段目の第 2 因子と第 3 因子は条件つき確率による結合確率密度の展開です．さらに，5 段目の第 2 因子では，直前のロボット位置 $\boldsymbol{x}_{t-1}$ と移動量 $\boldsymbol{a}_t$ があれば現在位置 $\boldsymbol{x}_t$ が決まるという仮定にもとづいて，依存関係のない変数を取り除いています．5 段目の第 3 因子では，$\boldsymbol{x}_t$ や $\boldsymbol{z}_t$ がないことから，推定に影響しない $\boldsymbol{a}_t$ や $\boldsymbol{c}_t$ を取り除いています．

式 (4.1) の 4 段目の第 3 因子は，時刻 $t-1$ における完全 SLAM 問題の確率密度であり，漸化式を構成することがわかります．この漸化式を次々に展開していくと

$$
\begin{aligned}
p(\boldsymbol{x}_{0:t}, \boldsymbol{m} \mid \boldsymbol{z}_{1:t}, \boldsymbol{a}_{1:t}, \boldsymbol{c}_{1:t}) &= \eta p(\boldsymbol{x}_0) \prod_t p(\boldsymbol{x}_t \mid \boldsymbol{x}_{t-1}, \boldsymbol{a}_t)\, p(\boldsymbol{z}_t \mid \boldsymbol{x}_t, \boldsymbol{m}, \boldsymbol{c}_t) \\
&= \eta p(\boldsymbol{x}_0) \prod_t \left\{ p(\boldsymbol{x}_t \mid \boldsymbol{x}_{t-1}, \boldsymbol{a}_t) \prod_i p(\boldsymbol{z}_t^i \mid \boldsymbol{x}_t, \boldsymbol{m}, \boldsymbol{c}_t^i) \right\} \qquad (4.2)
\end{aligned}
$$

が得られます．この式の 2 段目では，時刻 t に得た計測値の集合である $\boldsymbol{z}_t$ を個々の計測値 $\boldsymbol{z}_t^i$ に分解しています．導出の詳細は文献 112) を参照してください．

完全 SLAM 問題を解くには，$p(\boldsymbol{x}_t \mid \boldsymbol{x}_{t-1}, \boldsymbol{a}_t)$ と $p(\boldsymbol{z}_t^i \mid \boldsymbol{x}_t, \boldsymbol{m}, \boldsymbol{c}_t^i)$ を正規分布でモデル化して，式 (4.2) を最小二乗問題に変換します．そして，その二乗誤差を最小化するロボット軌跡 $\boldsymbol{x}_{0:t}$ と地図 $\boldsymbol{m}$ を解とします．なお，ロボット軌跡の共分散は計算できますが，地図の共分散は計算するのが難しく，通常は扱われません[112]．したがって，$p(\boldsymbol{x}_{0:t}, \boldsymbol{m} \mid \boldsymbol{z}_{1:t}, \boldsymbol{a}_{1:t}, \boldsymbol{c}_{1:t})$ の推定において，正規分布として推定されるのはロボット軌跡だけであり，地図は確率分布ではなく確定値になります．

次に，具体的にどのように式 (4.2) を最小二乗問題に変換するか説明します．

まず，$p(\boldsymbol{z}_t^i \mid \boldsymbol{x}_t, \boldsymbol{m}, \boldsymbol{c}_t^i)$ は，**計測モデル**と呼ばれ，ロボットが位置 $\boldsymbol{x}_t$ にいるときに，対応づけ変数 $\boldsymbol{c}_t^i$ で示される地図 $\boldsymbol{m}$ 内のランドマークを計測するとセンサ計測値 $\boldsymbol{z}_t^i$ が得られる**尤度**（ゆうど，likelihood）です．尤度はその事象が起きるもっともらしさを表す数値で，確率に似ていますが，確率と違って積分しても 1 になるとは限りません．なお，$\boldsymbol{z}_t^i$ は定数で，$\boldsymbol{x}_t$ が変数であることに注意してください．

ここでは，尤度 $p(\boldsymbol{z}_t^i \mid \boldsymbol{x}_t, \boldsymbol{m}, \boldsymbol{c}_t^i)$ を正規分布に比例した量であると仮定します．すると，2.3 節の 1 項の式 (2.9) と同様にして，次のように表せます．

$$
p(\boldsymbol{z}_t^i \mid \boldsymbol{x}_t, \boldsymbol{m}, \boldsymbol{c}_t^i) = \frac{k}{\sqrt{|2\pi\Sigma_{z_t}|}} \exp\left\{ -\frac{1}{2} (\boldsymbol{z}_t^i - \boldsymbol{h}(\boldsymbol{x}_t, \boldsymbol{q}^{j_i}))^\top \Sigma_{z_t}^{-1} (\boldsymbol{z}_t^i - \boldsymbol{h}(\boldsymbol{x}_t, \boldsymbol{q}^{j_i})) \right\} \quad (4.3)
$$

ここで，k は比例定数，$\boldsymbol{q}^{j_i}$ は対応づけ変数 $\boldsymbol{c}_t^i$ によって $\boldsymbol{z}_t^i$ と対応づけられた $\boldsymbol{m}$ 内のランドマークです．なお，k は実際の推定には影響しないので，簡単のため，以降は $k=1$ として，この尤度を正規分布そのもので表します．

次に，確率密度 $p(\boldsymbol{x}_t \mid \boldsymbol{x}_{t-1}, \boldsymbol{a}_t)$ は，**運動モデル**と呼ばれ，ロボットが位置 $\boldsymbol{x}_{t-1}$ にいて，ロ

ボットへの制御命令 $\boldsymbol{a}_t$ が与えられたときに，ロボットが位置 $\boldsymbol{x}_t$ に移動する確率を表しています．概念としては，運動モデルは計測ではなく予測を表します．ただ，実際には，多くの場合，制御命令 $\boldsymbol{a}_t$ にはオドメトリの計測値が使われます．

$p(\boldsymbol{x}_t \,|\, \boldsymbol{x}_{t-1}, \boldsymbol{a}_t)$ も正規分布にしたがうと仮定すると，2.3 節の 1 項の式 (2.10) と同様にして，次のように表せます．

$$p(\boldsymbol{x}_t \,|\, \boldsymbol{x}_{t-1}, \boldsymbol{a}_t) = \frac{1}{\sqrt{|2\pi\Sigma_{a_t}|}} \exp\left\{ -\frac{1}{2}(\boldsymbol{x}_t - \boldsymbol{g}(\boldsymbol{x}_{t-1}, \boldsymbol{a}_t))^\top \Sigma_{a_t}^{-1} (\boldsymbol{x}_t - \boldsymbol{g}(\boldsymbol{x}_{t-1}, \boldsymbol{a}_t)) \right\} \tag{4.4}$$

式 (4.3) と式 (4.4) を式 (4.2) に代入して両辺の負の対数をとり，定数因子を取り除くと，次のような最小二乗問題が得られます[71), 112)]．これは共分散行列で重みづけられた「重みつき最小二乗問題」となります（13.3 節 3 項参照）．

$$\begin{aligned} J = \boldsymbol{x}_0^\top \Sigma_0^{-1} \boldsymbol{x}_0 &+ \sum_t (\boldsymbol{x}_t - \boldsymbol{g}(\boldsymbol{x}_{t-1}, \boldsymbol{a}_t))^\top \Sigma_{a_t}^{-1} (\boldsymbol{x}_t - \boldsymbol{g}(\boldsymbol{x}_{t-1}, \boldsymbol{a}_t)) \\ &+ \sum_t \sum_i (\boldsymbol{z}_t^i - \boldsymbol{h}(\boldsymbol{x}_t, \boldsymbol{q}^{j_i}))^\top \Sigma_{z_t}^{-1} (\boldsymbol{z}_t^i - \boldsymbol{h}(\boldsymbol{x}_t, \boldsymbol{q}^{j_i})) \end{aligned} \tag{4.5}$$

J を最小化する $\boldsymbol{x}_{0:t}$ と $\boldsymbol{m}$ がこの最小二乗問題の解となります．Σ_0 は，ロボットの初期位置の共分散行列であり，非常に小さい値に設定しておきます[112)]．ただし，文献 112) では共分散行列の逆行列である情報行列を用いて定式化しています．

なお，完全 SLAM 問題には，ループを示す項が明示的にはありません．これは計測モデルの項に内在しています．

3 ポーズ調整

大きな地図ではランドマーク数（点群サイズ）が数万〜数億にもなりうるので，完全 SLAM 問題を直接解くには膨大な計算が必要になります．

そこで，計算量を減らすために，次式のようにして，完全 SLAM 問題をロボット軌跡の推定とランドマークの推定に分離します[112)]．

$$p(\boldsymbol{x}_{0:t}, \boldsymbol{m} \,|\, \boldsymbol{z}_{1:t}, \boldsymbol{a}_{1:t}, \boldsymbol{c}_{1:t}) = p(\boldsymbol{x}_{0:t} \,|\, \boldsymbol{z}_{1:t}, \boldsymbol{a}_{1:t}, \boldsymbol{c}_{1:t})\, p(\boldsymbol{m} \,|\, \boldsymbol{x}_{0:t}, \boldsymbol{z}_{1:t}, \boldsymbol{a}_{1:t}, \boldsymbol{c}_{1:t}) \tag{4.6}$$

こうすると，まず右辺第 1 因子においてロボット軌跡 $\boldsymbol{x}_{0:t}$ を推定し，次に，右辺第 2 因子において，得られた $\boldsymbol{x}_{0:t}$ のもとで地図（ランドマーク位置）$\boldsymbol{m}$ を推定するというように問題を分解できます．

右辺第 1 因子は，方程式の変数がロボット軌跡 $\boldsymbol{x}_{0:t}$ だけになって計算量が大幅に減り，準リアルタイムで解ける問題になります．また，右辺第 2 因子は，個々のランドマーク $\boldsymbol{q}_i$ が $\boldsymbol{x}_{0:t}$ のもとで条件つき独立であると仮定すると

$$p(\boldsymbol{m} \mid \boldsymbol{x}_{0:t}, \boldsymbol{z}_{1:t}, \boldsymbol{a}_{1:t}, \boldsymbol{c}_{1:t}) = \prod_i p(\boldsymbol{q}_i \mid \boldsymbol{x}_{0:t}, \boldsymbol{z}_{1:t}, \boldsymbol{a}_{1:t}, \boldsymbol{c}_{1:t}) \tag{4.7}$$

のように分解できます[112)]．そうすると，$\boldsymbol{x}_{0:t}$ が決まれば，個々のランドマーク位置を別々に推定できるので，地図 $\boldsymbol{m}$ の推定は効率よく計算できます．

ポーズ調整(pose adjustment)は，このうちのロボット軌跡の推定を行う技術です[35), 64), 90)]．具体的には，ロボット位置 $\boldsymbol{x}_t$ を変数として，時刻 s のロボット位置と時刻 t のロボット位置の相対位置 $\boldsymbol{d}_{st}$ を定数として，次のような最小二乗問題を構成し，この J を最小化する $\boldsymbol{x}_{0:t}$ を求めます．

$$\begin{aligned} J = &\sum_t (\boldsymbol{f}(\boldsymbol{x}_{t-1}, \boldsymbol{x}_t) - \boldsymbol{d}_t)^\top \Sigma_t^{-1} (\boldsymbol{f}(\boldsymbol{x}_{t-1}, \boldsymbol{x}_t) - \boldsymbol{d}_t) \\ &+ \sum_{(s,t)\in C} (\boldsymbol{f}(\boldsymbol{x}_s, \boldsymbol{x}_t) - \boldsymbol{d}_{st})^\top \Sigma_{st}^{-1} (\boldsymbol{f}(\boldsymbol{x}_s, \boldsymbol{x}_t) - \boldsymbol{d}_{st}) \end{aligned} \tag{4.8}$$

ここで，Σ_{st} は $\boldsymbol{d}_{st}$ の共分散行列です．なお，見やすさのため，隣接するロボット位置については，$\boldsymbol{d}_{t-1,t}$ を $\boldsymbol{d}_t$ と表しています（共分散行列も同様）．また，$\boldsymbol{f}$ は相対位置を求める関数で，$\boldsymbol{f}(\boldsymbol{x}_1, \boldsymbol{x}_2) = \boldsymbol{x}_2 \ominus \boldsymbol{x}_1$ です．ここで，$\ominus$ は inverse compounding 演算子と呼ばれ，$\boldsymbol{x}_1$ を基準にした $\boldsymbol{x}_2$ の相対位置を計算します．その詳細は 13.2 節の 2 項を参照してください．

式 (4.8) の右辺第 1 因子は，時間的に隣接するロボット位置間の拘束であり，その相対位置はオドメトリで得たり，スキャンマッチングで求めたりします．一方，右辺第 2 因子はループに関する拘束を表しています．ループがある場合は，時間的に隣接しないロボット位置の間に拘束が発生します．式中の C はループ検出されたロボット位置の時刻の対（ペア）の集合です．つまり，$\boldsymbol{x}_s$ と $\boldsymbol{x}_t$ の間にループが検出されていることを表します．

ポーズ調整は，完全 SLAM 問題に比べて精度は劣りますが，処理コストやロバスト性に優れています．完全 SLAM 問題はランドマークに外れ値があると不安定になりますが，ポーズ調整はランドマークを含まないので，ランドマークの外れ値がロボット位置間の相対位置に影響を与えない限り問題ありません．ただし，ロボット位置に外れ値がある場合はポーズ調整の結果も不安定になることがあります．

4　本書におけるグラフベース SLAM

ここでは，本書において完全 SLAM 問題をどう扱うかを説明します．基本的には，完全 SLAM 問題をポーズ調整を用いて簡略化し，準リアルタイム処理を可能にします．

前述のように，ポーズ調整においては，式 (4.6) の右辺第 1 因子を最適化するロボット軌跡を求めます．この右辺第 1 因子を，完全 SLAM 問題での式 (4.1) と同様に，次のように変形します．

$$
\begin{aligned}
&p(\boldsymbol{x}_{0:t} \mid \boldsymbol{z}_{1:t}, \boldsymbol{a}_{1:t}, \boldsymbol{c}_{1:t}) \\
&= \eta p(\boldsymbol{z}_t \mid \boldsymbol{x}_{0:t}, \boldsymbol{z}_{1:t-1}, \boldsymbol{a}_{1:t}, \boldsymbol{c}_{1:t})\, p(\boldsymbol{x}_{0:t} \mid \boldsymbol{z}_{1:t-1}, \boldsymbol{a}_{1:t}, \boldsymbol{c}_{1:t}) \\
&= \eta p(\boldsymbol{z}_t \mid \boldsymbol{x}_{0:t}, \boldsymbol{z}_{1:t-1}, \boldsymbol{a}_{1:t}, \boldsymbol{c}_{1:t})\, p(\boldsymbol{x}_t \mid \boldsymbol{x}_{t-1}, \boldsymbol{a}_t)\, p(\boldsymbol{x}_{0:t-1} \mid \boldsymbol{z}_{1:t-1}, \boldsymbol{a}_{1:t-1}, \boldsymbol{c}_{1:t-1})
\end{aligned} \tag{4.9}
$$

式 (4.1) と同様に，上式は漸化式を構成するので，3 段目の第 1 因子と第 2 因子が計算できれば，$p(\boldsymbol{x}_{0:t} \mid \boldsymbol{z}_{1:t}, \boldsymbol{a}_{1:t}, \boldsymbol{c}_{1:t})$ も計算できます．

まず，第 2 因子 $p(\boldsymbol{x}_t \mid \boldsymbol{x}_{t-1}, \boldsymbol{a}_t)$ は，式 (4.4) と同じです．

$$
p(\boldsymbol{x}_t \mid \boldsymbol{x}_{t-1}, \boldsymbol{a}_t) = \frac{1}{\sqrt{|2\pi\Sigma_{a_t}|}} \exp\left\{-\frac{1}{2}(\boldsymbol{x}_t - \boldsymbol{g}(\boldsymbol{x}_{t-1}, \boldsymbol{a}_t))^\mathsf{T}\, \Sigma_{a_t}^{-1}(\boldsymbol{x}_t - \boldsymbol{g}(\boldsymbol{x}_{t-1}, \boldsymbol{a}_t))\right\}
$$

一方，第 1 因子 $p(\boldsymbol{z}_t \mid \boldsymbol{x}_{0:t}, \boldsymbol{z}_{1:t-1}, \boldsymbol{a}_{1:t}, \boldsymbol{c}_{1:t})$ は，次のように変形します．

$$
\begin{aligned}
&p(\boldsymbol{z}_t \mid \boldsymbol{x}_{0:t}, \boldsymbol{z}_{1:t-1}, \boldsymbol{a}_{1:t}, \boldsymbol{c}_{1:t}) \\
&= \int p(\boldsymbol{z}_t, \boldsymbol{m} \mid \boldsymbol{x}_{0:t}, \boldsymbol{z}_{1:t-1}, \boldsymbol{a}_{1:t}, \boldsymbol{c}_{1:t})\, d\boldsymbol{m} \\
&= \int p(\boldsymbol{z}_t \mid \boldsymbol{m}, \boldsymbol{x}_{0:t}, \boldsymbol{z}_{1:t-1}, \boldsymbol{a}_{1:t}, \boldsymbol{c}_{1:t})\, p(\boldsymbol{m} \mid \boldsymbol{x}_{0:t}, \boldsymbol{z}_{1:t-1}, \boldsymbol{a}_{1:t}, \boldsymbol{c}_{1:t})\, d\boldsymbol{m} \\
&= \int p(\boldsymbol{z}_t \mid \boldsymbol{m}, \boldsymbol{x}_t, \boldsymbol{c}_t)\, p(\boldsymbol{m} \mid \boldsymbol{x}_{0:t-1}, \boldsymbol{z}_{1:t-1}, \boldsymbol{a}_{1:t-1}, \boldsymbol{c}_{1:t-1})\, d\boldsymbol{m}
\end{aligned} \tag{4.10}
$$

式 (4.10) の 2 段目の導出では，地図 $\boldsymbol{m}$ を積分消去すると $p(\boldsymbol{z}_t \mid \boldsymbol{x}_{0:t}, \boldsymbol{z}_{1:t-1}, \boldsymbol{a}_{1:t}, \boldsymbol{c}_{1:t})$ が周辺確率密度（13.4 節の 1 項参照）として得られることを利用しています．

式 (4.10) の 4 段目の第 2 因子 $p(\boldsymbol{m} \mid \boldsymbol{x}_{0:t-1}, \boldsymbol{z}_{1:t-1}, \boldsymbol{a}_{1:t-1}, \boldsymbol{c}_{1:t-1})$ は，時刻 $t-1$ までのロボット軌跡 $\boldsymbol{x}_{0:t-1}$ が与えられたもとでの地図 $\boldsymbol{m}$ の位置の確率密度です．$\boldsymbol{x}_{0:t-1}$ が与えられて（つまり確定して）いれば，Lidar のような精度のよいセンサを用いる場合は，$\boldsymbol{m}$ の分布は十分せまいと仮定できます．そこで，本書では，与えられた $\boldsymbol{x}_{0:t-1}$ のもとで推定した地図 $\bar{\boldsymbol{m}}_{t-1}$（定数）を考え，$p(\boldsymbol{m} \mid \boldsymbol{x}_{0:t-1}, \boldsymbol{z}_{1:t-1}, \boldsymbol{a}_{1:t-1}, \boldsymbol{c}_{1:t-1})$ を，$\bar{\boldsymbol{m}}_{t-1}$ 近傍の微小領域 S で一定値 K，それ以外で 0 をとる一様分布で近似します．また，S は微小領域なので，S 内では $\boldsymbol{m}$ の変化は無視して，定数 $\bar{\boldsymbol{m}}_{t-1}$ で近似してしまいます．そうすると

$$
\begin{aligned}
p(\boldsymbol{z}_t \mid \boldsymbol{x}_{0:t}, \boldsymbol{z}_{1:t-1}, \boldsymbol{a}_{1:t}, \boldsymbol{c}_{1:t}) &= \int p(\boldsymbol{z}_t \mid \boldsymbol{m}, \boldsymbol{x}_t, \boldsymbol{c}_t)\, p(\boldsymbol{m} \mid \boldsymbol{x}_{0:t-1}, \boldsymbol{z}_{1:t-1}, \boldsymbol{a}_{1:t-1}, \boldsymbol{c}_{1:t-1})\, d\boldsymbol{m} \\
&\approx \int_S p(\boldsymbol{z}_t \mid \bar{\boldsymbol{m}}_{t-1}, \boldsymbol{x}_t, \boldsymbol{c}_t) K\, d\boldsymbol{m} \\
&= p(\boldsymbol{z}_t \mid \bar{\boldsymbol{m}}_{t-1}, \boldsymbol{x}_t, \boldsymbol{c}_t)
\end{aligned} \tag{4.11}
$$

と近似できます．ただし，一様分布なので，$\int_S K\, d\boldsymbol{m} = 1$ です．

$p(\boldsymbol{z}_t \mid \bar{\boldsymbol{m}}_{t-1}, \boldsymbol{x}_t, \boldsymbol{c}_t)$ は，4.3 節の 2 項で述べた計測モデルと同じ形をしているので，それと同様に

$$
p(\boldsymbol{z}_t \mid \boldsymbol{x}_t, \bar{\boldsymbol{m}}_{t-1}, \boldsymbol{c}_t) = \frac{1}{\sqrt{|2\pi\Sigma_{z_t}|}} \exp\left\{-\frac{1}{2}(\boldsymbol{z}_t - \boldsymbol{h}(\boldsymbol{x}_t, \bar{\boldsymbol{m}}_{t-1}))^\mathsf{T}\, \Sigma_{z_t}^{-1}(\boldsymbol{z}_t - \boldsymbol{h}(\boldsymbol{x}_t, \bar{\boldsymbol{m}}_{t-1}))\right\}
$$

と表すことができます．ただし，見やすさのため，$\bar{\boldsymbol{m}}_{t-1}$ と $\boldsymbol{x}_t$ を入れかえています．

そうすると，式 (4.9) は次のように表すことができます．

$$
\begin{aligned}
&p(\boldsymbol{x}_{0:t} \mid \boldsymbol{z}_{1:t}, \boldsymbol{a}_{1:t}, \boldsymbol{c}_{1:t}) \\
&\quad \approx \eta p(\boldsymbol{z}_t \mid \boldsymbol{x}_t, \bar{\boldsymbol{m}}_{t-1}, \boldsymbol{c}_t)\, p(\boldsymbol{x}_t \mid \boldsymbol{x}_{t-1}, \boldsymbol{a}_t)\, p(\boldsymbol{x}_{0:t-1} \mid \boldsymbol{z}_{1:t-1}, \boldsymbol{a}_{1:t-1}, \boldsymbol{c}_{1:t-1}) \\
&\quad = \eta p(\boldsymbol{x}_0) \prod_t p(\boldsymbol{x}_t \mid \boldsymbol{x}_{t-1}, \boldsymbol{a}_t)\, p(\boldsymbol{z}_t \mid \boldsymbol{x}_t, \bar{\boldsymbol{m}}_{t-1}, \boldsymbol{c}_t)
\end{aligned}
$$

次に，$p(\boldsymbol{x}_t \mid \boldsymbol{x}_{t-1}, \boldsymbol{a}_t)\, p(\boldsymbol{z}_t \mid \boldsymbol{x}_t, \bar{\boldsymbol{m}}_{t-1}, \boldsymbol{c}_t)$（$= A$ とおく）をセンサ融合でまとめます．そのために，運動モデル $p(\boldsymbol{x}_t \mid \boldsymbol{x}_{t-1}, \boldsymbol{a}_t)$ と計測モデル $p(\boldsymbol{z}_t \mid \bar{\boldsymbol{m}}_{t-1}, \boldsymbol{x}_t, \boldsymbol{c}_t)$ は確率変数 $\boldsymbol{x}_t$ の正規分布で表されると仮定します．なお，センサ融合の詳細は第 9 章を参照してください．

まず，運動モデル $p(\boldsymbol{x}_t \mid \boldsymbol{x}_{t-1}, \boldsymbol{a}_t)$ を正規分布 $N(\tilde{\boldsymbol{x}}_t, \Sigma_{a_t})$ で表します．$\tilde{\boldsymbol{x}}_t$ はオドメトリから求めたロボット位置 $\boldsymbol{x}_t$ の推定値，Σ_{a_t} はオドメトリで計測した移動量 $\boldsymbol{a}_t$ の共分散行列です．ただし，本来の $\boldsymbol{a}_t$ の共分散行列は $\boldsymbol{x}_{t-1}$ を基準にしていますが，$\boldsymbol{x}_t$ は地図座標系で定義されているので，この共分散行列を地図座標系に変換したものを Σ_{a_t} にします．この座標変換は，単に共分散行列を回転させるだけで済みます(注 2)．

次に，$p(\boldsymbol{z}_t \mid \boldsymbol{x}_t, \bar{\boldsymbol{m}}_{t-1}, \boldsymbol{c}_t)$ を正規分布 $N(\hat{\boldsymbol{x}}_t, \Sigma_{s_t})$ で表します．$\hat{\boldsymbol{x}}_t$ は $\bar{\boldsymbol{m}}_{t-1}$ に対してスキャン $\boldsymbol{z}_t$ をマッチングして求めたロボット位置 $\boldsymbol{x}_t$ の推定値です．Σ_{s_t} は，このスキャンマッチングにおける共分散行列です．この共分散行列の求め方は，9.3 節の 1 項で説明します．ここで，$\bar{\boldsymbol{m}}_{t-1}$ は $\boldsymbol{x}_{t-1}$ までの地図であり，これは確定値なので，このスキャンマッチングにおける誤差は $\boldsymbol{x}_t$ に起因するものだけになります．したがって，時刻 $t-1$ 以前の誤差は Σ_{s_t} には含まれず，Σ_{s_t} は $\boldsymbol{x}_{t-1}$ からみた $\boldsymbol{x}_t$ の相対位置に対するものになります．しかも，地図に対してマッチングしているので，Σ_{s_t} の向きは地図座標系での値になります．

以上のことから，$p(\boldsymbol{x}_t \mid \boldsymbol{x}_{t-1}, \boldsymbol{a}_t)$ と $p(\boldsymbol{z}_t \mid \boldsymbol{x}_t, \bar{\boldsymbol{m}}_{t-1}, \boldsymbol{c}_t)$ は，どちらも $\boldsymbol{x}_t$ に関する正規分布ですが，その共分散行列は相対位置（移動量）に対するものになります．そして，正規分布の積は正規分布になるので (13.9 節参照)，A も正規分布になります．これを $N(\bar{\boldsymbol{x}}_t, \Sigma_{x_t})$ とします．

最後に，式 (4.8) の形にするために，A の正規分布を相対位置を用いたものに変換します．まず，平均 $\bar{\boldsymbol{x}}_t$ はロボット位置 $\boldsymbol{x}_t$ の融合結果ですが，地図座標系で定義されているので，これを地図座標系から直前のロボット位置の局所座標系に変換します．これは，$\boldsymbol{d}_t = \bar{\boldsymbol{x}}_t \ominus \bar{\boldsymbol{x}}_{t-1}$ と計算できます．一方，共分散行列 Σ_{x_t} はすでに相対位置に対するものになっていますが，その向きは地図座標系で定義されているので，直前のロボット位置 $\boldsymbol{x}_{t-1}$ の局所座標系に変換します．これは，上記と同様に回転変換だけで済みます．

こうして得た相対位置の融合結果を正規分布 $N(\boldsymbol{d}_t, \Sigma_t)$ で表すと，式 (4.9) は

(注 2)　これは，13.6 節の 1 項において，$\boldsymbol{x}_1$ が定数の場合に，ヤコビ行列 J が右側の J_a だけになり，回転行列になることに相当します．

$$\begin{aligned}
p(\boldsymbol{x}_{0:t} \mid \boldsymbol{z}_{1:t}, \boldsymbol{a}_{1:t}, \boldsymbol{c}_{1:t}) &= \eta p(\boldsymbol{x}_0) \prod_t N(\boldsymbol{d}_t, \Sigma_t) \\
&= \eta p(\boldsymbol{x}_0) \prod_t \frac{1}{\sqrt{|2\pi\Sigma_t|}} \exp\left\{ -\frac{1}{2}(\boldsymbol{r}_t - \boldsymbol{d}_t)^\top \Sigma_t^{-1} (\boldsymbol{r}_t - \boldsymbol{d}_t) \right\}
\end{aligned} \tag{4.12}$$

のようになります．ここで，$\boldsymbol{r}_t$ は隣接するロボット位置間の相対位置であり，$\boldsymbol{r}_t = \boldsymbol{f}(\boldsymbol{x}_{t-1}, \boldsymbol{x}_t)$ と表せます．$\boldsymbol{f}$ は前節同様に相対位置を求める関数です．

$\boldsymbol{x}_0$ は地図座標系の原点に固定するとして省略し，式 (4.12) の負の対数をとると

$$J = \sum_t (\boldsymbol{f}(\boldsymbol{x}_{t-1}, \boldsymbol{x}_t) - \boldsymbol{d}_t)^\top \Sigma_t^{-1} (\boldsymbol{f}(\boldsymbol{x}_{t-1}, \boldsymbol{x}_t) - \boldsymbol{d}_t)$$

となります．

ただし，この式ではループが考慮されていません．ループ検出もスキャンマッチングで行うので，その推定位置は正規分布にしたがうと仮定します．時刻 t_i と t_j のロボット位置の間でループが検出されたとして，その結果を $N(\boldsymbol{d}_{st}, \Sigma_{st})$ と書くことにします．すると，ポーズ調整で最小化すべき式は

$$\begin{aligned}
J &= \sum_t (\boldsymbol{f}(\boldsymbol{x}_{t-1}, \boldsymbol{x}_t) - \boldsymbol{d}_t)^\top \Sigma_t^{-1} (\boldsymbol{f}(\boldsymbol{x}_{t-1}, \boldsymbol{x}_t) - \boldsymbol{d}_t) \\
&\quad + \sum_{(s,t) \in C} (\boldsymbol{f}(\boldsymbol{x}_s, \boldsymbol{x}_t) - \boldsymbol{d}_{st})^\top \Sigma_{st}^{-1} (\boldsymbol{f}(\boldsymbol{x}_s, \boldsymbol{x}_t) - \boldsymbol{d}_{st})
\end{aligned}$$

になります．これは，式 (4.8) と同じ形になっています．

ポーズ調整を行うと，J を最小化するロボット軌跡の値とその共分散が得られます．ただし，共分散を実際に取得できるかどうかはポーズ調整プログラムの実装に依存します．また，ロボット軌跡の共分散から各ロボット位置の共分散を抽出することも原理的にはできますが，そのためには比較的重い計算が必要になります．これらのことから，本書では，ポーズ調整で得られたロボット軌跡だけを用い，その（ポーズ調整後の）共分散は扱わないことにします．これは，ロボット軌跡を，確率分布ではなく，確定値として得ることを意味します．

なお，この方法の問題点は，ロボット軌跡の誤差を実際より小さく見積もる傾向になると考えられることです．これは，式 (4.9) で地図の誤差を無視していることに起因します．実際には地図にも誤差があるため，それが計測モデルに重畳して，ロボット軌跡の誤差はもっと大きくなります．ただし，上記のようにスキャン 1 個あたりの地図の誤差は小さいので，その分だけ運動モデルや計測モデルの共分散行列を大きめに設定することで，実装上は対処できると考えられます．

さて，ポーズ調整でロボット軌跡が得られたら，各時刻のロボット位置に合わせてスキャンの点群を配置して地図を生成します．各時刻に生成された地図は，一時的な地図である上記の $\bar{\boldsymbol{m}}_{t-1}$ として使われます．最終的な地図は，ポーズ調整を行ってロボット軌跡が確定した後，式 (4.7) で求めることになります．

上記のように，本書では，ポーズ調整後のロボット軌跡を確定値として扱うので，地図はそのロボット軌跡に対してだけ計算します．すなわち，確定したロボット軌跡を $\bar{\boldsymbol{x}}_{0:t}$ とすると，式 (4.7) は

$$p(\boldsymbol{m} \mid \bar{\boldsymbol{x}}_{0:t}, \boldsymbol{z}_{1:t}, \boldsymbol{a}_{1:t}, \boldsymbol{c}_{1:t}) = \prod_i p(\boldsymbol{q}_i \mid \bar{\boldsymbol{x}}_{0:t}, \boldsymbol{z}_{1:t}, \boldsymbol{a}_{1:t}, \boldsymbol{c}_{1:t}) \tag{4.13}$$

となります．

ただし，本書では，式 (4.13) を忠実に実装することは考えません．そのかわり，第 7 章や第 8 章で述べるように，点群地図の実装方法を簡易なものから柔軟性のあるものまで，いくつか紹介します．これは，一般に Lidar は精度がよいため，ロボット軌跡 $\boldsymbol{x}_{0:t}$ がうまく得られれば，地図については，厳密に最適化しなくても，それなりによい精度が得られるからです．そのため，本書では，精度の観点での地図の最適化よりも，システム設計の多様な観点を示すことを優先しています．

本節で述べたアプローチのポイントは，時間的に隣接するロボット位置間の拘束を運動モデルと計測モデルの融合で求めている点です．これにより，2.3 節の 3 項で述べた退化の問題に対処しつつ，ポーズ調整を行うことができます．

なお，ループ検出の場合も，スキャンマッチングで退化が起きる可能性があります．しかし，ループ検出には運動モデルがないため，単純にオドメトリと融合することはできません．ロボットの現在位置の確率分布とスキャンマッチング結果の確率分布を融合することで，この問題にある程度対処できますが，議論が複雑になるため，本書では扱いません．

■トピック 4■

SLAM は何が難しいか？

ここでは，SLAM の何が難しいのか，少し掘り下げて考えてみます．以下に述べることはセンサデータ処理一般にあてはまりうることですが，ロボットには**自律性**と**リアルタイム性**が要求されるので，とくに難しくなります．ロボティクスでも，人間の介入を許す応用は多数ありますが，理想は「自律・リアルタイム」です．

SLAM の難しさとして，まず，処理の安定性があります．この安定性の問題は，SLAM ではロボット位置と地図（ランドマーク位置）の推定が相互に依存することに起因します．たとえば，逐次 SLAM において，ロボット位置の推定に誤りが生じた場合，そのロボット位置にもとづいて次のランドマーク位置を推定すると，そのランドマーク位置もずれます．そして，そのずれたランドマークを使って次のロボット位置を推定すると，ロボット位置のずれはさらに増大します．こうして誤差が増大して最後は破綻するという構造を，SLAM はもっています．

一方，たとえば，地図をつくらずに，既存の地図で自己位置推定だけを行う場合は，ロボット位置に誤りが生じても，それで処理が破綻することはあまりありません．安定した地図があるので，ロボット位置の誤りから復帰することは，SLAM の場合に比べれば容易です（状況によって難しい場合もあります）．

また，計算の複雑さの観点からも難しさがあります．第 2 章で述べたように，SLAM は連立方程式で表され，非線形最小二乗法で解きます．この連立方程式のつくり方はわかっていますが，実際の方程式はデータ対応づけによって生成されることに注意してください．すなわち，ロボットが自動で連立方程式をつくらなければならないのです．データ対応づけは「組合せ最適化問題」，非線形最小二乗法は「連続最適化問題」と呼ばれます．前者は計算量の爆発，後者は局所解の問題があり，どちらも難しい問題です．SLAM はこれら 2 つを組み合わせた問題となるので，一般には非常に難しい問題となります．

この問題を軽減する鍵は，データ対応づけにあります．データ対応づけを確実に行うか，あるいは，効率よく行うことによって SLAM は大幅に解きやすくなります．

そのための 1 つの方法は，ID つきのランドマークを用いることです．人工マーカやビーコンなどを用いて，ID つきの計測データを得て，ランドマークと一意に対応づけることができれば，SLAM の難しさは激減します．

もう 1 つの方法は，Lidar やカメラなど，同時に複数の（それも大量の）点を計測できるセンサを用いることです．環境が変化しなければ，同時に計測した点群は「剛体」と仮定でき，ロボット位置が決まれば各点の位置が決まります．そして，同時に計測したデータ数が十分に多ければ，2.2 節の 4 項で述べたように，1 回の計測データからロボット位置を推定することができます．このため，ロボット位置によって 2 つの点群のデータ対応づけの候補を少数に限定でき，効率的に問題を解くことが可能になります．しかも，データ数が多ければ，その中から（外れ値ではない）よいデータを選ぶことで，上記の安定性の問題を軽減することもできます．

筆者は，SLAM が実用レベルになったのは，Lidar やカメラを用いたために，上記のような効果があったからだと考えています．ただし，外れ値や系統誤差の問題に対処する必要はあるので，そんなに簡単になるわけではありません．また，カメラ画像の場合は距離情報が直接得られないので，もう少し難しくなります．

しかし，Lidar やカメラなどを用いても難しい状況があります．それは 2.3 節の 3 項で述べた退化です．退化が起きると，1 回の計測でロボット位置を特定できず，ロボット位置に曖昧性が生じます．ロボット位置が曖昧ならば，データ対応づけも曖昧になります．そのため，上記の組合せ最適化問題が表に出てきて，問題を一気に難しくします．退化に対処するには，第 9 章で説明するセンサ融合が有効です．

CHAPTER 5

本書のプログラム

この章では，本書で提供するSLAMプログラムの概要を説明します．理解を深めるために，素朴な方法から少しずつレベルアップすることで，SLAMプログラムをつくっていきます．そのために，プログラムの一部はフレームワークという考え方にもとづいて改造のしやすい構造になっています．学習の見通しがよくなるように，この章でフレームワークの構成も説明しておきます．また，後の章で共通となるプログラムの起動方法もここで説明します．

5.1 プログラムの概要

本書では，2D-SLAMのプログラムを用いてSLAMシステムのつくり方を学んでいきます．2D-SLAMにする理由は，研究の歴史が長いので実用化も進んでいて身近であること，プログラムが基本的な構成で済み，センサデータの前処理や細かい周辺知識がそれほど必要なく，SLAMの基本を知るのにちょうどよいこと，などです．

3D-SLAMはプログラムの規模が大きくなるので，本書でプログラムを扱うことはしませんが，第12章でその原理や手法を説明します．

図5.1に本書で扱うプログラムの概要図を示します．プログラム名は**LittleSLAM**といいます．このプログラムでは，人間が車輪型ロボットを操縦してセンサデータを集めてファイルに保存し，そのファイルからセンサデータを入力して，オフラインで地図を生成して出力することを想定します．センサデータは，2D-Lidarのスキャンとオドメトリデータです．地図データは，地図を構成する2D点群とロボットの移動軌跡です．システムは，センサデータが入力されるたびにSLAMを実行し，スキャンごとに地図データを出力します．地図データは，グラフ描画ツールであるgnuplotを用いて画面に描画することができます．

本書はSLAMの入門書であり，SLAMのしくみをプログラムを通して学ぶことを目的とします．そのため，アルゴリズムをあまり複雑にせず，SLAMの本質がわかるように問題を限定して，見通しをよくすることを重視しています．この章から第10章までは，初学者が段階的に学べるように学習用プログラムを構成しています．第11章では，実用的なシステムに向けて発展できるように，処理時間やロバスト性を向上させる改良をプログラムに加えています．

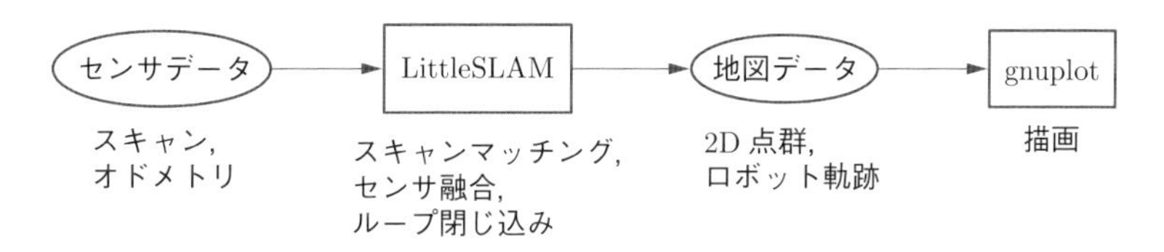

■ 図 5.1　本書のプログラム

センサデータをファイルから入力し，SLAM を実行して，点群地図とロボット軌跡を出力する．gnuplot で画面に描画することができる．

5.2　本書で用いる C++ の要点

本書のプログラムを扱うには，プログラミング言語 C++ の知識を必要としますが，あまり高度な C++ の文法や機能は使用していません[注1]．ここでは，正確さはやや犠牲にして，本書のプログラムを読む際に重要となる C++ の概略を説明します．C++ の詳しい仕様は，C++ の解説書を参照してください．

C++ は，**オブジェクト指向**という思想にもとづくプログラミング言語です．C++ プログラムは，クラスから構成されます．**クラス**は，構造的・機能的にまとまりのよい範囲で区切られたプログラム部品です．クラスはプログラムのひな形であり，通常は，そのひな形から**インスタンス**（オブジェクト）という実体を生成して，具体的な処理を行います．クラスはメンバ変数とメンバ関数を定義し，インスタンスはメンバ変数とメンバ関数の実体をもちます．ここで，**メンバ変数**はインスタンス内で自由にアクセスできる変数であり，**メンバ関数**はインスタンスが実行できる関数で，メンバ変数に自由にアクセスできます．

他のインスタンスのメンバ変数やメンバ関数を参照したり呼び出したりする場合は，どのインスタンスのものかを指定します．これにより，プログラムの記述・実行をクラス・インスタンス単位で行うことができます．

このようにクラス・インスタンス単位でプログラムをつくると，変数や関数の参照範囲をインスタンス内に限定でき，プログラムを構造化・部品化して読みやすくすることができます．C 言語のような手続き型プログラミング言語の多くでは，変数や関数がソースコード全域で参照可能であるため，一部の改造が全体に波及して，どこまで影響が及ぶか見極めるのが難しくなり，プログラムの保守や拡張が困難になるという問題が起きました．オブジェクト指向のクラス・インスタンス構造は，それを防ぐために考えられたしくみです．

また，C++ には，**継承**という，既存プログラムを流用するしくみが用意されています．この継承を使うと，基本となるクラス（**基底クラス**）をもとにして，新しいクラス（**派生クラス**）

〔注 1〕 バージョンは C++11 以降です．

を効率よく定義できます．こうしてできた派生クラスは，基底クラスのメンバ変数やメンバ関数を引き継ぐことができ，しかも，必要に応じて，新たなメンバ変数・関数を追加したり，既存のメンバ関数を置き換えたりすることができます．基底クラスのメンバ関数を派生クラスで別の内容に置き換えることを**オーバーライド**といいます．

オーバーライドにおいて重要な概念に**仮想関数**があります．オーバーライドするメンバ関数を仮想関数として宣言しておくと，そのメンバ関数を呼び出すプログラムAは，基底クラスBだけを意識すればよくなります．つまり，Aを書いた後に，Bの派生クラスCやDのプログラムを追加しても，Aを修正する必要がありません．Aがいま扱っているインスタンスがCかDかによって，呼び出すべきメンバ関数が自動的に選別され，正しく実行されます．これにより，AやBを修正せずに，派生クラスだけ追加すればプログラムを拡張できることになり，プログラムの開発・保守が容易になります．このしくみはオブジェクト指向言語の真髄の1つです．

オブジェクト指向フレームワーク（以下，**フレームワーク**）は，継承と仮想関数を使ってプログラムを効率よく開発するしくみです．フレームワークでは，基底クラスまでは用意されており，プログラマはその派生クラスを追加してフレームワークをカスタマイズすることで，プログラムを開発していきます．その詳細は，13.15節を参照してください．

なお，C++ プログラムは，ヘッダファイルとソースファイルからなります．ヘッダファイルは拡張子が“.h”（C++ であることを明示するため“.hpp”や“.hh”とすることもあります），ソースファイルは拡張子が“.cpp”のファイルです（“.cc”とすることもあります）．通常，ヘッダファイルには主にクラスの宣言と定義，ソースファイルには主にメンバ関数の定義（アルゴリズムの実装）を記述します．

5.3　プログラムの構成

本書では，SLAMの理解を目的にしながら，プログラムの設計・実装にも重点を置きます．このため，はじめは簡単な方法でプログラムをつくって動作確認をし，少しずつ改良を加えて性能を上げていくというつくり方をします．これを容易にするために，プログラムの一部はフレームワークとして構成され，部品化されています．

本書では，とくに，スキャンマッチングの実装をフレームワークによって行います．スキャンマッチングにはさまざまなバリエーションが考えられるので，フレームワークで作成するのに適しているからです．

一般に，最適な設計は，システムの目的や使用条件で変わります．このため，どの場合にどうなるか，試行錯誤しやすいしくみが重要です．フレームワークは，これを容易にする枠組みの1つです．ただ，フレームワークを明確に意識しなくても，使えるようにしてあります．

本書で解説するプログラムの一覧を**表5.1**に記します．ただし，第11章のプログラムは発

■ 表 5.1 プログラム構成

プログラム名	内　容	改造	章
main	メイン関数		5 章
SlamLauncher	SLAM 起動		6 章
SensorDataReader	センサデータの読込み		6 章
MapDrawer	gnuplot による描画ヘルパ		6 章
FrameworkCustomizer	カスタマイズヘルパ		7 章
SlamFrontEnd	SLAM フロントエンド		10 章
SlamBackEnd	SLAM バックエンド		10 章
LoopDetector	ループ検出	*	10 章
ScanMatcher2D	スキャンマッチング統括		7 章
RefScanMaker	参照スキャン生成	*	7 章
PoseEstimatorICP	ICP によるロボット位置の計算		7 章
DataAssociator	データ対応づけ	*	7 章
PoseOptimizer	コスト関数最小化	*	7 章
CostFunction	コスト関数	*	7 章
PointCloudMap	点群地図管理	*	7 章
ScanPointResampler	スキャン点間隔の均一化		8 章
ScanPointAnalyser	スキャン点の法線ベクトル計算		8 章
CovarianceCalculator	共分散の計算		9 章
PoseFuser	センサ融合		9 章
MyUtil	基本タイプ・ユーティリティ関数		
Pose2D	ロボット位置のクラス定義		6 章
LPoint2D	スキャン点のクラス定義		6 章
Scan2D	スキャンのクラス定義		6 章
NNGridTable	データ対応づけテーブル		8 章
PoseGraph	ポーズグラフのクラス定義		10 章
P2oDriver2D	ポーズ調整の起動		

展編なので，これとは分けて記載します．ほとんどの場合，プログラム名はクラス名と一致します．改造欄は，後の章でカスタマイズされるクラスを指しています．章欄は，そのプログラムが説明されている章を表しています．**表 5.2** に，フレームワークをカスタマイズする際に用いる派生クラスを示します．表 5.1 の改造欄にマークがあるクラスを派生クラスによって置き換えます．

図 5.2 に，本書のプログラムの主要構成を示します．この図に載せているのはフレームワークを構成する主なクラスです．煩雑さを避けるため，図に載せていないクラスもあります．なお，この図の記法は，ここでの便宜的なものであり，UML[注 2]などの正式な記法にしたがったものではありません．

(注 2) Unified Modeling Language の略で，オブジェクト指向ソフトウェアの仕様書の記法．

■ 表 5.2　カスタマイズクラス

プログラム名	内　容	章
RefScanMakerBS	直前スキャンを参照スキャンとする	7 章
RefScanMakerLM	局所地図を参照スキャンとする	8 章
CostFunctionED	ユークリッド距離をコスト関数とする	7 章
CostFunctionPD	垂直距離をコスト関数にする	8 章
PoseOptimizerSD	最急降下法による最適化	7 章
PoseOptimizerSL	最急降下法と直線探索による最適化	8 章
DataAssociatorLS	線形探索によるデータ対応づけ	7 章
DataAssociatorGT	格子テーブルによるデータ対応づけ	8 章
PointCloudMapBS	全スキャン点を保存する点群地図管理	7 章
PointCloudMapGT	格子テーブルによる点群地図管理	8 章
PointCloudMapLP	格子テーブルによる部分地図管理	10 章
LoopDetectorSS	部分地図を用いたループ検出	10 章

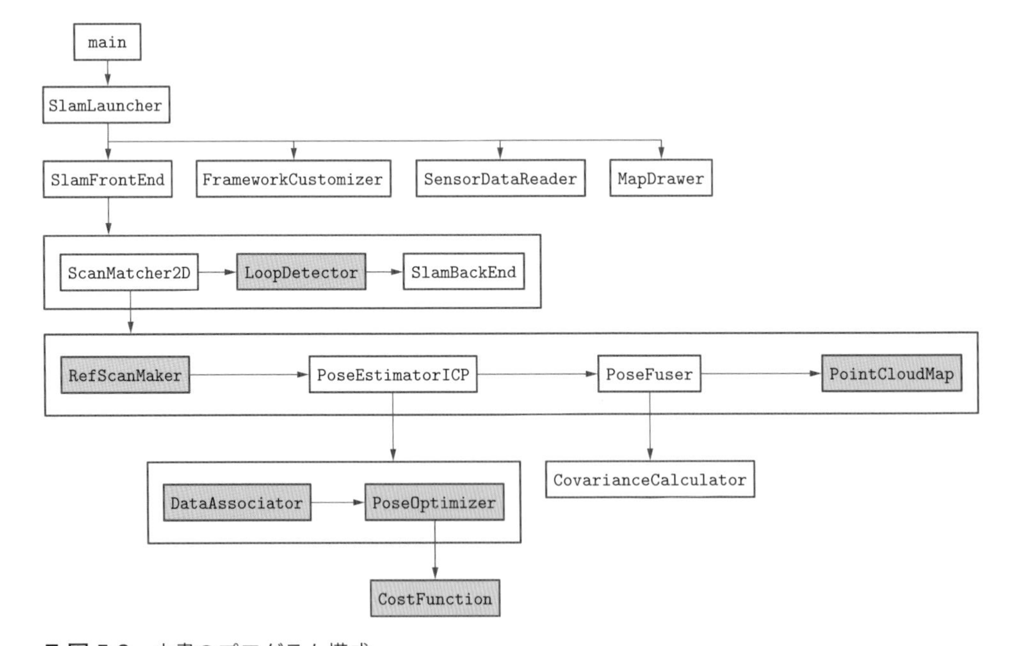

■ 図 5.2　本書のプログラム構成

縦の矢印は呼び出し関係，横の矢印は処理の順序を表す．
灰色の箱は改造箇所であり，仮想関数で実装される．

5.4　データセット

ロボットがなくても本書のプログラムを試せるように，6 つのデータセットを用意してあります．表 5.3 にその概要を示します．

■ 表 5.3 データセット

名 前	環 境	スキャン数	走行距離〔m〕	退化有無	ループ有無
corridor	屋内廊下	2,317	95.1	あり	あり
hall	屋内ホール	1,627	63.2	あり	あり
corridor-degene	屋内廊下	479	14.6	あり	なし
hall-degene	屋内ホール	202	6.5	あり	なし
corridor-loops	屋内廊下	13,845	403.8	あり	多数あり
hall-loops	屋内ホール	12,407	372.0	あり	多数あり

5.5 プログラムの使い方

1 プログラムの動作環境

プログラムは，**Windows** および **Linux** で動作します．プログラムの動作を確認した環境を**表 5.4** に示します．また，必要な OSS を**表 5.5** に示します．バージョンなどの詳細は，プログラムの README ファイルを参照してください．

Boost と **Eigen3** は，よく使われる C++ のオープンソースライブラリです．どちらもヘッダファイルだけのライブラリなので，容易に使うことができます．なお，Boost の一部機能にはビルド・リンクが必要なものがありますが，本書ではヘッダファイルだけで使える機能のみを用います．

p2o は，筆者の所属する千葉工業大学 未来ロボット技術研究センターの入江清主席研究員によって開発されたポーズ調整用のライブラリであり，ヘッダファイルだけで容易に使うことが

■ 表 5.4 動作を確認した環境

OS	コンパイラ
Windows 11	Visual C++ 2022
Linux Ubuntu 20.04, 22.04	gcc 9.4.0, 11.4.0

■ 表 5.5 必要な OSS

ソフトウェア	内 容
Boost	C++ 汎用ライブラリ
Eigen3	線形代数ライブラリ
p2o	ポーズ調整ライブラリ
nanoflann	*k*d 木ライブラリ
CMake	ビルド支援ツール
gnuplot	グラフ描画ツール

でき，しかも，他のライブラリと遜色ない高速処理が可能です[50]．

nanoflann は，11.4 節で導入する kd 木を高速に処理するライブラリです[14]．

CMake は，オープンソースのビルド支援ツールで，さまざまなオペレーティングシステムやコンパイラで使うことができます．

gnuplot はグラフ描画用のソフトウェアですが，本書では，SLAM の出力表示に用います．

プログラムのインストールや構成の理解を容易にするため，なるべく少ないライブラリで済むようにしています．GUI ライブラリを使うとプログラムの操作がしやすくなりますが，インストールの手間がかかりソースコードもかさばるので，本書のプログラムでは用いていません．

2　入手方法とインストール

本書のプログラムは，以下のサイトからダウンロードできます(注 3)．

URL：https://github.com/furo-org/LittleSLAM

CMake はあらかじめインストールしておいてください．Boost と Eigen3 はヘッダファイルを適当なフォルダ（ディレクトリ）に展開しておきます．

ダウンロードしたファイルを解凍した後，README ファイルの指示にしたがってインストールを行ってください．基本的には，次のような流れになります．

(1) CMake
CMakeLists.txt を読み込んで，configure と generate を実行する．その際，バイナリ生成用として，ソースコード格納用とは別に build フォルダ（ディレクトリ）をつくっておく．

(2) Windows の場合
build フォルダの LittleSlam.sln をダブルクリックして，Visual Studio を起動する．Visual Studio で，Build メニューの Build solution を実行する．

(3) Linux の場合
build ディレクトリで，make を実行する．

本書のプログラムはカスタマイズして機能が向上するようになっています．本書を読み進めてプログラムをカスタマイズした場合は，上記ステップ (2) または (3) によって，プログラムをビルドし直してください．

(注 3)
- このサイトからのソフトウェアのダウンロード，および，そのソフトウェアの利用に関するあらゆるリスクは利用者ご自身が負担することになりますので，これらの行為の結果何らかの損害が生じた場合は利用者がすべて責任を負います．また，利用者が本書からアドバイスや情報を得た場合であっても，その内容の真偽，適格性，正確性について保証するものではありません．
- 同サイトは予告なく更新・中断をする場合があります．

■表 5.6 コマンドラインオプション

オプション	内 容
なし	オドメトリデータとスキャンから SLAM を行う.
-s	個々のスキャンの描画をする（SLAM は行わない）.
-o	オドメトリデータに沿ってスキャンを並べて地図をつくる（SLAM は行わない）.

5.6 プログラムの起動

まず，SLAM を起動するためのプログラムを説明します．本書のプログラムはコンソールからコマンドを打ち込んで起動します．コマンドの記述形式は以下です．

LittleSLAM [-so] データファイル名 [開始スキャン番号]　　(5.1)

LittleSLAM は実行ファイル名です．Linux の場合は，"./LittleSLAM" と打ち込む必要があります．-so はコマンドラインオプションで，その意味は**表 5.6** に示すとおりです．データファイル名はセンサデータを格納したファイル名で，相対パスなら LittleSLAM を起動したフォルダ（ディレクトリ）以下のファイル，絶対パスならそのパスで指定されたファイルになります．開始スキャン番号を指定した場合は，その数だけスキャンを読み飛ばしてから処理を開始します．指定しなければ，最初のスキャンから処理を開始します．オプション -s を指定すると -o は無視されます．

main 関数を**ソースコード 5.1** に記します．詳細な説明は省略しますが，大きく，コマンドライン引数の処理，データファイルのオープン，地図構築起動の 3 つの処理からなります．

■ソースコード 5.1 main 関数

```
1  int main(int argc, char *argv[]) {
2    bool scanCheck=false;              // スキャン表示のみか
3    bool odometryOnly=false;           // オドメトリによる地図構築か
4    char *filename;                    // データファイル名
5    int startN=0;                      // 開始スキャン番号
6
7    if (argc < 2) {
8      printf("Error:␣too␣few␣arguments.\n");
9      return(1);
10   }
11
12   // コマンドライン引数の処理
13   int idx=1;
14   // コマンドラインオプションの解釈（'-'のついた引数）
15   if (argv[1][0] == '-') {
```

```
16      for (int i=1; ; i++) {
17        char option = argv[1][i];
18        if (option == NULL)
19          break;
20        else if (option == 's')         // スキャン表示のみ
21          scanCheck = true;
22        else if (option == 'o')         // オドメトリによる地図構築
23          odometryOnly = true;
24      }
25      if (argc == 2) {
26        printf("Error:␣no␣file␣name.\n");
27        return(1);
28      }
29      ++idx;
30    }
31    if (argc >= idx+1)                  // '-'ある場合idx=2, ない場合idx=1
32      filename = argv[idx];
33    if (argc == idx+2)                  // argcがidxより2大きければstartNがある
34      startN = atoi(argv[idx+1]);
35    else if (argc >= idx+2) {
36      printf("Error:␣invalid␣arguments.\n");
37      return(1);
38    }
39
40    // ファイルを開く
41    SlamLauncher sl;
42    bool flag = sl.setFilename(filename);
43    if (!flag)
44      return(1);
45
46    sl.setStartN(startN);               // 開始スキャン番号の設定
47
48    // 処理本体
49    if (scanCheck)
50      sl.showScans();
51    else {                              // スキャン表示以外はSlamLauncher内で場合分け
52      sl.setOdometryOnly(odometryOnly);
53      sl.customizeFramework();
54      sl.run();
55    }
56
57    return(0);
58  }
```

■トピック 5■

SLAMと測量の違い

SLAMと測量は，どちらも「環境を計測して地図をつくる」という点で似ています．では，違いはどこにあるのでしょう？

将来，この2つは近づいていく可能性があるので，ここでは，SLAMと伝統的な測量との違いについて考えます．筆者の個人的意見ですが，ひと言でいうと，両者は精度とロバスト性への重点の置き方が違うと思われます．「精度がよい」とは「誤差が少ない」こと，**ロバスト性**とは「外乱やノイズがあっても安定して処理が進む」ことです．

精度は，測量では非常に重視されます．トンネル工事などにおいては，kmオーダの距離でcmオーダの誤差しか許されません．数mも誤差があれば，両側から掘ってきた穴がずれて工事に重大な影響が生じるからです．一方，ロボットにおいては，もちろん目的によりますが，たとえば，移動ロボット用の地図は数mあたりで数cm程度の誤差があってもそれほど問題ないこともあります．なぜなら，ナビゲーション時にもセンサで周囲の物体をリアルタイムに計測して，衝突しないように制御できるからです．

ロバスト性は，SLAMでは非常に重視されます．SLAMはロボットが自動的に行うことを理想とするので，多少の外乱やノイズで動かなくなっては困るのです．一方，測量は，基本的には人間が行うので，外乱やノイズに人間が対処することができます．

13.5節で述べますが，計測工学において，誤差は大きく偶然誤差，系統誤差，まちがい誤差に分類されます．このうち，偶然誤差は統計的に処理する理論が整備されているので，確率モデルが適切であれば，測量でもSLAMでもうまく対処することができます．

SLAMで難しいのは，系統誤差とまちがい誤差です．とくに，まちがい誤差はデータ対応づけにおいて頻繁に発生して外れ値を生じさせるので，その対処は非常に重要です．また，系統誤差に対処するには**校正**（calibration）が必要です．ロボットを日常的に長時間動かす場合は，校正を自動で行う技術が重要です．

測量では，まちがい誤差は人間が起こすことが多い反面，人間がチェックして取り除くことができます．系統誤差も，人間があらかじめ校正作業を行ったり，測量の手順に組み込んだりして対処します．

今後，測量でも自動化が進められていくことでしょう．ロボットやドローンを用いた測量も現実になっています．将来的には，測量とSLAMの違いは小さくなっていくと思われます．

CHAPTER 6

オドメトリによる地図構築

この章では，SLAM の準備段階となる基本機能について説明します．

まず，Lidar とオドメトリのデータの構造を説明し，次に，それらのデータをファイルから読み込むプログラムを説明します．

そして，最も基本的な地図構築プログラムとして，スキャンをオドメトリデータにしたがって配置するだけのプログラムを紹介します．

最後に，gnuplot による描画ヘルパ関数を紹介します．

6.1 センサデータの構造

ロボットに搭載される本来のプログラムは，各センサからデータを取り込んで，データ間の同期をとりながら地図を構築します．センサとコンピュータ間の通信プロトコルやデータフォーマットはセンサ製品によって異なり，センサからデータを取得するための専用ソフトウェアを必要とします．

本書では，特定の製品を仮定せず，Lidar とオドメトリを一般的に扱いたいので，センサから直接データを取り込むのではなく，センサデータを格納したファイルからデータを読み込むことにします．したがって，本書のプログラムを使うには，各自がもっているセンサのデータをいったんファイルに格納する必要があります．

1 スキャン

3.1 節の 1 項で述べたように，スキャンは Lidar の 1 周期分の走査で得られた点群データです．本書では，Lidar 内のセンサ（あるいはミラー）が 1 回転するたびにスキャンを 1 個取得すると考えます．スキャンは，次のように，回転する各レーザビームの方向 ϕ_i と距離 d_i の列で表されます．

$$(\phi_0, d_0)\ (\phi_1, d_1)\ \cdots\ (\phi_{n-1}, d_{n-1})$$

図 6.1 に例を示します．同図 (a) は 1 つのスキャンを表したもので，点列でできていることがわかります．センサ座標系において，図で指している点の方向 ϕ_i と距離 d_i を記録します．

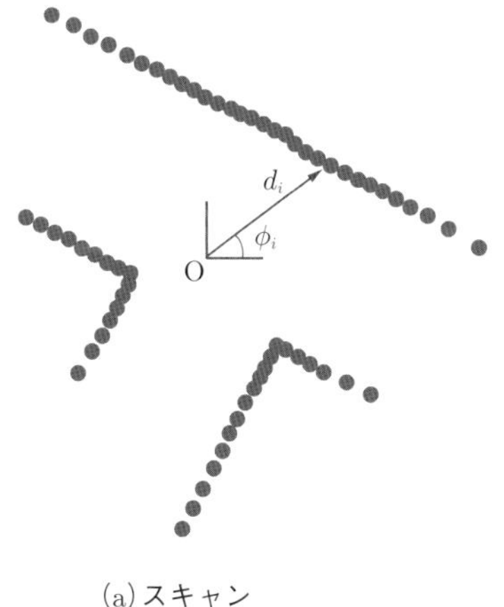


```
-1.64062 0.936 -2.67187 0.923 -3.71875 0.911
-4.89062 0.908 -5.79688 0.911 -6.84375 0.933
-6.95312 0 -7.98438 0 -9.09375 2.113 -10.1406 2.11
-10.9219 2.958 -11.9687 2.966 -13.0156 2.995
-14.1719 2.914 -15.0938 2.914 -17.3906 0.878
-18.4219 0.854 -19.4688 0.849 -20.5156 0.844
    ............

-351.344 0 -352.391 0 -353.422 0 -354.469 0 -355.5 0
-356.547 0 -357.578 0 -358.625 0 -359.719 2.063
```

(a) スキャン　　　(b) データの例

■ 図 6.1　スキャン形状とデータ値の例

(a) は模式的に表したもので，(b) のデータ値とは一致していない．
また，実際のスキャンの点数はもっと多い．

同図 (b) は各点の ϕ_i と d_i を列挙したもので，これがファイルに格納されます．正式なフォーマットはこの節の 4 項で説明します．同図 (b) の例では，$\phi_0 = -1.64062°$，$d_0 = 0.936\,\mathrm{m}$ です．ここで例にあげた Lidar はレーザ光を時計回りに回転させるので，測定点の角度は負の方向に進んでいます．これは，この節の 3 項で述べるように，本書の座標系では，反時計回りを正の方向とするためです．

これとは別の表し方としてよく用いられるのは，方向が等間隔で得られると仮定して，次のように，方向を省略する記法です．

$$d_0\ d_1\ \cdots\ d_{n-1}$$

この場合，方向の範囲 ϕ_{min}, ϕ_{max} と点数 n から，方向は

$$\phi_i = \frac{\phi_{\mathrm{max}} - \phi_{\mathrm{min}}}{n-1} \times i + \phi_{\mathrm{min}}$$

と計算されます．

2 オドメトリデータ

オドメトリで得られるデータは，次のように，各時刻におけるロボットの位置 (x_j, y_j, θ_j) の列です．

$$(x_0, y_0, \theta_0)\ (x_1, y_1, \theta_1)\ \cdots\ (x_{n-1}, y_{n-1}, \theta_{n-1})$$

オドメトリ周期ごとにオドメトリ値を並べると，ロボットの軌跡が得られます．オドメトリ

周期は機種によってまちまちですが，通常は，数 ms から数十 ms です．オドメトリ周期が短いと軌跡を細かく表現でき，軌跡の精度はよくなります．

3　センサデータの座標系

Lidar はロボットの中心に設置されるとは限らないので，一般に，Lidar とロボットとで座標系は異なります．SLAM を行うには，これらの間で座標系を統一しなければなりません．3.2 節の 1 項で述べたように，本書では，x 軸を前方，y 軸を左に向けて，ロボット座標系を設定します．ロボットが回転する際は，x 軸方向を $0°$ として，反時計回りを正の回転角とします．そして，車軸の中心を原点として，ロボット座標系を設定します．

本来は，Lidar とロボットの相対位置を求め，Lidar による推定位置をロボット座標系に変換する必要があります．しかし，本書ではもう少し簡便な方法をとります．

まず，両者の相対位置の並進成分は 0 とします．実際に 0 であることはあまりないですが，本書のプログラムでは，両者の間に数 cm 程度のずれがあっても地図にはたいして影響しません．ただし，ロボット位置というよりは Lidar の位置を推定していることになるため，地図は Lidar の推定位置にもとづいて生成されます．これは，本書のプログラムでは，スキャンマッチングによる位置推定をメインにしているためです．オドメトリはスキャンマッチングの精度を上げたり，位置推定のロバスト性を上げるために用いています．

次に，回転成分はオフセット角で補正します．ここでいうオフセット角とは，Lidar 座標系とロボット座標系の方向角の差のことです．本書のデータセットで用いている Lidar は時計回りに $0 \sim -360°$ の角度を出力します．そして，それを後ろ向きにして，ロボットに設置しています．したがって，オドメトリと向きを合わせるために，オフセット角を $180°$ にします．このオフセット $180°$ を加えるので，$180 \sim -180°$ の角度でスキャン点を出力するセンサだとみなすことができます．図 6.2 に，座標変換の様子を示します．

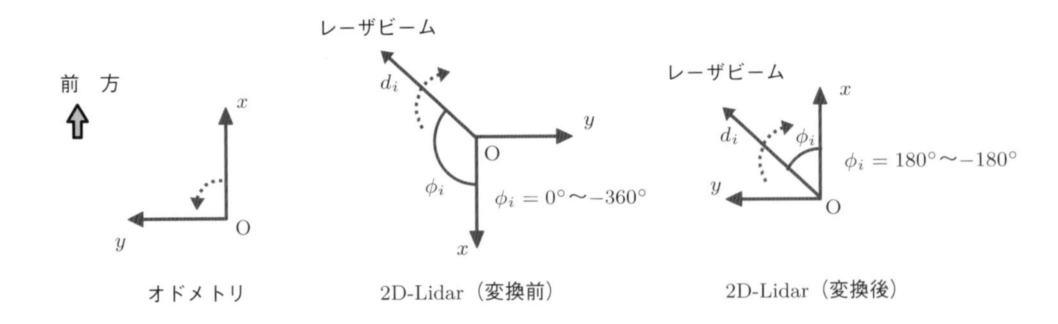

■ 図 6.2　本書で用いるロボットとレーザスキャンの座標系

本書では，これ以降，ロボットと Lidar の座標系は同一とみなします．ただし，相対位置の並進成分を無視しているので，あくまで簡便さを目的とした近似であることに注意してください．

4 センサデータの同期

スキャンマッチングやセンサ融合を行うには，オドメトリデータとスキャンの同期をとる必要があります．ここで「同期をとる」とは，両データの取得時刻を合わせることを意味します．トリガ信号によりセンサ間の同期をとることができれば，それが望ましいですが，実現はハードウェアに依存します．本書では，より一般的に，別々に取得したセンサデータをタイムスタンプを用いて対応づけることにします．

オドメトリデータとスキャンは，各センサから非同期でコンピュータに送られます．各データにはその取得時刻を示すタイムスタンプがつけられています．そして，タイムスタンプの最も近いデータを対応づけることで「同期」をとります．この様子を図 6.3 に示します．

この図はオドメトリデータが 10 ms ごと，スキャンが 100 ms ごとに取得される様子を表しています．360° 回転する Lidar の場合，無限回転しながら連続的に読まれたスキャン点は 360° ごとに区切られ，1 個のスキャンを生成します．そして，各スキャンは，時刻が最も近いオドメトリデータと対応づけられます．なお，各センサのタイミングは別々なうえ，コンピュータまでの通信遅延や演算遅延があるので，データ間には多少の時間ずれがあります．

センサデータの同期に関する問題はハードウェアに依存する度合いが大きいので，本書では，簡単のため，同期のとれたスキャンとオドメトリデータがセットでファイルに格納されたものとして扱います．ただし，このやり方だと，オドメトリ周期がスキャンと同じになる（つまり，多くの場合，粗くなる）という問題があります．

ファイルフォーマットは以下です．これを単位レコードとして，スキャンの個数だけファイルに格納します．

$$\texttt{LASERSCAN sid t1 t2 n} \ \phi_0 \ d_0 \ \ldots \ \phi_{n-1} \ d_{n-1} \ odom_x \ odom_y \ odom_\theta$$

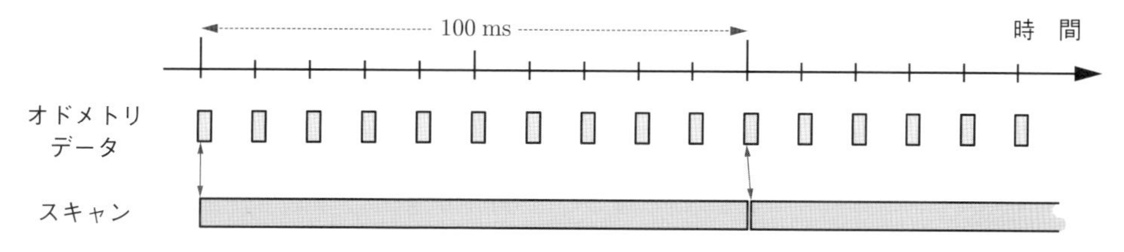

■ 図 6.3 センサデータ間の同期

この例では，オドメトリデータは 10 ms ごと，スキャンは 100 ms ごとに得られる．
取得開始時刻が最も近いオドメトリデータとスキャンを対応づける．

ここで，sid はスキャン番号，t1 と t2 は 2 つセットでスキャンのタイムスタンプ，n はスキャン点数，ϕ_i と $\mathrm{d_i}$ は i 番目のスキャン点の方向と距離，$\mathrm{odom_x}$〜$\mathrm{odom_\theta}$ はオドメトリデータです．なお，このタイムスタンプは記録用であり，本書では使いません．

6.2 実　装

1 プログラム構成

この章で用いる主なクラスを図 6.4 に示します．ここで用いる主なクラスは 4 つです．

main は，5.6 節で述べた起動関数です．main でコマンド引数の解釈をした後，具体的な処理を統括クラスである SlamLauncher に委ねます．

SensorDataReader は，センサデータの読み込みを行います．MapDrawer は，処理結果を gnuplot により描画します．これらのクラスの働きを次節以降で説明します．

2 統括プログラム

SlamLauncher は，main から呼び出されて SLAM 処理の実行を司るクラスです．その主

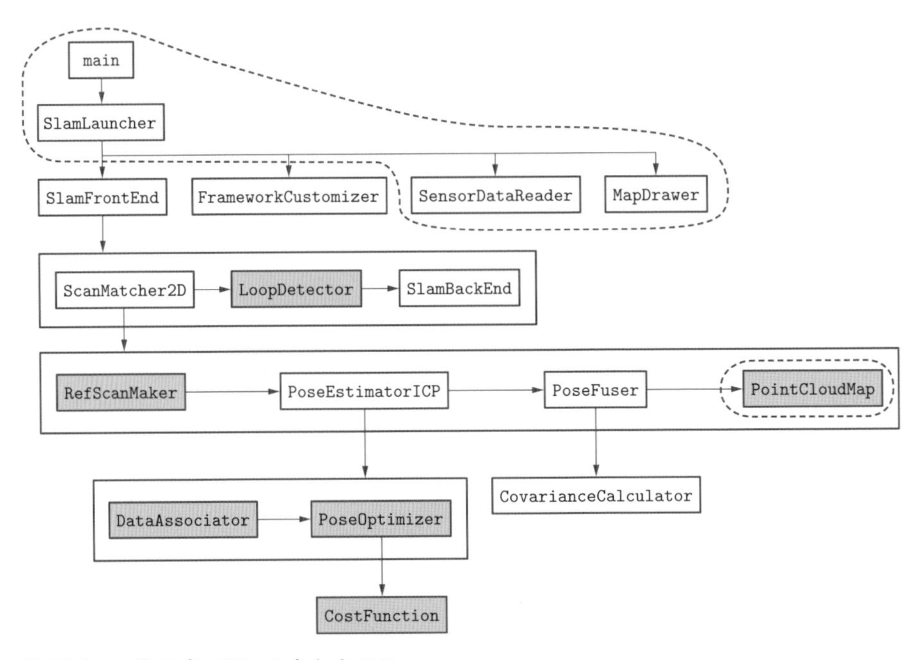

■図 6.4　第 6 章で用いる主なクラス

点線で囲んだ部分がこの章のプログラムで用いるクラス．

要部分を**ソースコード 6.1** に示します．SlamLauncher の主な役割は，データを読み込んで，5.6 節で説明したコマンド記述形式 (5.1) の指定に応じた処理を実行し，結果を描画することです．

■ソースコード 6.1　統括クラス

```
1  class SlamLauncher
2  {
3  private:
4    int startN;                          // 開始スキャン番号
5    int drawSkip;                        // 描画間隔
6    bool odometryOnly;                   // オドメトリによる地図構築か
7
8    Pose2D lidarOffset;                  // Lidarとロボットの相対位置
9
10   SensorDataReader sreader;            // ファイルからのセンサデータ読み込み
11   PointCloudMap *pcmap;                // 点群地図
12   SlamFrontEnd sfront;                 // SLAMフロントエンド
13   MapDrawer mdrawer;                   // gnuplotによる描画
14   FrameworkCustomizer fcustom;         // フレームワークの改造
15
16 public:
17   SlamLauncher() : startN(0), drawSkip(10), odometryOnly(false), pcmap(nullptr) {
18   }
19
20   ~SlamLauncher() {
21   }
22
23   void setStartN(int n) {
24     startN = n;
25   }
26
27   void setOdometryOnly(bool p) {
28     odometryOnly = p;
29   }
30
31   ...略
32 };
33
34 void SlamLauncher::run() {
35   mdrawer.initGnuplot();               // gnuplot初期化
36   mdrawer.setAspectRatio(-0.9);        // x軸とy軸の比（負にすると中身が一定）
37
38   size_t cnt = 0;                      // 処理の論理時刻
39   if (startN > 0)
40     skipData(startN);                  // startNまでデータを読み飛ばす
41
42   Scan2D scan;
43   bool eof = sreader.loadScan(cnt, scan);  // ファイルからスキャンを1個読み込む
44   while(!eof) {
```

```
45      if (odometryOnly)                        // オドメトリによる地図構築 (SLAMより優先)
46        mapByOdometry(&scan);
47      else
48        sfront.process(scan);                  // SLAMによる地図構築
49
50      if (cnt%drawSkip == 0) {                 // drawSkipおきに結果を描画
51        mdrawer.drawMapGp(*pcmap);
52      }
53
54      ++cnt;                                   // 論理時刻更新
55      eof = sreader.loadScan(cnt, scan);       // 次のスキャンを読み込む
56    }
57    sreader.closeScanFile();
58
59    // 処理終了後も描画画面を残すためにSleepで無限ループにする. ctrl-Cで終了.
60    while(true) {
61      Sleep(1000);                             // Windowsの場合
62    }
63  }
64
65  // 開始からnum個のスキャンまで読み飛ばす
66  void SlamLauncher::skipData(int num) {
67    Scan2D scan;
68    bool eof = sreader.loadScan(0, scan);
69    for (int i=0; !eof && i<num; i++) {        // num個空読みする
70      eof = sreader.loadScan(0, scan);
71    }
72  }
```

SlamLauncher の処理本体である関数 run では，まず，後述の SensorDataReader によりデータファイルからデータを読み込み，引数指定に応じて，オドメトリによる地図構築（mapByOdometry）または SLAM を実行します．そして，その結果を MapDrawer により描画します．描画は時間がかかるので，各スキャンごとではなく，drawSkip 個のスキャンを処理するごとに 1 回描画するようにしています．

3　センサデータの読み込み

まず，センサデータのクラスを**ソースコード 6.2** に示します．スキャンはクラス Scan2D，スキャン点はクラス LPoint2D，ロボット位置はクラス Pose2D で定義されます．

■**ソースコード 6.2**　センサデータクラス

```
1  // スキャン
2  struct Scan2D
3  {
4    static double MAX_SCAN_RANGE;             // スキャン点の距離値上限[m]
```

```
5     static double MIN_SCAN_RANGE;           // スキャン点の距離値下限[m]
6
7     int sid;                                // スキャンid
8     Pose2D pose;                            // スキャン取得時のオドメトリ値
9     std::vector<LPoint2D> lps;              // スキャン点群
10
11    ... 略
12
13  };
14
15  enum ptype {UNKNOWN=0, LINE=1, CORNER=2, ISOLATE=3};    // 点のタイプ：未知，直線，コーナ，孤立
16
17  // スキャン点
18  struct LPoint2D
19  {
20    int sid;                                // フレーム番号（スキャン番号）
21    double x;                               // 位置x
22    double y;                               // 位置y
23    double nx;                              // 法線ベクトル
24    double ny;                              // 法線ベクトル
25    double atd;                             // 累積走行距離(accumulated travel distance)
26    ptype type;                             // 点のタイプ
27
28    LPoint2D() : sid(-1), x(0), y(0) {
29      init();
30    }
31
32    LPoint2D(int id, double _x, double _y): x(_x), y(_y) {
33      init();
34      sid = id;
35    }
36
37    void init() {
38      sid = -1;
39      atd = 0;
40      type = UNKNOWN;
41      nx = 0;
42      ny = 0;
43    }
44
45    // rangeとangleからxyを求める(右手系)
46    void calXY(double range, double angle) {
47      double a = DEG2RAD(angle);
48      x = range*cos(a);
49      y = range*sin(a);
50    }
51
52    ... 略
53
54  };
55
```

```
56
57  // ロボット位置
58  struct Pose2D
59  {
60    double tx;                          // 並進x
61    double ty;                          // 並進y
62    double th;                          // 回転角〔°〕
63    double Rmat[2][2];                  // 姿勢の回転行列
64
65    Pose2D() : tx(0), ty(0), th(0) {
66      for(int i=0;i<2;i++) {
67        for(int j=0;j<2;j++) {
68          Rmat[i][j] = (i==j)? 1.0:0.0;
69        }
70      }
71    }
72
73    ... 略
74
75  };
```

次に，センサデータ読み込みプログラム SensorDataReader を**ソースコード 6.3** に示します(注 1)．

■**ソースコード 6.3**　センサデータ読み込み

```
 1  class SensorDataReader
 2  {
 3  private:
 4    int angleOffset;                    // Lidarとロボットの向きのオフセット
 5    std::ifstream inFile;               // データファイル
 6
 7  public:
 8    SensorDataReader() : angleOffset(180) {
 9    }
10
11    ~SensorDataReader() {
12    }
13
14    bool openScanFile(const char *filepath) {
15      inFile.open(filepath);
16      if (!inFile.is_open()) {
17        std::cerr << "Error:␣cannot␣open␣file␣" << filepath << std::endl;
```

〔注 1〕 本書のソースコードリストでは，クラス定義の中では vector に “std::” がついているのに，メンバ関数の中ではついていません．“std::” は C++ 標準ライブラリを示す名前空間名ですが，ファイルの冒頭に “using namespace std;” と書いてあれば，C++ 標準ライブラリのクラスに “std::” をつける必要はありません．本書の .cpp ファイルには冒頭に “using namespace std;” がありますが，.h ファイルにはありません．ソースコードリストには .h ファイルと .cpp ファイルを合体して書いているので，“std::” のありなしが混在した形になっています．

```
18          return(false);
19        }
20
21        return(true);
22      }
23
24      void closeScanFile() {
25        inFile.close();
26      }
27
28      void setAngleOffset(int o) {
29         angleOffset = o;
30      }
31
32      ...略
33
34    };
35
36    // ファイルから項目1個を読む．読んだ項目がスキャンならtrueを返す．
37    bool SensorDataReader::loadLaserScan(size_t cnt, Scan2D &scan) {
38      string type;                          // ファイル内の項目ラベル
39      inFile >> type;
40      if (type == "LASERSCAN") {            // スキャンの場合
41        scan.setSid(cnt);
42
43        int sid, sec, nsec;
44        inFile >> sid >> sec >> nsec;       // これらは使わない
45
46        vector<LPoint2D> lps;
47        int pnum;                           // スキャン点数
48        inFile >> pnum;
49        lps.reserve(pnum);
50        for (int i=0; i<pnum; i++) {
51          float angle, range;
52          inFile >> angle >> range;         // スキャン点の方向と距離
53          angle += angleOffset;             // Lidarの方向オフセットを考慮
54          if (range <= Scan2D::MIN_SCAN_RANGE || range >= Scan2D::MAX_SCAN_RANGE) {
55            continue;
56          }
57
58          LPoint2D lp;
59          lp.setSid(cnt);                   // スキャン番号はcnt（通し番号）にする
60          lp.calXY(range, angle);           // angle,rangeから点の位置xyを計算
61          lps.emplace_back(lp);
62        }
63        scan.setLps(lps);
64
65        // スキャンに対応するオドメトリ情報
66        Pose2D &pose = scan.pose;
67        inFile >> pose.tx >> pose.ty;
68        double th;
```

```
69        inFile >> th;
70        pose.setAngle(RAD2DEG(th));              // オドメトリ角度はラジアンなので度〔°〕にする
71        pose.calRmat();
72
73        return(true);
74      }
75      else {                                     // スキャン以外の場合
76        std::string line;
77        getline(inFile, line);                   // 読み飛ばす
78
79        return(false);
80      }
81    }
```

このプログラムでは，ファイルストリーム inFile から，単語を 1 個ずつ読み込みます．行の最初の単語が "LASERSCAN" ならば，スキャンの読み込み処理を始めます．そうでない行は関数 getline で読み飛ばします．

前述のように，1 個のスキャン点は方向 angle と距離 range のペアですが，これらから，LPoint2D のメンバ関数 calXY を用いて，xy 座標値に変換します．ここでもし range の値が最大最小範囲を超えたら，無効データとして無視します．

スキャン点をすべて読み込んだら，このスキャンに付随するオドメトリ値を読み込んで，Scan2D のメンバ変数 pose に格納します．

4 スキャンの描画

5.6 節のコマンド (5.1) においてオプション "-s" をつけると，gnuplot を用いてスキャンを次々に描画します．C++ プログラムから gnuplot を起動するプログラムについては 6.3 節を参照してください．

スキャン描画プログラムを**ソースコード 6.4** に示します．センサ座標系でスキャンを次々に描画していきます．描画の時間間隔は，Windows なら Sleep 関数，Linux なら usleep 関数の引数で指定します．現状は，100 ms に設定しています．なお，スキャンの範囲は一定なので，gnuplot の描画サイズを一定にしています．描画したスキャンの例を**図 6.5** に示します．

■ソースコード 6.4　スキャン描画

```
1   void SlamLauncher::showScans() {
2     mdrawer.initGnuplot();
3     mdrawer.setRange(6);                          // 描画範囲．スキャンが6m四方の場合
4     mdrawer.setAspectRatio(-0.9);                 // x軸と y軸の比（負にすると中身が一定）
5
6     size_t cnt = 0;                               // 処理の論理時刻
```

```
7     if (startN > 0)
8       skipData(startN);                          // startNまでデータを読み飛ばす
9
10    Scan2D scan;
11    bool eof = sreader.loadScan(cnt, scan);
12    while(!eof) {
13      // 描画間隔を開ける
14      Sleep(100);                                // Windowsの場合
15
16      mdrawer.drawScanGp(scan);                  // スキャン描画
17
18      eof = sreader.loadScan(cnt, scan);
19      ++cnt;
20    }
21    sreader.closeScanFile();
22  }
```

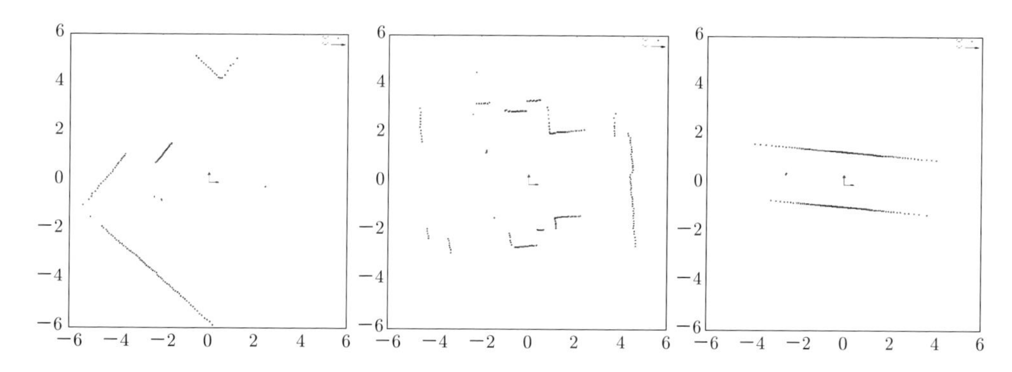

■ 図 6.5　読み込んだスキャンの例

中央の矢印はセンサ座標系の x 軸と y 軸.

5 オドメトリによる地図構築

5.6 節のコマンド (5.1) においてオプション "-o" をつけると，オドメトリデータにもとづいて地図を構築します．第 2 章で述べたように，スキャン点は Lidar のセンサ座標系で表されているので，オドメトリで得た位置を使って地図座標系に変換すると地図がつくれます．そのプログラムを**ソースコード 6.5** に示します．

スキャン点 $\boldsymbol{q}_i$ の座標変換は次のように計算されます．R_j はオドメトリ位置による回転行列，$\boldsymbol{t}_j$ は並進成分です．$\boldsymbol{p}_i$ が地図座標系でのスキャン点です．

$$\boldsymbol{p}_i = R_j \boldsymbol{q}_i + \boldsymbol{t}_j$$

この計算を行っているのが，関数 `Pose2D::globalPoint` です．

■ソースコード 6.5　オドメトリによる地図構築

```
1  void SlamLauncher::mapByOdometry(Scan2D *scan) {
2    Pose2D &pose = scan->pose;                    // スキャン取得時のオドメトリ位置
3    vector<LPoint2D> &lps = scan->lps;            // スキャン点群
4    vector<LPoint2D> glps;                        // 地図座標系での点群
5    for (size_t j=0; j<lps.size(); j++) {
6      LPoint2D &lp = lps[j];
7      LPoint2D glp;
8      pose.globalPoint(lp, glp);                  // センサ座標系から地図座標系に変換
9      glps.emplace_back(glp);
10   }
11
12   // 点群地図pcmapにデータを格納
13   pcmap->addPose(pose);
14   pcmap->addPoints(glps);
15   pcmap->makeGlobalMap();
16 }
17
18
19 // 自分（Pose2D）の局所座標系での点piを，グローバル座標系に変換してpoに入れる
20 void Pose2D::globalPoint(const LPoint2D &pi, LPoint2D &po) const {
21   po.x = Rmat[0][0]*pi.x + Rmat[0][1]*pi.y + tx;
22   po.y = Rmat[1][0]*pi.x + Rmat[1][1]*pi.y + ty;
23 }
```

関数 SlamLauncher::mapByOdometry は，スキャン 1 個について，センサ座標系から地図座標系への変換を行い，地図に登録します．地図は PointCloudMap の派生クラスを用いて実装しますが，詳細は後の章で説明します．

5.3 節の表 5.3 にあるデータセット corridor を用いて，オドメトリにもとづいて生成した地図の例を**図 6.6** に示します．これは，コマンド

```
LittleSLAM -o corridor.lsc
```

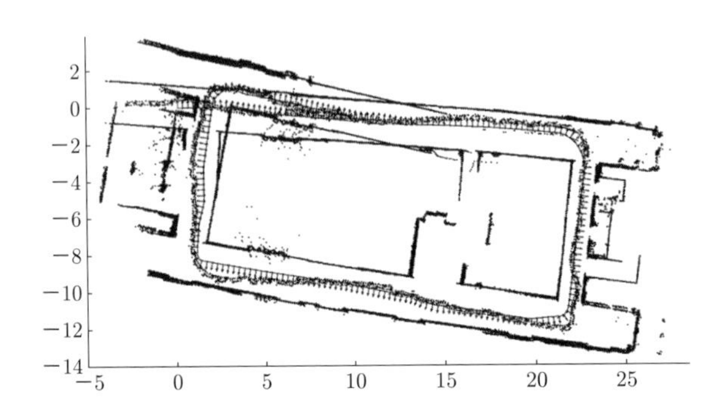

■ 図 6.6　オドメトリを用いて構築した地図の例

によって得た地図です．この図からわかるように，オドメトリでスキャンを並べただけだと，地図は歪みます．その原因として，オドメトリの累積誤差，オドメトリとスキャナの相対位置の誤差(注 2)，オドメトリとスキャナの同期ずれ，などが考えられます．

本書では，この地図を出発点として，SLAM を用いてきれいな地図ができるようにしていきます．

6.3 gnuplot による描画関数

gnuplot はグラフ描画用のフリーソフトウェアです．参考のため，**ソースコード 6.6** に，C++ から gnuplot を呼んで描画を行うクラス `MapDrawer` を示します．このプログラムは，パイプを介してデータを gnuplot に渡します．具体的には，関数 `fprintf` を gnuplot へのパイプ gp に適用して，gnuplot のコマンドやデータを送ります．

■ソースコード 6.6　gnuplot による描画

```
1   class MapDrawer
2   {
3   private:
4     FILE *gp;                                // gnuplotへのパイプ
5     double xmin, xmax, ymin, ymax;           // 描画範囲[m]
6     double aspectR;                          // xy比
7
8   public:
9     MapDrawer() : gp(nullptr), xmin(-10), xmax(10), ymin(-10), ymax(10), aspectR(-1.0) {
10    }
11
12    ~MapDrawer() {
13      finishGnuplot();
14    }
15
16    void initGnuplot() {
17      gp = _popen("gnuplot", "w");           // パイプオープン（Windowsの場合）
18    }
19
20    void finishGnuplot() {
21      if (gp != nullptr)
22        _pclose(gp);
23    }
24
25    void setAspectRatio(double a) {
26      aspectR = a;
27      fprintf(gp, "set␣size␣ratio␣%lf\n", aspectR);
```

〔注 2〕本書では，両者の位置は一致すると仮定しましたが，図 6.6 のデータでは実際は 10 cm 程度のずれがあります．

```
28   }
29
30   void setRange(double R) {              // 描画範囲をR四方にする
31     xmin = ymin = -R;
32     xmax = ymax = R;
33     fprintf(gp, "set␣xrange␣[%lf:%lf]\n", xmin, xmax);
34     fprintf(gp, "set␣yrange␣[%lf:%lf]\n", ymin, ymax);
35   }
36
37   ...略
38 };
39
40 // 地図と軌跡を描画
41 void MapDrawer::drawMapGp(const PointCloudMap &pcmap) {
42   const vector<LPoint2D> &lps = pcmap.globalMap;        // 地図の点群
43   const vector<Pose2D> &poses = pcmap.poses;            // ロボット軌跡
44   drawGp(lps, poses);
45 }
46
47 // スキャン1個を描画
48 void MapDrawer::drawScanGp(const Scan2D &scan) {
49   vector<Pose2D> poses;
50   Pose2D pose;                           // 原点
51   poses.emplace_back(pose);              // drawGpを使うためにvectorに入れる
52   drawGp(scan.lps, poses);
53 }
54
55 // ロボット軌跡だけを描画
56 void MapDrawer::drawTrajectoryGp(const vector<Pose2D> &poses) {
57   vector<LPoint2D> lps;                  // drawGpを使うためのダミー（空）
58   drawGp(lps, poses);
59 }
60
61 // 描画本体
62 void MapDrawer::drawGp(const vector<LPoint2D> &lps, const vector<Pose2D> &poses, bool flush) {
63   // gnuplot設定
64   fprintf(gp, "set␣multiplot\n");
65   fprintf(gp, "plot␣'-'␣w␣p␣pt␣7␣ps␣0.1␣lc␣rgb␣0x0,␣'-'␣with␣vector\n");
66
67   // 点群の描画
68   int step1=1;                    // 点の間引き間隔．描画が重いとき大きくする
69   for (size_t i=0; i<lps.size(); i+=step1) {
70     const LPoint2D &lp = lps[i];
71     fprintf(gp, "%lf␣%lf\n", lp.x, lp.y);  // 点の描画
72   }
73   fprintf(gp, "e\n");
74
75   // ロボット軌跡の描画
76   int step2=10;                          // ロボット位置の間引き間隔
77   for (size_t i=0; i<poses.size(); i+=step2) {
78     const Pose2D &pose = poses[i];
```

```
79      double cx = pose.tx;                  // 並進位置
80      double cy = pose.ty;
81      double cs = pose.Rmat[0][0];          // 回転角によるcos
82      double sn = pose.Rmat[1][0];          // 回転角によるsin
83
84      // ロボット座標系の位置と向きを描く
85      double dd = 0.4;
86      double x1 = cs*dd;                    // ロボット座標系のx軸
87      double y1 = sn*dd;
88      double x2 = -sn*dd;                   // ロボット座標系のy軸
89      double y2 = cs*dd;
90      fprintf(gp, "%lf␣%lf␣%lf␣%lf\n", cx, cy, x1, y1);
91      fprintf(gp, "%lf␣%lf␣%lf␣%lf\n", cx, cy, x2, y2);
92    }
93    fprintf(gp, "e\n");
94
95    if (flush)
96      fflush(gp);                           // バッファのデータを書き出す
97  }
```

関数 drawGp は，地図の点群 lps とロボット軌跡 poses を引数で受け取って gnuplot に送ります．毎回，全データを送りますが，これは，ループ閉じ込みがあると地図と軌跡が全部修正されることがあるためです．

MapDrawer は，gnuplot のパラメータ設定として，本書のプログラムで必要な，xy のアスペクト比，および，描画範囲 xrange，yrange の指定関数を用意しています．

■トピック 6■

スキャン歪み

Lidar はセンサ（ミラー）を回しながら連続的に計測するので，その間にロボットが移動すると，スキャンに歪みが生じます．図 6.7 に例を示します．この歪みは，地図が歪む原因の 1 つになります．

スキャンがなぜ歪むか考えてみましょう．たとえば，レーザビームを 360° 回転させてスキャン 1 個をつくる Lidar を載せて移動するロボットを考えます．レーザビームの回転中にロボットは移動しているので，各スキャン点のビームを投光・受光するロボット位置はそれぞれ異なります．このため，ロボットの移動中にとったスキャンは静止時にとったスキャンに比べて，少し形が変わります．静止時にとったスキャンは正しい環境形状を与えるはずなので，移動中にとったスキャンは形が歪んでいることになります．この歪みは，ロボットが回転しているときに顕著になります．また，Lidar の周期が長いほど歪みは大きくなります．

これに対処するには，ロボットの移動量にもとづいてスキャン点の位置の補正を行う必要があります．さまざまな方法がありますが，最も単純な方法は，スキャン 1 個の開始時刻（ビームの方向 0°）から終了時刻（ビームの方向 360°）までのロボットの移動量を求め，その移動量の線形近似で各ビームを投光・受光したロボット位置を計算して，スキャン点の位置を補正する方法です．詳細は割愛しますが，難しい計算ではありません．

ただし，ここで問題となるのは，スキャン 1 個に対応するロボット移動量をどう求めるかです．オドメトリがある場合は，スキャンと同期をとったオドメトリ値を用いるのが簡単です．オドメトリがない場合は，いったん，スキャン補正をしないでスキャンマッチングを行い，そこで得られたロボット移動量を用います．その移動量でスキャン補正した後，もう一度スキャンマッチングを行えば，ずれの少ない結果が得られます[78), 138)]．

近年，ロボットの軌跡を連続値で推定することでこの問題に対処する Continuous-Time SLAM（CT-SLAM）というアプローチが提案されています[30), 91)]．従来の多くの SLAM では，ロボットの位置は Lidar などの外界センサのデータ入力ごとに離散的に推定されていました．しかし，スキャン点はそれよりもはるかに短い間隔で計測されるので，ロボット位置から各スキャン点の位置を線形近似で補正しても，動きが速いと十分な精度が得られないという問題があります．CT-SLAM は任意時刻のロボット位置を精度よく補間する仕組みをもち，各スキャン点の位置補正をより正確に行うことができます．さらに，ICP の計算過程でスキャン点の位置補正を行う手法も提案されています[24)]．

本書のデータセットは，スキャン歪みの補正を行っていません．そのため，スキャン歪みに起因する地図のずれや歪みが多少みられます．

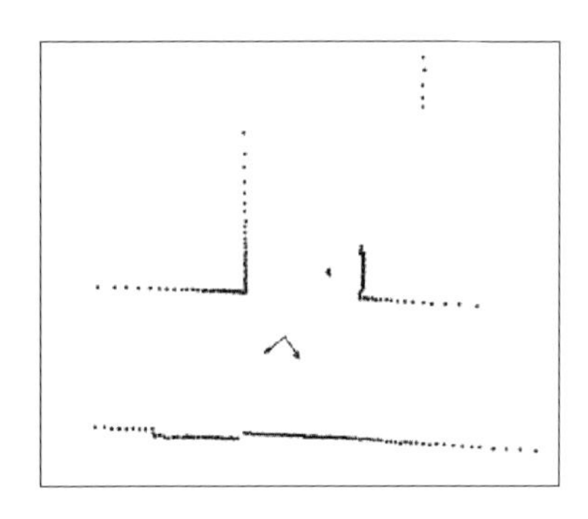
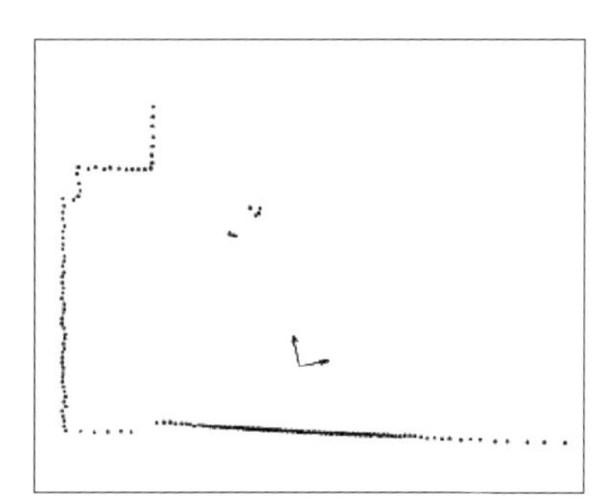

■ 図 6.7　スキャン歪みの例

どちらのスキャンも直角の壁を計測しているが，外枠と比較するとわかるように，歪みによって下の線が斜めになっている．この現象は，ロボットの回転中に顕著になる．

CHAPTER 7

スキャンマッチング

スキャンマッチングは，2 つのスキャンの形状が合致するように位置合わせをする技術です．スキャンマッチングによって，ロボットが走行しながら得たスキャンを次々とつなぎ合わせることで，ロボット位置と地図を同時に推定することができます．

スキャンマッチングは逐次 SLAM を実行する方法の 1 つで，SLAM のフロントエンド部の中核となります．また，第 10 章で述べるループ検出の際の位置合わせにも使われます．

本書では，スキャンマッチングの手法として，直観的に理解しやすい ICP を用います．

関連知識

この章をより深く読むには，次の項目を確認しておくとよいでしょう．
線形代数（11.1 節），座標変換（11.2 節）

7.1 スキャンマッチングとは

いま，異なる位置で計測した 2 つのスキャンを重ね合わせることを考えます．

図 7.1 に例を示します．ロボットは時刻 $t-1$ から時刻 t の間に，位置 $\boldsymbol{x}_{t-1}$ から $\boldsymbol{x}_t$ に移動し，スキャン s_{t-1} と s_t を取得したとします．ロボットが移動したため，得られたスキャンの形は少し違います．6.1 節の 3 項で述べたように，本書では，ロボット座標系とセンサ（Lidar）座標系を同一視するので，各ロボット位置がセンサ座標系の原点になります．なお，ロボット位置 $\boldsymbol{x}_{t-1}$，$\boldsymbol{x}_t$ は，方向を含むことに注意してください．

ここで，$\boldsymbol{x}_{t-1}$ と $\boldsymbol{x}_t$ が重なっている状態から，$\boldsymbol{x}_t$ を少しずつ動かして，s_{t-1} と s_t の形が合致する位置にもってくることを考えます．その状態が同図 (c) です．2 つのスキャンは形が少し違いますが，共通部分があるので，そこで重なっています．

そして，このときの $\boldsymbol{x}_{t-1}$ から見た $\boldsymbol{x}_t$ の相対位置がこの 2 つのスキャン間のロボットの移動量 $\boldsymbol{d}_t$ になります．この移動量は inverse compounding 演算子 $\ominus$ を使って，

$$\boldsymbol{d}_t = \boldsymbol{x}_t \ominus \boldsymbol{x}_{t-1}$$

と計算できます（13.2 節の 2 項参照）．

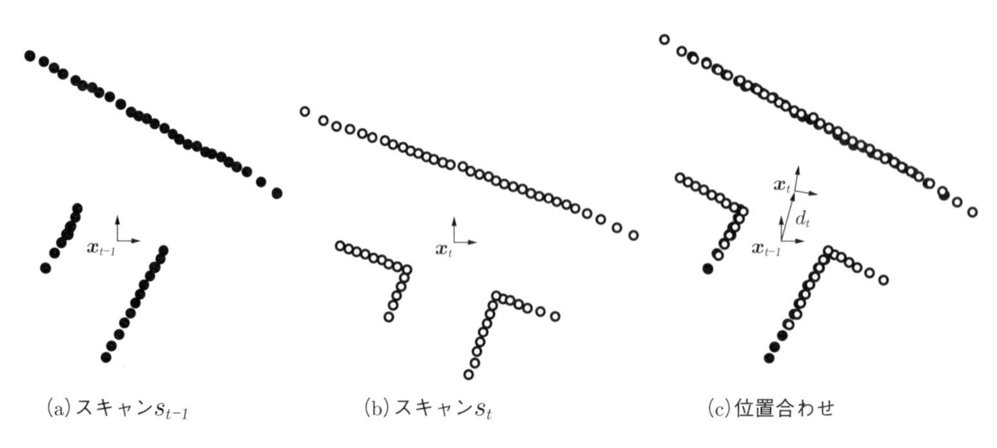

(a) スキャン s_{t-1}　(b) スキャン s_t　(c) 位置合わせ

■ 図 7.1　2つのスキャンの位置合わせの様子

両スキャンはそれぞれのロボット位置 $\boldsymbol{x}_{t-1}$，$\boldsymbol{x}_t$ でのセンサ座標系で定義される．位置合わせが完了すると，$\boldsymbol{x}_{t-1}$ のセンサ座標系から見た $\boldsymbol{x}_t$ の相対位置はロボットの移動量となる．

スキャンマッチングは，このように2つのスキャンが合致するようなロボット位置 $\boldsymbol{x}_t$ を自動的に求めるもので，ロボティクスにおいて有名な手法として，ICP（Iterative Closest Points）[10), 74)] と NDT（Normal Distribution Transform）[11)] があります．このほかにも，相関法など多くの手法が提案されています．

本書のプログラムでは，直観的にわかりやすく，実際にも広く使われている ICP を用います．

7.2 ICP

1 ICP の概要

ICP は，2つのスキャン s_t と s_{t-1}（それぞれ，**現在スキャン**と**参照スキャン**と呼びます）の間で，スキャン点の対応づけとロボット位置推定を交互にくり返すことで，スキャンマッチングを行う方法です．その手順を以下に示します．

(1) データ対応づけ

$k-1$ 回目のくり返しでのロボット位置 $\boldsymbol{x}_t^{k-1}$ において，現在スキャン s_t の点と参照スキャン s_{t-1} の点を対応づける．

(2) ロボット位置の推定

ステップ (1) で求めた対応づけにおいて，コスト関数が最小となる k 回目のくり返しでのロボット位置 $\boldsymbol{x}_t^k$ を求める．

(3) くり返しの判定

位置合わせのスコアが変化しなくなるまで，(1) と (2) をくり返す．

ICP でのデータ対応づけの基準は，多くの場合，ユークリッド距離を用います．すなわち，ユークリッド距離が最も近い点どうしを対応づけることにします．**コスト関数** (cost function) とは，その入力がよい値かどうかを評価する関数で，コスト関数が最小（極小）となる入力が最もよいと判定されるようにします．ICP でのコスト関数は，ロボット位置 $\boldsymbol{x}_t$ を入力として，対応づけされた点間の位置誤差の平均を返す関数です．つまり，2 つのスキャン間のずれ（各点の位置誤差）が小さいほど，もっともらしいロボット位置だと判定します．

ICP の挙動を模式的に表したのが**図 7.2** です．白丸が現在スキャンの点，黒丸が参照スキャンの点です．この図では，現在スキャンの各点と対応のとれた参照スキャンの点を線で結んでいます．

同図 (a) は，ICP の 1 回目のくり返しにおける対応づけの結果です．まだ移動量は 0 で，現在スキャンの位置は参照スキャンの座標原点にあります．現在スキャンの複数の点が参照スキャンの同じ点に対応づいているなど，対応づけはまだ正しくはありません．

同図 (b) は，この対応づけにもとづいて，コスト関数を最小化した結果です．現在スキャンの位置は動いていますが，まだ 2 つのスキャンは合致していません．これは，対応づけが正しくないために，コスト関数が十分に小さくならないからです．(b) の上の部分の残差を小さくしようとすると，下の部分の残差が大きくなり，拮抗力として働きます．このため，くり返しの 1 回目では，(b) のような状態で釣り合うことになります．「対応づけられた点の間にばねが張られている」とイメージするとわかりやすいかもしれません．

同図 (c) は，(b) の位置において最も近くなる点に対応づけをやり直した結果です．位置が修正されたので，対応づけも (a) より改善されています．

同図 (d) は，この対応づけにもとづいてコスト関数を最小化した結果です．2 つのスキャン

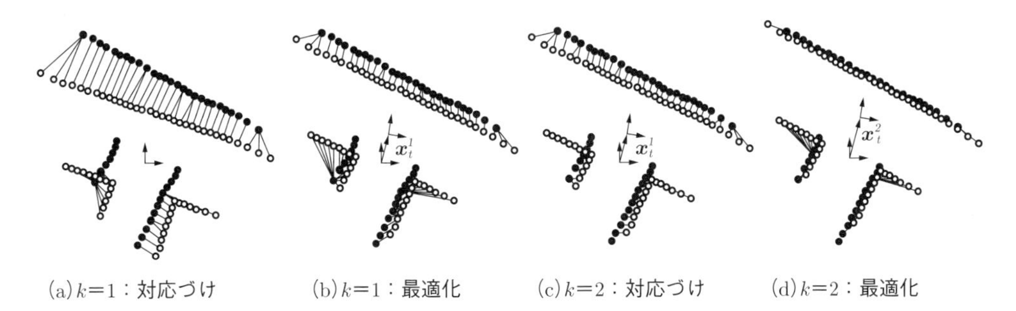

■ 図 7.2　ICP の挙動の模式図

白丸が現在スキャンの点，黒丸が参照スキャンの点であり，現在スキャンの各点と対応のとれた参照スキャンの点を線で結んでいる．くり返しが進むほど，対応点の位置の誤差が小さくなり，対応づけも正しくなる．

はまだ合致していませんが，(b) よりも近づいていることがわかります．

以上の動作をくり返すと，現在スキャンの移動は次第に収束し，2つのスキャンは合致して図 7.1 (c) のような状態になります．ただし，実際のスキャンにはノイズがあり，スキャン点の間隔も一定ではないので，2つのスキャンが完全に合致することはまずありません．

ICP で重要なこととして初期値の選択があります．ICP はくり返し処理なので，ロボット位置の初期値が必要です．この初期値によって，ICP の結果は大きく左右されます．上記の例では，参照スキャンのロボット位置を初期値としていましたが，オドメトリで推定した現在のロボット位置を初期値にしたほうが一般によい結果が得られます．

2　データ対応づけ

ICP のステップ (1) のデータ対応づけについて，前掲の図 7.2 を用いて説明します．まず，k 回目のロボット位置 $\boldsymbol{x}_t^k$ が得られたとして，その位置での現在スキャン s_t の各スキャン点 $\boldsymbol{p}_i^k$ は次のように計算されます．ただし，見やすさのため，添え字 t は省略しています．$\boldsymbol{p}_i$ は，センサ座標系でのスキャン点の位置です．

$$\boldsymbol{p}_i^k = R^k \boldsymbol{p}_i + \boldsymbol{t}^k \tag{7.1}$$

ここで，R^k と $\boldsymbol{t}^k$ は，それぞれ，$\boldsymbol{x}_t^k$ の回転行列と並進ベクトルです．

次に，$\boldsymbol{p}_i^k$ から最も近い参照スキャン s_{t-1} の点 $\boldsymbol{q}_{j_i}^k$ を求めます．すなわち，式 (7.2) のように，$\boldsymbol{p}_i^k$ からのユークリッド距離が最も小さくなる点を探して $\boldsymbol{q}_{j_i}^k$ とします(注1)．ここで，j_i は s_t の点番号 i に対応する s_{t-1} の点番号 j を表します．対応づけの結果は，s_t と s_{t-1} の各点番号のペアの集合 $C^k = \{(1, j_1), \ldots, (N, j_N)\}$ で表します．ただし，N は点の個数です．

$$\boldsymbol{q}_{j_i}^k = \mathrm{argmin} \| \boldsymbol{p}_i^k - \boldsymbol{q}_j^k \| \tag{7.2}$$

対応づけ処理で問題となるのが，式 (7.2) によって $\boldsymbol{q}_{j_i}^k$ を求める部分です．単純な方法でこれを行うと，大きなデータに対しては計算時間がかかり，高速化が必要になります．高速化については，次章で説明します．

3　ロボット位置の推定

ICP のステップ (2) では，(1) で求めた対応づけにしたがって，式 (7.3) により，各点間の距離の二乗平均を求めます．

$$G_1(\boldsymbol{x}_t^k) = \frac{1}{N} \sum_{i=1}^{N} ||(R^k \boldsymbol{p}_i + \boldsymbol{t}^k) - \boldsymbol{q}_{j_i}^{k-1}||^2 \tag{7.3}$$

(注1) $\mathrm{argmin}\, f(x)$ は，$f(x)$ を最小にする x を表します．ここでは，$\boldsymbol{q}_j^k$ が変数 x に対応します．

ロボット位置の推定では，$G_1(\boldsymbol{x}_t^k)$ が最小となる $\boldsymbol{x}_t^k$ を求めます．これは非線形最適化問題であり，さまざまな解法があります．有名なものとして，最急降下法，ガウス–ニュートン法，レーベンバーグ–マーカート法，準ニュートン法，共役勾配法などがあります．この方法の選び方でも性能が変わります．

ステップ (3) のくり返しの終了判定は，式 (7.3) を用いて行います．すなわち，k 回目の $G_1(\boldsymbol{x}_t^k)$ の最小値と $k-1$ 回目の $G_1(\boldsymbol{x}_t^{k-1})$ の最小値の差が閾値以下になったら，くり返しを終了します．

このようなくり返し計算による最適化では，適切な初期値 $\boldsymbol{x}_t^0$ を必要とします．オドメトリがある場合は，オドメトリによる予測値をこの初期値として使うと，多くの場合，よい結果が得られます．オドメトリで計測した移動量を $\boldsymbol{d}$ とすると，オドメトリによる予測値の求め方は，参照スキャンが定義されている座標系によって変わります．参照スキャンがセンサ座標系で定義されている場合は，オドメトリによる予測値として $\boldsymbol{d}$ をそのまま使います．一方，参照スキャンが地図座標系で定義されている場合は，オドメトリによる予測値は，compounding 演算子を用いて，$\boldsymbol{x}_{t-1} \oplus \boldsymbol{d}$ で得られます．オドメトリがない場合は，直前のロボット位置 $\boldsymbol{x}_{t-1}$ を初期値として使います．

ところで，式 (7.3) は 2.3 節の 1 項で説明した計測モデルに相当します．計測モデルは，通常，式 (2.9) のようにセンサ座標系で定義しますが，式 (7.3) では地図座標系で定義しています．センサ座標系で定義する場合は，残差は $(\boldsymbol{p}_i - (R^k)^{-1}(\boldsymbol{q}_{j_i}^{k-1} - \boldsymbol{t}^k))$ という式になります．ここでは，参照スキャンは現在スキャンより点の個数が多くなる可能性があるため，座標変換の計算量が少ない式 (7.3)（および式 (7.1)）を採用しています．Lidar の場合は，センサ座標系から地図座標系へユークリッド変換が可能なので，後述の共分散行列を回転させれば，どちらの座標系で定義しても結果は同じになります．

7.3 ICP の実装

ICP によりロボット位置を求め，その位置にもとづいてスキャンをつなぎ合わせて地図をつくるプログラムを説明します．連続で取得したスキャン列に対してこの処理をくり返せば，地図が成長していきます．

この章では，最も簡単な方法で実装します．簡単なため，性能はあまりよくありませんが，手法の原理やプログラムの構造は理解しやすくなっています．

1 プログラムの構成

スキャンマッチングの処理の流れを図 7.3 に示します．灰色のブロックがこの章で扱う部分

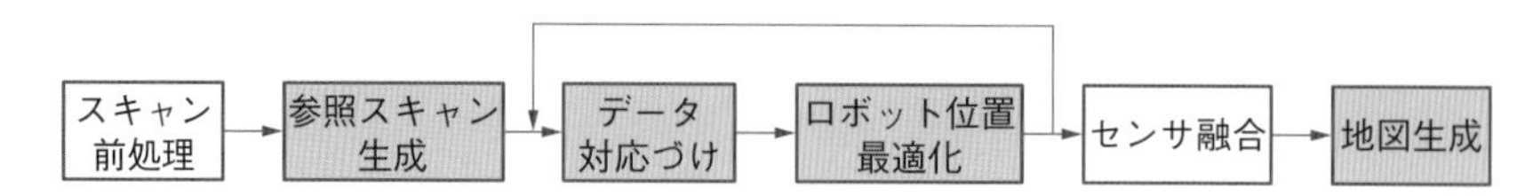

■ 図 7.3　スキャンマッチングの処理の流れ

■ 表 7.1　スキャンマッチングを行うクラス

プログラム名	内　容	詳　細
ScanMatcher2D	スキャンマッチング統括	フレームワーク
PoseEstimatorICP	ICP によるロボット位置の計算	フレームワーク
FrameworkCustomizer	フレームワークをカスタマイズする	
RefScanMakerBS	参照スキャン生成	直前スキャンを参照スキャンとする
CostFunctionED	コスト関数	対応点間のユークリッド距離を用いる
PoseOptimizerSD	コスト関数最小化	最急降下法を用いる
DataAssociatorLS	データ対応づけ	線形探索を用いる
PointCloudMapBS	点群地図管理	全スキャン点を保存する

です．白いブロックはこの章では何もせずに素通りします．

(1) 参照スキャンの生成
過去のデータから参照スキャンを生成します．現在スキャンはいま入力したスキャンそのものにすることが多いですが，参照スキャンの生成方法はいくつかあります．ここでは，直前スキャンを参照スキャンとして用いる方法を実装します．

(2) データ対応づけ
現在スキャンと参照スキャンの間で点の対応づけを行います．

(3) ロボット位置の最適化
式 (7.3) のコスト関数 G_1 を最小化して，ロボット位置を求めます．

(4) 地図の生成
求めたロボット位置に合わせて現在スキャンを地図座標系に配置して，地図を成長させます．

表 7.1 と図 7.4 にこのプログラムで使用される主なクラスを記します．

このうち，ScanMatcher2D や PoseEstimatorICP はフレームワークとなっており，カスタマイズが可能です．第 8 章で，カスタマイズにより性能を上げる例を説明します．

2　スキャンマッチング統括

ソースコード 7.1 に，スキャンマッチングを統括する ScanMatcher2D を記します．このクラスは 7.3 節の 1 項で述べた手順にしたがって処理を進めます．ScanMatcher2D はフレーム

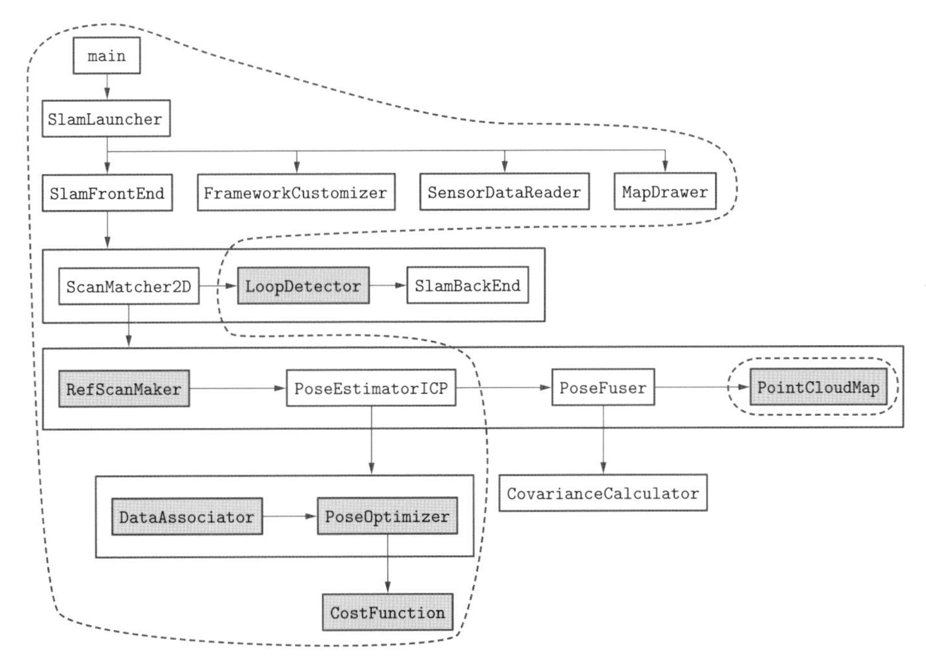

■ 図 7.4 第 7 章で用いる主なクラス

点線で囲んだ部分がこの章のプログラムで用いるクラス.

ワークになっており，クラス PointCloudMap の pcmap とクラス RefScanMap の rsm を派生クラスのインスタンスで置き換えることにより，カスタマイズできます.

■ソースコード 7.1 スキャンマッチング統括

```
1  class ScanMatcher2D {
2  private:
3    int cnt;                          // 論理時刻. スキャン番号に対応
4    Scan2D prevScan;                  // 1つ前のスキャン
5    Pose2D initPose;                  // 地図の原点の位置. 通常(0,0,0)
6    double scthre;                    // スコア閾値. これより大きいとICP失敗とみなす
7    double nthre;                     // 使用点数閾値. これより小さいとICP失敗とみなす
8    bool dgcheck;                     // 退化処理をするか
9
10   PoseEstimatorICP *estim;          // ロボット位置推定器
11   PointCloudMap *pcmap;             // 点群地図
12   RefScanMaker *rsm;                // 参照スキャン生成
13
14   ... 略
15
16 public:
17   ScanMatcher2D() : cnt(-1), scthre(1.0), nthre(50) {
18   }
19
```

```
20      ... 略
21  };
22
23  // スキャンマッチングの実行
24  bool ScanMatcher2D::matchScan(Scan2D &curScan) {
25    ++cnt;
26
27    // 最初のスキャンは単に地図に入れるだけ
28    if (cnt == 0) {
29      growMap(curScan, initPose);                        // 地図にスキャン点群を追加
30      prevScan = curScan;                                // 前スキャンの設定
31      return(true);
32    }
33
34    // scanに入っているオドメトリ値を用いて移動量を計算する
35    Pose2D odoMotion;                                    // オドメトリにもとづく移動量
36    Pose2D::calRelativePose(curScan.pose, prevScan.pose, odoMotion);   // 前スキャンとの相対位置
37
38    Pose2D lastPose = pcmap->getLastPose();              // 直前位置
39    Pose2D predPose;                                     // オドメトリによる予測位置
40    Pose2D::calGlobalPose(odoMotion, lastPose, predPose);  // 直前位置に移動量を加えて予測位置を
                                                           得る
41
42    const Scan2D *refScan = rsm->makeRefScan();          // 参照スキャンの生成
43    estim->setScanPair(&curScan, refScan);               // ICPにスキャンを設定
44    Pose2D estPose;                                      // ICPによる推定位置
45    double score = estim->estimatePose(predPose, estPose);  // 予測位置を初期値にしてICPを実行
46    size_t usedNum = estim->getUsedNum();                // 使用したスキャン点数
47
48    bool successful;                                   // スキャンマッチングに成功したかどうか
49    if (score <= scthre && usedNum >= nthre)           // スコアが小さく，使用点数が多ければ成功
50      successful = true;
51    else
52      successful = false;
53
54    if (!successful)
55      estPose = predPose;                                // ICP失敗ならば，予測位置を使う
56
57    growMap(curScan, estPose);                           // 地図にスキャン点群を追加
58    prevScan = curScan;                                  // 前スキャンの設定
59
60    return(successful);
61  }
62
63  // 現在スキャンを追加して，地図を成長させる
64  void ScanMatcher2D::growMap(const Scan2D &scan, const Pose2D &pose) {
65    const vector<LPoint2D> &lps = scan.lps;              // スキャン点群(ロボット座標系)
66    const double (*R)[2] = pose.Rmat;                    // 推定したロボット位置
67    double tx = pose.tx;
68    double ty = pose.ty;
69
```

```
70    vector<LPoint2D> scanG;                                  // 地図座標系での点群
71    for(size_t i=0; i<lps.size(); i++) {
72      const LPoint2D &lp = lps[i];
73      if (lp.type == ISOLATE)                                // 孤立点（法線なし）は除外
74        continue;
75      double x = R[0][0]*lp.x + R[0][1]*lp.y + tx;          // 地図座標系に変換
76      double y = R[1][0]*lp.x + R[1][1]*lp.y + ty;
77      double nx = R[0][0]*lp.nx + R[0][1]*lp.ny;            // 法線ベクトルも変換
78      double ny = R[1][0]*lp.nx + R[1][1]*lp.ny;
79
80      LPoint2D mlp(cnt, x, y);                               // 新規に点を生成
81      mlp.setNormal(nx, ny);
82      mlp.setType(lp.type);
83      scanG.emplace_back(mlp);                               // scanGにmlpを格納
84    }
85
86    pcmap->addPose(pose);                                    // 地図に推定位置を追加
87    pcmap->addPoints(scanG);                                 // 地図に点群を追加
88    pcmap->setLastPose(pose);                                // 地図の最新位置を登録
89    pcmap->setLastScan(curScan);                             // 参照スキャン用に保存
90    pcmap->makeLocalMap();                                   // 局所地図を生成
91  }
```

メンバ関数 matchScan がスキャンマッチングの処理の骨格です．処理はカウンタ cnt とともに動きます．cnt は時刻 t に相当するものです．matchScan が 1 回呼び出されるごとに，cnt が 1 だけ増えます．cnt の初期値は -1 なので，matchScan の 1 回目は cnt=0 になります．そのときは，growMap により初期地図を生成して終了します．これは，単に現在スキャンを初期位置に配置するだけです．

cnt>0 のときは，まず，参照スキャンから現在スキャンまでのオドメトリで得た移動量 odoMotion を計算します．6.2 節の 3 項で述べたように，クラス Scan2D のメンバ変数 pose にはそのスキャンを得たときのオドメトリによるロボット位置が入っています．calRelativePose(A,B,C) は，位置 B から見た位置 A の相対位置 C を求める関数です．次に，この移動量 odoMotion を直前の位置 lastPose に加えて，現在位置の予測値 predPose を求めます．ここで，calGlobalPose(C, B, A) は，位置 B から相対位置 C だけ移動した位置 A を求める関数です．そして，RefScanMaker によって参照スキャンを生成して（後述），得られた予測位置 predPose を初期値にして ICP を実行し，現在のロボット位置の推定値 estPose を求めます．

ここで，ICP の残差が閾値より小さく，かつ，使用した点数が閾値より多ければ，ICP が成功したとみなします（successful=true）．もし，成功でなければ，オドメトリによる予測位置 predPose をそのまま推定位置 estPose として採用します．

次に，求めたロボット位置にもとづいて，メンバ関数 growMap によって現在スキャンを地図

に統合します．growMap は，引数として現在スキャン scan と推定位置 pose を入力し，scan の点群を pose で地図座標系に変換し，地図である pcmap に渡します．

最後に，次の時刻のために，現在スキャン curScan を直前スキャン prevScan にします．

ソースコード 7.2 に参照スキャンを生成するプログラムを記します．RefScanMaker は参照スキャンを生成する基底クラスです．地図から点群をもらうため，PointCloudMap をメンバ変数にもちます．メンバ関数 makeRefScan で，地図から参照スキャンをつくります．

RefScanMakerBS は，RefScanMaker の派生クラスであり，フレームワークのカスタマイズの一例になります．RefScanMakerBS は，点群地図 pcmap に格納されている直前スキャン lastScan を参照スキャンに用います．lastScan の各点はセンサ座標系で定義されているので，ロボット位置 lastPose を用いて地図座標系に変換してから，参照スキャン refScan に格納します．

■ソースコード 7.2　参照スキャンの生成

```
 1  // 参照スキャン生成の基底クラス
 2  class RefScanMaker
 3  {
 4  protected:
 5    const PointCloudMap *pcmap;             // 点群地図
 6    Scan2D refScan;                         // 参照スキャン本体．これを外に提供
 7
 8  public:
 9    RefScanMaker() : pcmap(nullptr) {
10    }
11
12    ...略
13  };
14
15  // 派生クラス．直前スキャンを参照スキャンとする
16  class RefScanMakerBS : public RefScanMaker
17  {
18    ...略
19  };
20
21  const Scan2D *RefScanMakerBS::makeRefScan() {
22    vector<LPoint2D> &refLps = refScan.lps;         // 参照スキャンの点群のコンテナ
23    refLps.clear();
24
25    Pose2D lastPose = pcmap->getLastPose();         // 点群地図に保存した最後の推定位置
26    double (*R)[2] = lastPose.Rmat;
27    double tx = lastPose.tx;
28    double ty = lastPose.ty;
29
30    // 点群地図に保存した最後のスキャンを参照スキャンにする
31    const vector<LPoint2D> &lps = pcmap->lastScan.lps;
32    for (size_t i=0; i<lps.size(); i++) {
```

```
33      const LPoint2D &mp = lps[i];                    // 参照スキャンの点
34
35      // スキャンはロボット座標系なので，地図座標系に変換
36      LPoint2D rp;
37      rp.x = R[0][0]*mp.x + R[0][1]*mp.y + tx;       // 点の位置
38      rp.y = R[1][0]*mp.x + R[1][1]*mp.y + ty;
39      rp.nx = R[0][0]*mp.nx + R[0][1]*mp.ny;         // 法線ベクトル
40      rp.ny = R[1][0]*mp.nx + R[1][1]*mp.ny;
41      refLps.emplace_back(rp);                        // refLpsにrpを格納
42    }
43
44    return(&refScan);
45  }
```

3 ICP によるロボット位置の推定

ソースコード 7.3 に，ICP によりロボット位置を推定するクラス PoseEstimatorICP を記します．PoseEstimatorICP はフレームワークになっており，クラス PoseOptimizer の popt とクラス DataAssociator の dass を派生クラスで置き換えることにより，カスタマイズできます．

■ソースコード 7.3 ICP によるロボット位置推定

```
1  class PoseEstimatorICP
2  {
3  private:
4    const Scan2D *curScan;          // 現在スキャン
5    size_t usedNum;                 // ICPに使われた点数．LoopDetectorで信頼性チェックに使う
6    double pnrate;                  // 正しく対応づけされた点の比率
7
8    PoseOptimizer *popt;            // 最適化クラス
9    DataAssociator *dass;           // データ対応づけクラス
10
11 public:
12
13   PoseEstimatorICP() : usedNum(0), pnrate(0) {
14   }
15
16   ... 略
17 };
18
19 // 初期値initPoseを与えて，ICPによりロボット位置の推定値estPoseを求める
20 double PoseEstimatorICP::estimatePose(Pose2D &initPose, Pose2D &estPose){
21   double evmin = HUGE_VAL;                // コスト最小値．初期値は大きく
22   double evthre = 0.000001;               // コスト変化閾値．変化量がこれ以下ならくり返し終了
23   popt->setEvthre(evthre);
```

```
24    popt->setEvlimit(0.2);                    // evlimitは外れ値の閾値[m]
25
26    double ev = 0;                            // コスト
27    double evold = evmin;                     // 1つ前の値. 収束判定のために使う
28    Pose2D pose = initPose;
29    Pose2D poseMin = initPose;
30    for (int i=0; abs(evold-ev) > evthre; i++) {
31      if (i > 0)
32        evold = ev;
33
34      double mratio = dass->findCorrespondence(curScan, pose);    // データ対応づけ
35      Pose2D newPose;                                             // 最適化した位置
36      popt->setPoints(dass->curLps, dass->refLps);                // 対応づけを渡す
37      ev = popt->optimizePose(pose, newPose);                     // 位置の最適化
38      pose = newPose;                                             // 位置を更新
39
40      if (ev < evmin) {                                           // コスト最小結果を保存
41        poseMin = newPose;
42        evmin = ev;
43      }
44    }
45
46    pnrate = popt->getPnrate();                                   // マッチした点の比率
47    usedNum = dass->curLps.size();                                // 使用した点数
48
49    estPose = poseMin;                                            // 推定位置
50
51    return(evmin);
52  }
```

メンバ関数 estimatePose が ICP の処理の骨格です．for 文によって，dass によるデータ対応づけと popt によるロボット位置最適化を交互にくり返す構造になっています．この for 文は，評価値 ev の変化量が閾値 evthre 以下になるまでくり返します．

ICP の初期値 initPose は estimatePose の引数であり関数 ScanMatcher2D::matchScan からオドメトリによる予測位置が渡されます．

4 データ対応づけ

ソースコード 7.4 に，スキャン点の対応づけを行うクラス DataAssociatorLS を記します．DataAssociatorLS は基底クラス DataAssociator の派生クラスであり，フレームワークのカスタマイズの一例になります．この章でのデータ対応づけは，線形探索で対応点を見つける最も単純なものです．

■ソースコード 7.4　データ対応づけ

```
1  // データ対応づけの基底クラス
2  class DataAssociator {
3  public:
4    std::vector<const LPoint2D*> curLps;       // 対応がとれた現在スキャンの点群
5    std::vector<const LPoint2D*> refLps;       // 対応がとれた参照スキャンの点群
6
7    ... 略
8  };
9
10 // 派生クラス
11 class DataAssociatorLS : public DataAssociator {
12 private:
13   std::vector<const LPoint2D*> baseLps;      // 参照スキャンの点を格納しておく．作業用
14
15   // 参照スキャンの点rlpsをポインタにしてbaseLpsに入れる
16   virtual void setRefBase(const std::vector<LPoint2D> &rlps) {
17     baseLps.clear();
18     for (size_t i=0; i<rlps.size(); i++)
19       baseLps.push_back(&rlps[i]);             // ポインタにして格納
20   }
21
22   ... 略
23 };
24
25 // 現在スキャンcurScanの各スキャン点に対応する点をbaseLpsから見つける
26 double DataAssociatorLS::findCorrespondence(const Scan2D *curScan, const Pose2D &predPose) {
27   double dthre = 0.2;                          // これより遠い点は除外する[m]
28   curLps.clear();                              // 対応づけ現在スキャン点群を空にする
29   refLps.clear();                              // 対応づけ参照スキャン点群を空にする
30   for (size_t i=0; i<curScan->lps.size(); i++) {
31     const LPoint2D *clp = &(curScan->lps[i]);      // 現在スキャンの点
32
33     // スキャン点lpをpredPoseで座標変換した位置に最も近い点を見つける
34     LPoint2D glp;                              // clpの予測位置
35     predPose.globalPoint(*clp, glp);           // predPoseで地図座標系に変換
36
37     double dmin = HUGE_VAL;                    // 距離最小値
38     const LPoint2D *rlpmin = nullptr;          // 最も近い点
39     for (size_t j=0; j<baseLps.size(); j++) {
40       const LPoint2D *rlp = baseLps[j];        // 参照スキャン点
41
42       double d = (glp.x - rlp->x)*(glp.x - rlp->x) + (glp.y - rlp->y)*(glp.y - rlp->y);
43
44       if (d <= dthre*dthre && d < dmin) {     // dthre内で距離が最小となる点を保存
45         dmin = d;
46         rlpmin = rlp;
47       }
48     }
49     if (rlpmin != nullptr) {                   // 最近傍点があれば登録
```

```
50          curLps.push_back(clp);
51          refLps.push_back(rlpmin);
52        }
53      }
54
55      double ratio = (1.0*curLps.size())/curScan->lps.size();  // 対応がとれた点の比率
56
57      return(ratio);
58    }
```

基底クラスのDataAssociatorは，メンバ変数curLpsとrefLpsをもち，前者には現在スキャンの点群が，後者には参照スキャンの点群が，対応づけられた順番で格納されます．それぞれの点群は，vectorのインデックスで対応づけられます．すなわち，点curLps[i]の対応点はrefLps[i]です．

まず，メンバ関数setRefBaseで，参照スキャンの点群lpsをポインタ形式でbaseLpsに入れ直して，後の参照をしやすくしておきます．これは，処理本体であるfindCorrespondenceを行う前に実行します．

メンバ関数findCorrespondenceが処理本体です．最初のfor文で，現在スキャンcurScanの各点clpに対して参照スキャンから最近傍点を求めて対応点とします．まず，clpを現時点でのロボット位置の予測値predPoseを用いて地図座標系に変換します．これは，7.2節の2項の式(7.1)に相当します．

次に，2つ目のfor文で，参照スキャンの点群baseLpsの中から，clpと最もユークリッド距離が近い点rlpminを求めます．rlpminが見つかれば，clpとrlpminをそれぞれcurLpsとrefLpsに登録します．ただし，clpから距離閾値dthreよりも遠い点は対応づけないようにします．これは，あまり遠い点は対応しない可能性が高いので，外れ値として悪影響を与えないように，あらかじめ除外するためです．その場合は，rlpminがnullptr（ヌルポインタ）になります．このdthreの値はシステムや環境条件によって変わるので，注意が必要です．

最後に，curScanの点数に対する対応のとれた点数の比ratioを求めています．これは，対応づけの良さを評価する場合に用います．

このプログラムでは，2つのfor文により，curScanの各点に対して，baseLpsの全点との距離を計算しています．このため，計算量は2つの点群の長さの積に比例します．

5 コスト関数の最小化

ソースコード7.5に，コスト関数の最小化を行うクラスPoseOptimizerSDを記します．PoseOptimizerSDは基底クラスPoseOptimizerの派生クラスであり，フレームワークのカスタマイズの一例になります．また，PoseOptimizer自身もフレームワークであり，クラス

CostFunction の cfunc を派生クラスで置き換えることにより，カスタマイズできます．

■ソースコード 7.5　コスト関数の最小化

```
1  // コスト関数最小化の基底クラス
2  class PoseOptimizer {
3  protected:
4    double evthre;             // コスト変化閾値. 変化量がこれ以下ならくり返し終了
5    double dd;                 // 数値微分の刻み（並進）
6    double da;                 // 数値微分の刻み（回転）
7    CostFunction *cfunc;       // コスト関数
8
9  public:
10   PoseOptimizer(): evthre(0.000001), dd(0.00001), da(0.00001), cfunc(nullptr) {
11   }
12
13   ... 略
14
15 };
16
17 // 派生クラス
18 class PoseOptimizerSD : public PoseOptimizer {
19   ...略
20 };
21
22 // データ対応づけを固定して，初期値initPoseを与えてロボット位置の推定値estPoseを求める
23 double PoseOptimizerSD::optimizePose(Pose2D &initPose, Pose2D &estPose) {
24   double th = initPose.th;
25   double tx = initPose.tx;
26   double ty = initPose.ty;
27   double txmin=tx, tymin=ty, thmin=th;       // コスト最小の解
28   double evmin = HUGE_VAL;                   // コストの最小値
29   double evold = evmin;                      // 1つ前のコスト値. 収束判定に使う
30
31   double ev = cfunc->calValue(tx, ty, th);   // コスト計算
32   double kk=0.00001;                         // 最急降下法のステップ幅係数
33   while (abs(evold-ev) > evthre) {           // 収束判定. 1つ前の値との変化が小さいと終了
34     evold = ev;
35
36     // 数値計算による偏微分
37     double dEtx = (cfunc->calValue(tx+dd, ty, th) - ev)/dd;
38     double dEty = (cfunc->calValue(tx, ty+dd, th) - ev)/dd;
39     double dEth = (cfunc->calValue(tx, ty, th+da) - ev)/da;
40
41     // 微分係数に-kkをかけてステップ幅にする
42     double dx = -kk*dEtx;
43     double dy = -kk*dEty;
44     double dth = -kk*dEth;
45     tx += dx;  ty += dy;  th += dth;         // ステップ幅を加えて次の探索位置を決める
46
47     ev = cfunc->calValue(tx, ty, th);        // その位置でコスト計算
```

```
48
49       if (ev < evmin) {                        // evがこれまでの最小なら更新
50         evmin = ev;
51         txmin = tx;  tymin = ty;  thmin = th;
52       }
53     }
54
55     estPose.setVal(txmin, tymin, thmin);       // 最小値を与える解を保存
56
57     return(evmin);
58   }
```

PoseOptimizerSDは，最適化手法として最も単純な**最急降下法**（steepest descent）を用います．最急降下法は，次式のように，偏微分係数に $-kk$ をかけてつくったベクトル $\Delta\boldsymbol{x} = (\Delta x, \Delta y, \Delta\theta)^{\mathsf{T}}$ に沿って変数値を $\boldsymbol{x} \leftarrow \boldsymbol{x} + \Delta\boldsymbol{x}$ のように動かして，関数 G_1 の最小値を探す方法です．

$$
\begin{aligned}
\Delta x &= -kk\frac{\partial G_1}{\partial x} \\
\Delta y &= -kk\frac{\partial G_1}{\partial y} \\
\Delta \theta &= -kk\frac{\partial G_1}{\partial \theta}
\end{aligned}
$$

最急降下法は，性能はあまりよくありませんが，原理やプログラムが簡単だという利点があります．

メンバ関数optimizePoseが処理の骨格です．while文により，コスト関数値が収束するまでくり返します．dEtx，dEty，dEthは，数値計算で求めた偏微分係数（勾配ベクトル）です．これらの偏微分係数に適当な定数-kkをかけて，勾配ベクトルに沿って進むべき量dx，dy，dthを求めます．そして，これを加えて更新したロボット位置tx，ty，thでコスト関数cfunc->calValueを評価します．

最後に，最小値を与えるロボット位置txmin，tymin，thminを推定位置estPoseに格納します．estPoseは，optimizePoseに参照渡しで与えられており，更新結果が呼び出し側の関数PoseEstimatorICP::estimatePoseに渡されます．

6 コスト関数

ソースコード7.6に，コスト関数のクラスCostFunctionEDを記します．CostFunctionEDは基底クラスCostFunctionの派生クラスであり，フレームワークのカスタマイズの一例になります．CostFunctionEDは，点間のユークリッド距離にもとづいてコストを計算します．

■ソースコード 7.6　コスト関数

```
 1  // コスト関数の基底クラス
 2  class CostFunction {
 3  protected:
 4    std::vector<const LPoint2D*> curLps;       // 対応がとれた現在スキャンの点群
 5    std::vector<const LPoint2D*> refLps;       // 対応がとれた参照スキャンの点群
 6    double evlimit;                            // マッチングで対応がとれたと見なす距離閾値
 7    double pnrate;                             // 誤差がevlimit以内で対応がとれた点の比率
 8
 9    void setPoints(std::vector<const LPoint2D*> &cur, std::vector<const LPoint2D*> &ref) {
10      curLps = cur;
11      refLps = ref;
12    }
13
14    ...略
15  };
16
17  // 派生クラス
18  class CostFunctionED : public CostFunction {
19    ...略
20  };
21
22  // 点間距離によるICPのコスト関数
23  double CostFunctionED::calValue(double tx, double ty, double th) {
24    double a = DEG2RAD(th);
25    double error=0;
26    int pn=0;
27    int nn=0;
28    for (size_t i=0; i<curLps.size(); i++) {
29      const LPoint2D *clp = curLps[i];           // 現在スキャンの点
30      const LPoint2D *rlp = refLps[i];           // clpに対応する参照スキャンの点
31
32      double cx = clp->x;
33      double cy = clp->y;
34      double x = cos(a)*cx - sin(a)*cy + tx;     // clpを参照スキャンの座標系に変換
35      double y = sin(a)*cx + cos(a)*cy + ty;
36
37      double edis = (x - rlp->x)*(x - rlp->x) + (y - rlp->y)*(y - rlp->y);  // 点間距離
38
39      if (edis <= evlimit*evlimit)
40        ++pn;                                    // 誤差が小さい点の数
41
42      error += edis;                             // 各点の誤差を累積
43      ++nn;
44    }
45
46    error = (nn>0)? error/nn : HUGE_VAL;         // 平均をとる．有効点数が0なら，値はHUGE_VAL
47    pnrate = 1.0*pn/nn;                          // 誤差が小さい点の比率
48    error *= 100;                                // 評価値が小さくなりすぎないよう100倍する
49    return(error);
50  }
```

基底クラスの CostFunction は，メンバ変数 curLps と refLps をもち，クラス DataAssociator で対応づけた点群をこれらに格納します．メンバ関数 setPoints はその設定関数であり，クラス PoseOptimizer の最適化計算の前に設定しておきます．

メンバ関数 calValue がコスト計算の処理本体です．for 文で，各対応点ペア clp，rlp に対して，その点間距離の2乗を計算します．その際，現在スキャンの点 clp を現在の推定位置 tx，ty，th によって参照スキャンの座標系に変換します．そして，点間距離の2乗の総和を求め，最後に平均をとります．このとき，評価値 error が小さくなりすぎないように100倍しています．

また，誤差が閾値 evlimit 以下の点の個数をカウントしています．これは対応づけが正しいとみなせるスキャン点の個数を求めるための処理です．

7 地図の生成

ソースコード 7.7 に，地図管理のクラス PointCloudMapBS を記します．PointCloudMapBS は基底クラス PointCloudMap の派生クラスであり，フレームワークのカスタマイズの一例になります．

■ソースコード 7.7　点群地図クラス

```
1  // 点群地図の基底クラス
2  class PointCloudMap {
3  public:
4    static const int MAX_POINT_NUM=1000000;        // globalMapの最大点数
5    int nthre;                                     // 格子テーブルセル点数閾値（GTとLPで使う）
6
7    std::vector<Pose2D> poses;                     // ロボット軌跡
8    Pose2D lastPose;                               // 最後に推定したロボット位置
9    Scan2D lastScan;                               // 最後に処理したスキャン
10
11   std::vector<LPoint2D> globalMap;               // 全体地図．間引き後の点
12   std::vector<LPoint2D> localMap;                // 局所地図．スキャンマッチングに使う
13
14   PointCloudMap() : nthre(1) {
15     globalMap.reserve(MAX_POINT_NUM);            // 最初に確保
16   }
17
18   ...略
19 };
20
21 // 派生クラス
22 class PointCloudMapBS : public PointCloudMap {
23   ...略
24 };
25
```

```
26  // ロボット位置の追加
27  void PointCloudMapBS::addPose(const Pose2D &p) {
28    poses.emplace_back(p);
29  }
30
31  // スキャン点群の追加
32  void PointCloudMapBS::addPoints(const vector<LPoint2D> &lps) {
33    int skip=5;                                   // 重いので，点数を1/5に間引く
34    for (size_t i=0; i<lps.size(); i+=skip) {
35      globalMap.emplace_back(lps[i]);             // 全体地図に追加するだけ
36    }
37  }
38
39  // 全体地図生成．すでにできているので何もしない
40  void PointCloudMapBS::makeGlobalMap(){
41  }
42
43  // 局所地図生成．ダミー
44  void PointCloudMapBS::makeLocalMap(){
45  }
```

メンバ変数 poses にロボットの推定軌跡を格納します．globalMap に地図を構成するスキャン点を格納します．

PointCloudMapBS は最も単純な地図管理であり，メンバ関数 addpoints でスキャン点を vector に格納するだけです．ただし，スキャン点を全部格納すると描画などが重くなるので，間隔 skip(=5) でスキャン点を間引いています．

7.4 動作確認

1 ビルド

この章のプログラムを実行するには，FrameworkCustomizer および SlamLauncher を**ソースコード 7.8** のように設定してビルドする必要があります．ビルドの仕方については，5.5 節の 2 項を参照してください．

FrameworkCustomizer は，派生クラスを指定してカスタマイズを管理するクラスです．フレームワークに必須なわけではないですが，これを使うと，カスタマイズを 1 か所で管理できるので，見通しよく改造することができます．

■ソースコード 7.8　フレームワーク設定

```
 1  // フレームワーク基本構成
 2  void FrameworkCustomizer::customizeA() {
 3    pcmap = &pcmapBS;                              // 全スキャン点を保存する点群地図
 4    RefScanMaker *rsm = &rsmBS;                    // 直前スキャンを参照スキャンとする
 5    DataAssociator *dass = &dassLS;                // 線形探索によるデータ対応づけ
 6    CostFunction *cfunc = &cfuncED;                // ユークリッド距離をコスト関数とする
 7    PoseOptimizer *popt = &poptSD;                 // 最急降下法による最適化
 8    LoopDetector *lpd = &lpdDM;                    // ダミーのループ検出
 9
10    popt->setCostFunction(cfunc);
11    poest.setDataAssociator(dass);
12    poest.setPoseOptimizer(popt);
13    pfu.setDataAssociator(dass);
14    smat.setPointCloudMap(pcmap);
15    smat.setRefScanMaker(rsm);
16    sfront->setLoopDetector(lpd);
17    sfront->setPointCloudMap(pcmap);
18    sfront->setDgCheck(false);                     // センサ融合しない
19  }
20
21  // カスタマイズの選択
22  void SlamLauncher::customizeFramework() {
23    fcustom.setSlamFrontEnd(&sfront);
24    fcustom.makeFramework();
25    fcustom.customizeA();                          // Aタイプを選ぶ
26
27    pcmap = fcustom.getPointCloudMap();            // customizeの後にやること
28  }
```

2　実　行

5.4節の表5.3のデータセット corridor と hall に対して，SLAMプログラムを実行してみましょう．

プログラムは以下のコマンドで実行されます．hall も同様です．

```
LittleSLAM corridor.lsc
```

結果は図7.5のようになります．地図は歪んでおり，あまりよい結果とはいえません．ICPを額面どおり，そのままつくるとこうなります．その原因は複数あるので，次章以降で改善していきます．

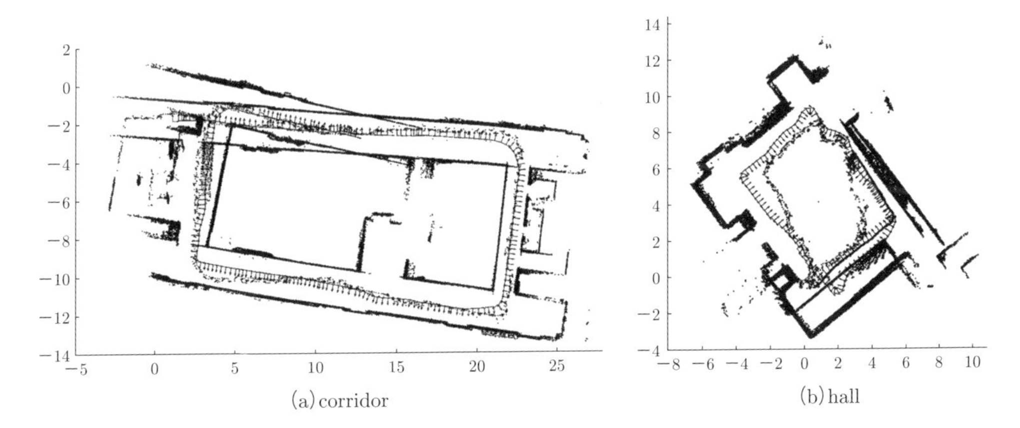

(a) corridor　(b) hall

■ 図 7.5 プログラムの実行結果

■トピック 7 ■

Lidar による 3D-SLAM

環境形状を詳細にとらえるには 3D 地図が必要であり，3D-SLAM の研究が盛んに行われています．3D-SLAM には大きく分けると，Lidar を用いたものとカメラを用いたものがあります．ここでは，このうち Lidar を用いた 3D-SLAM について説明します．

- 2D-Lidar を用いた方法
  ロボットが平面を走る場合は，2D-Lidar を地面に垂直または斜めにしてロボットに搭載して移動することにより，3D 地図をつくることができます．厳密には 3D-SLAM といえませんが，簡便なのでよく使われる方法です．ただし，ロボットが十分に移動しないと，広い 3D 点群を得ることができないので，特別な仮定を置かない限り，このデータをロボット位置の推定に使うことはできません．このため，ロボット位置を別のセンサで推定する必要があります．
- 回転台に乗せた 2D-Lidar を用いた方法
  ロボットが 3 次元運動をする場合は，ロボット位置の推定に 3D-Lidar を使うのが望ましいといえます．ロボットに乗る小型の 3D-Lidar が少なかったころは，2D-Lidar を回転台に乗せて振ることで，3D 点群を得ることが行われていました[137]．この方法では，常に 3D 点群が得られるので，得られたデータで 3D-SLAM を行うことができます[87), 107]．
  　次項目で述べる LOAM は，複数の 3D-Lidar に対応していますが，この方法で得た 3D 点群による 3D-SLAM も実現しています．また，2D-Lidar にばねをつけて前後左右に振ることで，3D 地図をつくる興味深いシステムも開発されています[16]．
- 3D-Lidar を用いた方法
  2007 年ごろ，Velodyne 社で移動ロボットや自動車に搭載できるタイプの 3D-Lidar が開発され，その後，多くの企業で開発が行われています．3D-Lidar で 3D-SLAM を行うさきがけの研究として，Velodyne SLAM[78] や LOAM[138] があります．これらは，3D 点群から平面パッチやエッジを抽出して，それらを特徴として点群の位置合わせを行うことで，SLAM を実現します．その後もさまざまなシステムが開発されましたが，近年は，IMU データと融合して精度やロバスト性を高める研究が行われています[135]．12.5 節でその例を紹介します．
- 深層学習を用いた方法
  スキャン点群はニューラルネットワークによる扱いがカメラ画像より難しいので，カメラによる SLAM より少し遅れて発展しました．スキャン点群を深度画像に変換する LO-Net[68] や，DGCNN という点群での畳み込みネットワークを利用する DCP[133] が提案され，2 つのスキャン間で点の対応づけをしつつ，その相対位置を計算し，ICP のようにスキャンの位置合わせができるようになりました．さらに，LCDNet[18] やその進化形の PADLoc[6] では，スキャンから大域的な特徴量を抽出してループ検出が行えるようになりました．

CHAPTER 8

スキャンマッチングの改良

前章で説明したスキャンマッチングのプログラムは基本構造を知るための必要最低限のものであり，性能はあまりよくありませんでした．

この章では，スキャンマッチングを改良する方法を説明します．データ構造とアルゴリズムを改良して，精度や処理時間を改善することを目指します．

なお，よりよい地図をつくるためには，センサ融合やループ閉じ込みなどのスキャンマッチング以外の改良が必要です．これらについては，第9章と第10章で説明します．

関連知識

この章をより深く読むには，次の項目を確認しておくとよいでしょう．

線形代数（11.1節），座標変換（11.2節），垂直距離と共分散（11.8節），フレームワーク（11.12節）

8.1 改良のポイント

図8.1にプログラムの改良ポイントを示します．灰色のブロックが改良対象です．それぞれの概要を以下に記します．

- スキャン前処理

  前章では前処理なしで，現在スキャンをそのまま扱いましたが，前処理によって性能が改善することがあります．具体的には，次のような前処理があります．

  - スキャン点間隔の均一化

    スキャン点の間隔にはばらつきがあり，これを均一化することで位置合わせの精度が向上することがあります．

  - スキャン点の法線ベクトルの計算

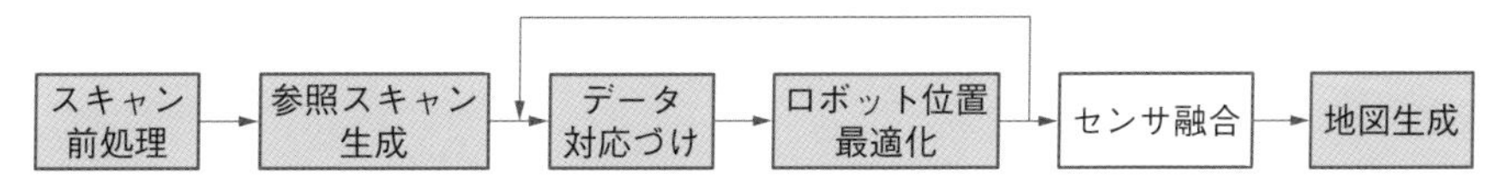

■ 図8.1　スキャンマッチングの改良ポイント

コスト関数として後述の垂直距離を用いると，位置合わせ精度が向上する場合があります．そのためには，前処理として，スキャン点の法線ベクトルを計算する必要があります．

- 参照スキャンの生成

  多くの場合，現在スキャンはスキャン 1 個を用いることが多いですが，それに対して，参照スキャンに何を用いるかは重要な設計要素です．前章では，直前のスキャンを参照スキャンとして用いましたが，スキャン 1 個では形状が単純で，マッチングの不確実性が高くなるおそれがあります．局所地図や全体地図を使うと，その問題が改善されます．

- データ対応づけ

  前章では単純な線形探索を用いてデータ対応づけを行いました．しかし，参照スキャンの点数が大きくなると，処理が遅くなります．テーブルや木構造などで参照スキャン点を管理することにより，効率化が図れます．

- ロボット位置の最適化
  - コスト関数

    最も基本的な ICP は，点と点を対応づけて，その点間距離でコスト関数を定義しますが，点と直線を対応づける方法もあります．その場合，点と直線間の距離である垂直距離でコスト関数を定義します．環境に依存しますが，一般に，後者のほうが安定性がよいことが知られています．
  - 最適化手法

    前章では，最も簡単な最適化手法である最急降下法を用いました．最急降下法の効率を上げる方法として，直線探索の併用が有効です．

- 地図生成

  前章では，入力されたスキャン点を全部保存していたため，メモリを大量に消費し，処理や描画に時間がかかっていました．スキャン点をテーブルに格納して余分な点を減らすと，効率よく地図を管理することができます．

一般に，システムの設計に際していくつもの選択肢があります．どの選択肢も長所短所があり，それを踏まえたうえで，目的と環境条件にあった選択をすることが重要です．

8.2 スキャン前処理

1 スキャン点間隔の均一化

Lidar は，等角度間隔で放射状にレーザビームを照射して物体までの距離を測るため，遠い物体ほどレーザビームが当たる密度が小さくなります．たとえば，**図 8.2** (a) のように，Lidar

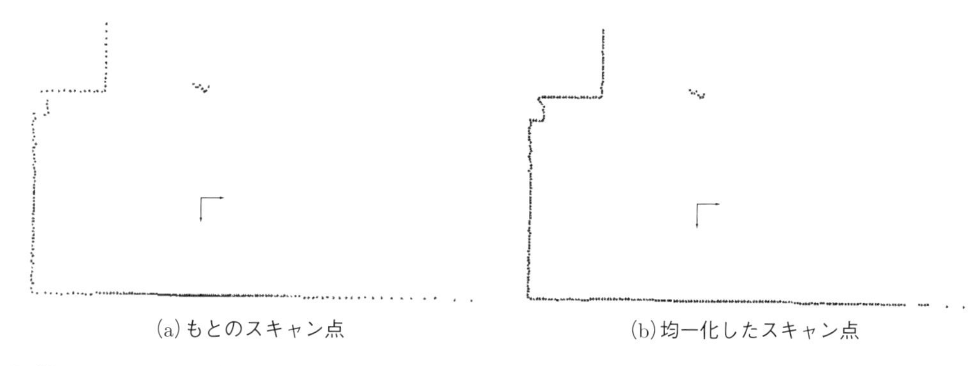

(a) もとのスキャン点　(b) 均一化したスキャン点

■ 図 8.2　スキャン点間隔の均一化

を壁に向けた場合，正面の密度は高く，両側の密度は低くなり，点列の距離間隔にムラができます．

このようなムラは一般に好ましくありません．スキャンマッチングは，スキャン点の平均でコストを計算するので，結果的に密度の低い領域の影響力は小さくなります．しかし，位置合わせの精度を上げるには広い形状でマッチングしたほうが有利なので，密度の低い遠くの点も（その距離が正確ならば）有効に使うほうがよい結果が得られます．また，ICP で点の対応づけをする場合，密度が低いと対応点の間の距離が大きくなる可能性が高く，対応づけの信頼性が下がります．さらに，後述のスキャン点の法線ベクトルを求める場合にも，密度が低いことは不利に働きます．

これらのことから，スキャン点の密度をなるべく均一化するのが望ましいといえます．図 8.2 (b) にスキャン点間隔を均一化した例を示します．均一化処理の詳細は，8.7 節の 2 項で説明します．

2　スキャン点の法線ベクトル

スキャン点 $\boldsymbol{p}_i$ の**法線ベクトル**（normal vector）は，$\boldsymbol{p}_i$ とそれに隣接するスキャン点を結ぶ直線に垂直で $\boldsymbol{p}_i$ を通るベクトルです．法線ベクトルは垂直距離によるコスト関数に用います．その詳細は 8.6 節の 1 項で，また，法線ベクトルの求め方は 8.7 節の 2 項で説明します．

8.3　地図生成の改良

7.3 節 7 項の地図は，「vector に全スキャン点を格納する」という最も単純な管理構造をもっていました．ここでは，次の目的のために，もう少し効率的に管理します．

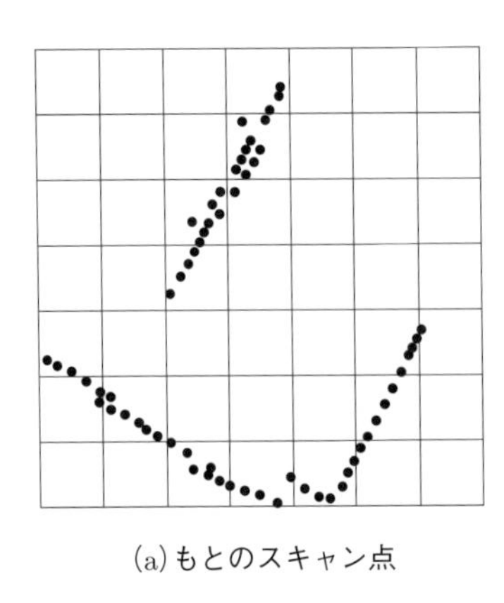

(a) もとのスキャン点

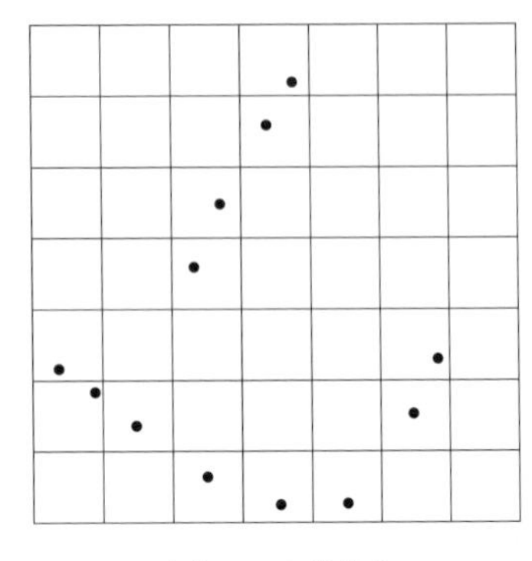

(b) セルの代表点

■ 図 8.3　格子テーブルの構造

- 地図の点数を減らす．
- データ対応づけなどの最近傍探索を速く行う．

これを実現するために，地図を格子状に区分けして各格子区間（セル）にスキャン点を格納するようにします．図 8.3 に模式図を示します．

ICP によって地図上の位置が確定したスキャン点を，その位置に対応するセルに格納していきます．式 (3.1) と同じ式で計算します．

$$
i_x = \mathrm{floor}\left(\frac{x - c_x}{d}\right)
$$
$$
i_y = \mathrm{floor}\left(\frac{y - c_y}{d}\right)
$$

そして，各セルの代表点を使って「地図を構成する点」とします．代表点は，セルの中心か，または，セル内のスキャン点集合の重心とします．

上記は占有格子地図と似ていますが，同じではありません．本来の占有格子地図では，各セルは物体の存在を示す占有確率をもちますが，ここでの格子表現は単なる点管理テーブルであり，占有確率はもちません．そこで，この格子データ構造を**格子テーブル**と呼ぶことにします．その役目は，位置をキーにしてスキャン点にすばやくアクセスすることです．また，セル内にあるスキャン点集合を代表点を使ってひとまとめに扱う役目もあります．

8.4　参照スキャン生成の改良

前章では，最も簡単な実装として，現在スキャン s_t の 1 時刻前のスキャン s_{t-1} を参照スキャンにしていました．しかし，1 個のスキャンだと，形状が単純だったり，ロボットの速い動きによってスキャン形状がぶれて歪んだりする問題があります．

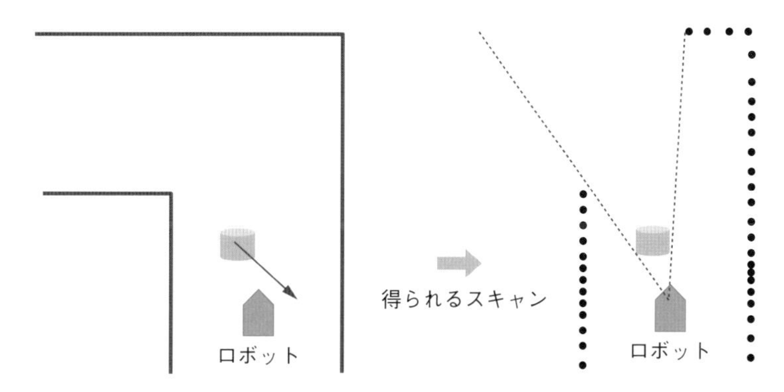

■ 図 8.4　不十分な参照スキャンが得られる例

移動障害物により，一時的にロボット視野が遮られて，周囲環境の形状が部分的に欠けたスキャンが得られる．

また，移動物体などによって**オクルージョン**（他の物体や自分自身の影に隠れて見えなくなること）があると，そのスキャンだけ欠損が大きいということも起きます．そのため，マッチングの精度が悪くなることがあります．たとえば，**図 8.4** に示すように，移動障害物によって Lidar が遮られると，そのときだけ不十分なスキャンが得られることがあります．このような欠けたスキャンでスキャンマッチングをすると，それが，現在スキャンでも参照スキャンでも，マッチングが不安定になる可能性があります．

このリスクを減らす方法は，参照スキャンを直前スキャン 1 個のみとするのではなく，それまでにつくった地図を使うことです．地図はそれまでのスキャンの統合なので，直前スキャンより前のデータも含まれており，移動障害物が前方にないときに得たデータによって参照スキャンの欠損を防ぐことが期待できます．

ほかの問題として，スキャン 1 個だとロボットの速い動きに起因する歪みなどにより，マッチング精度が悪くなることがあります．地図は複数のスキャンを重ね合わせているので，平均効果で歪みが少なくなっており，参照スキャンとして有利です．

以上の理由により，この章では地図を参照スキャンにする方法を用います．その詳細は 8.7 節の 3 項で説明します．

8.5　データ対応づけの改良

7.3 節の 4 項のデータ対応づけは線形探索であるため，参照スキャンの点数が増えると処理が遅くなるという問題があります．これを改善するために，参照スキャンの点群を，地図と同様に，格子テーブルで管理することにします．

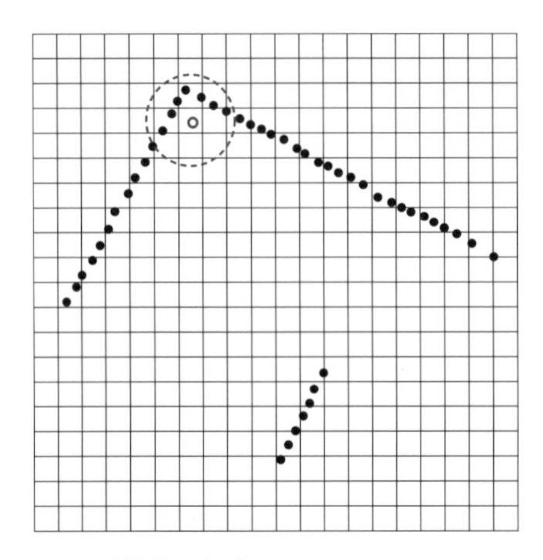

■ 図 8.5　格子テーブルによる最近傍点の探索

格子テーブルには，参照スキャンのスキャン点（黒丸）が登録されている．注目点（白丸）の近傍探索は点線の円内のセルだけ行えばよい．

図 8.5 に格子テーブルによる対応づけの模式図を示します．格子テーブルには参照スキャンのスキャン点（黒丸）が登録されています．現在スキャンの点（白丸）が入るセルを式 (3.1) によって求め，その近隣セルに入っている参照スキャン点（点線の円内）だけに対して，ユークリッド距離を計算することで，7.3 節の 4 項のような線形探索よりも効率よく最近傍点を見つけることができます．

8.6　ロボット位置の最適化

1　コスト関数の改良

7.3 節の 6 項のコスト関数は**点間距離**（point-to-point distance）によるものでした．別の距離として，垂直距離があります（図 8.6）．

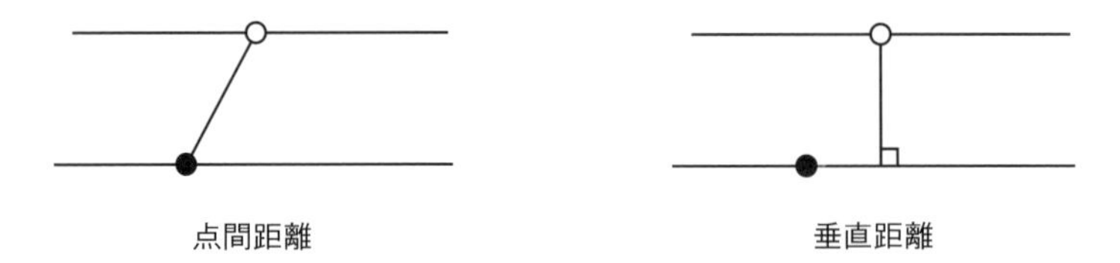

■ 図 8.6　点間距離と垂直距離

左側は点間距離，右側は垂直距離を表す．黒丸が参照スキャンの点，白丸が現在スキャンの点．垂直距離で用いる垂線は，参照スキャン点の法線ベクトルと平行である．

垂直距離（perpendicular distance）は，一方の点（白丸）から他方の点（黒丸）の接線に下ろした垂線の長さです．垂直距離が有効なのは，直線やなめらかな曲線の上に点がある場合です．たとえば，Lidar で壁などを計測する場合は，この前提が成り立ちます．

垂直距離を用いたコスト関数を式 (8.1) に示します．ここでは「現在スキャン点から，参照スキャン点の接線に垂線を下ろす」と考えます．$\boldsymbol{n}_{j_i}$ は参照スキャン点 $\boldsymbol{q}_{j_i}$ の法線ベクトルであり，この式は，参照スキャン点から現在スキャン点へのベクトルと法線ベクトルの内積により垂直距離を求めています．

$$G_2(\boldsymbol{x}) = \frac{1}{N}\sum_{i=1}^{N} ||\boldsymbol{n}_{j_i} \cdot (R\boldsymbol{p}_i + \boldsymbol{t} - \boldsymbol{q}_{j_i})||^2 \tag{8.1}$$

なお，見やすさのため，時刻 t，ICP のくり返し回数 k の添え字は省略しています．

図 8.7 に例を示します．図で，左側は点間距離，右側は垂直距離での評価を表しています．実線が参照スキャンを得た環境形状で，その上の黒丸がスキャン点です．点線が現在スキャンを得た環境形状で，その上の白丸がスキャン点です．

点間距離では，たとえば，点 q_1, q_2 のように，相反する方向の 2 つの点と対応づけられると，点が乗っている直線に沿って拮抗する力が働き，どっちつかずの状態で最適化が終了する可能性があります．一方，垂直距離の場合は，直線に沿った力が働くことはなく，対応点が完全に一致しなくても，正しく位置合わせができます．

ただし，この例は，垂直距離に有利な例です．屋内環境のように，平面が多い環境では垂直距離のほうがマッチング精度がよくなる傾向があります．しかし，環境形状によっては，垂直距離が不利な場合もありえます．たとえば，細かい物体が数多くあるような複雑な環境では，

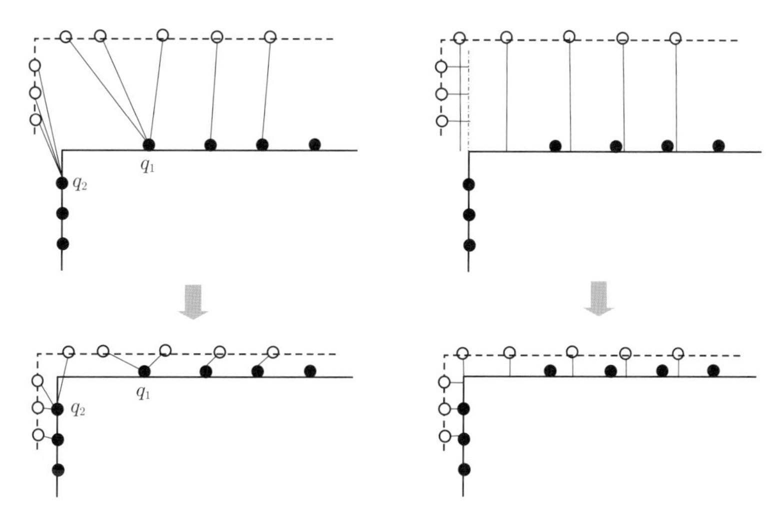

■ 図 8.7　点間距離（左）と垂直距離（右）による位置合わせの違い
点間距離では，直線に沿って拮抗する力が働く．垂直距離ではその力は生じない．

参照スキャンの法線ベクトルが精度よく得られなくなって，垂直距離のほうが信頼性が低くなり，マッチングの精度が落ちる可能性があります．

2 最適化手法の改良

前章では，最適化手法として最急降下法を用いていました．最急降下法は，実装は簡単である一方，収束が遅いという問題があります．ここでは，実装が簡単な最急降下法を用いつつ，処理を速くするために直線探索を導入します．

最急降下法は極小値に向かう勾配方向を求めますが，極小値はその勾配方向に沿って進んだ先のどこかにあるはずなので，「現在点から直線上をどれだけ進むか」が重要になります．

前章の素朴なプログラムでは，その方向にどれだけ進むかを係数 -kk で決めていました．この進む距離を「ステップ幅」といいます．収束の速さはこのステップ幅に大きく依存し，適切な値を与えれば，最急降下法でもそれなりの速さで解が求まります．

しかし，適切なステップ幅は現在点によって変わるので，それを定数で与えると，よい性能は期待できません．

そこで，「直線探索」を用いてステップ幅を決めます．**直線探索**（line search）とは1次元最適化のことであり，ここでは，最急降下法で求めた勾配方向に沿って極小値を探すことを指します．本書では，**ブレント法**を用いて直線探索を行います．ブレント法は，C++ のオープンソースライブラリである Boost に用意されており，また，数値計算の有名な教科書である『NUMERICAL RECIPES in C』[92] にもソースコードが記載されています．

8.7 改良プログラムの実装

1 プログラムの構成

これまで述べてきた改良に伴うプログラムの修正は，5.2 節で述べたフレームワークによってシステマティックに行うことができます．フレームワークには基本的な処理の流れがプログラムとして記述されており，あらかじめ用意されている改造箇所をカスタマイズすることで効率的にソフトウェアを開発することができます．

スキャンマッチングの各処理にはさまざまな方法があるので，いろいろ試してよいものを選ぶような場合にフレームワークが便利です．この目的のために，本書のプログラムはフレームワークとして書かれています．主な構成を**表 8.1** に示します．

■ 表 8.1 スキャンマッチングのカスタマイズクラス

プログラム名	内 容	詳 細
ScanMatcher2D	スキャンマッチング統括	フレームワーク
PoseEstimatorICP	ICP によるロボット位置の計算	フレームワーク
FrameworkCustomizer	フレームワークをカスタマイズする	
ScanPointResampler	スキャン前処理	スキャン点間隔の均一化
ScanPointAnalyser	スキャン前処理	スキャン点の法線ベクトルの計算
RefScanMakerLM	参照スキャン生成	地図を参照スキャンとする
CostFunctionPD	コスト関数	対応点間の垂直距離を用いる
PoseOptimizerSL	コスト関数最小化	最急降下法 + 直線探索を用いる
DataAssociatorGT	データ対応づけ	格子テーブルを用いる
PointCloudMapGT	点群地図管理	格子テーブルを用いる

2 スキャン前処理

(1) スキャン点間隔の均一化

ソースコード 8.1 にプログラムを示します．クラス ScanPointResampler のメンバ関数 resamplePoints により，スキャン点群 lps の点間隔をほぼ dthreS（$= 0.05\,\mathrm{m}$）になるように均一化して，newLps に格納します．for 文の中で，lps の各点 lp について，メンバ関数 findInterpolatePoint によって，lp の前に点を補間すべきか，あるいは lp を削除すべきかを判定します．その判定にもとづいて，newLps に点 np を格納します．ここで，np は，もとの点か補間された点のどちらかです．

■ソースコード 8.1 スキャン点間隔の均一化

```
 1  class ScanPointResampler
 2  {
 3  private:
 4    double dthreS;                    // 点の距離間隔[m]
 5    double dthreL;                    // 点の距離閾値[m]．この間隔を超えたら補間しない
 6    double dis;                       // 累積距離
 7
 8  public:
 9    ScanPointResampler() : dthreS(0.05), dthreL(0.25), dis(0) {
10    }
11
12    ...略
13  };
14
15  void ScanPointResampler::resamplePoints(Scan2D *scan) {
16    vector<LPoint2D> &lps = scan->lps;   // スキャン点群
17    if (lps.size() == 0)
```

```
18      return;
19
20    vector<LPoint2D> newLps;                // リサンプル後の点群
21
22    dis = 0;                                // disは累積距離
23    LPoint2D lp = lps[0];
24    LPoint2D prevLp = lp;
25    LPoint2D np(lp.sid, lp.x, lp.y);
26    newLps.emplace_back(np);                // 最初の点は入れる
27    for (size_t i=1; i<lps.size(); i++) {
28      lp = lps[i];                          // スキャン点
29      bool inserted=false;
30
31      bool exist = findInterpolatePoint(lp, prevLp, np, inserted);
32
33      if (exist) {                          // 入れる点がある
34        newLps.emplace_back(np);            // 新しい点npを入れる
35        prevLp = np;                        // npを直前点とする
36        dis = 0;                            // 累積距離をリセット
37        if (inserted)                       // lpの前で補間点を入れたので，lpをもう一度やる
38          i--;
39      }
40      else
41        prevLp = lp;                        // いまのlpを直前点とする
42    }
43
44    scan->setLps(newLps);
45  }
46
47  bool ScanPointResampler::findInterpolatePoint(const LPoint2D &cp, const LPoint2D &pp, LPoint2D
      &np, bool &inserted) {
48    double dx = cp.x - pp.x;
49    double dy = cp.y - pp.y;
50    double L = sqrt(dx*dx+dy*dy);           // 現在点cpと直前点ppの距離
51    if (dis+L < dthreS) {                   // 予測累積距離(dis+L)がdthreSより小さい点は削除
52      dis += L;                             // disに加算
53      return(false);
54    }
55    else if (dis+L >= dthreL) {             // dis+LがdthreLより大きい点は補間せず残す
56      np.setData(cp.sid, cp.x, cp.y);
57    }
58    else {                                  // dis+LがdthreSを超えたら，dthreSになるように補間する
59      double ratio = (dthreS-dis)/L;
60      double x2 = dx*ratio + pp.x;          // 少し伸ばして距離がdthreSになる位置
61      double y2 = dy*ratio + pp.y;
62      np.setData(cp.sid, x2, y2);
63      inserted = true;                      // cpより前にnpを入れたというフラグ
64    }
65
66    return(true);
67  }
```

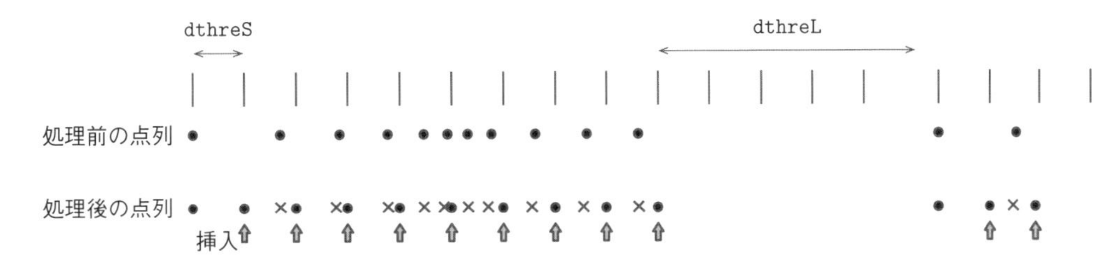

■ 図 8.8 スキャン点間隔の均一化

点の間隔が dthreS になるように点を挿入する．× 印はもとの点の削除を意味する．
間隔が dthreL を超える場合は，点は「ない」として補間せずに飛ばす．

findInterpolatePoint では，いま注目している点 cp と 1 つ前の点 pp の距離 L を求め，それまでの累積距離との和 dis+L によって上記の判定処理を行います．具体的には，dis+L が dthreS より小さければ，lp を削除します．dis+L が dthreL（= 0.25 m）を超えた場合は，もともとそこに点はないと判断して，補間しないで cp を残します．これは，誤った補間を避けるためです．

dis+L が dthreS より大きく dthreL より小さい場合は，pp と cp の間に補間点（x2,y2）を生成して，np に入れます．図 8.8 にこの様子を示します．

この均一化処理の性能は，環境に依存します．屋内のように平面が多く，小さい隙間が少ない環境では有効に働きます．しかし，細い棒や柱，植物などにより凹凸が多い環境や，小さい隙間が多い環境では，誤った補間をすることがあるので注意が必要です．

(2) スキャン点の法線ベクトル

ソースコード 8.2 にスキャン点の法線ベクトルを計算するプログラムを示します．クラス ScanPointAnalyser のメンバ関数 analysePoints は，スキャン点群 lps の各点の法線ベクトルを求めます．詳細なプログラムは省略しますが，その for 文において，各点 lp の左側と右側の法線ベクトルをメンバ関数 calNormal によって求め，その 2 つの法線ベクトルの平均をとって，lp の法線ベクトルとします．なお，ソースコード本体では，これ以外に，コーナ点かどうかなど点のタイプを判定していますが，ここでの説明は省略します．

calNormal は，点 cp とその近傍にある点とで構成する法線ベクトルを計算します．引数 dir によって，左近傍か右近傍かを分けます．近傍点が近すぎたり遠すぎたりすると法線ベクトルの誤差が大きくなるので，適切な距離（FPDMIN と FPDMAX の間）にある点を選びます．

■ソースコード 8.2　スキャン点の法線ベクトル

```
1  class ScanPointAnalyser
2  {
3  private:
4    static const double FPDMIN;    // 隣接点との最小距離[m]．これより小さいと法線計算に使わない．
5    static const double FPDMAX;    // 隣接点との最大距離[m]．これより大きいと法線計算に使わない．
6    static const int CRTHRE = 45;  // 法線方向変化の閾値[°]．これより大きいとコーナ点とみなす．
7    static const int INVALID = -1;
8    double costh;                            // 左右の法線方向のくい違いの閾値
9
10 public:
11   ScanPointAnalyser() : costh(cos(DEG2RAD(CRTHRE))) {
12   }
13
14   ...略
15 };
16
17 void ScanPointAnalyser::analysePoints(vector<LPoint2D> &lps) {
18   for (int i=0; i<lps.size(); i++) {
19     LPoint2D &lp = lps[i];                      // スキャン点
20     ptype type;
21     Vector2D nL, nR, normal;
22     bool flagL = calNormal(i, lps, -1, nL);    // nLはlpと左側の点で求めた法線ベクトル
23     bool flagR = calNormal(i, lps, 1, nR);     // nRはlpと右側の点で求めた法線ベクトル
24
25     ...略
26
27     lp.setNormal(normal.x, normal.y);
28     lp.setType(type);
29   }
30 }
31
32 // 注目点cpの両側の点がcpからdmin以上dmax以下の場合に，法線ベクトルを計算する
33 bool ScanPointAnalyser::calNormal(int idx, const vector<LPoint2D> &lps, int dir, Vector2D &
     normal){
34   const LPoint2D &cp = lps[idx];               // 注目点
35
36   for (int i=idx+dir; i>=0 && i<lps.size(); i+=dir) {
37     const LPoint2D &lp = lps[i];               // cpのdir（左か右）側の点
38     double dx = lp.x - cp.x;
39     double dy = lp.y - cp.y;
40     double d = sqrt(dx*dx + dy*dy);
41     if (d>=FPDMIN && d<=FPDMAX) {              // cpとlpの距離dが適切なら法線ベクトルを計算する
42       normal.x = dy/d;
43       normal.y = -dx/d;
44       return(true);
45     }
46
47     if (d > FPDMAX)                            // もはやどんどん離れるので，途中でやめる
48       break;
```

```
49    }
50
51    return(false);
52  }
```

3 参照スキャン生成の改良

参照スキャンを生成するプログラムを**ソースコード 8.3** に示します．

8.4 節で述べたように，改良したプログラムでは，参照スキャンとして地図の点群を用います．派生クラス RefScanMakerLM の makeRefScan では，pcmap の localMap を参照スキャンにします．ただし，この章で使う PointCloudMapGT では，localMap は全体地図と同じになっているため（次項参照），この章では，全体地図を参照スキャンとすることになります．また，地図の点群はすでに地図座標系に変換されているので，前章の RefScanMakerBS のような座標変換は必要ありません．

■ソースコード 8.3　参照スキャン生成の改良

```
1  // 参照スキャン生成の派生クラス
2  class RefScanMakerLM : public RefScanMaker
3  {
4    ...略
5  };
6
7  const Scan2D *RefScanMakerLM::makeRefScan() {
8    vector<LPoint2D> &refLps = refScan.lps;                // 参照スキャンの点群のコンテナ
9    refLps.clear();
10
11   const vector<LPoint2D> &localMap = pcmap->localMap;   // 点群地図の局所地図
12   for (size_t i=0; i<localMap.size(); i++) {
13     const LPoint2D &rp = localMap[i];                   // rpはすでに地図座標系
14     refLps.emplace_back(rp);                            // refLpsにrpを格納
15   }
16
17   return(&refScan);
18 }
```

4 地図生成の改良

格子テーブルを用いた地図生成のプログラムを**ソースコード 8.4** に示します．クラス PointCloudMapGT は，基底クラス PointCloudMap の派生クラスであり，フレームワークの一例になっています．PointCloudMapGT は，格子テーブルで点群を間引いて全体地図をつくります．具体的には，メンバ関数 addPoints でメンバ変数 allLps にいったんスキャン点を蓄積しておき，メンバ関数 makeGlobalMap で，格子テーブル nntab を用いて allLps を間引いて全体地図 globalMap に格納します．

■ソースコード 8.4　格子テーブルによる地図生成

```
1   // 点群地図の派生クラス
2   class PointCloudMapGT : public PointCloudMap
3   {
4   public:
5     std::vector<LPoint2D> allLps;              // 全スキャン点群
6     NNGridTable nntab;                         // 格子テーブル
7
8   public:
9     PointCloudMapGT() {
10      allLps.reserve(MAX_POINT_NUM);           // 最初に確保
11    }
12
13    ...略
14  };
15
16  void PointCloudMapGT::addPose(const Pose2D &p) {
17    poses.emplace_back(p);                     // ロボット位置の追加
18  }
19
20  // 格子テーブルの各セルの代表点を求めてspsに格納する
21  void PointCloudMapGT::subsamplePoints(vector<LPoint2D> &sps) {
22    nntab.clear();                             // 格子テーブルの初期化
23    for (size_t i=0; i<allLps.size(); i++)
24      nntab.addPoint(&(allLps[i]));            // 全点を格子テーブルに登録
25
26    nntab.makeCellPoints(nthre, sps);          // nthre点以上あるセルから代表点を得る
27  }
28
29  // スキャン点群を追加
30  void PointCloudMapGT::addPoints(const vector<LPoint2D> &lps) {
31    for (size_t i=0; i<lps.size(); i++)
32      allLps.emplace_back(lps[i]);
33  }
34
35  // 全体地図の生成
36  void PointCloudMapGT::makeGlobalMap(){
37    globalMap.clear();
38    subsamplePoints(globalMap);                // 格子テーブルの代表点から全体地図をつくる
39  }
40
41  // 局所地図は全体地図をそのまま使う
42  void PointCloudMapGT::makeLocalMap(){
43    localMap = globalMap;
44  }
```

格子テーブルのクラス NNGridTable を**ソースコード 8.5** に示します．ここで，セルサイズの 1 辺の長さ csize は 0.05 m としています．また，この格子テーブルが扱う領域の半径 rsize は 40 m にしています．これらのパラメータの値は，システムや環境条件によって適宜調整する必要があります．

メンバ関数 addPoint は入力点 lp のテーブルインデックス xi,yi を計算し，その位置 idx にある格子セルに lp を格納します．また，メンバ関数 makeCellPoints は，格子テーブルに格納された点群を間引いて地図用の点群コンテナ ps に入れます．最初の for 文で，格子テーブルの各セルの点群を取り出し，if 文で点数の少ないセルは無視します．点数の多いセルについては，点群の重心をとってセルの代表点とします．代表点の法線ベクトルは，各点の法線ベクトルの平均をとります．

■ソースコード 8.5　格子テーブル

```
1  // 格子セル
2  struct NNGridCell
3  {
4    std::vector<const LPoint2D*> lps;          // このセルに格納されたスキャン点群
5
6    ...略
7  };
8
9
10 // 格子テーブル
11 class NNGridTable
12 {
13 private:
14   double csize;                              // セルサイズ[m]
15   double rsize;                              // 対象領域のサイズ[m]．正方形の1辺の半分
16   int tsize;                                 // テーブルサイズの半分
17   std::vector<NNGridCell> table;             // テーブル本体
18
19 public:
20   NNGridTable() : csize(0.05), rsize(40){        // セル5cm，対象領域40×2m四方
21     tsize = static_cast<int>(rsize/csize);       // テーブルサイズの半分
22     size_t w = static_cast<int>(2*tsize+1);      // テーブルサイズ
23     table.resize(w*w);                           // 領域確保
24     clear();                                     // tableの初期化
25   }
26
27   ...略
28 };
29
30 // 格子テーブルにスキャン点lpを登録する
31 void NNGridTable::addPoint(const LPoint2D *lp) {
32   // テーブル検索のインデックス計算．まず，対象領域内にあるかチェックする
33   int xi = static_cast<int>(lp->x/csize) + tsize;
```

```
34    if (xi < 0 || xi > 2*tsize)                          // 対象領域の外
35      return;
36    int yi = static_cast<int>(lp->y/csize) + tsize;
37    if (yi < 0 || yi > 2*tsize)                          // 対象領域の外
38      return;
39
40    size_t idx = static_cast<size_t>(yi*(2*tsize +1) + xi);   // テーブルのインデックス
41    table[idx].lps.push_back(lp);                             // 目的のセルに入れる
42  }
43
44  // 格子テーブルの各セルの代表点をつくって，地図点群コンテナpsに格納する
45  void NNGridTable::makeCellPoints(int nthre, vector<LPoint2D> &ps) {
46    // 代表点の番号はセル内各点のスキャン番号の平均をとる
47    // スキャン番号の最新値をとる場合は，その部分のコメントを外し，
48    // 平均をとる場合（2行）をコメントアウトする
49
50    for (size_t i=0; i<table.size(); i++) {
51      vector<const LPoint2D*> &lps = table[i].lps;      // セルのスキャン点群
52      if (lps.size() >= nthre) {            // 点数がnthreより多いセルだけ処理する
53        double gx=0, gy=0;                  // 点群の重心位置
54        double nx=0, ny=0;                  // 点群の法線ベクトルの平均
55        int sid=0;
56        for (size_t j=0; j<lps.size(); j++) {
57          const LPoint2D *lp = lps[j];
58          gx += lp->x;                      // 位置を累積
59          gy += lp->y;
60          nx += lp->nx;                     // 法線ベクトル成分を累積
61          ny += lp->ny;
62          sid += lp->sid;                   // スキャン番号の平均をとる場合
63  //        if (lp->sid > sid)              // スキャン番号の最新値をとる場合
64  //          sid = lp->sid;
65        }
66        gx /= lps.size();                   // 平均
67        gy /= lps.size();
68        double L = sqrt(nx*nx + ny*ny);
69        nx /=  L;                           // 平均（正規化）
70        ny /=  L;
71        sid /= lps.size();                  // スキャン番号の平均をとる場合
72
73        LPoint2D newLp(sid, gx, gy);        // セルの代表点を生成
74        newLp.setNormal(nx, ny);            // 法線ベクトル設定
75        newLp.setType(LINE);                // タイプは直線にする
76        ps.emplace_back(newLp);             // psに追加
77      }
78    }
79  }
```

5 データ対応づけの改良

格子テーブルを用いたデータ対応づけのクラス DataAssociatorGT を**ソースコード 8.6** に記します．まず，メンバ関数 setRefBase により，あらかじめ，参照スキャンの点群 lps を格子テーブル nntab に登録しておきます．

データ対応づけは，findCorrespondence で行います．現在スキャン curScan の各点 clp とスキャンマッチングの予測位置 predPose から，nntab を用いて clp の最近傍点 rlp を求めます．それぞれの点は，DataAssociator のメンバ変数 curLps と refLps に格納されます．

■ソースコード 8.6　格子テーブルを用いたデータ対応づけ

```
 1 // データ対応づけの派生クラス
 2 class DataAssociatorGT : public DataAssociator
 3 {
 4 private:
 5   NNGridTable nntab;                        // 格子テーブル
 6
 7 public:
 8   DataAssociatorGT() {
 9   }
10
11   // 参照スキャンの点rlpsをポインタにしてnntabに入れる
12   virtual void setRefBase(const std::vector<LPoint2D> &rlps) {
13     nntab.clear();
14     for (size_t i=0; i<rlps.size(); i++)
15       nntab.addPoint(&rlps[i]);             // ポインタにして格納
16   }
17
18   ...略
19 };
20
21 // 現在スキャンcurScanの各スキャン点をpredPoseで座標変換した位置に最も近い点を見つける
22 double DataAssociatorGT::findCorrespondence(const Scan2D *curScan, const Pose2D &predPose) {
23   curLps.clear();                                  // 対応づけ現在スキャン点群を空にする
24   refLps.clear();                                  // 対応づけ参照スキャン点群を空にする
25
26   for (size_t i=0; i<curScan->lps.size(); i++) {
27     const LPoint2D *clp = &(curScan->lps[i]);      // 現在スキャンの点．ポインタで
28
29     // 格子テーブルにより最近傍点を求める
30     const LPoint2D *rlp = nntab.findClosestPoint(clp, predPose);
31     if (rlp != nullptr) {
32       curLps.push_back(clp);                       // 最近傍点があれば登録
33       refLps.push_back(rlp);
34     }
35   }
```

```
36
37    double ratio = (1.0*curLps.size())/curScan->lps.size();     // 対応がとれた点の比率
38
39    return(ratio);
40  }
```

格子テーブルの最近傍探索を行うメンバ関数 findClosestPoint を**ソースコード 8.7** に示します．まず，センサ座標系の点 lp を予測位置 predPose によって，地図座標系の点 glp に座標変換します．次に，glp に対応する格子テーブルのインデックス cxi,cyi を求めます．そして，二重 for 文で，cxi,cyi のまわりの範囲 dthre 内にあるセル cell を訪れ，3 番目の for 文で，cell に登録された点群 lps から最も glp に近いものを探します．

なお，この格子テーブルによる最近傍探索の方法は，セル内部の登録点 lps から探しているので効率はあまりよくありません．参照スキャンの点数が少ない場合は，線形探索のほうが速い場合もあります．

■ソースコード 8.7　格子テーブルによる最近傍点の探索

```
1   // スキャン点clpをpredPoseで座標変換した位置に最も近い点を格子テーブルから見つける
2   const LPoint2D *NNGridTable::findClosestPoint(const LPoint2D *clp, const Pose2D &predPose) {
3     LPoint2D glp;                              // clpの予測位置
4     predPose.globalPoint(*clp, glp);            // relPoseで座標変換
5
6     // clpのテーブルインデックス．対象領域内にあるかチェックする
7     int cxi = static_cast<int>(glp.x/csize) + tsize;
8     if (cxi < 0 || cxi > 2*tsize)
9       return(nullptr);
10    int cyi = static_cast<int>(glp.y/csize) + tsize;
11    if (cyi < 0 || cyi > 2*tsize)
12      return(nullptr);
13
14    double dmin=1000000;
15    const LPoint2D *lpmin = nullptr;           // 最も近い点（目的の点）
16    double dthre=0.2;                          // これより遠い点は除外する[m]
17    int R=static_cast<int>(dthre/csize);
18    for (int i=-R; i<=R; i++) {                // ±R四方を探す
19      int yi = cyi+i;                          // cyiから広げる
20      if (yi < 0 || yi > 2*tsize)
21        continue;
22      for (int j=-R; j<=R; j++) {
23        int xi = cxi+j;                        // cxiから広げる
24        if (xi < 0 || xi > 2*tsize)
25          continue;
26
27        size_t idx = yi*(2*tsize+1) + xi;               // テーブルインデックス
28        NNGridCell &cell = table[idx];                  // そのセル
29        vector<const LPoint2D*> &lps = cell.lps;        // セルがもつスキャン点群
```

```
30          for (size_t k=0; k<lps.size(); k++) {
31            const LPoint2D *lp = lps[k];
32            double d = (lp->x - glp.x)*(lp->x - glp.x) + (lp->y - glp.y)*(lp->y - glp.y);
33
34            if (d <= dthre*dthre && d < dmin) {          // dthre内で距離が最小となる点を保存
35              dmin = d;
36              lpmin = lp;
37            }
38          }
39        }
40      }
41
42      return(lpmin);
43    }
```

6 ロボット位置の最適化

(1) コスト関数の改良

垂直距離を用いたコスト関数を計算するクラス CostFunctionPD を**ソースコード 8.8** に示します．ソースコード 7.6 の CostFunctionED に比べて，pdis の計算部分が違います．

■ソースコード 8.8　垂直距離を用いたコスト関数

```
1   // コスト関数の派生クラス
2   class CostFunctionPD : public CostFunction
3   {
4     ... 略
5   };
6
7   double CostFunctionPD::calValue(double tx, double ty, double th) {
8     double a = DEG2RAD(th);
9
10    double error=0;
11    int pn=0;
12    int nn=0;
13    for (size_t i=0; i<curLps.size(); i++) {
14      const LPoint2D *clp = curLps[i];                 // 現在スキャンの点
15      const LPoint2D *rlp = refLps[i];                 // clpに対応する参照スキャンの点
16
17      if (rlp->type != LINE)                           // 直線上の点でなければ使わない
18        continue;
19
20      double cx = clp->x;
21      double cy = clp->y;
22      double x = cos(a)*cx - sin(a)*cy + tx;           // clpを参照スキャンの座標系に変換
23      double y = sin(a)*cx + cos(a)*cy + ty;
24
```

```
25      double pdis = (x - rlp->x)*rlp->nx + (y - rlp->y)*rlp->ny;      // 垂直距離
26
27      double er = pdis*pdis;
28      if (er <= evlimit*evlimit)
29        ++pn;                                              // 誤差が小さい点の数
30
31      error += er;                                         // 各点の誤差を累積
32      ++nn;
33    }
34
35    error = (nn>0)? error/nn : HUGE_VAL;                   // 平均をとる．有効点数が0なら，値はHUGE_VAL
36    pnrate = 1.0*pn/nn;                                    // 誤差が小さい点の比率
37    error *= 100;                                          // 評価値が小さくなりすぎないよう100倍する
38    return(error);
39  }
```

(2) 最適化手法の改良

直線探索つきの最急降下法クラス PoseOptimizerSL のメンバ関数 optimizePose を**ソースコード 8.9** に記します．この関数は，最急降下法による勾配計算と，勾配方向に沿った直線探索をくり返すことで，最適解に近づいていきます．前章の PoseOptimizerSD と違って，微分係数に定数 -kk を掛けることなく，直線探索によってステップ幅を求めます．

直線探索を行うメンバ関数 search の中では，boost ライブラリに入っているブレント法による直線探索 brent_find_minima を呼び出しています．brent_find_minima の引数は，C++11 で導入された lambda 式であり，これはコスト関数 cfunc->calValue を実行するヘルパ関数 objFunc を起動する一時的な関数オブジェクトです．

■ソースコード 8.9　直線探索つき最急降下法による最適化

```
 1  // コスト関数最小化の派生クラス
 2  class PoseOptimizerSL : public PoseOptimizer
 3  {
 4    ...略
 5  };
 6
 7  // データ対応づけ固定のもと，初期値initPoseを与えてロボット位置の推定値estPoseを求める
 8  double PoseOptimizerSL::optimizePose(Pose2D &initPose, Pose2D &estPose) {
 9    double th = initPose.th;
10    double tx = initPose.tx;
11    double ty = initPose.ty;
12    double txmin=tx, tymin=ty, thmin=th;               // コスト最小の解
13    double evmin = HUGE_VAL;                           // コストの最小値
14    double evold = evmin;                              // 1つ前のコスト値．収束判定に使う
15    Pose2D pose, dir;
16
17    double ev = cfunc->calValue(tx, ty, th);           // コスト計算
```

```
18    int nn=0;                                     // くり返し回数. 確認用
19    while (abs(evold-ev) > evthre) {              // 収束判定. 値の変化が小さいと終了
20      nn++;
21      evold = ev;
22
23      // 数値計算による偏微分
24      double dx = (cfunc->calValue(tx+dd, ty, th) - ev)/dd;
25      double dy = (cfunc->calValue(tx, ty+dd, th) - ev)/dd;
26      double dth = (cfunc->calValue(tx, ty, th+da) - ev)/da;
27      tx += dx;  ty += dy;  th += dth;            // いったん次の探索位置を決める
28
29      // ブレント法による直線探索
30      pose.tx = tx;  pose.ty = ty;  pose.th = th;  // 探索開始点
31      dir.tx = dx;   dir.ty = dy;   dir.th = dth;  // 探索方向
32      search(ev, pose, dir);                       // 直線探索実行
33      tx = pose.tx;  ty = pose.ty;  th = pose.th;  // 直線探索で求めた位置
34
35      ev = cfunc->calValue(tx, ty, th);            // 求めた位置でコスト計算
36
37      if (ev < evmin) {                            // コストがこれまでの最小なら更新
38        evmin = ev;
39        txmin = tx;  tymin = ty;  thmin = th;
40      }
41    }
42
43    estPose.setVal(txmin, tymin, thmin);           // 最小値を与える解を保存
44
45    return(evmin);
46  }
47
48  // boostライブラリのブレント法で直線探索を行う
49  // poseを始点に, dp方向にどれだけ進めばよいかステップ幅を見つける
50  double PoseOptimizerSL::search(double ev0, Pose2D &pose, Pose2D &dp) {
51    int bits = numeric_limits<double>::digits;     // 探索精度
52    boost::uintmax_t maxIter=40;                   // 最大くり返し回数. 経験的に決める
53    pair<double, double> result =
54      boost::math::tools::brent_find_minima(
55      [this, &pose, &dp](double tt) {return (objFunc(tt, pose, dp));},
56      -2.0, 2.0, bits, maxIter);                   // 探索範囲(-2.0,2.0)
57
58    double t = result.first;                       // 求めるステップ幅
59    double v = result.second;                      // 求める最小値
60
61    pose.tx = pose.tx + t*dp.tx;                   // 求める最小解をposeに格納
62    pose.ty = pose.ty + t*dp.ty;
63    pose.th = MyUtil::add(pose.th, t*dp.th);
64
65    return(v);
66  }
67
68  // 直線探索の目的関数. ttがステップ幅
```

```
69 double PoseOptimizerSL::objFunc(double tt, Pose2D &pose, Pose2D &dp) {
70   double tx = pose.tx + tt*dp.tx;              // poseからdp方向にttだけ進む
71   double ty = pose.ty + tt*dp.ty;
72   double th = MyUtil::add(pose.th, tt*dp.th);
73   double v = cfunc->calValue(tx, ty, th);      // コスト関数値
74
75   return(v);
76 }
```

7 フレームワークのカスタマイズ

この章で解説したスキャンマッチングの改良項目はフレームワークをカスタマイズする形で実装されます．この章でのカスタマイズの一覧を**表 8.2** に示します．この表では，cX がカスタマイズのタイプを表し（X = A〜G)．関数 customizeX によって実装されます．cA は前章で作成したプログラムであり，改良項目は何もありません．cA から cG に行くにつれ，改良項目が増えていきます．

ソースコード 8.10 に，フレームワークをカスタマイズするためのプログラム例を記します．改造箇所は基底クラスで定義されており，それに準拠した派生クラスでカスタマイズができます．この例は表 8.2 の cB であり，関数 customizeB が SlamLauncher クラスの関数 customizeFramework で呼ばれます．このようにカスタマイズのタイプを選択したら，プログラムをセーブしてビルドしてください．ビルド方法は 5.5 節の 2 項を参照してください．

なお，本書では，カスタマイズのたびにビルドし直すようにしていますが，コマンドライン引数や GUI を用いて派生クラスを切り替えるようにすることも可能です．さらには，ロボットが状況に応じて自分で派生クラスを切り替えるようにすることも可能です．

■ **表 8.2**　改良版のタイプ

○はこの章で説明した改良を施したことを示す．改良項目は次のとおり．地図表現：格子テーブル，参照スキャン：地図点群，最適化：最急降下＋直線探索，データ対応づけ：格子テーブル，コスト関数：垂直距離．点間隔均一化と法線はあり／なし．

	地図表現	参照スキャン	最適化	データ対応づけ	点間隔均一化	コスト関数	法　線
cA							
cB	○	○					
cC	○	○	○				
cD	○	○	○	○			
cE	○	○	○	○	○		
cF	○	○	○	○		○	○
cG	○	○	○	○	○	○	○

■ソースコード 8.10 フレームワークのカスタマイズ例

```
1  // 格子テーブルの利用
2  void FrameworkCustomizer::customizeB() {
3    pcmap = &pcmapGT;                            // 格子テーブルで管理する点群地図
4    RefScanMaker *rsm = &rsmLM;                  // 局所地図を参照スキャンとする
5    DataAssociator *dass = &dassLS;              // 線形探索によるデータ対応づけ
6    CostFunction *cfunc = &cfuncED;              // ユークリッド距離をコスト関数とする
7    PoseOptimizer *popt = &poptSD;               // 最急降下法による最適化
8    LoopDetector *lpd = &lpdDM;                  // ダミーのループ検出
9
10   popt->setCostFunction(cfunc);
11   poest.setDataAssociator(dass);
12   poest.setPoseOptimizer(popt);
13   pfu.setDataAssociator(dass);
14   smat.setPointCloudMap(pcmap);
15   smat.setRefScanMaker(rsm);
16   sfront->setLoopDetector(lpd);
17   sfront->setPointCloudMap(pcmap);
18   sfront->setDgCheck(false);                   // センサ融合しない
19 }
20
21 // 選択
22 void SlamLauncher::customizeFramework() {
23   fcustom.setSlamFrontEnd(&sfront);
24   fcustom.makeFramework();
25   fcustom.customizeB();                        // cBを選択
26
27   pcmap = fcustom.getPointCloudMap();          // customizeの後にやること
28 }
```

8.8 動作確認

前章の実験結果はあまりよくありませんでした．ここでは，この章で解説した改良項目を 1 つずつ加えていって，結果がどう変わるかみていきます．データセットは，前章と同じ corridor と hall を用います．

表 8.2 の cA は前章と同じプログラムで，比較基準として使います．**図 8.9** に，cA で生成した地図を示します．これは，処理時間が追記されている以外は，前章の図 7.5 と同じです．なお，用いたコンピュータの CPU は Intel Core i7-4910MQ で，Windows で実行しています．

図 8.10 および**図 8.11** に，cB から cG までの地図構築の結果を示します．まず，cB は，cA に比べて，地図表現を格子テーブルにし，参照スキャンを直前スキャンではなく全体地図にした点が違います．cB の結果をみると，処理時間はやや増えていますが，描画時間は大幅に減っていることがわかります．前者は参照スキャンが大きくなったために，ICP に時間がかかっ

ためと考えられます．後者は，格子テーブルを用いたため，地図の点数が減って描画が速くなったためと考えられます．cA ではマッチングがずれてぶれた感じがありますが，これはスキャン点間隔を均一化すると改善します．cB では参照スキャンが地図であり，その点間隔はほぼ均一になっているため，ぶれが小さいと考えられます．

次に，cC は，cB に加えて，最適化処理を直線探索つき最急降下法にしています．処理時間は増えましたが，corridor については，歪みが改善されていることがわかります．一方，hall については，一部で歪みが増していますが，これは後述のスキャン点間隔が関係しています．

さらに，cD は，cC に加えて，データ対応づけを格子テーブルで行っています．これによって，corridor については，処理時間は cC よりも速くなっています．参照スキャンが全体地図で大きいため，データ対応づけを格子テーブルで行う効果が出たと考えられます．

cE は，cD に加えて，スキャン点間隔の均一化を行っています．corridor では cD と大きな違いはみられません．しかし，図 8.11 にあるように，hall では違いがみられます．つまり，cD では大きな歪みが生じているのに対して，cE では歪みがかなり減っています．cD における歪みのはっきりした原因は不明ですが，壁に近い経路を走っているため，スキャン点の密度が一部だけ非常に高くなり，周囲の点よりもコスト関数への影響力が強すぎて，ICP での位置推定を誤ったと推測されます．これがスキャン点間隔の均一化によって解消されたので，地図の歪みも減ったと考えられます．

最後に，cF および cG は，cE に比べて，垂直距離を使ってコスト関数を定義しています．そのため，スキャン点の法線ベクトルも求めています．cD や cE に比べて，地図の歪みが小さくなっています．cF と cG の違いは，スキャン点間隔均一化の有無ですが，ここではあまり大きな違いは見られません．

今回の実験結果からわかったことを以下にまとめます．

- 地図表現は，スキャン点をそのままもつよりも格子テーブルで管理するほうがよい．
- 参照スキャンは直前スキャンよりも地図からつくるほうがよい．
- 最適化手法は，最急降下法を用いる場合は直線探索つきがよい．
- データ対応づけは，参照スキャンが大きい場合は格子テーブルがよい．
- スキャン点間隔の均一化は行ったほうがよい．

コスト関数については，この例では，垂直距離が点間距離よりよいかどうかははっきりしませんでしたが，第 9 章において，ICP の共分散行列を求めるために，垂直距離を使います．

以上みてきたように，改良項目どれか 1 つで特効薬のように効くわけではなく，改良の積み重ねで性能が向上することがわかります．なお，各手法の適否は環境条件に依存すること，その性能はパラメータ設定で大きく変わりうることに注意してください．

この章で，スキャンマッチングのプログラムは改良されましたが，SLAM としては大きな

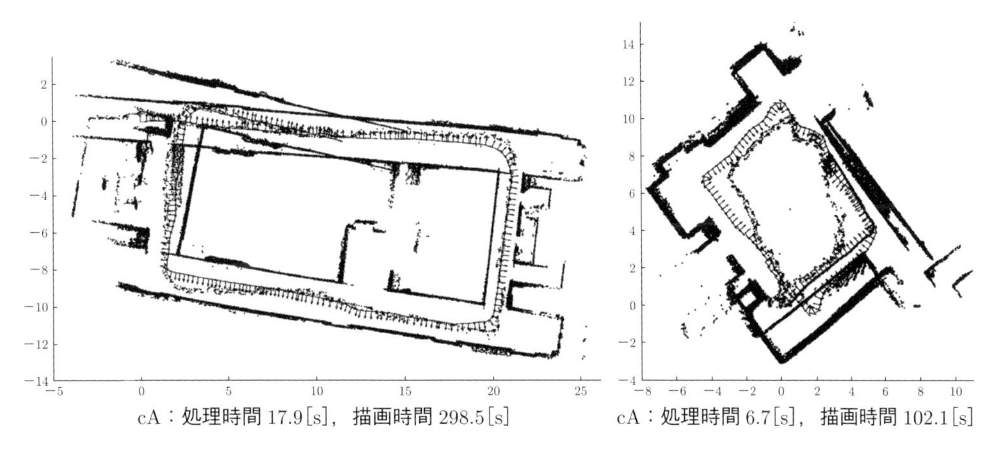

cA：処理時間 17.9[s]，描画時間 298.5[s]　　cA：処理時間 6.7[s]，描画時間 102.1[s]

■ 図 8.9　cA の地図構築結果

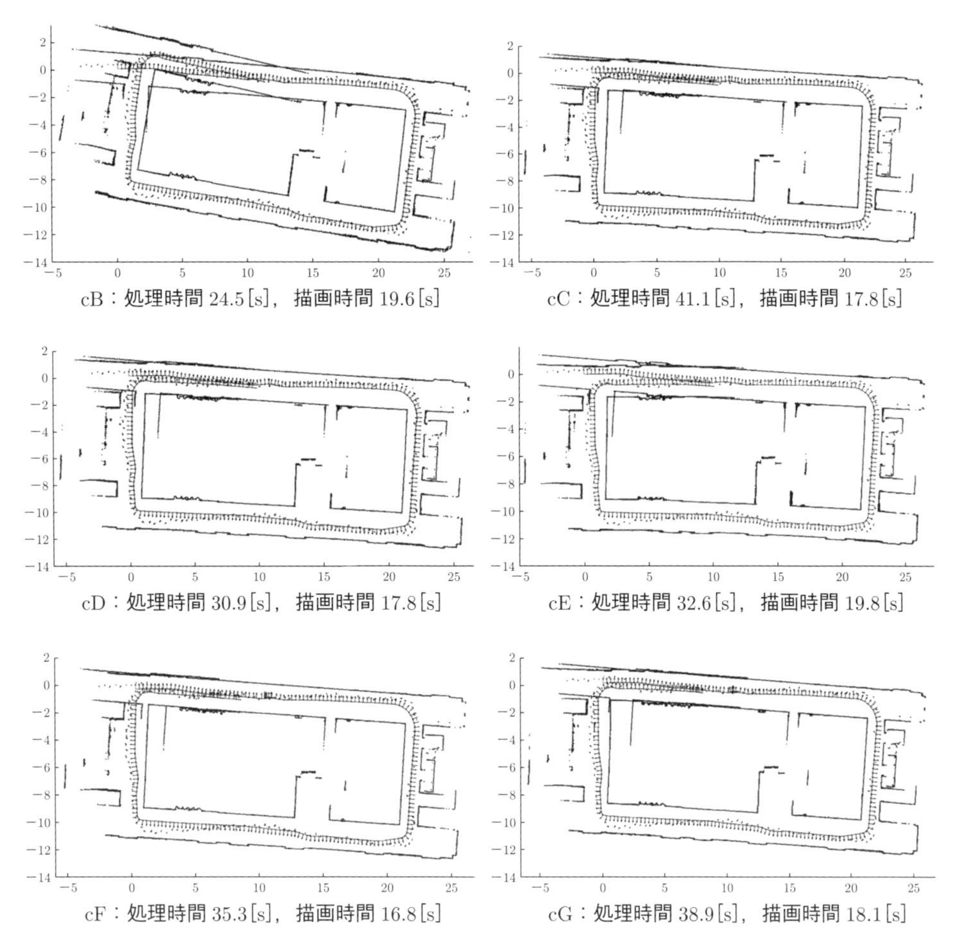

cB：処理時間 24.5[s]，描画時間 19.6[s]　　cC：処理時間 41.1[s]，描画時間 17.8[s]

cD：処理時間 30.9[s]，描画時間 17.8[s]　　cE：処理時間 32.6[s]，描画時間 19.8[s]

cF：処理時間 35.3[s]，描画時間 16.8[s]　　cG：処理時間 38.9[s]，描画時間 18.1[s]

■ 図 8.10　改良版による地図構築結果（corridor）

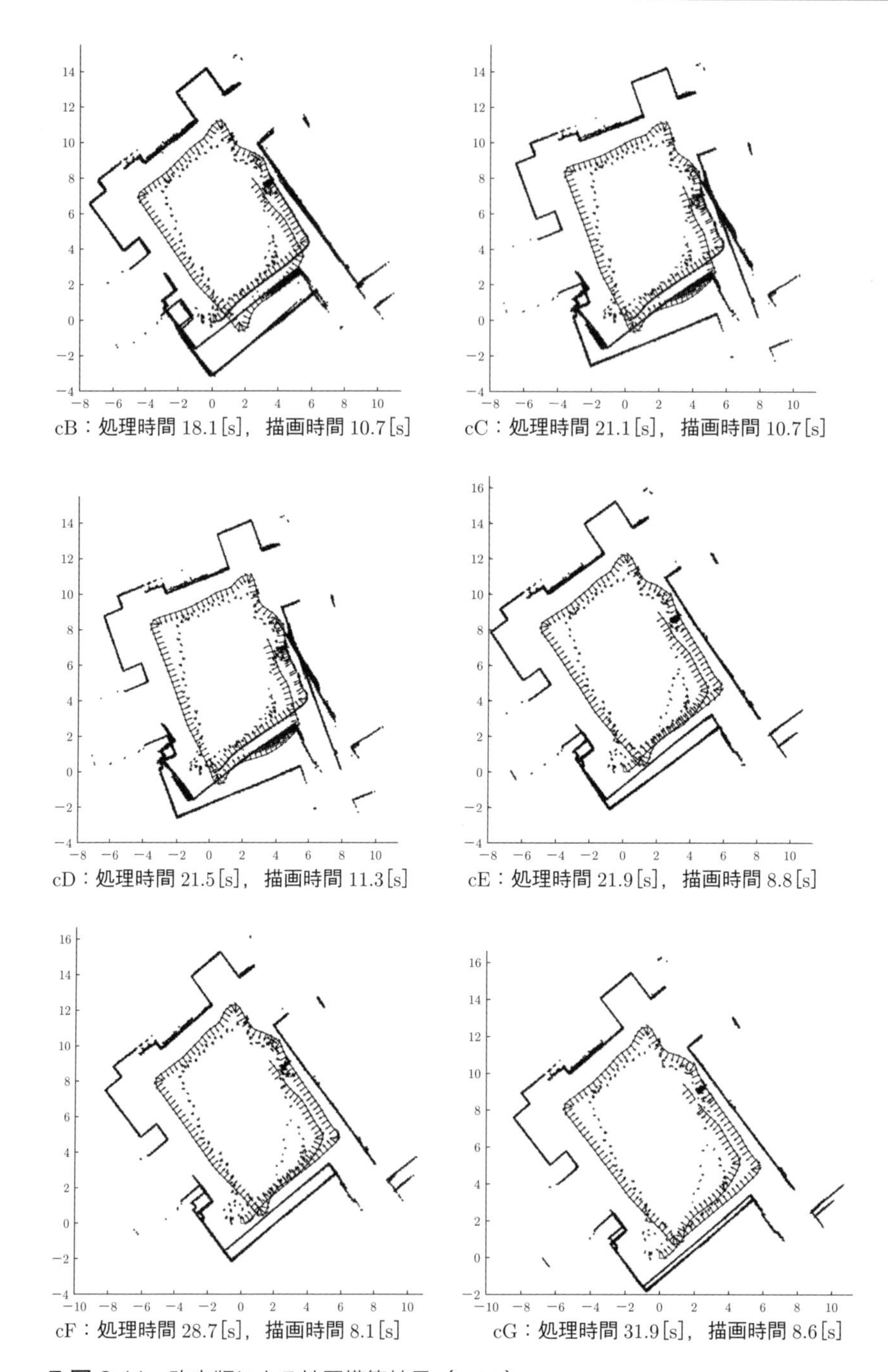

cB：処理時間 18.1[s]，描画時間 10.7[s]

cC：処理時間 21.1[s]，描画時間 10.7[s]

cD：処理時間 21.5[s]，描画時間 11.3[s]

cE：処理時間 21.9[s]，描画時間 8.8[s]

cF：処理時間 28.7[s]，描画時間 8.1[s]

cG：処理時間 31.9[s]，描画時間 8.6[s]

■図 8.11　改良版による地図構築結果（hall）

問題が2つ残っています．それは，退化とループ閉じ込みです．たとえば，図8.11でcEやcFの地図が少しずれています．これは，Lidarが右側の壁しか見えない区間があり，そこで退化が起きて，ロボット軌跡が少し縮んだためです．それと相対する辺（軌跡の長方形の向かい合う辺）は退化がないので，軌跡の長さが食い違って，地図にずれが生じています．また，図8.10でも図8.11でも，同じ場所に戻ってきてループを構成していますが，ループはきちんと閉じていません．

これらの問題については，次章以降で改善していきます．

■トピック8■

カメラによる3D-SLAM

カメラ画像を用いた3D-SLAMはVisual-SLAMとも呼ばれます．Visual-SLAMに影響を与えてきた分野としてコンピュータビジョンがあります．コンピュータビジョンで研究されてきた画像からの3D復元技術である**Structure-From-Motion**（SFM）はVisual-SLAMの基礎になっています．

SFMは，カメラ画像の集合からカメラ位置と特徴点（ランドマーク）位置を同時に推定する技術です[21),41),52)]．2枚の単眼カメラ画像を用いたSFMの手法として，**8点法**[40)]や**5点法**[85)]が有名です．前者は，カメラの内部パラメータ（焦点距離，画像中心，画素の縦横比など）と外部パラメータ（画像間のカメラ移動量）を推定します．後者は，内部パラメータは既知として，外部パラメータを推定します．また，多数の画像から一括でSFMを行う手法としてバンドル調整[124)]があります．

いろいろなバリエーションがあるため，SFMとVisual-SLAMの違いは明確ではありませんが，基本形としては，SLAMはカメラの計測モデルと運動モデルを使うのに対し，SFMは計測モデルだけを使う点が違います．

Visual-SLAMの手法は，大きく次のものに分類できます．

- 特徴点ベースの方法その1
  画像から特徴点を抽出し，複数の画像間で特徴点を対応づけると，SFMを行うことができます．SFMやVisual-SLAMの初期には，動画のような連続画像の間で特徴点を追跡するKLTトラッカ[97)]などがよく使われました．MonoSLAM[20)]は，最初のVisual-SLAMシステムといわれています．MonoSLAMは，単眼カメラの連続画像間でコーナ点の対応づけを行い，拡張カルマンフィルタを用いてSLAMを行います．
- 特徴点ベースの方法その2
  SIFT[70)]やORB[93)]などの強力な局所記述子（近傍情報からつくられる特徴ベクトル）をもった特徴点を用いることで，非連続画像でも特徴点の対応づけが可能になりました．Webサイトから収集した非連続の画像群からバンドル調整で3D復元を行うシステムとしてBundler[102)]があります．また，このような特徴点を用いるSLAMとしては，ORB特徴を用いたORB-SLAM[80)]がよい性能をもっています．
- 直接法
  直接法（direct method）は，特徴点を用いず，画像間で全画素の輝度差が少なくなるようにカメラ移動量を推定します．この考え方は古くからありましたが，コンピュータや計算法の進歩により実用性が高まり，2010年ごろから研究が盛んになってきました．特徴点抽出を行わないので，その分の処理時間が削減され，フレームレートが高ければ，リアルタイム処理が可能です．直接法を用いたSLAMシステムとして，DTAM[83)]，LSD-SLAM[26)]，SVO[28)]などがあります．直接法は，画像のぶれに強い，密な復元が可能などの利点がある反面，視点が離れた画像間の対応づけに弱い，照明変化に弱いなどの課題もあります．

近年，深層学習をVisual-SLAMに適用する研究がなされています．まず，畳み込みネットワーク（CNN）で単眼画像から推定させた深度を利用するCNN-SLAM[109)]が提案されました．そして，自己教師あり学習によって，単眼画像列を入力するだけで自動で学習するSFM-Learnerが開発されました[130),140)]．それに続いて，カメラ内部パラメータの推定やオクルージョンに対処できるネットワークも開発されました[33)]．最近は，多視点画像列でバンドル調整を行うDROID-SLAMが開発され，非常に高い精度が実現されています[113)]．

CHAPTER 9

センサ融合による退化への対処

前章で起きた問題の 1 つに退化がありました．2.3 節の 3 項で紹介した廊下での退化の例が，そのまま今回の問題です．この章では，これに対処するためにセンサ融合を導入します．センサ融合は複数のセンサデータからの推定を融合することです．センサ融合の考えは古くからあり，外界センサの性能が弱かった時代は必須といえるものでした．Lidar やカメラのように一度に大量データを取得できる外界センサは単独でも SLAM ができるので，センサ融合の意識が薄い傾向があります．しかし，現実には，退化や情報不足が起こりうるため，センサ融合はロボティクスにおいては必須の技術といえます．

ここでは，Lidar とオドメトリの推定を融合することを考えます．

関連知識

この章をより深く読むには，次の項目を確認しておくとよいでしょう．
線形代数（13.1 節），座標変換（13.2 節），確率分布（13.4 節），誤差解析（13.5 節），共分散（13.6 節），正規分布の融合（13.9 節）

9.1 退化はなぜ生じるか？

退化は，環境形状が単純なときに生じやすくなります．たとえば，2.3 節の 3 項で述べたように，廊下は退化が生じやすい環境です．ここでは実際のデータで退化の例をみてみましょう．

図 9.1 は，廊下での退化の例です．同図 (a) は（退化を際立たせるために，意図的に）オドメトリ値を少しずらした初期値を ICP に与えてつくった地図であり，ロボットの軌跡が縮んでいる部分で退化が発生しています．退化が起きていない部分は，初期値が悪くても ICP で正しい軌跡が得られますが，退化が起きた部分は，正しい軌跡は得られません．

退化はなぜ起きるのでしょう？ たとえば，長い廊下は退化が起きやすい場所です．ロボットは廊下の中ほどにいて，廊下の端の壁は遠くて計測できないとします．そうすると，ロボットの近くには左右の壁しかなく，床に平行な 2D-Lidar で廊下を計測しても，壁を表す 2 本の平行線が得られるだけです．壁に凹凸があったり，床に物体が置かれていたりすれば，その平行線以外にもデータがありますが，もし何もなければ，この 2 本の平行線だけでマッチングを

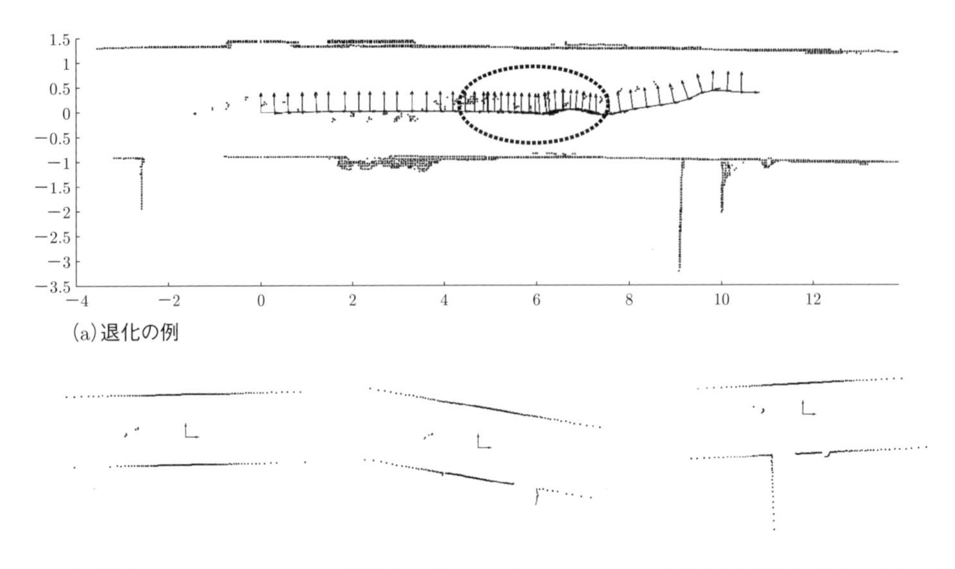

■ 図 9.1　退化の例

(a) 退化によりロボット軌跡が縮んでいる様子（点線の楕円の中）.
(b) 平行な直線しかないスキャンは退化を起こす.
(c) 平行な直線以外の部分が小さいと退化を起こしやすい.
(d) 平行な直線以外の部分が大きいと退化は起きにくい.

しなければなりません．しかし，2 本の平行線は，その長手方向にはどの位置でもマッチングがとれ，解は不定になります.

退化の起こしやすさは，スキャンの形状に依存します．たとえば，図 9.1 (b) は，ほぼ 2 本の平行線しかないので，きわめて退化しやすいといえます．同図 (c) も，平行線以外の部分が小さいので退化しやすいといえます．一方，同図 (d) は平行線以外の部分が比較的大きいので，退化しにくいといえます.

本書で解説したこれまでの SLAM プログラムに沿って詳しく考えると，次のようになります．コスト関数に垂直距離を用いる場合，参照スキャンの点は，理想的には（誤差がないとすれば），すべて壁に垂直な法線ベクトルをもつことになります．廊下の 2 つの壁は平行なので，各参照スキャン点の単位法線ベクトルは符号を除けば同じになります．そうすると，両スキャンの方向がそろった後は，現在スキャンの各点と参照スキャンの対応点との垂直距離はどれも同じになります．このため，垂直距離だけでは，廊下の長手方向の位置を特定することはできません（**図 9.2** (a) 参照）．この場合，コスト関数のもとになる連立方程式の段階で退化しています.

一方，コスト関数に点間距離を用いる場合は，現在スキャンの各点と参照スキャンの対応点と

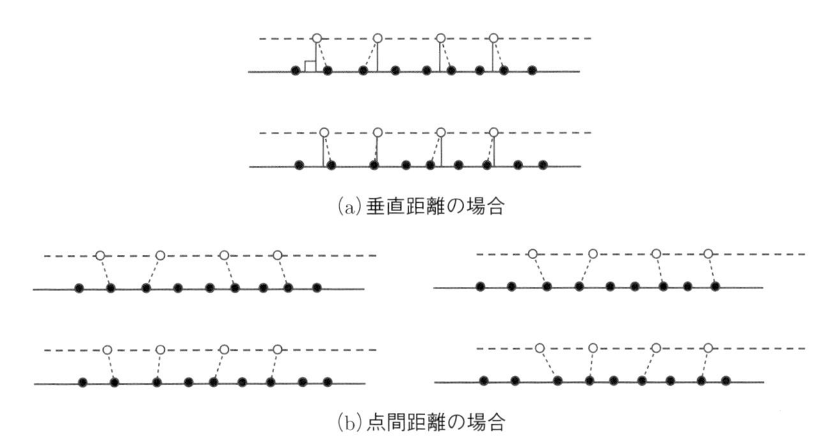

■ 図 9.2 平行線での退化

(a) 垂直距離の場合，スキャンの向きが合った後はどの点も同じ垂直距離になる．
(b) 点間距離の場合，左と右の例で点の対応づけは異なるが，コスト関数はよく似たものとなる．

の点間距離の式は数多くつくることができ，廊下の長手方向の位置は一意に決まります．このため，連立方程式の段階では退化はありません．しかし，これはデータ対応づけを 1 つに決めた場合のことです．個々の点は区別していないので，参照スキャンと現在スキャンの点の対応づけは無数に可能です．このため，それぞれのデータ対応づけに対して，位置が少し違うだけのよく似たコスト関数がつくられ，やはり廊下の長手方向にロボット位置を特定することはできません（図 9.2 (b) 参照）．これは退化というよりはデータ対応づけの多義性によるものといえます．

以上のようにして退化が起きると，多くの場合，スキャンマッチングの正しい解は得られません．その結果，図 9.1 のように軌跡が縮むのです．なお，いつも縮むとは限らず，逆に長くなることもあります．

退化は廊下だけでなく，センサ情報が不足した場合にどこでも起きます．廊下よりひどい例の 1 つが，前章の実験でのデータセット `hall` です．広いホールのため，片側の壁しか見えない区間があり，そこで得られるスキャンの形は 1 本の直線だけです．

また，環境形状が単調でなくても，退化は生じます．センサの視野が狭いために 1 つの壁しか見えなかったり，移動障害物によるオクルージョンのため，ICP で使える安定したスキャン点がわずかしか見えなかったりした場合，やはり退化が起きえます．

このように退化は頻繁に起こる可能性があるので，あらかじめ退化対策をとっておくことは非常に重要です．ここで紹介したような退化に対処するには，2 つの方法が考えられます．1 つは，スキャンのレーザ受光強度を特徴として使うことです．レーザ受光強度とはレーザビームが物体に当たって反射し，それをセンサが受光したときの強さです．物体の色や反射特性によってこの値は変わるので，物体に凹凸のような形状特徴がなくても，模様があれば，その模様から位置推定の手がかりとなる情報が得られます．しかし，廊下の壁は形状が単調なだけでなく，色や模様も単調なことがあるので，受光強度がいつも有効とは限りません．

もう 1 つの方法は，別のセンサを併用することです．移動ロボットにおいて最もオーソドックスな方法は，オドメトリを併用することです．オドメトリは，累積誤差がありますが，短距離では比較的精度のよい値を提供してくれます．スキャンと違って，床面が同じならば，場所によって特性は変わりません．このため，廊下のようなスキャンが苦手とする単調な環境では，スキャンの情報不足をうまく補ってくれます．このように，複数のセンサ情報を組み合わせて使うことを「センサ融合」といいます．

9.2 センサ融合

本書では，退化に対処するために，Lidar とオドメトリによる確率的なセンサ融合を用います．**センサ融合**は，ひと言でいうと，「複数センサによる推定値の平均をとる」ことです．その際，センサデータの信頼性にもとづいた重みをつけて平均をとります．

いま求めたいのは時刻 t のロボット位置 $\boldsymbol{x}_t$ です．スキャンマッチングで推定したロボット位置を $\boldsymbol{x}_{s,t}$，オドメトリで推定したロボット位置を $\boldsymbol{x}_{o,t}$ とします．このとき，融合したロボット位置 $\boldsymbol{x}_{f,t}$ は次のようになります．

$$\boldsymbol{x}_{f,t} = W_{s,t}\boldsymbol{x}_{s,t} + W_{o,t}\boldsymbol{x}_{o,t}$$

$W_{s,t}$，$W_{o,t}$ はそれぞれスキャンマッチングとオドメトリの推定値の信頼度を表す重み行列です．以後，見やすさのため，時刻の添え字 t を省略して

$$\boldsymbol{x}_f = W_s\boldsymbol{x}_s + W_o\boldsymbol{x}_o$$

のように表します．

図 9.3 に，廊下でのセンサ融合の様子を模式的に表します．Lidar には 2 枚の壁しか見えないので，スキャンマッチングによるロボット位置の推定値は図のように長い分布をもちます．

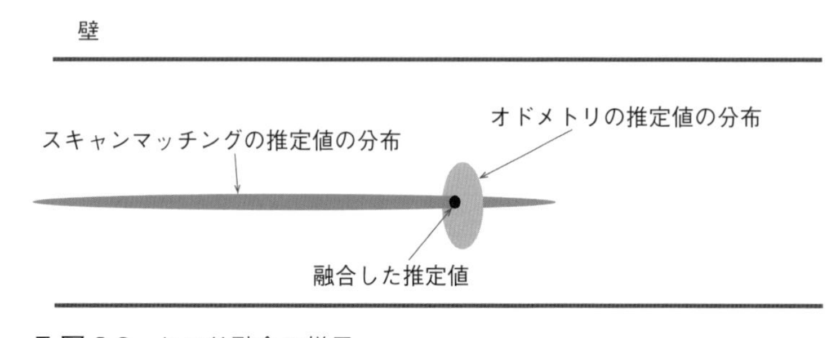

■ 図 9.3　センサ融合の様子

この長い楕円内のどこにあっても，推定値としてありうるということです．壁が本当に平坦ならば，この楕円はもっと細く長く伸びますが，図での表現の都合上，このくらいにしています．

一方，オドメトリの推定値は，短い区間の移動なので，小さな楕円内に収まっています．この 2 つの推定値を融合すると，黒丸の位置に推定値が得られます．これは，両者の分布による「重み」に応じてちょうどよく配分された位置です．

このように，「重み」は信頼度に応じて 2 つの推定値を融合する重要な役割を果たします．重みとしてよく使われるのは，**共分散**です．共分散はデータや推定値のばらつき具合いを示す値で，任意の確率分布で定義できますが，ここでは正規分布を想定します．

正規分布は多くの誤差分布にあてはまり，しかも，平均と共分散の 2 つのパラメータだけで表現できるので，計算がしやすいという利点があります．このため，センサ融合では正規分布がよく使われます．正規分布についての詳細は，13.4 節を参照してください．

本書でも，正規分布を用いてセンサ融合を行います．そのために，スキャンマッチングとオドメトリの推定値を正規分布で表します．それぞれを $N(\boldsymbol{x}_s, \Sigma_s)$ と $N(\boldsymbol{x}_o, \Sigma_o)$ とすると，融合したロボット位置と新たな共分散は次のように計算されます．**正規分布の融合**についての詳細は 13.9 節を参照してください．

$$
\begin{aligned}
\Sigma_f &= (\Sigma_s^{-1} + \Sigma_o^{-1})^{-1} \\
\boldsymbol{x}_f &= \Sigma_f(\Sigma_s^{-1}\boldsymbol{x}_s + \Sigma_o^{-1}\boldsymbol{x}_o)
\end{aligned}
$$

この式は，1 次元の場合は次のようになり，各推定値を重みで内分した点になります．

$$
\begin{aligned}
x_f &= \frac{\Sigma_o x_s + \Sigma_s x_o}{\Sigma_s + \Sigma_o} \\
\Sigma_f &= \frac{1}{\dfrac{1}{\Sigma_s} + \dfrac{1}{\Sigma_o}}
\end{aligned}
$$

次節では，共分散をどう求めるかを説明します．

9.3 共分散の計算

この節では，スキャンマッチングおよびオドメトリで推定したロボット位置の共分散の計算方法を説明します．

なお，13.6 節で基本的な共分散の計算方法を説明しているので，それと併せて読むとよいでしょう．

1 スキャンマッチングによるロボット位置の共分散

スキャンマッチングにおける**共分散**は，マッチングの**不確実性**を表します．不確実性が小さければ，共分散は小さな値をとり，その分布も前ページの図 9.3 の黒丸のように小さくなります．多次元の場合，ある軸では不確実性が大きく，別の軸では不確実性が小さいということもあります．廊下での退化はまさにそのような状態であり，図 9.3 の長い楕円がそれを表しています．

スキャンマッチングの不確実性は，点の対応づけの曖昧性やスキャン点の誤差など，さまざまな要因によって生じます．

スキャンマッチングの共分散の計算方法はこれまでいくつか提案されていますが，本書では，ラプラス近似にもとづく方法を採用します[12), 38)]．**ラプラス近似**は，確率密度関数の最大値付近の形状を正規分布で近似する方法です．正規分布は，平均と共分散の 2 つのパラメータで決まるので，ラプラス近似ではこれらを次のように求めます．ただし，ICP のコスト関数（確率密度の負の対数に相当）に適用するため，最大値を極小値に置き換えています．

- 極小値 x_o を平均とする．
- 極小値 x_o におけるヘッセ行列の逆行列の定数倍を共分散とする．

これを ICP に適用するには，ICP のコスト関数の極小値におけるヘッセ行列を求める必要があります．この際に注意すべきことが 2 つあります．

1 つは，「点の対応づけの曖昧性をどう扱うか」ということです．コスト関数の計算は点の対応づけを確定したうえで行うので，そのヘッセ行列で共分散を求めても，対応づけの曖昧性は反映されません．とくに，点間距離によるコスト関数では，点の対応づけを決めてしまえば，たとえそれがまちがっていても共分散は小さくなります．これに対処するよい方法は，垂直距離を使うことです[38)]．9.1 節で述べたように，垂直距離の値は，対応づけが違っていても，環境がなめらかならば，大きくは変わりません．そのため，対応づけを固定しても，退化による不確実性が反映されます．

もう 1 つは，**ヘッセ行列**は多変数関数の 2 次微分であり，そのため「計算が複雑である」ということです．そこで，本書ではヘッセ行列の直接計算を回避するために，ガウス–ニュートン近似を用います．**ガウス–ニュートン近似**は，ヘッセ行列 H をヤコビ行列 J の積で表すもので，極値の近傍で成り立ちます．ここでは，ICP のコスト関数の極小値における共分散を求めるので，ガウス–ニュートン近似はよく成り立つはずです．ヘッセ行列およびヤコビ行列については，13.1 節の 3 項を参照してください．

垂直距離によるコスト関数の式 (8.1) を再掲します．

$$G_2(\boldsymbol{x}) = \frac{1}{N}\sum_{i=1}^{N} ||\boldsymbol{n}_{j_i} \cdot (R\boldsymbol{p}_i + \boldsymbol{t} - \boldsymbol{q}_{j_i})||^2 \qquad \text{(8.1 再掲)}$$

見やすさのため，時刻 t と ICP のくり返し回数 k の添え字は省略しています．

13.6 節の 2 項に，ランドマーク計測によるロボット位置の共分散行列の計算方法を載せています．ここでは，それにもとづいて共分散行列を求めます．まず，式 (8.1) を変形するために，

$$\boldsymbol{h}(\boldsymbol{x}) = \begin{pmatrix} h_1(\boldsymbol{x}) \\ \vdots \\ h_N(\boldsymbol{x}) \end{pmatrix} = \begin{pmatrix} \boldsymbol{n}_{j_1} \cdot (R\boldsymbol{p}_1 + \boldsymbol{t}) \\ \vdots \\ \boldsymbol{n}_{j_N} \cdot (R\boldsymbol{p}_N + \boldsymbol{t}) \end{pmatrix} \tag{9.1}$$

$$\boldsymbol{z} = \begin{pmatrix} z_1 \\ \vdots \\ z_N \end{pmatrix} = \begin{pmatrix} \boldsymbol{n}_{j_1} \cdot \boldsymbol{q}_{j_1} \\ \vdots \\ \boldsymbol{n}_{j_N} \cdot \boldsymbol{q}_{j_N} \end{pmatrix}$$

と書きます．すると

$$G_2(\boldsymbol{x}) = \frac{1}{N}||\boldsymbol{h}(\boldsymbol{x}) - \boldsymbol{z}||^2 \tag{9.2}$$

と書くことができます．式 (9.2) は，13.6 節の 2 項の式 (13.15) と同じであり，13.6 節の 2 項によれば，その共分散行列は $(J^\top W_z J)^{-1}$ となります．ここで，$\boldsymbol{n}_{j_i} \cdot \boldsymbol{q}_{j_i}$ の誤差は一様で独立だとすると，$W_z \propto I$ とすることができ（I は単位行列，$\propto$ は比例を表します），本節で求めるべき共分散行列は $(J^\top J)^{-1}$ の定数倍となります．

J は $\boldsymbol{h}$ の $\boldsymbol{x}$ に関するヤコビ行列で，次のようになります．このヤコビ行列は 13.5 節の 2 項にある誤差伝播を計算するための量で，ロボット位置 $\boldsymbol{x}$ がずれたときに，$\boldsymbol{h}$ がどれだけ変化するかの程度を表します．

$$J = \begin{pmatrix} \dfrac{\partial h_1}{\partial x} & \dfrac{\partial h_1}{\partial y} & \dfrac{\partial h_1}{\partial \theta} \\ & \vdots & \\ \dfrac{\partial h_N}{\partial x} & \dfrac{\partial h_N}{\partial y} & \dfrac{\partial h_N}{\partial \theta} \end{pmatrix}$$

2 オドメトリによるロボット位置の共分散

オドメトリの**共分散**の計算には，速度運動モデル(注 1)がよく用いられます[112), 125)]．13.6 節の 1 項に，一般的な移動によるロボット位置の共分散行列の計算方法を載せています．ここでは，それにもとづいて，速度運動モデルでの共分散行列を求める方法を説明します．ただし，本節の最後に述べるように，実装では，もっと簡単な方法で共分散行列を計算します．

速度運動モデル（velocity motion model）は，ロボット中心の並進速度 v_t と角速度 ω_t を用いて，微小時間 Δt の運動を表します．ここで，Δt は十分小さいと仮定すると，ロボット位置は次のように計算できます．ただし，$(x_t, y_t, \theta_t)^\top$ は時刻 t のロボット位置を表します．この式は，式 (2.3) とほぼ同じです．

$$\begin{pmatrix} x_{t+1} \\ y_{t+1} \\ \theta_{t+1} \end{pmatrix} = \begin{pmatrix} \cos\theta_t & -\sin\theta_t & 0 \\ \sin\theta_t & \cos\theta_t & 0 \\ 0 & 0 & 1 \end{pmatrix} \begin{pmatrix} v_t\Delta t \\ 0 \\ \omega_t\Delta t \end{pmatrix} + \begin{pmatrix} x_t \\ y_t \\ \theta_t \end{pmatrix}$$

（注 1） 速度動作モデルとも呼ばれます．

ここで，$\boldsymbol{x_t} = (x_t\ y_t\ \theta_t)^{\mathsf{T}}$，$\boldsymbol{u_t} = (v_t, \omega_t)^{\mathsf{T}}$ とおくと，13.6 節の 1 項の式 (13.14) から，$\boldsymbol{x_{t+1}}$ の共分散 Σ_{t+1} は次のように計算できます．

$$\Sigma_{t+1} = J_{x_t} \Sigma_t {J_{x_t}}^{\mathsf{T}} + J_{u_t} \Sigma_u {J_{u_t}}^{\mathsf{T}}$$

ただし，$\boldsymbol{u}_t$ は次元が 2 なので，式 (13.13) の v の列を取り除いて，次のように計算します．

$$\Sigma_u = \begin{pmatrix} {\sigma_{v_t}}^2 & 0 \\ 0 & {\sigma_{\omega_t}}^2 \end{pmatrix} \tag{9.3}$$

$$J_{x_t} = \begin{pmatrix} 1 & 0 & -v_t \Delta t \sin\theta_t \\ 0 & 1 & v_t\ \Delta t \cos\theta_t \\ 0 & 0 & 1 \end{pmatrix}$$

$$J_{u_t} = \begin{pmatrix} \Delta t \cos\theta_t & 0 \\ \Delta t \sin\theta_t & 0 \\ 0 & \Delta t \end{pmatrix}$$

です．また，13.6 節の 1 項と比べると，$\boldsymbol{a}$ と $\boldsymbol{u_t}$ が対応し

$$u = v_t \Delta t$$
$$\alpha = \omega \Delta t$$

の関係にあります．$\boldsymbol{a}$ の v にあたる項はなくなっています．J_{u_t} の計算においては

$$\frac{\partial f_x}{\partial v_t} = \frac{\partial f_x}{\partial u}\frac{\partial u}{\partial v_t} = \cos\theta_t \times \Delta t$$
$$\frac{\partial f_\theta}{\partial \omega_t} = \frac{\partial f_\theta}{\partial \alpha}\frac{\partial \alpha}{\partial \omega_t} = 1 \times \Delta t$$

のように，Δt が出てくることに注意してください．

ここで求めた共分散は文献 125) によるオドメトリの共分散と等価です．文献 112) の速度運動モデルは数式がもう少し複雑ですが，Δt が十分小さければ同じ式になります．

式 (9.3) の $\sigma_{v_t}^2$ と $\sigma_{\omega_t}^2$ は，それぞれ，v_t，ω_t の分散であり，次のように設定します．

$$\sigma_{v_t}^2 = a_1 v_t^2$$
$$\sigma_{\omega_t}^2 = a_2 \omega_t^2$$

ここで，a_1，a_2 は適当な係数で，値は経験的に決めます．あるいは，もう少し表現力を出すために，文献 112) にならって，次のようにしてもよいでしょう．

$$\sigma_{v_t}^2 = \alpha_1 v_t^2 + \alpha_2 \omega_t^2$$
$$\sigma_{\omega_t}^2 = \alpha_3 v_t^2 + \alpha_4 \omega_t^2$$

以上，速度運動モデルでオドメトリの共分散行列を計算する方法を説明しましたが，本書のプログラムでは，もっと簡単な方法を使います．その理由は，速度運動モデルでは，ロボットの横方向（y 軸）の誤差分散は回転成分からの波及によって生じるため，細かく調整することが難しいからです．

実際の場面では，ロボットの運動モデル以外にも，センサ間の同期ずれやスリップなどさまざまな誤差要因があり，それを吸収するためには，共分散行列の各成分を経験的に決めたほうがよい場合もあります．本書では，スキャンマッチングの退化に対処するために，じかに調整しやすい形でオドメトリの共分散行列をつくります．詳細は，9.4 節の 4 項で説明します．

9.4　センサ融合の実装

1　プログラムの構成

スキャンマッチングにおけるセンサ融合の位置づけを**図 9.4** に示します．灰色のブロックがこの章で説明する部分です．

以下に主な処理を示します．なお，センサ融合のプログラムはフレームワークにはなっていません．

(1) センサ融合
ICP とオドメトリによる推定値をそれぞれ正規分布とみなして，両者の正規分布の積を計算し，融合後の平均と共分散行列を求めます．

(2) ICP の共分散行列の計算
9.3 節の 1 項の方法で，ICP の共分散行列を計算します．

(3) オドメトリの共分散行列の計算
9.3 節の 2 項とは別の簡単な方法で，オドメトリの共分散行列を計算します．

(4) スキャンマッチングへの組み込み
センサ融合の処理を，スキャンマッチングの関数 `ScanMatcher2D::matchScan` から呼び出せるようにします．

表 9.1 と**図 9.5** にこのプログラムで使用される主なクラスを記します．

2　センサ融合

センサ融合を行うクラス `PoseFuser` を**ソースコード 9.1** に記します．`PoseFuser` は，ICP

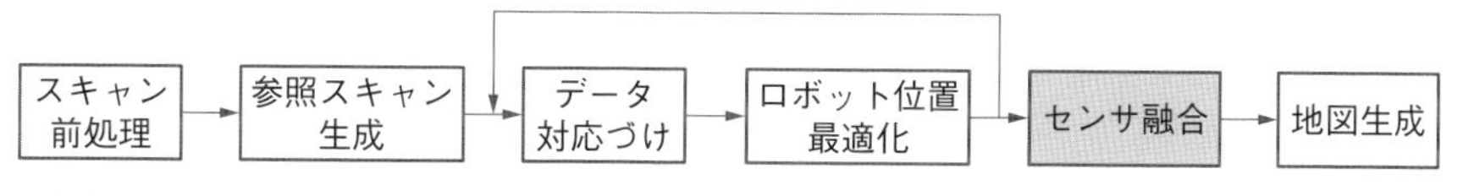

■ 図 9.4　スキャンマッチングにおけるセンサ融合

■表9.1　センサ融合に関連するクラス

プログラム名	内　容	詳　細
ScanMatcher2D	スキャンマッチング統括	フレームワーク
PoseFuser	センサ融合	ICPとオドメトリの融合
CovarianceCalculator	共分散の計算	ICPの共分散，オドメトリの共分散

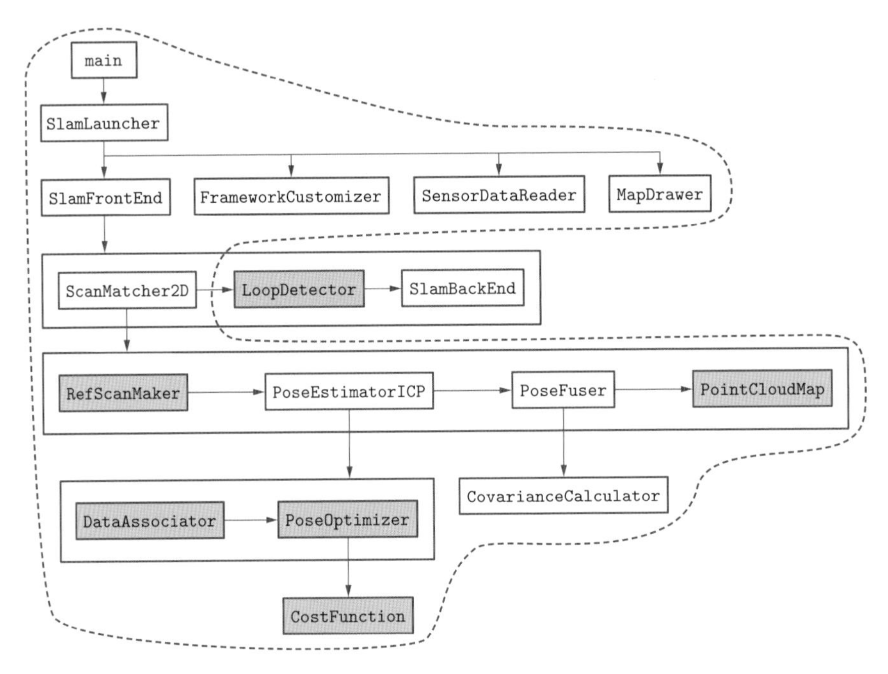

■図9.5　第9章で用いる主なクラス
点線で囲った部分がこの章のプログラムで用いるクラス．

の共分散，オドメトリの共分散をメンバ変数としてもちます．これらは，ローカル変数としてもってもよいのですが，デバッグなどのために確認したくなることもあるので，メンバ変数として保持しています．

■ソースコード9.1　センサ融合クラス

```
1  // ICPとオドメトリの推定値を融合する
2  class PoseFuser
3  {
4  public:
5    Eigen::Matrix3d ecov;                    // ICPの共分散行列
6    Eigen::Matrix3d mcov;                    // オドメトリの共分散行列
7    DataAssociator *dass;                    // データ対応づけ器
8    CovarianceCalculator cvc;                // 共分散計算器
```

```
9
10  public:
11    PoseFuser() {
12    }
13
14    void setDataAssociator(DataAssociator *d) {
15      dass = d;
16    }
17
18    void setRefScan(const Scan2D *refScan) {
19      dass->setRefBase(refScan->lps);
20    }
21
22    void setRefLps(const std::vector<LPoint2D> &refLps) {
23      dass->setRefBase(refLps);
24    }
25
26    ...略
27  };
28
29  // 逐次SLAMでのICPとオドメトリの推定移動量を融合する. covに移動量の共分散行列が入る
30  double PoseFuser::fusePose(Scan2D *curScan, const Pose2D &estPose, const Pose2D &odoMotion,
      const Pose2D &lastPose, Pose2D &fusedPose, Eigen::Matrix3d &fusedCov) {
31    // ICPの共分散
32    dass->findCorrespondence(curScan, estPose);     // 現在スキャンと参照スキャンの対応づけ
33    double ratio = cvc.calIcpCovariance(estPose, dass->curLps, dass->refLps, ecov);
34
35    // オドメトリの位置と共分散. 簡易版で共分散を大きめに計算する
36    Pose2D predPose;                                         // オドメトリによる推定位置
37    Pose2D::calGlobalPose(odoMotion, lastPose, predPose);
38    Eigen::Matrix3d mcovL;                                   // センサ座標系での共分散
39    double dT=0.1;
40    cvc.calMotionCovarianceSimple(odoMotion, dT, mcovL);    // オドメトリの共分散（簡易版）
41    CovarianceCalculator::rotateCovariance(lastPose, mcovL, mcov);    // 地図座標系に変換
42
43    // ecov, mcov, fusedCovともに. lastPoseを原点とした局所座標系での値
44    Eigen::Vector3d mu1(estPose.tx, estPose.ty, DEG2RAD(estPose.th));    // ICP
45    Eigen::Vector3d mu2(predPose.tx, predPose.ty, DEG2RAD(predPose.th)); // オドメトリ
46    Eigen::Vector3d mu;                                      // 融合した位置
47    fuse(mu1, ecov, mu2, mcov, mu, fusedCov);                // 2つの正規分布の融合
48
49    fusedPose.setVal(mu[0], mu[1], RAD2DEG(mu[2]));          // 融合した位置を格納
50
51    return(ratio);
52  }
53
54  // 2つの正規分布を融合する. muは平均, cvは共分散
55  double PoseFuser::fuse(const Eigen::Vector3d &mu1, const Eigen::Matrix3d &cv1,  const Eigen::
      Vector3d &mu2, const Eigen::Matrix3d &cv2, Eigen::Vector3d &mu, Eigen::Matrix3d &cv) {
56    // 共分散行列の融合
57    Eigen::Matrix3d IC1 = MyUtil::svdInverse(cv1);
```

```
58    Eigen::Matrix3d IC2 = MyUtil::svdInverse(cv2);
59    Eigen::Matrix3d IC = IC1 + IC2;
60    cv = MyUtil::svdInverse(IC);
61
62    // 角度の補正．融合時に連続性を保つため
63    Eigen::Vector3d mu11 = mu1;              // ICPの方向をオドメトリに合わせる
64    double da = mu2(2) - mu1(2);
65    if (da > M_PI)
66      mu11(2) += 2*M_PI;
67    else if (da < -M_PI)
68      mu11(2) -= 2*M_PI;
69
70    // 平均の融合
71    Eigen::Vector3d nu1 = IC1*mu11;
72    Eigen::Vector3d nu2 = IC2*mu2;
73    Eigen::Vector3d nu3 = nu1 + nu2;
74    mu = cv*nu3;
75
76    // 角度の補正．(-pi, pi)に収める
77    if (mu(2) > M_PI)
78      mu(2) -= 2*M_PI;
79    else if (mu(2) < -M_PI)
80      mu(2) += 2*M_PI;
81
82    ...略
83  }
```

メンバ関数 fusePose はセンサ融合を行います．まず，ICP の共分散行列 ecov とオドメトリの共分散行列 mcov を求めます．次に，メンバ関数 fuse によって，これらの共分散行列を使って ICP とオドメトリの推定値を融合します．

メンバ関数 fuse は正規分布を融合します．まず，共分散行列を融合します．これは，9.2 節で述べたように，逆行列の和の逆行列を求めることで計算されます．

次に，ICP とオドメトリで得た位置の方向（角度）を補正します．融合の際に注意すべきことは，角度は -180°〜180° で正規化されているので，その境界付近では，値が飛ぶ可能性があるということです．ICP の位置とオドメトリの位置で，角度の値が飛んでいると融合結果はおかしな値になってしまいます．

たとえば，ICP の位置の方向が -179°，オドメトリで得た位置の方向が 178° の場合，両者の平均は $(-179^\circ + 178^\circ)/2 = -0.5^\circ$ になります．しかし，これだと，もとの 178° からほぼ反転した方向になってしまい，後の処理が破綻します．ところが，-179° は 181° なので，この値を用いると，平均は $(178^\circ + 181^\circ)/2 = 179.5^\circ$ になります．この値は，もとの 178° に近く，連続性を保ったよい値といえます．これを実現するために，両位置の角度の差をとり，その差が -180°〜180° の範囲を超える場合は，ICP の位置 mu11 の角度に 360° を加算（または減算）して補正します．

次に，ICP とオドメトリの各推定値をそれぞれの共分散行列で重みをつけて平均します．その結果がセンサ融合で得られたロボット位置です．

最後に，融合結果のロボット位置の方向が $-180°$〜$180°$ の範囲に入るように補正します．

3　ICP の共分散

ICP による推定値の共分散行列を求める関数 calIcpCovariance を**ソースコード 9.2** に記します．9.3 節の 1 項で述べたように，ICP によるロボット位置 $\boldsymbol{x}$ の共分散行列は $\Sigma_x = (J^\top J)^{-1}$ で計算されます．J は，式 (9.1) の関数 $\boldsymbol{h}$ の $\boldsymbol{x}$ に関するヤコビ行列です．

このプログラムで，curLps は現在スキャンの点群，refLps は参照スキャンの点群であり，データ対応づけクラス DataAssociator により対応づけがなされているとします．最初の for 文で，各点について関数 $\boldsymbol{h}$（プログラムでは calPDistance）を数値計算により偏微分して J を求めます（プログラムでは Jx，Jy，Jt）．そして，2 つ目の for 文で $J^\top J$ を計算し，その逆行列をとって共分散行列 cov とします．

付加機能として，この共分散行列を関数 calEigen（内容はソースコード本体参照）によって固有値分解し，退化具合をチェックできるようにしています．ratio は 2 つの固有値の比で，この値が大きい場合，ある軸の不確実性は大きく，もう一方の軸の不確実性は小さいということを示しており，廊下のような環境における退化の指標となります．

最後に，ICP とオドメトリとで共分散行列の大きさが合うように，cov のスケールを調整します．ここでは，スケール kk を 0.1 としていますが，オドメトリの共分散の大きさとの兼ね合いで決める必要があります．オドメトリの共分散プログラムにも kk があります．これらは，その値の設定によってセンサ融合の結果が変わる重要なパラメータです．Lidar とオドメトリの精度，両者の同期ずれなどを考慮して，適切に決める必要があります．

■**ソースコード 9.2**　ICP の共分散

```
1   // ICPによる推定値の共分散，および，オドメトリによる推定値の共分散を計算する
2   class CovarianceCalculator
3   {
4   private:
5     double dd;                        // 数値微分の刻み
6     double da;                        // 数値微分の刻み
7     double a1;                        // オドメトリ共分散の係数
8     double a2;                        // オドメトリ共分散の係数
9
10  public:
11    CovarianceCalculator() : dd(0.00001), da(0.00001) {
12    }
13
14    void setAlpha(double a1_, double a2_) {
```

```
15      a1 = a1_;
16      a2 = a2_;
17    }
18
19    ...略
20  };
21
22  // ICPによるロボット位置の推定値の共分散covを求める
23  // 推定位置pose，現在スキャン点群curLps，参照スキャン点群refLps
24  double CovarianceCalculator::calIcpCovariance(const Pose2D &pose, std::vector<const LPoint2D*>
      &curLps, std::vector<const LPoint2D*> &refLps, Eigen::Matrix3d &cov) {
25    double tx = pose.tx;
26    double ty = pose.ty;
27    double th = pose.th;
28    double a = DEG2RAD(th);
29    vector<double> Jx;                                      // ヤコビ行列のxの列
30    vector<double> Jy;                                      // ヤコビ行列のyの列
31    vector<double> Jt;                                      // ヤコビ行列のthの列
32
33    for (size_t i=0; i<curLps.size(); i++) {
34      const LPoint2D *clp = curLps[i];                      // 現在スキャンの点
35      const LPoint2D *rlp = refLps[i];                      // 参照スキャンの点
36
37      if (rlp->type == ISOLATE)                             // 孤立点は除外
38        continue;
39
40      double pd0 = calPDistance(clp, rlp, tx, ty, a);       // コスト関数値
41      double pdx = calPDistance(clp, rlp, tx+dd, ty, a);    // xを少し変えたコスト関数値
42      double pdy = calPDistance(clp, rlp, tx, ty+dd, a);    // yを少し変えたコスト関数値
43      double pdt = calPDistance(clp, rlp, tx, ty, a+da);    // thを少し変えたコスト関数値
44
45      Jx.push_back((pdx - pd0)/dd);                         // 偏微分（x成分）
46      Jy.push_back((pdy - pd0)/dd);                         // 偏微分（y成分）
47      Jt.push_back((pdt - pd0)/da);                         // 偏微分（th成分）
48    }
49
50    // ヘッセ行列の近似J^T Jの計算
51    Eigen::Matrix3d hes = Eigen::Matrix3d::Zero(3,3);       // 近似ヘッセ行列．0で初期化
52    for (size_t i=0; i<Jx.size(); i++) {
53      hes(0,0) += Jx[i]*Jx[i];
54      hes(0,1) += Jx[i]*Jy[i];
55      hes(0,2) += Jx[i]*Jt[i];
56      hes(1,1) += Jy[i]*Jy[i];
57      hes(1,2) += Jy[i]*Jt[i];
58      hes(2,2) += Jt[i]*Jt[i];
59    }
60    // J^T Jが対称行列であることを利用
61    hes(1,0) = hes(0,1);
62    hes(2,0) = hes(0,2);
63    hes(2,1) = hes(1,2);
64
```

```
65    // 共分散行列は（近似）ヘッセ行列の逆行列
66    MyUtil::svdInverse(hes, cov);
67
68    double vals[2], vec1[2], vec2[2];
69    double ratio = calEigen(cov, vals, vec1, vec2);        // 固有値で退化具合を調べる
70
71    // 必要に応じて共分散行列のスケールを調整する
72  //  double kk = 1;
73    double kk = 0.1;
74    cov *= kk;
75
76    return(ratio);
77  }
78
79  // 垂直距離を用いた計測モデルの式
80  double CovarianceCalculator::calPDistance(const LPoint2D *clp, const LPoint2D *rlp, double tx,
      double ty, double th) {
81    double x = cos(th)*clp->x - sin(th)*clp->y + tx;           // clpを推定位置で座標変換
82    double y = sin(th)*clp->x + cos(th)*clp->y + ty;
83    double pdis = (x - rlp->x)*rlp->nx + (y - rlp->y)*rlp->ny;  // rlpへの垂直距離
84
85    return(pdis);
86  }
```

4 オドメトリの共分散

オドメトリによる推定値の共分散行列を求める関数 calMotionCovarianceSimple を**ソースコード 9.3** に記します．入力は，オドメトリで計測した時刻 $t-1$ から t までの移動量 motion，および，その間の時間間隔 dT〔秒〕です．

このプログラムでは，共分散行列の対角成分だけを計算し，他の成分は 0 とします．対角成分は，並進成分と回転成分の分散を表します．ここでは，それらの値を現在の移動量の 2 乗に比例した値に設定します．各成分の大きさを決める係数は経験的に決めます．

■ソースコード 9.3 オドメトリの共分散

```
1  void CovarianceCalculator::calMotionCovarianceSimple(const Pose2D &motion, double dT, Eigen::
     Matrix3d &cov) {
2    double dis = sqrt(motion.tx*motion.tx + motion.ty*motion.ty);   // 移動距離
3    double vt = dis/dT;                          // 並進速度[m/s]
4    double wt = DEG2RAD(motion.th)/dT;           // 角速度[rad/s]
5    double vthre = 0.02;                         // vtの下限値．同期ずれで0になる場合の対処
6    double wthre = 0.05;                         // wtの下限値
7
8    if (vt < vthre)
9      vt = vthre;
```

```
10    if (wt < wthre)
11      wt = wthre;
12
13    double dx = vt;
14    double dy = vt;
15    double da = wt;
16
17    Eigen::Matrix3d C1;
18    C1.setZero();                          // 対角要素だけ入れる
19    C1(0,0) = 0.001*dx*dx;                 // 並進成分x
20    C1(1,1) = 0.005*dy*dy;                 // 並進成分y
21    C1(2,2) = 0.05*da*da;                  // 回転成分
22
23    double kk = 1;                         // スケール調整
24    cov = kk*C1;
25  }
```

5　スキャンマッチングへの組み込み

センサ融合の処理をスキャンマッチングに組み込んだプログラムを**ソースコード 9.4** に記します．もとのスキャンマッチングのソースコード 7.1 と比べて，if(dgcheck) の部分が違います．この中で，PoseFuser::fusePose を呼んでセンサ融合を行います．

■**ソースコード 9.4**　センサ融合つきスキャンマッチング

```
1  bool ScanMatcher2D::matchScan(Scan2D &curScan) {
2    ++cnt;
3
4    // 最初のスキャンは単に地図に入れるだけ
5    if (cnt == 0) {
6      growMap(curScan, initPose);                          // 地図にスキャン点群を追加
7      prevScan = curScan;                                  // 前スキャンの設定
8      return(true);
9    }
10
11   // scanに入っているオドメトリ値を用いて移動量を計算する
12   Pose2D odoMotion;                                      // オドメトリにもとづく移動量
13   Pose2D::calRelativePose(curScan.pose, prevScan.pose, odoMotion);   // 前スキャンとの相対位置
14
15   Pose2D lastPose = pcmap->getLastPose();                // 直前位置
16   Pose2D predPose;                                       // オドメトリによる予測位置
17   Pose2D::calGlobalPose(odoMotion, lastPose, predPose);  // 直前位置に移動量を加えて予測位置を
       得る
18
19   const Scan2D *refScan = rsm->makeRefScan();            // 参照スキャンの生成
20   estim->setScanPair(&curScan, refScan);                 // ICPにスキャンを設定
```

```
21    Pose2D estPose;                                          // ICPによる推定位置
22    double score = estim->estimatePose(predPose, estPose);  // 予測位置を初期値にしてICPを実行
23    size_t usedNum = estim->getUsedNum();                    // 使用したスキャン点数
24
25    bool successful;                                   // スキャンマッチングに成功したかどうか
26    if (score <= scthre && usedNum >= nthre)           // スコアが小さく，使用点数が多ければ成功
27      successful = true;
28    else
29      successful = false;
30
31    if (dgcheck) {                                           // 退化の対処をする場合
32      if (successful) {
33        Pose2D fusedPose;                                    // 融合後のロボット位置
34        Eigen::Matrix3d fusedCov;                            // センサ融合後の共分散
35        pfu->setRefScan(refScan);
36        // センサ融合器pfuで，ICP結果とオドメトリ値を融合する
37        pfu->fusePose(&curScan, estPose, odoMotion, lastPose, fusedPose, fusedCov);
38        estPose = fusedPose;                                 // 融合後のロボット位置を保存
39        cov = fusedCov;                                      // 融合後の共分散を保存
40      }
41      else {                              // ICP成功でなければ，オドメトリによる予測位置を使う
42        estPose = predPose;
43        pfu->calOdometryCovariance(odoMotion, lastPose, cov); // covはオドメトリ共分散だけ
44      }
45    else {
46      if (!successful)
47        estPose = predPose;
48    }
49
50    growMap(curScan, estPose);                               // 地図にスキャン点群を追加
51    prevScan = curScan;                                      // 前スキャンの設定
52
53    return(successful);
54  }
```

6 フレームワークのカスタマイズ

フレームワークのカスタマイズ例を**ソースコード 9.5** に示します．FrameworkCustomizer のメンバ関数 customizeG は前章で作成したものですが，この章でも比較実験のために用います．customizeG では，その最後の行で sfront->setDgCheck に false を入力することで，ソースコード 9.4 の if(dgcheck) の中のセンサ融合処理が行われなくなります．一方，センサ融合を行うようにカスタマイズする関数は customizeH です．ソースコードは省略しますが，sfront->setDgCheck に true を入れる点だけが customizeH と customizeG の違いです．

■ソースコード 9.5　フレームワークのカスタマイズ例

```
1  void FrameworkCustomizer::customizeG() {
2    pcmap = &pcmapGT;                          // 格子テーブルで管理する点群地図
3    RefScanMaker *rsm = &rsmLM;                // 局所地図を参照スキャンとする
4    DataAssociator *dass = &dassGT;            // 格子テーブルによるデータ対応づけ
5    CostFunction *cfunc = &cfuncPD;            // 垂直距離をコスト関数とする
6    PoseOptimizer *popt = &poptSL;             // 最急降下法と直線探索による最適化
7    LoopDetector *lpd = &lpdDM;                // ダミーのループ検出
8
9    popt->setCostFunction(cfunc);
10   poest.setDataAssociator(dass);
11   poest.setPoseOptimizer(popt);
12   pfu.setDataAssociator(dass);
13   smat.setPointCloudMap(pcmap);
14   smat.setRefScanMaker(rsm);
15   smat.setScanPointResampler(&spres);
16   smat.setScanPointAnalyser(&spana);
17   sfront->setLoopDetector(lpd);
18   sfront->setPointCloudMap(pcmap);
19   sfront->setDgCheck(false);                 // センサ融合しない
20 }
21
22 void SlamLauncher::customizeFramework() {
23   fcustom.setSlamFrontEnd(&sfront);
24   fcustom.makeFramework();
25   fcustom.customizeG();                      // 退化の対処をしない
26 //  fcustom.customizeH();                    // 退化の対処をする
27
28   pcmap = fcustom.getPointCloudMap();        // customizeの後にやること
29 }
```

9.5　動作確認

表 9.2 に示すデータセットを用いて，退化の実験を行ないます．これらのデータセットでは，Lidar の最大計測距離を 4 m に制限して，わざと退化が起こりやすくしています．

■表 9.2　退化実験に用いるデータセット

ファイル名	内　容	備　考
corridor-degene	廊下での壁 2 枚による退化	最大計測距離 4 m
hall-degene	壁 1 枚による退化	最大計測距離 4 m

1 退化の発生

まず，退化が起きることを確認しましょう．退化を確認するために，8.7 節の 7 項で示したタイプ cG を選択します．ソースコード 9.5 の 25 行目の `fcustom.customizeG()` がこれに相当します．`customizeFramework` 関数で `fcustom.customizeG()` が実行されるようにしたら，プログラムをビルドして次のように起動します．`hall-degene` も同様です．

```
LittleSLAM corridor-degene.lsc
```

図 9.6 および図 9.7 に結果を示します．どちらの図も (a) は退化の例で，点線の円内が退化によって軌跡が縮んでいます．

2 退化の対処

次に，センサ融合により退化の対処を行うプログラムを実行します．このために，ソースコード 9.5 の `customizeFramework` 関数で `fcustom.customizeH()` が実行されるようにコメントアウトをはずします．逆に，`fcustom.customizeG()` はコメントアウトしてください．`customizeH` はソースコード 9.5 の `sfront->setDgCheck` に `true` を入れるので，`ScanMatcher2D::matchScan` の `pfu->fusePose` が実行されるようになります．

プログラムをビルドして実行した結果を図 9.6 (b) および図 9.7 (b) に示します．同図 (a) と

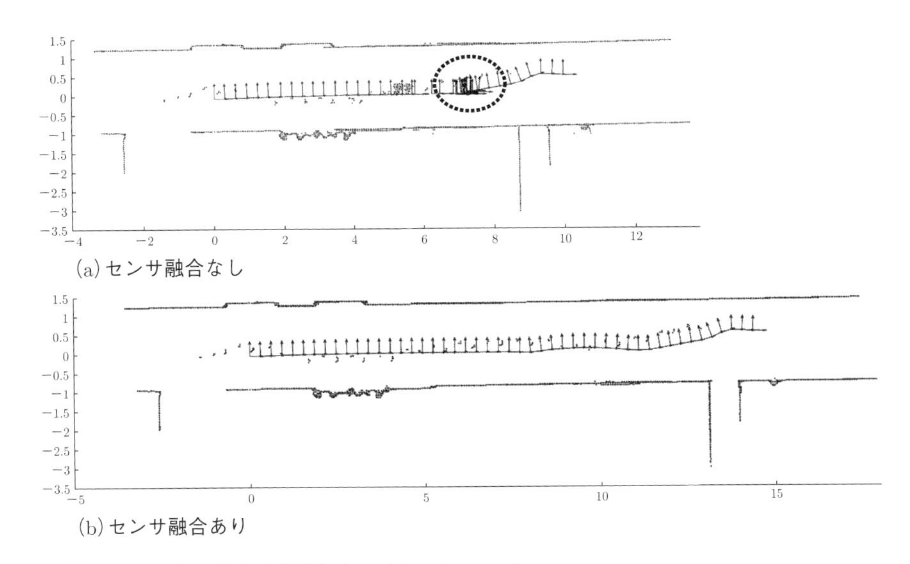

■ 図 9.6　退化の発生と解消（corridor-degene）

(a) センサ融合を行わない場合は，点線の円内で退化が発生して，ロボット軌跡は縮む．
(b) センサ融合を行うと，退化によるずれが解消され，ロボット軌跡は正しい長さになる．

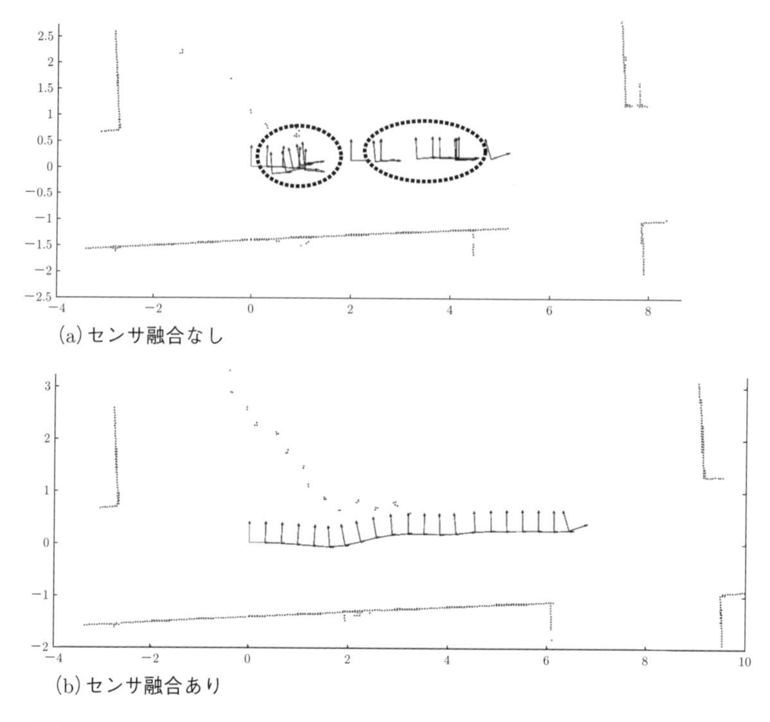

(a) センサ融合なし

(b) センサ融合あり

■ 図 9.7　退化の発生と解消（hall-degene）

(a) センサ融合を行わない場合は，点線の円内で退化が発生して，ロボット軌跡は縮む．

(b) センサ融合を行うと，退化によるずれが解消され，ロボット軌跡は正しい長さになる．

比べて，縮んでいた軌跡が伸びて退化によるずれが解消していることがわかります．

なお，退化があるとスキャンマッチングによる推定位置は一般に不安定になりますが，もしその値が大きくずれて共分散による許容範囲を超えてオドメトリ値から遠く離れてしまうと，融合結果はおかしくなります．これに対処する方法は第11章で説明します．

■トピック 9■

退化の余談

本書では，退化を対処の難しい大変な現象のように扱っています．しかし，「ロボット位置の推定」という観点からは，「たいていのセンサで，退化は頻繁に起きる」といっても過言ではありません．

超音波センサなど 1 方向の距離しか見えないセンサは，それだけではロボットの位置を確定できません．単眼画像も，1 枚だけでは，よほど事前知識をもたない限り，ロボットの位置を確定できません．

歴史的には，SLAM やその部分問題である自己位置推定は，オドメトリと超音波センサを基本構成にして研究されてきました．超音波センサのようなセンサでは，退化はあたり前の現象だったので（もともと，それ 1 個でロボット位置を推定するつもりがないので，退化とも呼ばれないかもしれません），この章で述べたセンサ融合は当然必要な基礎技術として研究されてきました．

一方，Lidar や（複数の）画像を使用すると，情報量が豊富なので，オドメトリなど他のセンサがなくても SLAM ができるため，退化という現象が特別なことのように思えます．退化がなければ，そのようなセンサ 1 個で SLAM システムがつくれるので，システム構成がシンプルになってとても好都合です．

しかし，一見，退化など起きないと思われる形状が豊かな環境でも，視野が足りない，レーザビームが届く範囲に物がない，一時的な障害物が目の前にある，などの理由によって退化が生じることがあります．一般的には，退化は相当な頻度で起こるといってよく，ある程度以上の大きな環境で動かすには，センサ融合は必須といえます．

また，退化の視点で考えると，以前と現在では，SLAM のパラダイムが転換しているようにみえます．SLAM の初期のころは，外界センサでの退化があたり前なので，オドメトリを主にして外界センサを補助的に使うことが多かったのに対し，現在は，退化しづらい外界センサを主にして，オドメトリを補助的に使うことが多いように思います．

前者の方法では，データ対応づけを確実に行うのが難しく，実用化への障壁はかなり高いものでした．後者の方法によって，トピック 4 で述べたように，ロボット位置とデータ対応づけが一体となり，データ対応づけの精度がよくなったことで SLAM の実用化の道が開けたと筆者は考えています．

CHAPTER 10

ループ閉じ込み

これまで，スキャンマッチングを改良し，退化にも対処することで，生成される地図はだいぶ改良されてきました．

残る大きな課題はループ閉じ込みです．ループ閉じ込みは，正しい地図をつくるうえで非常に重要な技術です．

この章では，ループ閉じ込みがなぜ必要かを詳しく述べ，その要素技術として，ポーズ調整，ループ検出，地図の修正などを説明します．

関連知識

この章をより深く読むには，次の項目を確認しておくとよいでしょう．
線形代数（13.1 節），座標変換（13.2 節），最小二乗法（13.3 節），共分散（13.6 節）

10.1 ループ閉じ込みとは

1 ループが閉じないとなぜ困る？

2.3 節の 4 項で述べたように，**ループ閉じ込み**とは，周回して同じ場所に戻ってきたことを検出して，その位置を合わせてループを閉じるようにすることです．ループ閉じ込みによって，SLAM の累積誤差を減らして，歪みの少ない地図にすることができます．

図 10.1 にループの例を示します．この図で，(a) は正しい地図，(b) と (c) はループが閉じていない地図です．ループ閉じ込みを行うことで，地図がきれいになるだけでなく，機能面でも大きな改善があります．たとえば，ループが閉じていない地図を使って移動ロボットのナビゲーションを行おうとすると，次のような問題が起きます．

- 経路計画ができない．
  ループが閉じていない地図では経路計画に支障を来します．ループが閉じていないと，実世界の同じ場所が地図上では複数存在することになります．そうすると，位置を指定できなくなります．たとえば，図 10.1 (b) の地図で，S から G まで移動したい場合，G に対応する地図上の目的地は G_1 と G_2 の 2 つあり，どちらを選んだらよいかわかりません．どちらを選ぶかで，経路は違うものになる可能性があります．しかも，歪み方に

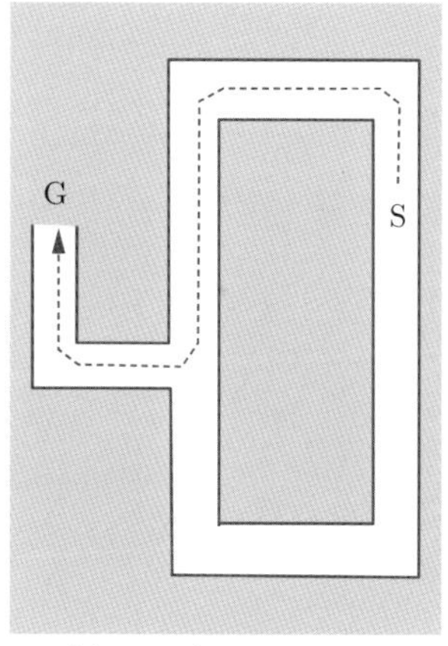

(a)ループが閉じた地図

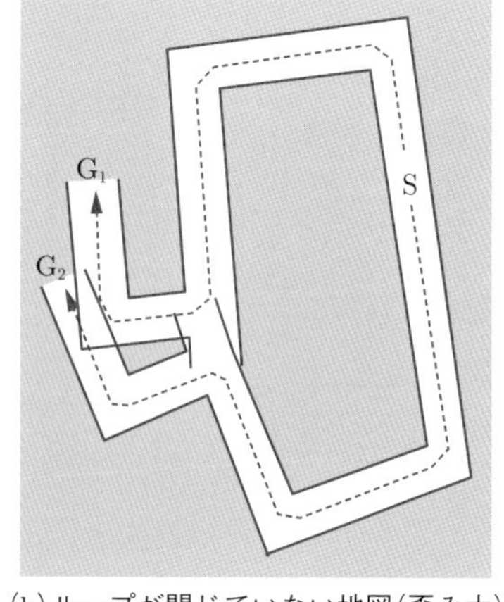

(b)ループが閉じていない地図(歪み大)

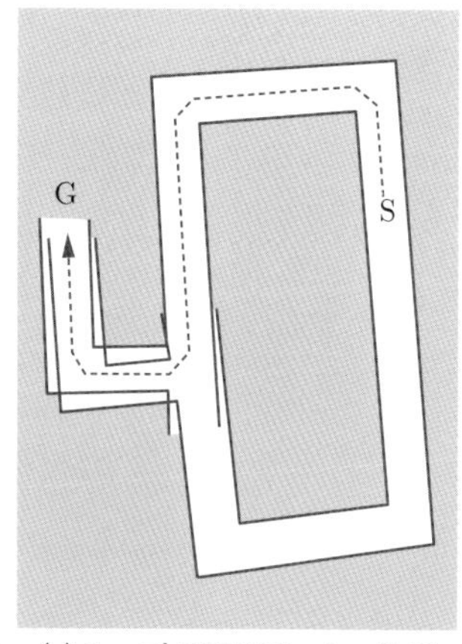

(c)ループが閉じていない地図(歪み小)

■ 図 10.1　ループ閉じ込みの有無による違い

各地図において，S から G へ行く経路を考える．(b) では，実世界の G に相当する場所が地図上に 2 つあるので混乱する．(c) では，G の付近で壁が二重になっており，どちらで位置合わせすべきか混乱する．

よっては，交差した壁が通路を防いで，経路が途切れるかもしれません．そうすると，S からその目的地に向かう経路は計画することができなくなります．このように，ループを閉じないと経路の接続関係がおかしくなるため，さまざまな不具合が生じます．

- ランドマークが正しく照合できない．

  本来 1 つの地点にあるランドマークが地図上では複数の地点に存在するので，自己位置推定を行う際に，どちらを正しいランドマークとして使うべきかわからなくなります．たとえば，図 10.1 (c) の地図で，壁から一定の距離を保って壁沿いに走ろうとしても壁が二重になっていると，どちらに合わせたらよいかわかりません．また，スキャンマッチングで自己位置推定を行おうとした場合，地図が二重になっていると，スキャンを地図のどの部分に位置合わせすればよいのかわかりません．

このようにさまざまな弊害があるため，限られた場合を除いて，ループが閉じていない地図をナビゲーションに用いることは困難です．このため，SLAM においてループを閉じることは非常に重要です．

2　ループ閉じ込みの手順

ループ閉じ込みの方法にはいくつかありますが，本書ではグラフベース SLAM の枠組みを用います．そこでは，ポーズグラフとポーズ最適化というしくみを用いて，ループを閉じます．

ここで「再訪点」という言葉を定義します．**再訪点**は「それまでの走行で訪れた領域の中で，

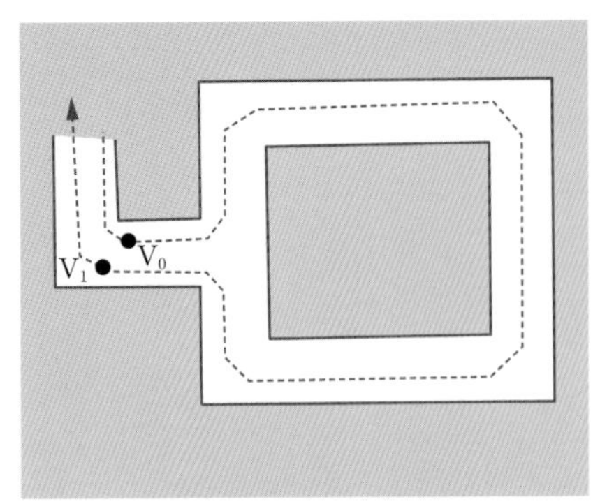

(a)実世界でのループ経路

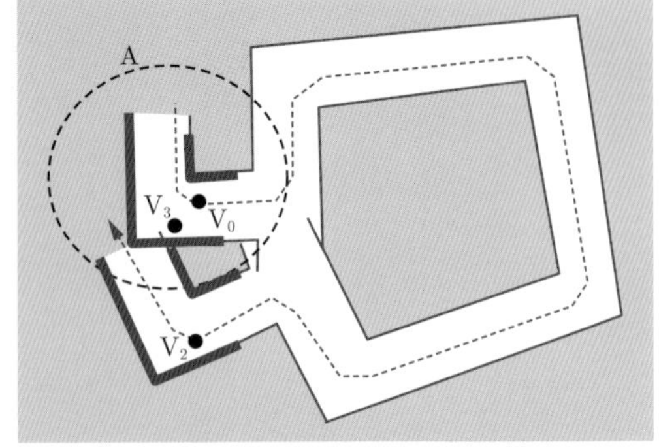

(b)地図での再訪点のマッチング

■ 図 10.2　ループ検出

(a) V_0 は前回訪問時のロボット位置，V_1 は現在のロボット位置である．
(b) V_2 はループを閉じる前の現在位置に相当する地図上の点，V_3 は再訪点で，V_2 は本来 V_3 の位置にあるべきである．

現在位置に相当する点」のことです．通常，ループを 1 周してまったく同じ点を通る必要はないので，再訪点が前回の訪問点と一致することはあまりありません〔注 1〕．

ループ閉じ込みの手順を次に示します．

(1) ループ検出

再訪点を検出し，前回訪問時のロボット位置と再訪点の相対位置を求めます．本書では，これをスキャンマッチングで行います．たとえば，**図 10.2**(a) で，V_0 が前回訪問時のロボット位置，V_1 が現在のロボット位置とします．これらのロボット位置は，ロボット軌跡上の点です．同図 (a) の V_1 は同図 (b) の地図で V_2 に相当します．そこで，V_2 で得られたスキャンを前回訪問したときの領域 A とマッチングさせます（太線）．このスキャンマッチングによって，領域 A での位置 V_3 を求めます．この V_3 が再訪点でありループが閉じた地図での V_1 に相当します．V_2 は本来 V_3 の位置にあるはずです．したがって，この V_3 と V_0 の相対位置がここで求めるべきものであり，それを後述のポーズグラフに記録します．

(2) ポーズ調整

検出された再訪点を通るようにロボット軌跡を修正します．たとえば，図 10.2 (b) で，V_2 を通る軌跡を V_3 を通るように修正します．これを**ポーズ調整**といい，ポーズグラフのもつ残差が最小になるように最適化することで，実現されます．

〔注 1〕 再訪点という言葉はややあいまいで，「前回訪問した点」を指すのか「今回訪問した点」を指すのか，筆者はよく混乱します．これら 2 つの点の位置は一致しないことが多いので，注意が必要です．本書では，「今回訪問した点」を再訪点と呼びます．

(3) 地図の修正

ポーズ調整で修正されたロボット軌跡に沿って，地図の点群を再配置することで，地図を修正します．

各ステップについて，次節以降で説明していきます．

10.2 ポーズ調整

ポーズ調整[35), 64), 90)]の考え方は，ループ検出にも関係するので，先にポーズ調整について説明します．

1 ポーズグラフ

ポーズグラフ（pose graph）とは，ロボット軌跡をグラフ構造で表したもので，ロボット位置を**頂点**（vertex），ロボット位置間の相対位置を**辺**（edge）で表します[(注 2)]．

辺には，オドメトリ辺とループ辺があります．**オドメトリ辺**とは，時間的に隣接する頂点間の相対位置を表す辺のことです．この相対位置は，時刻 $t-1$ から t の間の移動量を表します．**ループ辺**は，ループ検出によって生成される辺のことで，時間的に離れた頂点間を結びます．

頂点が表すロボット位置は，ポーズ調整における推定対象であり，変数として扱います．その初期値は，逐次 SLAM などで推定したロボット位置を用います．一方，辺が表す相対位置は，オドメトリやスキャンマッチングで得た移動量であり，ポーズ調整では，これを計測値（つまり定数）として扱います．ポーズ調整は，辺を拘束条件として，頂点の位置を最適化することにより，ループを閉じる計算を行います．

ポーズグラフの例を**図 10.3** に示します．(b) の黒丸が頂点で，軌跡に沿って隣接する頂点間の辺がオドメトリ辺です．頂点 V_0 と V_2 の間にある辺がループ辺です．このループ辺の値は，V_2 と V_0 間の相対位置ではなく，再訪点 V_3 と前回訪問点 V_0 間の相対位置を設定します．こうすることで，本当は V_2 が V_3 の位置にあることを表します．

しかし，頂点の位置は V_2 なので，このループ辺両端の頂点の相対位置と，拘束としてもつ相対位置には大きなずれがあります．ポーズ調整は，このずれを解消するように頂点の位置を修正します．それによって，V_2 の頂点の位置が V_3 に近づき，それに合わせてポーズグラフ全体も修正されていきます．

(c) がポーズ調整後のポーズグラフです．V_2 が V_3 とほぼ同じ位置に修正されており，他の頂点もそれに合わせて移動しています．

(注 2) 筆者は，画像を用いた SLAM も行っており，画像処理で出てくるエッジと混同しないように，論文やプログラムでは頂点を “node”，辺を “arc” としていました．ただし，本書の文章では，有力な慣例にしたがって，「頂点」と「辺」という用語を使います（プログラムでは node や arc という名前を使っています）．

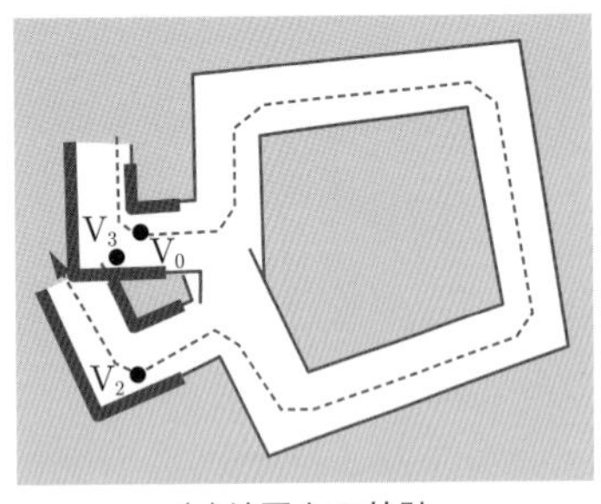

(a) 地図上の軌跡

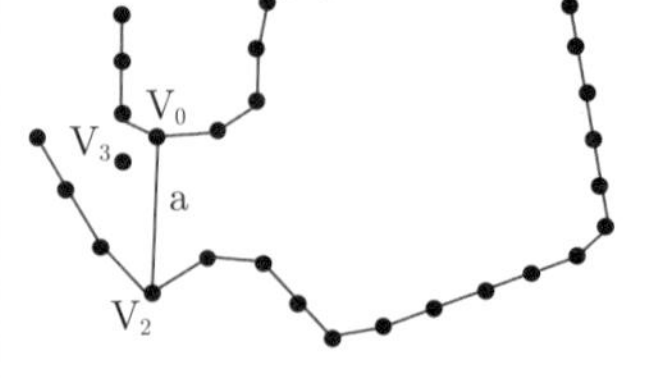

(b) ポーズグラフ

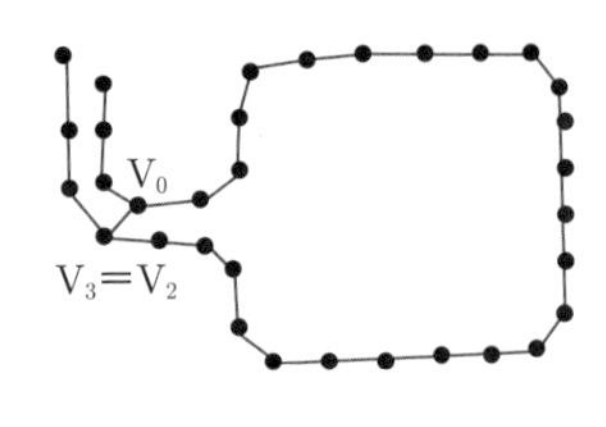

(c) ポーズ調整後のポーズグラフ

■ 図 10.3　ポーズグラフの例

(b) 黒丸は頂点で，ロボット位置（変数）を表す．軌跡に沿って隣接する頂点間の辺がオドメトリ辺で，頂点間の移動量（定数）を表す．頂点 V_0 と V_2 の間にある辺はループ辺で，V_2 と V_0 間の相対位置ではなく，V_3 と V_0 間の相対位置を設定する．

(c) ポーズ調整により，V_2 が V_3 とほぼ同じ位置になるように修正されており，他の頂点もそれに合わせて修正されている．

2　ポーズグラフの最適化

スキャンマッチングによる逐次 SLAM が進むにつれて，ポーズグラフは成長していきます．図 10.3 (b) のように，逐次 SLAM の累積誤差によって軌跡は歪み，ループ検出をしてループ辺が張られると，ポーズグラフの辺の拘束と頂点の間にずれが生じます．

たとえば，図 10.3 (b) の辺 a は，その両端の頂点は V_2 と V_0 の位置にあるのに，拘束は V_3 と V_0 の相対位置であり，ずれています．前述のように，このずれを解消するのがポーズ調整です．

ポーズ調整は次のように定式化されます．この導出は，4.3 節の 3 項および 4 項を参照してください．

$$
\begin{aligned}
J = &\sum_{t} (\boldsymbol{f}(\boldsymbol{x}_{t-1}, \boldsymbol{x}_t) - \boldsymbol{d}_t)^\mathsf{T}\, \Sigma_t^{-1} (\boldsymbol{f}(\boldsymbol{x}_{t-1}, \boldsymbol{x}_t) - \boldsymbol{d}_t) \\
&+ \sum_{(s,t)\in C} (\boldsymbol{f}(\boldsymbol{x}_s, \boldsymbol{x}_t) - \boldsymbol{d}_{st})^\mathsf{T}\, \Sigma_{st}^{-1} (\boldsymbol{f}(\boldsymbol{x}_s, \boldsymbol{x}_t) - \boldsymbol{d}_{st})
\end{aligned}
$$

ここで，$\boldsymbol{x}_t$ は時刻 t のロボット位置，$\boldsymbol{f}(\boldsymbol{x}_s, \boldsymbol{x}_t)$ はロボット位置 $\boldsymbol{x}_s, \boldsymbol{x}_t$ の相対位置を求める関数です．また，$\boldsymbol{d}_t$ は $\boldsymbol{x}_{t-1}$ と $\boldsymbol{x}_t$ の間の辺の拘束，C はループ辺の集合で，$\boldsymbol{d}_{st}$ は $\boldsymbol{x}_s$ と $\boldsymbol{x}_t$ の間の辺の拘束です．さらに，Σ_t は $\boldsymbol{d}_t$ の共分散，Σ_{st} は $\boldsymbol{d}_{st}$ の誤差共分散です．

この式は，辺の両頂点の相対位置とその拘束との二乗距離の和になっており，共分散による重みがついています．これは，辺の拘束と頂点のずれを表しており，J が小さいほどずれが小さく，「ポーズグラフの整合性がとれている」といえます．ポーズ調整は，この J を最小化します．最小化の対象となる変数はロボット軌跡であり（$\boldsymbol{x}_t$ の時系列），ポーズ調整によってロボット軌跡が修正されることになります．

この最小化は非線形最小二乗問題であり，ガウス–ニュートン法やレーベンバーグ–マーカート法を用いて解くことになります．非線形最小二乗問題の基本は 13.3 節を参照してください．ポーズ調整では，非線形最小二乗問題の中で大規模な連立一次方程式を解く必要があり，その高速化が大きな技術ポイントとなっています[1), 50), 64), 90), 108)]．

10.3 部分地図の導入

ループ閉じ込みで最も難しいのは，ループを確実に検出することです．ループ検出をするためには，地図表現を工夫する必要があります．これまでは，地図の点群を 1 つのコンテナ（vector）や格子テーブルに格納していました．しかし，このような単一の地図で再訪点を探そうとすると，次のような問題があります．

- 処理時間がかかる．
  地図全域から再訪点を探すことになるので，地図が大きくなるにつれて処理時間が増えていきます．
- 検出誤りが多くなる．
  地図が大きくなれば探索範囲が増えることになるので，似た場所が増えて，検出誤りも増えます．
- 地図の歪みによる重複部分ではマッチングが困難になる．
  図 10.1 (b) や (c) のように，再訪点付近では，たいてい地図は少しずれて重複します．地図が一枚岩だと，10.1 節の 1 項で述べたランドマークを正しく照合できない問題が，ループ検出の際にも生じます．
  すなわち，重複があると，ループ検出のために現在スキャンと地図をマッチングする際に，重複したどの部分と一致させればよいかわからなくなります．場合によっては，重複部分の中間付近に中途半端に一致することも起きます．また，図 10.1 の例ではループは一重ですが，実際の問題ではループが多重になることも珍しくなく，そうすると，重複部分も多重になって，ますますマッチングが難しくなります．

本書では，これらの問題に対処するために，地図を分割して，部分地図単位で再訪点を求めることにします．まず，ロボット軌跡を分割し，部分軌跡に対応する点群を集めて**部分地図**（submap）をつくります．

ロボット軌跡の分割方法はいろいろ考えられますが，ここでは，単純に軌跡を一定の長さ L で分割します．つまり，累積走行距離が L の倍数を超えるたびに，軌跡を分割して部分地図をつくります．

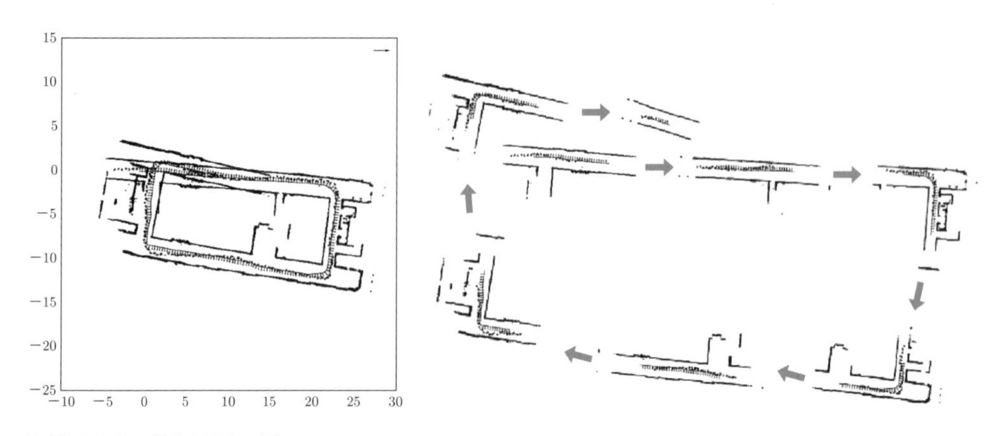

■ 図 10.4　部分地図の例

左の地図を右のように部分地図に分解する．ロボット軌跡に沿って，矢印の順で並ぶ．

図 10.4 にこの様子を示します．この例では，軌跡を約 10 m ごとに区切って部分地図をつくっています．軌跡に重複はありませんが，このデータセットで用いた Lidar は視野 360° で 6 m 先まで見えるので，部分地図の形状は重複しています．このため，後述のループ検出において，部分地図の境界付近でも位置合わせがしやすくなっています．

10.4　ループ検出

ループ検出（loop detection，loop closure detection）では，ロボットが同じ場所に戻ってきたことを検出して再訪点を見つけ，ポーズグラフにループ辺を追加します．10.1 節の 2 項で述べたように，再訪点は，過去に訪れた場所の中の点で，かつ，現在スキャンと周囲の地図形状が合致する位置にあります．再訪点を見つける方法はいくつか考えられますが，ここでは，ロボットがそれまで走行した軌跡上の点を手がかりに再訪点を求めます．この手がかりとなるロボット軌跡上の点を「再訪点候補」と呼ぶことにします．まず再訪点候補を求め，その周囲を探索すれば，効率よく再訪点を見つけられると期待されます．また，再訪点候補は，再訪点に近い前回訪問点なので，ループ辺を張る際の始点としても使います．

はじめに，再訪点候補を求めます．図 10.5 (a) にロボット軌跡の例を示します．これを見ると，再訪点がありそうなのは，現在位置（黒丸）から一定距離内の範囲（点線の円）であると考えられます．したがって，この円内に軌跡の一部が入っていれば，同じ場所に戻ってきたかもしれないと見当をつけることができます．また，この円内に探索を限定すれば，候補を大幅に絞り込めます．図では，この円内に候補となる軌跡の断片が 3 本あります．この中からさらに再訪点候補を選ぶ方法は，以下のように，いくつか考えられます．

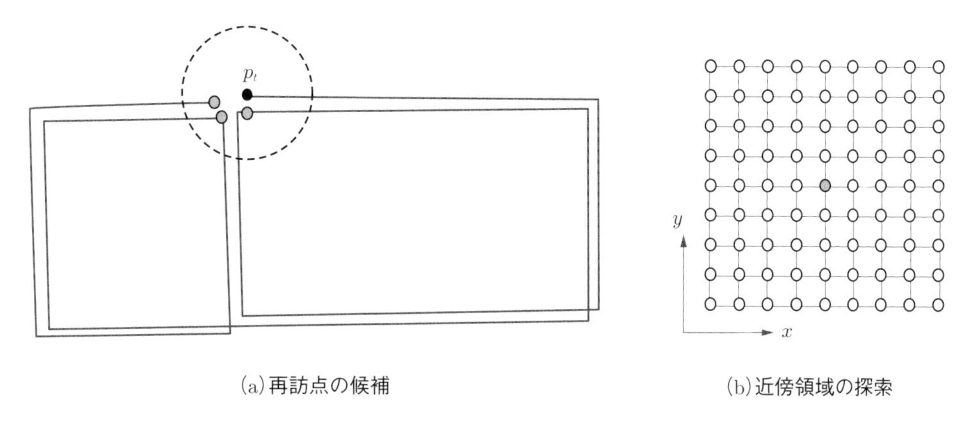

(a)再訪点の候補　(b)近傍領域の探索

■ 図 10.5　再訪点の探索
(a) ロボット軌跡上から再訪点候補を探す．
(b) 再訪点候補の近傍領域をしらみつぶしに探して，再訪点を求める．
図は xy 空間だが，実際は θ 空間も探す．

- 現在位置と最も近い点を採用する．
  この場合，多重ループがあっても，どれか 1 つのループの再訪点だけを見つけることになります．
- 軌跡の断片ごとに最も近い点を採用する．
  多重ループがあれば，各ループごとに再訪点を見つけます．図 10.5 の灰色の丸が，各断片の再訪点候補です．

本書では，前者を採用します．理由は，プログラムが単純で処理が速いからです．多重ループがあっても，過去のループ検出が成功していれば，多重になった各ループ辺がこの方法でつながるので，問題ありません．ただし，過去のループ検出にもれがあると，そこでループ辺が途切れて，うまくループが閉じないおそれがあります．

後者の方法ならば，多重ループにおいて過去の検出にもれがあっても，後の検出で救済できる可能性があります．しかし，ループの多重数が多くなると，非常に処理時間がかかるという問題があります．それに対処する方法もありますが[122)]，プログラムが複雑になるので，本書では最も基本的な前者の方法を採用します．

再訪点候補が見つかると，その周囲形状と現在スキャンとでスキャンマッチングを行って，再訪点の位置を確定します．このための方法もいくつか考えられますが，ここでは，最も簡単な方法として，再訪点候補の近傍をしらみつぶしに探すことにします．具体的には，図 10.5 (b) に示すように，再訪点候補の近傍領域を離散化し，離散化した各点を初期値として ICP を行います．その中で，最もスコアのよい解を再訪点とします．

ここで，ICP が成功するには，初期値の設定が重要だということを思い出してください (7.2 節の 1 項)．第 7 章の ICP では，隣接スキャン間のマッチングだったので変位が小さく，しかも，オドメトリによってよい初期値が与えられるので，うまくいきました．しかし，ループ検出の場合は，一般に，位置が離れたスキャン間のマッチングとなり，よい初期値がないとICPがうまくいかないおそれがあります．

そのために，再訪点候補の近傍領域をしらみつぶしに調べます．なお，より効率的な方法については，**トピック10**を参照してください．

10.5　地図の修正

ポーズ調整で新しいロボット位置が求まれば，それに沿って点群を再配置することで地図が修正されます．

地図の点はもともとセンサ座標系（ロボット座標系）のスキャン点をロボット位置によって地図座標系に変換した点でした．したがって，その点をいったんセンサ座標系に戻し，新しいロボット位置で座標変換し直せば，地図を修正できます．

図10.6に修正の様子を模式的に示します．この図で，V_2は現在位置，V_3はループ検出で求めた再訪点，V_4はポーズ調整後の修正された軌跡上でV_2に対応する点です．前述のように，ポーズ調整は，V_2がV_3に位置するようにポーズグラフを修正しようとします．しかし，ポーズグラフには他の拘束が数多くあるため，実際には，V_4がV_3にぴったり一致するとは限りません．そのため，ここでは，V_3とV_4を分けて考えています．この図にあるように，V_2のまわりの点群をV_2の位置を使ってセンサ座標系に変換し，次に，V_4の位置を使って地図座

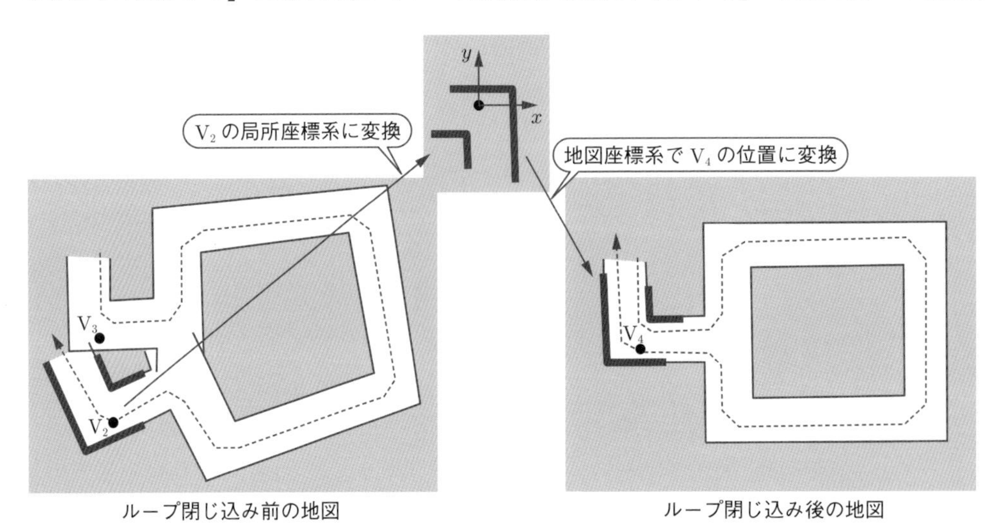

■ **図10.6**　ループ閉じ込み後の地図の修正

V_2は現在位置，V_3は再訪点，V_4はポーズ調整後の修正された軌跡上でV_2に対応する点である．

標系に変換すれば，その点群を再配置することができます．

このようにして点群の再配置を行うためには，地図の各点に対応するロボット位置を知る必要があります．ここで問題となるのは，地図を構成する点はもはやスキャン点ではなく，複数のスキャン点の代表であることです．これは8.3節で行った格子テーブルによる点の削減によるものです．そこで，格子テーブルに登録する点にはスキャン番号（6.1節の4項）をつけておきます．

本書のシステムでは，スキャンごとにロボット位置を求めるので，スキャン番号とロボット位置は対応しており，各点のスキャン番号からロボット位置を特定することができます．しかし，1つの点は複数のスキャン点の代表なので，対応するスキャン番号は複数ありえます．これに対処するため，本書のプログラムでは，**ソースコード8.5**にあるように，複数のスキャン番号の平均をとるか，あるいは，最新のスキャン番号を採用するようにしています．

10.6　ループ閉じ込みの実装

1　プログラムの構成

表10.1と**図10.7**にこのプログラムで使用される主なクラスを記します．

ループ閉じ込みが導入されたことによって，SLAMの処理フローが完結するので，処理の中心クラスであるSlamFrontEndをここで紹介します．SlamFrontEndは，ループ閉じ込みだけでなく，SLAM処理全体の統括を行います．その背後でポーズ調整をまとめるSlamBackEndも重要なクラスですが，本書のプログラムは簡略化のためシングルスレッドでつくっているので，SlamBackEndの役割は小さくなっています．

■表10.1　ループ閉じ込みに関連するクラス

プログラム名	内　容	詳　細
LoopDetectorSS	部分地図を用いたループ検出	再訪点探索とループ辺の生成
PoseGraph	ポーズグラフのクラス定義	頂点と辺の管理
PointCloudMapLP	格子テーブルによる部分地図管理	部分地図の生成・管理・修正
SlamFrontEnd	SLAMフロントエンド	SLAMの統括
SlamBackEnd	SLAMバックエンド	ポーズ調整，地図修正を起動
P2oDriver2D	ポーズ調整の起動	p2oの呼び出し

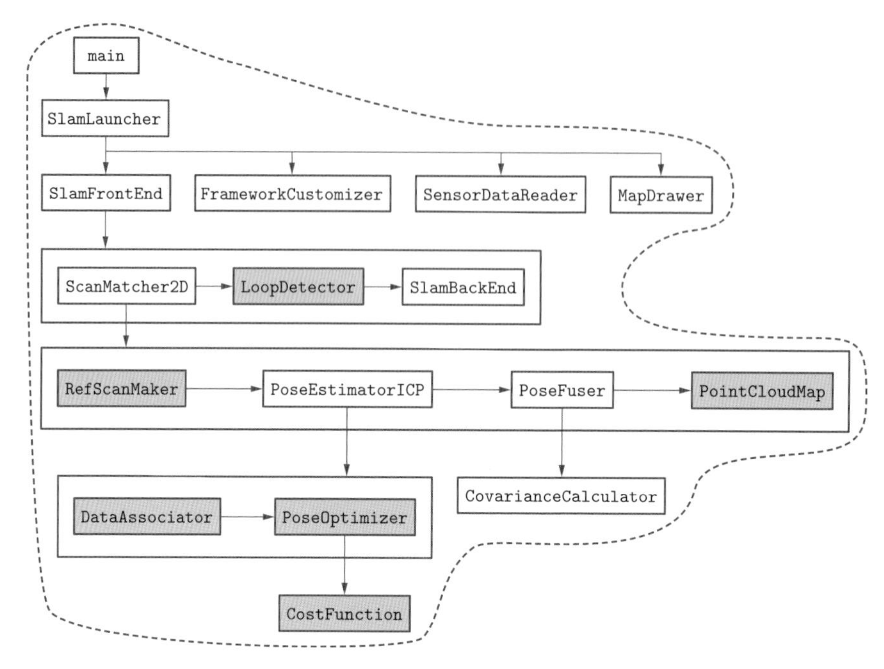

■ 図 10.7　第 10 章で用いる主なクラス
この章ではすべてのクラスを使う．

2　全体制御

クラス SlamFrontEnd のメンバ関数 process を**ソースコード 10.1** に示します．まず，smat->matchScan を起動し，その後，論理時刻 cnt の値に応じて，メンバ関数 makeOdometryArc によってポーズグラフにオドメトリ辺を追加します．makeOdometryArc は，直前ロボット位置と現在ロボット位置の相対位置（移動量）を計算し，両者をつなぐオドメトリ辺を生成します．また，センサ融合で得た相対位置の共分散行列をオドメトリ辺に設定します．ただし，センサ融合で得た共分散行列は地図座標系での値なのに対し，オドメトリ辺には直前ロボット位置の座標系で与える必要があります．そのため，rotateCovariance 関数を用いて，共分散行列を座標変換します．共分散行列の座標変換は，13.6 節の 1 項で $\boldsymbol{x}_1$ が定数の場合に相当します．そのときのヤコビ行列は回転行列と等価になります．

ループ検出は，キーフレームごとに行います．キーフレームとは，一定間隔ごとに抽出したスキャンのことであり，このプログラムでは keyframeSkip で指定した間隔（10 スキャン）ごとにキーフレームを抽出しています．そして，現在のスキャンがキーフレームであれば，lpd->detectLoop によってループ検出を行い，ループが検出されたなら，sback.adjustPoses でポーズ調整を起動し，sback.remakeMaps で地図を修正します．sback.remakeMaps の中では，後述の PointCloudMapLP::remakeMaps を呼び出します．

■ソースコード 10.1 SLAM フロントエンド

```
1  // SLAMフロントエンド．ロボット位置推定，地図生成，ループ閉じ込みを取り仕切る
2  class SlamFrontEnd
3  {
4  private:
5    int cnt;                                    // 論理時刻
6    int keyframeSkip;                           // キーフレーム間隔
7
8    PointCloudMap *pcmap;                       // 点群地図
9    PoseGraph *pg;                              // ポーズグラフ
10   ScanMatcher2D *smat;                        // スキャンマッチング
11   LoopDetector *lpd;                          // ループ検出器
12   SlamBackEnd sback;                          // SLAMバックエンド
13
14 public:
15   SlamFrontEnd()  : cnt(0), keyframeSkip(10), smat(nullptr), lpd(nullptr) {
16     pg = new PoseGraph();
17     sback.setPoseGraph(pg);
18   }
19
20   ...略
21 };
22
23 // 現在スキャンscanを処理する
24 void SlamFrontEnd::process(Scan2D &scan) {
25   if (cnt == 0)
26     init();                                      // 開始時に初期化
27
28   smat->matchScan(scan);                         // スキャンマッチング
29
30
31   Pose2D curPose = pcmap->getLastPose();         // スキャンマッチングで推定した現在位置
32
33   // ポーズグラフにオドメトリアーク（辺）を追加
34   if (cnt == 0) {                                // 最初はノード（頂点）を置くだけ
35     pg->addNode(curPose);
36   }
37   else {                                         // 次からはオドメトリアークを張る
38     Eigen::Matrix3d &cov = smat->getCovariance();
39     makeOdometryArc(curPose, cov);
40   }
41
42   // 地図生成
43   if (cnt%keyframeSkip==0) {                  // キーフレームのときだけ行う
44     if (cnt == 0)
45       pcmap->setNthre(1);                   // cnt=0のときは地図が小さいのでサンプリングを多くする
46     else
47       pcmap->setNthre(5);
```

```
48        pcmap->makeGlobalMap();                  // 点群地図の全体地図を生成
49      }
50
51      // ループ閉じ込み
52      if (cnt > keyframeSkip && cnt%keyframeSkip==0) {   // キーフレームのときだけ行う
53        bool flag = lpd->detectLoop(&scan, curPose, cnt);   // ループ検出
54        if (flag) {
55          sback.adjustPoses();                              // ループが見つかったらポーズ調整
56          sback.remakeMaps();                               // 地図やポーズグラフの修正
57        }
58      }
59
60      ++cnt;
61    }
62
63  // オドメトリアークの生成
64  bool SlamFrontEnd::makeOdometryArc(Pose2D &curPose, const Eigen::Matrix3d &fusedCov) {
65    if (pg->nodes.size() == 0)                              // 念のためのチェック
66      return(false);
67    PoseNode *lastNode = pg->nodes.back();                  // 直前ノード
68    PoseNode *curNode = pg->addNode(curPose);               // ポーズグラフに現在ノードを追加
69
70    // 直前ノードと現在ノードの間にオドメトリアークを張る
71    Pose2D &lastPose = lastNode->pose;                      // 直前位置
72    Pose2D relPose;                                         // 移動量
73    Pose2D::calRelativePose(curPose, lastPose, relPose);    // 移動量の計算
74
75    Eigen::Matrix3d cov;
76    CovarianceCalculator::rotateCovariance(lastPose, fusedCov, cov, true);  // 共分散の座標変換
77    PoseArc *arc = pg->makeArc(lastNode->nid, curNode->nid, relPose, cov);  // アーク生成
78    pg->addArc(arc);                                        // ポーズグラフにアークを追加
79
80    return(true);
81  }
```

3 ポーズグラフ

ポーズグラフのクラス PoseGraph を**ソースコード 10.2** に示します．ここで，クラス PoseNode は頂点を表し，メンバ変数にノード番号 nid，ロボット位置 pose と辺 arcs をもちます．ノード番号は，PoseGraph の nodes のインデックスに対応します．クラス PoseArc は辺を表し，メンバ変数に相対位置 relPose と接続する 2 つの頂点 src，dst をもちます．また，**情報行列**（共分散行列の逆行列）inf をもちます．

■ソースコード 10.2 ポーズグラフ

```
1  struct PoseNode {                     // 頂点
2    int nid;                            // ノードID (PoseGraphのnodesのインデックス)
3    Pose2D pose;                        // このノードのロボット位置
4    std::vector<PoseArc*> arcs;         // このノードにつながるアーク
5  };
6
7  struct PoseArc {                      // 辺
8    PoseNode *src;                      // このアークの始点側のノード
9    PoseNode *dst;                      // このアークの終点側のノード
10   Pose2D relPose;                     // このアークのもつ相対位置 (計測値)
11   Eigen::Matrix3d inf;                // 情報行列
12 };
13
14 class PoseGraph {
15 private:
16   static const int POOL_SIZE=100000;
17   std::vector<PoseNode> nodePool;  // ノード生成用のメモリプール
18   std::vector<PoseArc> arcPool;    // アーク生成用のメモリプール
19
20 public:
21   std::vector<PoseNode*> nodes;    // ノードの集合
22   std::vector<PoseArc*> arcs;      // アークの集合
23
24   PoseGraph() {
25     nodePool.reserve(POOL_SIZE);   // メモリプールの領域を最初に確保
26     arcPool.reserve(POOL_SIZE);
27   }
28
29   ...略
30 };
```

クラス PoseGraph は，内部に nodePool と arcPool をもち，頂点と辺の実体を管理します．これらは簡易的なメモリ管理オブジェクト（メモリプール）であり，あらかじめサイズを POOL_SIZE で指定しておきます．これらの簡易メモリプールから頂点や辺が生成されて，そのポインタがメンバ変数 nodes や arcs に格納されます．この簡易メモリプールは std::vector でつくられているので，プログラム終了時に自動的に解放されます．

4 部分地図

部分地図に関するプログラムを**ソースコード 10.3** に示します．クラス Submap が部分地図です．メンバ変数 atdS は，この部分地図の開始点におけるロボットのそれまでの累積走行距離で，ロボット軌跡の分割判定に使います．たとえば，5 m ごとに分割する場合，atdS から 5 m 進んだかどうかで分割を判定します．cntS と cntE はそれぞれ，開始と終了のスキャン番号です．また，メンバ変数 mps には，この部分地図のスキャン点群が格納されます．最初は，mps にすべてのスキャン点群が格納されますが，この部分地図の区間が終了した後は，格子テーブルによって代表点が抽出され，mps は代表点に置き換えられます．

■ソースコード 10.3　部分地図

```
1  // 部分地図
2  struct Submap
3  {
4    double atdS;                           // 部分地図の始点での累積走行距離
5    size_t cntS;                           // 部分地図の最初のスキャン番号
6    size_t cntE;                           // 部分地図の最後のスキャン番号
7    std::vector<LPoint2D> mps;             // 部分地図内のスキャン点群
8
9    ...略
10 };
11
12 // 格子テーブルを用いて，部分地図の代表点を得る
13 vector<LPoint2D> Submap::subsamplePoints(int nthre) {
14   NNGridTable nntab;                       // 格子テーブル
15   for (size_t i=0; i<mps.size(); i++) {
16     LPoint2D &lp = mps[i];
17     nntab.addPoint(&lp);                   // 全点を登録
18   }
19
20   vector<LPoint2D> sps;
21   nntab.makeCellPoints(nthre, sps);        // nthre個以上のセルの代表点をspsに入れる
22
23   return(sps);
24 }
25
26 // 部分地図から構成される点群地図（派生クラス）
27 class PointCloudMapLP : public PointCloudMap
28 {
29 public:
30   static double atdThre;                  // 部分地図の区切りとなる累積走行距離
31   double atd;                             // 現在の累積走行距離[m]
32   std::vector<Submap> submaps;            // 部分地図
33
34   ...略
35 };
36
37 // スキャン点の追加
38 void PointCloudMapLP::addPoints(const vector<LPoint2D> &lps) {
39   Submap &curSubmap = submaps.back();                  // 現在の部分地図
40   if (atd - curSubmap.atdS >= atdThre ) { // 累積走行距離が閾値を超えたら新しい部分地図に変える
41     size_t size = poses.size();
42     curSubmap.cntE = size-1;                           // 部分地図の最後のスキャン番号
43     curSubmap.mps = curSubmap.subsamplePoints(nthre); // 終了した部分地図は代表点のみにする
44
```

```
45      Submap submap(atd, size);                        // 新しい部分地図
46      submap.addPoints(lps);                           // スキャン点群の登録
47      submaps.emplace_back(submap);                    // 部分地図を追加
48    }
49    else {
50      curSubmap.addPoints(lps);                        // 現在の部分地図に点群を追加
51    }
52  }
```

クラス PointCloudMapLP は部分地図を管理します．これは，メンバ変数として，現在の累積走行距離 atd と部分地図の集合 submaps をもちます．メンバ関数 addPoints は，現在の部分地図 curSubmap の atdS と現在の atd の差が閾値 atdThre を超えたら，Submap::subsamplePoints によって curSubmap 内のスキャン点群を代表点に置き換え，新たな Submap を生成します．そうでなければ，スキャンマッチングを用いたスキャン点群 lps が curSubmap に格納されます．なお，lps は，ScanMatcher2D::growMap で地図座標系に変換された後，addPoints に渡されます．また，クラス PointCloudMapLP は，PointCloudMap の派生クラスとして定義され，フレームワークの一部となります．

これまでの地図クラス（PointCloudMapGT など）を PointCloudMapLP に差し替えれば，スキャンマッチングによる地図構築の際に部分地図が生成され，同時に全体地図も構築されます．

なお，地図クラス PointCloudMapGT では，スキャンマッチングの参照スキャンとなる localMap が globalMap と同じものだったので，地図が大きくなると点数が増えて処理が遅くなるという問題がありました．PointCloudMapLP では，部分地図が localMap となるため，点数の増加が抑えられ，処理が速くなるという利点があります．

5 ループ検出

ループ検出を行うクラス LoopDetectorSS を**ソースコード 10.4** に示します．LoopDetectorSS は，LoopDetector の派生クラスであり，一応，フレームワークの形態をとっています．ただし，基底クラス LoopDetector は，何もしないダミークラスで，本システムにこれを設定するとループ検出は行われません．フラグなどでループ検出の有無を切り替えてもよいのですが，ここでは（試しに）このような実装にしています．

メンバ関数 detectLoop では，まず，現在位置に最も近い部分地図と再訪点候補を求め，次に，その部分地図内で再訪点の位置を計算します．最初の for 文とその内部の for 文で，submaps の各部分地図に対して，ロボット軌跡内の点のうち，現在位置との距離が最小となる点を求めます．これが再訪点候補となり，同時に，部分地図の候補も得られます．ただし，累積走行距離が現在位置と近すぎるものは，if (atd-...) 文によって探索の対象外とします．また，現在の部分地図も，近すぎるので探索の対象外にしています．どこまでをループ検出の

対象外にするかは，目的や環境条件によって変わるので，適宜調整が必要です．

■ソースコード 10.4　ループ検出

```
 1  class LoopDetectorSS : public LoopDetector
 2  {
 3  private:
 4    double radius;                              // 探索半径[m]（現在位置と再訪点の距離閾値）
 5    double atdthre;                             // 累積走行距離の差の閾値[m]
 6    double scthre;                              // ICPスコアの閾値
 7
 8    PointCloudMapLP *pcmap;                     // 点群地図
 9    CostFunction *cfunc;                        // コスト関数(ICPとは別に使う)
10    PoseEstimatorICP *estim;                    // ロボット位置推定器(ICP)
11    DataAssociator *dass;                       // データ対応づけ器
12    PoseFuser *pfu;                             // センサ融合器
13
14  public:
15    LoopDetectorSS() : radius(4), atdthre(10), scthre(0.2) {
16    }
17
18    ...略
19  };
20
21  // ループ検出．現在位置curPoseに近く，現在スキャンcurScanに形が一致する場所を
22  // ロボット軌跡から見つけてポーズアークを張る
23  bool LoopDetectorSS::detectLoop(Scan2D *curScan, Pose2D &curPose, int cnt) {
24    // 最も近い部分地図を探す
25    double atd = pcmap->atd;                           // 現在の実際の累積走行距離
26    double atdR = 0;                          // 下記の処理で軌跡をなぞるときの累積走行距離
27    const vector<Submap> &submaps = pcmap->submaps;    // 部分地図
28    const vector<Pose2D> &poses = pcmap->poses;        // ロボット軌跡
29    double dmin=HUGE_VAL;                              // 前回訪問点までの距離の最小値
30    size_t imin=0, jmin=0;                             // 距離最小の前回訪問点のインデックス
31    Pose2D prevP;                                      // 直前のロボット位置
32    for (size_t i=0; i<submaps.size()-1; i++) {        // 現在の部分地図以外を探す
33      const Submap &submap = submaps[i];               // i番目の部分地図
34      for (size_t j=submap.cntS; j<=submap.cntE; j++) { // 部分地図内の各ロボット位置で
35        Pose2D p = poses[j];                           // ロボット位置
36
37        // 累積走行距離の計算
38        atdR += sqrt((p.tx - prevP.tx)*(p.tx - prevP.tx) + (p.ty - prevP.ty)*(p.ty - prevP.ty));
39
40        // 現在位置までの走行距離が短いとループとみなさず，やめる
41        if (atd-atdR < atdthre) {
42          i = submaps.size();                          // これで外側のループからも抜ける
43          break;
44        }
45        prevP = p;
46
47        // 現在位置とpとの距離
```

```
48          double d = (curPose.tx - p.tx)*(curPose.tx - p.tx) + (curPose.ty - p.ty)*(curPose.ty - p.
              ty);
49          if (d < dmin) {                              // 最小か
50            dmin = d;
51            imin = i;                                  // 候補部分地図のインデックス
52            jmin = j;                                  // 前回訪問点のインデックス
53          }
54        }
55      }
56
57      // 前回訪問点までの距離が遠いとループ検出しない
58      if (dmin > radius*radius)
59        return(false);
60
61      Submap &refSubmap = pcmap->submaps[imin];        // 最も近い部分地図を参照スキャンにする
62
63      // 再訪点の位置を求める
64      Pose2D revisitPose;
65      bool flag = estimateRevisitPose(curScan, refSubmap.mps, curPose, revisitPose);
66
67      if (flag) {                                      // ループを検出した
68        Eigen::Matrix3d icpCov;                        // ICPの共分散
69        pfu->calIcpCovariance(revisitPose, curScan, icpCov);  // 共分散を計算
70
71        LoopInfo info;                                 // ループ検出結果
72        info.pose = revisitPose;                       // ループアーク情報に再訪点位置を設定
73        info.cov = icpCov;                             // ループアーク情報に共分散を設定
74        info.curId = cnt;                              // 現在位置のノードid
75        info.refId = static_cast<int>(jmin);           // 前回訪問点のノードid
76        makeLoopArc(info);                             // ループアーク生成
77      }
78
79      return(flag);
80    }
81
82    // 現在スキャンcurScanと部分地図の点群refLpsでICPを行い，再訪点の位置を求める
83    bool LoopDetectorSS::estimateRevisitPose(const Scan2D *curScan, const vector<LPoint2D> &refLps,
          const Pose2D &initPose, Pose2D &revisitPose) {
84      dass->setRefBase(refLps);                       // データ対応づけ器に参照点群を設定
85      cfunc->setEvlimit(0.2);                         // コスト関数の誤差閾値
86
87      size_t usedNumMin = 50;                         // マッチングに必要な最小点数
88
89      // 初期位置initPoseの周囲をしらみつぶしに調べる
90      // 効率化のため，ICPは行わず，各位置で単純にマッチングスコアを調べる
91      double rangeT = 1;                                // 並進の探索範囲[m]
92      double rangeA = 45;                               // 回転の探索範囲[°]
93      double dd = 0.2;                                  // 並進の探索間隔[m]
94      double da = 2;                                    // 回転の探索間隔[°]
95      vector<Pose2D> candidates;                        // スコアのよい候補位置
96      for (double dy=-rangeT; dy<=rangeT; dy+=dd) {     // 並進yの探索くり返し
```

```
97        double y = initPose.ty + dy;                          // 初期位置に変位分dyを加える
98        for (double dx=-rangeT; dx<=rangeT; dx+=dd) {         // 並進xの探索くり返し
99          double x = initPose.tx + dx;                        // 初期位置に変位分dxを加える
100         for (double dth=-rangeA; dth<=rangeA; dth+=da) {    // 回転の探索くり返し
101           double th = MyUtil::add(initPose.th, dth);        // 初期位置に変位分dthを加える
102           Pose2D pose(x, y, th);
103           double mratio = dass->findCorrespondence(curScan, pose); // 位置poseでデータ対応づけ
104           size_t usedNum = dass->curLps.size();
105           if (usedNum < usedNumMin || mratio < 0.9)         // 対応率が悪いと飛ばす
106             continue;
107           cfunc->setPoints(dass->curLps, dass->refLps);     // コスト関数に点群を設定
108           double score =  cfunc->calValue(x, y, th);        // コスト値（マッチングスコア）
109           double pnrate = cfunc->getPnrate();               // 詳細な点の対応率
110           if (pnrate > 0.8) {                               // 対応率がよいものを候補に
111             candidates.emplace_back(pose);
112           }
113         }
114       }
115     }
116     if (candidates.size() == 0)
117       return(false);
118
119     // 候補位置candidatesの中から最もよいものをICPで選ぶ
120     Pose2D best;                                            // 最良候補
121     double smin=1000000;                                    // ICPスコア最小値
122     estim->setScanPair(curScan, refLps);                    // ICPにスキャン設定
123     for (size_t i=0; i<candidates.size(); i++) {
124       Pose2D p = candidates[i];                             // 候補位置
125       Pose2D estP;
126       double score = estim->estimatePose(p, estP);          // ICPでマッチング位置を求める
127       double pnrate = estim->getPnrate();                   // ICPでの点の対応率
128       size_t usedNum = estim->getUsedNum();                 // ICPで使用した点数
129       if (score < smin && pnrate >= 0.9 && usedNum >= usedNumMin) {  // 最良候補の条件
130         smin = score;
131         best = estP;
132       }
133     }
134
135     // 最小スコアが閾値より小さければ見つけた
136     if (smin <= scthre) {
137       revisitPose = best;
138       return(true);
139     }
140
141     return(false);
142   }
```

次に，メンバ関数 estimateRevisitPose によって，curPose の近傍で再訪点の探索を行います．もし再訪点が見つかれば，if(flag) 文の中で，ループ辺の拘束に設定する ICP の共分

散を計算して，LoopInfoのcurId,refIdを設定し，ループ辺をmakeLoopArcにより生成して，ポーズグラフに加えます．makeLoopArcの詳細はソースコード本体を参照してください．

メンバ関数estimateRevisitPoseは，現在スキャンcurScanと部分地図の点群refLpsとで位置合わせを行い，再訪点の位置を求めます．ここでは，10.4節で述べたように，単純な全探索で求めています．まず，最初のfor文（三重）において，initPose近傍の位置を離散化して，位置合わせのスコアが高い位置をしらみつぶしに求めています．ここでは候補を求めるだけなので，高速化のためにICPは行わず，離散位置(x,y,th)の中でスコアの高いもの選んでいます．対応率のよい候補がcandidatesに入れられます．次のfor文で，candidatesの各候補pに対して，ICPを行い，スコアが最もよいものをbestとします．このbestがrevisitPoseに設定されて，detectLoopに返されます．

6 ポーズ調整の実行と地図の修正

ポーズ調整と地図修正の起動を行うクラスSlamBackEndを**ソースコード10.5**に示します．メンバ関数adjustPosesでポーズ調整を実行し，remakeMapsでポーズグラフと地図の修正を行います．ポーズ調整は，5.5節の1項で紹介したp2oにより行います．p2oはクラスP2oDriver2Dで起動されます．そのメンバ関数doPoseAdjustmentは，ポーズグラフのデータをp2oが解釈できる形式に変換してp2oを実行し，結果をnewPosesに格納します．

地図の修正はクラスPointCloudMapLPで行います．プログラムを**ソースコード10.6**に示します．メンバ関数remakeMapsでは，ポーズ調整で修正されたロボット軌跡newPosesを使って，部分地図submapsの点群を修正します．最初のfor文とその内部のfor文で，各部分地図submapの各点mpに対して，その点が定義されたスキャン番号mp.sidのロボット位置を用いて，mpの位置を修正します．

10.5節で述べたように，修正前のロボット位置oldPoseを用いてmpをセンサ座標系に戻し，次に，修正後のロボット位置newPoseを用いて修正後の地図に配置し直します．あわせて，法線ベクトルnx,nyも修正しておきます．

部分地図が修正されたら，それにもとづいて，メンバ関数makeGlobalMap（内容はソースコード本体を参照）によって全体地図をつくり直します．最後のfor文で，ロボット軌跡を更新します．

■ソースコード10.5 SLAMバックエンド

```
1  class SlamBackEnd
2  {
3  private:
4    std::vector<Pose2D> newPoses;              // ポーズ調整後の姿勢
5    PointCloudMap *pcmap;                      // 点群地図
```

```
 6    PoseGraph *pg;                                   // ポーズグラフ
 7
 8  public:
 9    SlamBackEnd() {
10    }
11
12    ...略
13  };
14
15  // ポーズ調整の起動
16  Pose2D SlamBackEnd::adjustPoses() {
17    newPoses.clear();
18
19    P2oDriver2D p2o;
20    p2o.doPoseAdjustment(*pg, newPoses, 5);          // ポーズ調整. 最適化を5回くり返す
21
22    return(newPoses.back());
23  }
24
25  // 地図の修正
26  void SlamBackEnd::remakeMaps() {
27    // PoseGraphの修正
28    vector<PoseNode*> &pnodes = pg->nodes;           // ポーズノード
29    for (size_t i=0; i<newPoses.size(); i++) {
30      Pose2D &npose = newPoses[i];
31      PoseNode *pnode = pnodes[i];                   // ノードはロボット位置と1:1対応
32      pnode->setPose(npose);                         // 各ノードの位置を更新
33    }
34
35    // PointCloudMapの修正
36    pcmap->remakeMaps(newPoses);
37  }
```

■ソースコード 10.6　ポーズ調整後の地図修正

```
 1  // ポーズ調整後のロボット軌跡newPoseを用いて, 地図を再構築する
 2  void PointCloudMapLP::remakeMaps(const vector<Pose2D> &newPoses){
 3    // 各部分地図内の点の位置を修正する
 4    for (size_t i=0; i<submaps.size(); i++) {
 5      Submap &submap = submaps[i];
 6      vector<LPoint2D> &mps = submap.mps;            // 部分地図の点群. 現在地図以外は代表点
 7      for (size_t j=0; j<mps.size(); j++) {
 8        LPoint2D &mp = mps[j];
 9        size_t idx = mp.sid;                         // 点のスキャン番号
10        if (idx >= poses.size()) {                   // 不正なスキャン番号
11          continue;
12        }
13
14        const Pose2D &oldPose = poses[idx];          // mpに対応する古いロボット位置
```

```
15         const Pose2D &newPose = newPoses[idx];        // mpに対応する新しいロボット位置
16         const double (*R1)[2] = oldPose.Rmat;
17         const double (*R2)[2] = newPose.Rmat;
18         LPoint2D lp1 = oldPose.relativePoint(mp);     // mpをセンサ座標系に変換
19         LPoint2D lp2 = newPose.globalPoint(lp1);      // ポーズ調整後の地図座標系に変換
20         mp.x = lp2.x;
21         mp.y = lp2.y;
22         double nx = R1[0][0]*mp.nx + R1[1][0]*mp.ny;// 法線ベクトルをセンサ座標系に変換
23         double ny = R1[0][1]*mp.nx + R1[1][1]*mp.ny;
24         double nx2 = R2[0][0]*nx + R2[0][1]*ny;       // ポーズ調整後の地図座標系に変換
25         double ny2 = R2[1][0]*nx + R2[1][1]*ny;
26         mp.setNormal(nx2, ny2);
27       }
28     }
29
30     makeGlobalMap();                                  // 部分地図から全体地図と局所地図を生成
31
32     for (size_t i=0; i<poses.size(); i++) {           // posesをポーズ調整後の値に更新
33       poses[i] = newPoses[i];
34     }
35     lastPose = newPoses.back();
36   }
```

7 フレームワークのカスタマイズ

この章で使用するカスタマイズの一覧を**表 10.2** に示します．この表では，cX がカスタマイズのタイプを表します（X=G〜I）．cG と cH はこの章より前に作成したものですが，この章でも比較実験のために用います．カスタマイズされた関数 customizeX は SlamLauncher の customizeFramework 関数の中で呼ばれます（X=G〜I）．

フレームワークのカスタマイズ例を**ソースコード 10.7** に示します．ループ閉じ込みの設定は，ソースコード 10.7 の FrameworkCustomizer::customizeI で行います．ポーズグラフの各辺に共分散行列を設定するために，sfront->setDgCheck で true を設定する必要があります．また，SlamLauncher::customizeFramework で，fcustom.customizeI() を呼ぶようにします．

■ **表 10.2**　この章で用いるカスタマイズのタイプ

○は改良を施したことを示す．

	表 8.2 の項目	部分地図	センサ融合	ループ閉じ込み
cG	すべて ○			
cH	すべて ○	○	○	
cI	すべて ○	○	○	○

■ソースコード 10.7　フレームワークカスタマイズ例

```
1  // センサ融合とループ閉じ込みを追加
2  void FrameworkCustomizer::customizeI() {
3    pcmap = &pcmapLP;                          // 部分地図ごとに管理する点群地図
4    RefScanMaker *rsm = &rsmLM;                // 局所地図を参照スキャンとする
5    DataAssociator *dass = &dassGT;            // 格子テーブルによるデータ対応づけ
6    CostFunction *cfunc = &cfuncPD;            // 垂直距離をコスト関数とする
7    PoseOptimizer *popt = &poptSL;             // 最急降下法と直線探索による最適化
8    LoopDetector *lpd = &lpdSS;                // 部分地図を用いたループ検出
9
10   popt->setCostFunction(cfunc);
11   poest.setDataAssociator(dass);
12   poest.setPoseOptimizer(popt);
13   pfu.setDataAssociator(dass);
14   smat.setPointCloudMap(pcmap);
15   smat.setRefScanMaker(rsm);
16   smat.setScanPointResampler(&spres);
17   smat.setScanPointAnalyser(&spana);
18   sfront->setLoopDetector(lpd);
19   sfront->setPointCloudMap(pcmap);
20   sfront->setDgCheck(true);                  // センサ融合する
21 }
22
23 void SlamLauncher::customizeFramework() {
24   fcustom.setSlamFrontEnd(&sfront);
25   fcustom.makeFramework();
26   fcustom.customizeI();
27
28   pcmap = fcustom.getPointCloudMap();        // customizeの後にやること
29 }
```

10.7　動作確認

データセットは，これまでの corridor と hall の他，表 10.3 にあげたものを使用します．

■表 10.3　ループ実験に用いるデータセット

ファイル名	内　容	備　考
corridor-loops	40 m×20 m のフロア	ループ多数
hall-loops	10 m 四方くらいの広間	同じループを 10 周以上

1 単一ループの閉じ込み

まず，第 7 章や第 8 章で使ったデータセット corridor や hall で動作確認をします．関数 SlamLauncher::customizeFramework をソースコード 10.7 のように設定し，プログラムをビルドして次のように起動します．hall も同様です．

```
LittleSLAM corridor.lsc
```

図 10.8 に結果を示します．どちらのデータセットもループが閉じていることがわかります．

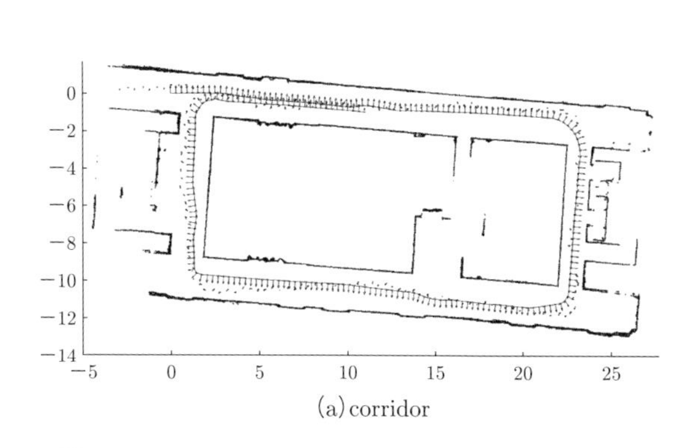

(a) corridor

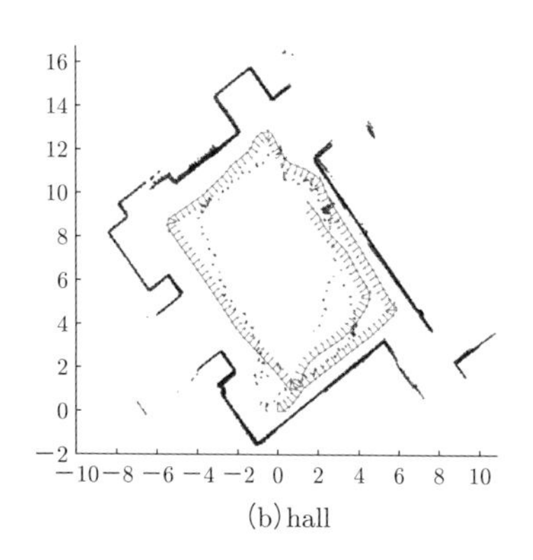

(b) hall

■ 図 10.8　単一ループの閉じ込み

2 多重ループの閉じ込み

次に，表 10.3 のデータセットを用いて，多重ループがある場合を試してみます．

図 10.9 は corridor-loops の実験結果です．同図 (a) はオドメトリで構築した地図で，かなりずれが大きいことがわかります．同図 (b) は第 8 章のカスタマイズ cG による地図です．局所的なずれは解消されていますが，退化によるずれのため地図が何重にもなっています．同図 (c) は第 9 章のセンサ融合を加えたカスタマイズ cH による地図です．ただし，第 9 章の cH では地図管理クラスとして PointCloudMapGT を用いていましたが，ここでは，カスタマイズ cI と条件を同じにするため，PointCloudMapLP（部分地図）を用いています．これにより，cH と cI の違いはループ閉じ込みの有無だけになります．cH の結果を見ると，退化は解消していますが，cG とは別のずれが発生しています．これは，cH が部分地図を用いていること，また，センサ融合によりオドメトリの影響が増えたことなどが考えられます．同図 (d) は，さらにループ閉じ込みを加えた結果です．多重ループが閉じて，概ねきれいな地図ができていることがわかります．

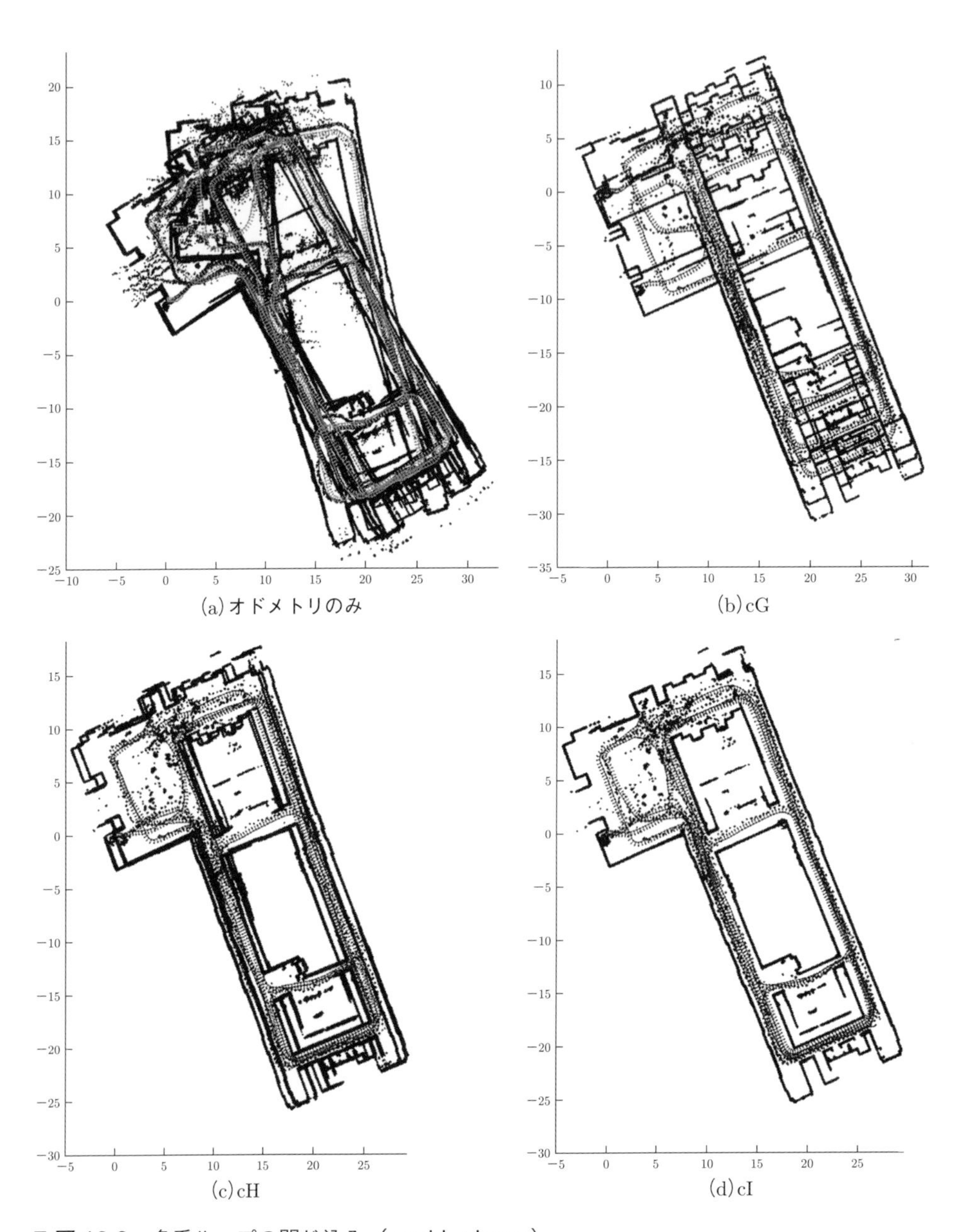

■ 図 10.9　多重ループの閉じ込み（corridor-loops）

なお，実は，PointCloudMapGT を用いた cH を使うと，ループ閉じ込み処理をしなくても，このデータセットではきれいな地図ができます．これは，全体地図を用いてスキャンマッチングをするとロボット位置の推定精度が上がるためです．しかし，どのデータセットでもそうなるわけではなく，たとえば，データセット corridor では，単一ループなのにうまく閉じません．一般に，ループ閉じ込み処理をしないと，スキャンマッチングのわずかなずれでループが閉じなくなるというリスクがあります．

図 10.10 は，hall-loops の実験結果です．傾向はだいたい corridor-loops と同じで，同図 (b) では退化が発生し，同図 (c) では部分地図とセンサ融合の影響とみられる現象が出ています．しかし，最終的には，同図 (d) のように，ループ閉じ込みによって，多重ループがきれいに閉じています．

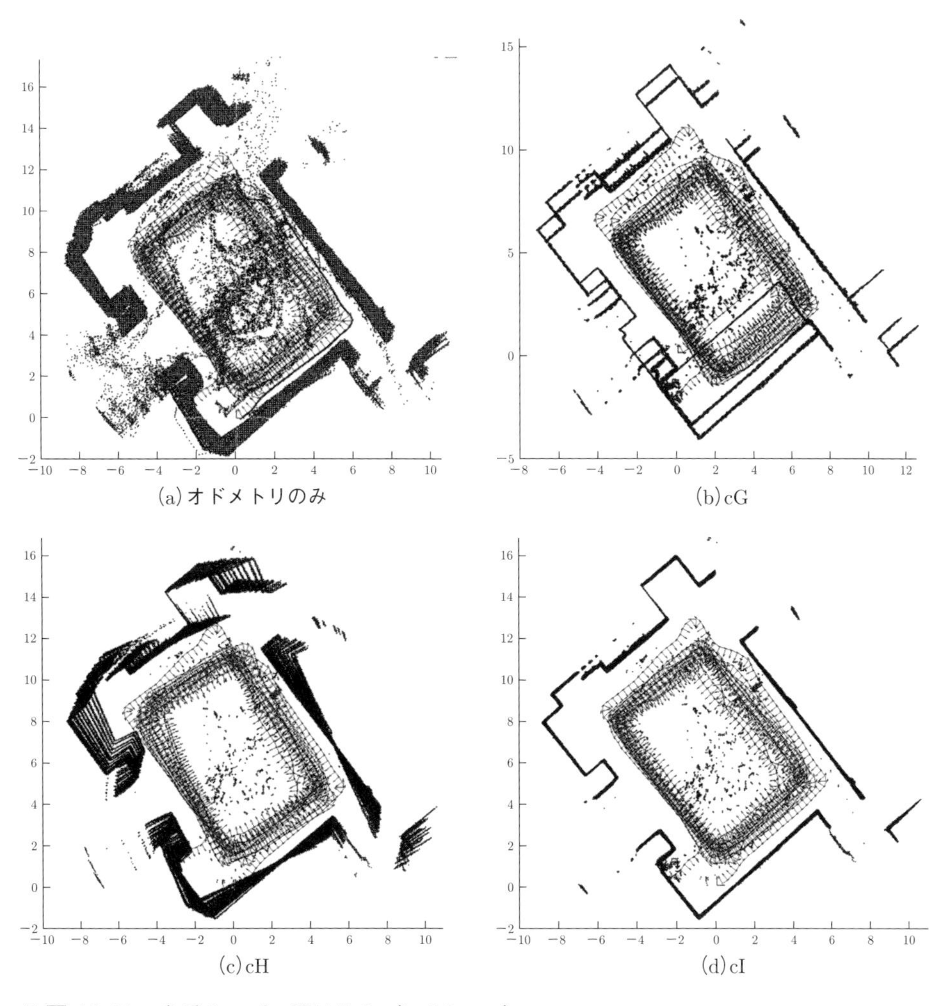

■ 図 10.10 多重ループの閉じ込み（hall-loops）

3 実世界データ処理に向けて

これでループ閉じ込みが組み込まれ，本書の2D-SLAMプログラムがいったん完成しました．本書では，いくつかのデータセットで実験例を紹介しましたが，似たようなタイプの環境であれば，他のデータでも同様の結果が出ると考えられます．

しかし，実世界では実にさまざまなことが起き，誤差モデルの確率分布にしたがわない原因不明のずれで地図がくずれることがよくあります．車輪のスリップ，大量の移動障害物，オドメトリとLidarの位置ずれ・同期ずれ，センサの一時的不具合による不正データなど，地図の品質に影響する要因は多々あります．また，本システムのように2D-Lidarを用いる場合は，ロボットが段差や不整地を走ると，スキャンが水平でなくなるため，計測点の高さが変わっておかしなデータが得られることもあります．

このような現象が起きても，オドメトリかLidarのどちらかが正しければ修正することができますが，両方のデータが同時に不正値ならば，もはやどうしようもありません．それに対処するには，センサを増やすか，何らかの知識を使って修正・補完する必要があります．

実世界は多様であり，こういうことがあたり前のように起こります．多様な実世界でロバスト性を実現するのは非常に重要でおもしろい課題であるといえます．

本書で上記の問題すべてに対応することはできませんが，解決に近づくための発展編として，次の第11章で処理時間とロバスト性を向上させる方法を紹介します．また，屋外の多様な環境に対応するには3D-SLAMが有効です．第12章では3D-SLAMの原理と手法を紹介します．

■トピック 10■

ループ検出の性能向上

ループ検出を効率よく行うためには，いくつかの方法があります．

1 つ目は，再訪点の探索範囲をうまく見積もることです．このためには，ループを 1 周したときのロボット位置の不確実性を用いることができます．すなわち，ループを 1 周するうちに誤差が累積するため，現在位置を中心に累積誤差の大きさに応じた範囲で再訪点を探します．

この探索範囲は，ロボット位置の共分散行列から得られた誤差楕円を使って狙いをつけることができます．**誤差楕円**とは，ロボット位置の xy 成分について，共分散行列を主成分分析（13.7 節参照）して得た固有ベクトルを長径・短径にした楕円のことです．ロボット位置の方向成分も入れて楕円体にすることもあります．誤差楕円の長径・短径のスケールに応じて，ロボットの推定位置がある確率で誤差楕円の中に入ると予測できます．したがって，誤差楕円の中を探すと，再訪点が見つかる可能性が高いといえます．

ただ，今回の訪問点と過去の訪問点がすぐ近くにあるとは限らないので，ある程度のマージンを考慮しておく必要があります．

2 つ目は，再訪点の探索方法を工夫することです．とくに格子地図を使う場合は，**粗密探索**（coarse-to-fine search）がよく使われます．これは，まず粗い解像度の格子地図で探索し，そこで候補が得られたら，解像度の細かい格子地図で候補を絞り込む，という手順をくり返して，最終的に精度の高い探索結果を得る手法です．

これと並行して，分枝限定法で探索を高速化することが行われます．**分枝限定法**は，オペレーションズ・リサーチや人工知能（AI）でよく使われる探索技法の 1 つで，これ以上進んでも無駄な選択肢を捨てて，候補を効率よく絞り込んでいくものです．

3 つ目は，データ点の局所記述子を用いて対応候補を絞り込む方法です．**局所記述子**は注目点の近傍情報からつくられる特徴ベクトルです．画像の場合は，情報量が多いため，SIFT[70] や ORB[93] など，多くの局所記述子が提案されています．さらに，局所記述子から visual vocabulary[86), 99] を生成し，再訪点付近の画像を検索することも行われます．近年は，**トピック 2** でも紹介した深層学習による場所認識がループ検出にも有効だと考えられます．

Lidar でも局所記述子は使われます．2D-Lidar の場合は，スキャン点の密度が疎なため，有効な局所記述子をつくるのは難しいですが，いくつか提案されています[117]．一方，3D スキャンでは，スピンイメージ[53] や FPFH[95]，SHOT[114] など多くのものが提案されています．近年は，深層学習でループ検出を行う研究も出てきました[6), 18]．3D-SLAM のループ検出については，12.6 節で説明します．

CHAPTER 11

SLAMの高速化とロバスト化

これまではSLAMの基本原理を理解することに重点をおいてきましたが，実環境で実際に使えるシステムをつくるためには，さまざまな技術が必要になります．ロボティクスではとくにリアルタイム性とロバスト性が要求されます．この章では，これらの観点から，スキャンマッチングの高速化とロバスト化，退化に対する別の対処法，データ対応づけの高速化，ループ閉じ込みのロバスト化の方法について説明します．

関連知識

この章をより深く読むには，次の項目を確認しておくとよいでしょう．

線形代数（13.1節），最小二乗法（13.3節），確率分布（13.4節），M推定（13.10節）

11.1 スキャンマッチングの高速化

第7章で述べたスキャンマッチングでは，ICPの最適化計算に最急降下法を用いました．最急降下法は原理や実装は簡単ですが処理時間がかかるため，第8章では，直線探索を用いて処理を速くしました．この章では，さらに高速化するためにガウス–ニュートン法を用いてICPを実装します．

ガウス–ニュートン法は，非線形最小二乗問題の解を求めるための代表的な手法であり，誤差の二乗和を最小化する問題に対して，ニュートン法を近似します．ニュートン法では，2階微分（ヘッセ行列）まで計算する必要がありますが，ガウス–ニュートン法では，1階微分（ヤコビ行列）の計算で済むので，実装が容易であるという特長があります．ガウス–ニュートン法の一般的な導出は13.3節の2項で述べていますが，ここではICPにおけるガウス–ニュートン法を定式化します．

ICPのコスト関数である式(8.1)を次のように書き直します．これと同様の変形は，13.8節で説明しているので参照してください．

$$G_2(\boldsymbol{x}) := \sum_{i=1}^{N} \boldsymbol{e}_i^{\top}(\boldsymbol{x}) W_i \boldsymbol{e}_i(\boldsymbol{x}) \tag{11.1}$$

$$\boldsymbol{e}_i(\boldsymbol{x}) := R\boldsymbol{p}_i + \boldsymbol{t} - \boldsymbol{q}_i$$

$$W_i := \boldsymbol{n}_i \boldsymbol{n}_i^{\top}$$

$\boldsymbol{p}_i$ は現在スキャン点，$\boldsymbol{q}_i$ はそれに対応する参照スキャン点，$\boldsymbol{n}_i$ は $\boldsymbol{q}_i$ の法線ベクトルです．簡単のため，式 (8.1) では $\boldsymbol{q}_{j_i}$ としていたのを $\boldsymbol{q}_i$ と簡略化しています．また，式 (8.1) の係数 $\frac{1}{N}$ は，最適な $\boldsymbol{x}$ を求めることには影響しないので省略しています．

$\boldsymbol{e}_i(\boldsymbol{x})$ は非線形なので，式 (11.2) に示すように，$\boldsymbol{x}_0$ のまわりでテイラー展開して線形近似します．ここで，$\delta\boldsymbol{x} = \boldsymbol{x} - \boldsymbol{x}_0$ は微小変位なので，2 次以上の項はほぼ 0 として無視しています．$\boldsymbol{x}_0$ は定数であり，後述のように，ガウス–ニュートン法の繰り返し計算の中で更新されます．その初期値は ICP 開始時のロボット位置です．

$$
\begin{aligned}
&\boldsymbol{e}_i(\boldsymbol{x}) \approx \boldsymbol{e}_i(\boldsymbol{x}_0) + J_i\delta\boldsymbol{x} \\
&J_i := \left.\frac{\partial \boldsymbol{e}_i(\boldsymbol{x})}{\partial \boldsymbol{x}}\right|_{\boldsymbol{x}=\boldsymbol{x}_0} \\
&G_2(\boldsymbol{x}) \approx \sum_{i=1}^{N} (\boldsymbol{e}_i(\boldsymbol{x}_0) + J_i\delta\boldsymbol{x})^{\mathsf{T}} W_i (\boldsymbol{e}_i(\boldsymbol{x}_0) + J_i\delta\boldsymbol{x})
\end{aligned}
\tag{11.2}
$$

そして，13.3 節に記した正規方程式を解いて，G_2 の最小解を得ます．$\frac{\partial G_2}{\partial \boldsymbol{x}} = \boldsymbol{0}$ を計算すると

$$
\begin{aligned}
\frac{\partial G_2}{\partial \boldsymbol{x}} &\approx \sum_{i=1}^{N} \frac{\partial (\boldsymbol{e}_i(\boldsymbol{x}_0) + J_i\delta\boldsymbol{x})^{\mathsf{T}} W_i (\boldsymbol{e}_i(\boldsymbol{x}_0) + J_i\delta\boldsymbol{x})}{\partial \boldsymbol{x}} \\
&= \sum_{i=1}^{N} 2(J_i^{\mathsf{T}} W_i \boldsymbol{e}_i(\boldsymbol{x}_0) + J_i^{\mathsf{T}} W_i J_i \delta\boldsymbol{x}) = \boldsymbol{0}
\end{aligned}
$$

となります．これより

$$
\left(\sum_{i=1}^{N} J_i^{\mathsf{T}} W_i J_i\right) \delta\boldsymbol{x} = -\sum_{i=1}^{N} J_i^{\mathsf{T}} W_i \boldsymbol{e}_i(\boldsymbol{x}_0) \tag{11.3}
$$

を得ます．

式 (11.3) は，$\delta\boldsymbol{x}$ を変数とする連立 1 次方程式になっています．連立 1 次方程式の解法はさまざまなものがありますが，式 (11.3) の左辺の $\left(\sum_{i=1}^{N} J_i^{\mathsf{T}} W_i J_i\right)$ は 3×3 行列であり，逆行列の計算負荷が小さいので，単純に逆行列を右辺にかける方法でよいでしょう．そうして得られた $\delta\boldsymbol{x}$ を使って，$\boldsymbol{x} \leftarrow \boldsymbol{x}_0 + \delta\boldsymbol{x}$ によって，$\boldsymbol{x}$ を更新します．更新された $\boldsymbol{x}$ を次の $\boldsymbol{x}_0$ にして，上記の処理を $\boldsymbol{x}$ が収束するまで繰り返すことで，式 (11.1) を最小にする $\boldsymbol{x}$ を求めることができます．

11.2　スキャンマッチングのロバスト化

これまで述べたように，スキャンマッチングでは，ICP の最適化ステップで非線形最小二乗問題を解きますが，最小二乗法の性質上，データに外れ値があるとマッチング結果は大きくくずれます．たとえば，正しい計測データ（インライアと呼びます）の誤差が 1 で，外れ値の誤差が 10 であるとすると，二乗誤差はそれぞれ 1 と 100 となり，外れ値はインライアの 100 個分の影響力をもつことになります．そのため，外れ値が 1 個でもあると推定結果に大きな悪影響を与えることになります．

図 11.1 に，ICP における外れ値の例を示します．同図で，物体 C の上辺はスキャン 1 では見えておらず，ロボットの移動によってスキャン 2 で見えています．物体 C の上辺の点はスキャン 2 にしかないので，スキャン 1 との対応づけにおいては，物体 C の他辺にある最近傍点と対応させることになります．これは誤対応であり，ICP の処理が進んでもこれらの点の残差が小さくなることはなく，ICP の収束に悪影響を与えます．

1 つの対策として，対応づけの許容範囲を小さくすれば，誤対応による外れ値を防ぐことができます．つまり，対応点の距離がある閾値より大きい場合は，その点は「対応なし」とするのです．しかし，そうすると，ロボットの移動量が大きい場合に正しい対応点が許容範囲の外に出てしまい，対応点が大幅に減ってしまうおそれがあります．そのため，対応づけの許容範囲はある程度大きくとる必要があり，これが外れ値の遠因になります．

図 11.2 に示すように，移動物体がある場合も外れ値が生じます．移動物体 B は移動しているので，スキャン 1 とスキャン 2 では，移動物体 B の点群の位置が変わります．そのため，移動物体 B の点群が正しく対応づけできたとしても，その残差が小さくなることはなく，外れ値となって最適化計算に悪影響を与えます．

このように，点の誤対応はさまざまな要因によって生じるため，誤対応を根絶することはきわめて困難です．そこで，誤対応がある程度生じるのは仕方がないとして，誤対応にうまく対処することが重要になります．

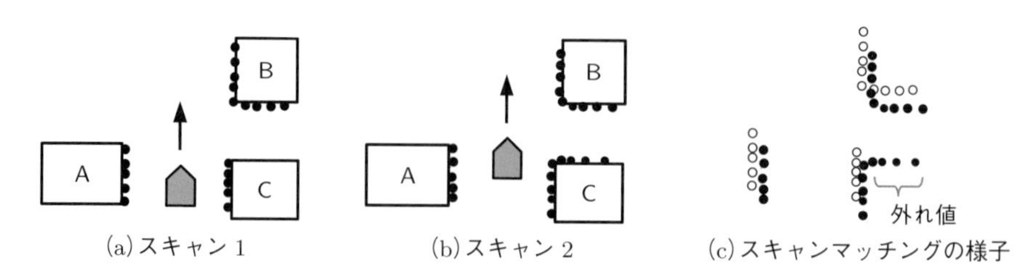

■ **図 11.1**　外れ値の例

物体 C の上辺の点はスキャン 2 にしかないため，ICP において外れ値となる．

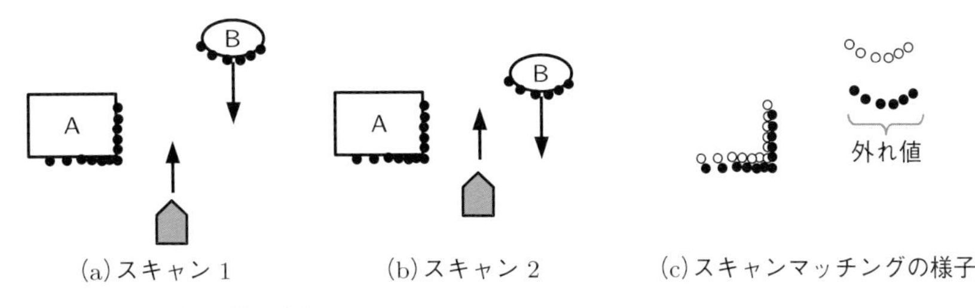

(a) スキャン 1　(b) スキャン 2　(c) スキャンマッチングの様子

■ 図 11.2　外れ値の例

移動物体 B の点群は対応後も誤差が大きく，ICP において外れ値となる．

最小二乗法における外れ値に対処する方法として，**M 推定**があります．M 推定は，状態推定において，データの外れ値の影響を軽減する仕組みです．スキャンマッチングにおいても，M推定で用いられるコスト関数（**ロバストコスト関数**と呼びます）を用いると，外れ値に対してロバストにすることができます．M 推定の一般的な説明は 13.10 節を参照してください．

ここでは，M 推定をスキャンマッチングに適用する方法を説明します．式 (11.1) において，外れ値に弱い二次形式 $\boldsymbol{e}_i^{\mathsf{T}} W_i \boldsymbol{e}_i$ の代わりにロバストコスト関数 $\rho(*)$ を用いて，各点 $\boldsymbol{p}_i$ ごとにコストを計算します．ここで，$f_i(\boldsymbol{x}) = \boldsymbol{e}_i^{\mathsf{T}}(\boldsymbol{x}) W_i \boldsymbol{e}_i(\boldsymbol{x})$ とし，$g_i = \sqrt{f_i}$ とおきます．

$$F(\boldsymbol{x}) := \sum_{i=1}^{N} \rho(g_i) \tag{11.4}$$

この式を微分すると

$$\frac{\partial F}{\partial \boldsymbol{x}} = \sum_{i=1}^{N} \frac{\partial \rho(g_i)}{\partial \boldsymbol{x}} = \sum_{i=1}^{N} \frac{\partial \rho(g_i)}{\partial f_i} \frac{\partial f_i}{\partial \boldsymbol{x}} \tag{11.5}$$

となります．ここで

$$\frac{\partial \rho(g_i)}{\partial f_i} = \frac{\partial \rho(g_i)}{\partial g_i} \frac{\partial g_i}{\partial f_i} = \frac{\partial \rho(g_i)}{\partial g_i} \frac{1}{2\sqrt{f_i}} = \frac{\psi(g_i)}{2 g_i} = \frac{w(g_i)}{2} \tag{11.6}$$

と計算でき，$\psi(g_i) = \dfrac{\partial \rho(g_i)}{\partial g_i}$ を影響力関数，$w(g_i) = \dfrac{\psi(g_i)}{g_i}$ を重み関数といいます．

また，前節と同様に，$\boldsymbol{x}_0$ まわりの微小変位 $\delta \boldsymbol{x}$ を考えて

$$f_i(\boldsymbol{x}) \approx (\boldsymbol{e}_i(\boldsymbol{x}_0) + J_i \delta \boldsymbol{x})^{\mathsf{T}} W_i (\boldsymbol{e}_i(\boldsymbol{x}_0) + J_i \delta \boldsymbol{x}) \tag{11.7}$$

$$\frac{\partial f_i}{\partial \boldsymbol{x}} = 2(J_i^{\mathsf{T}} W_i \boldsymbol{e}_i(\boldsymbol{x}_0) + J_i^{\mathsf{T}} W_i J_i \delta \boldsymbol{x}) \tag{11.8}$$

となります．そして，$\dfrac{\partial F}{\partial \boldsymbol{x}} = \boldsymbol{0}$ を解くことで，最小解を求めます．

$$\frac{\partial F}{\partial \boldsymbol{x}} \approx \sum_{i=1}^{N} w(g_i)(J_i^{\mathsf{T}} W_i \boldsymbol{e}_i(\boldsymbol{x}_0) + J_i^{\mathsf{T}} W_i J_i \delta \boldsymbol{x}) = \boldsymbol{0} \tag{11.9}$$

これより

$$\left(\sum_{i=1}^{N} w(g_i) J_i^{\mathsf{T}} W_i J_i\right) \delta \boldsymbol{x} = -\sum_{i=1}^{N} w(g_i) J_i^{\mathsf{T}} W_i \boldsymbol{e}_i(\boldsymbol{x}_0) \tag{11.10}$$

となります．こうすると，式 (11.3) の代わりに式 (11.10) を用いてガウス–ニュートン法を行うことになります．ただ，g_i は $\delta\boldsymbol{x}$ の関数なので，この式を厳密に解くことはできません．そこで，$\boldsymbol{x}_0$ での g_i を $w(g_i)$ に代入して，$w(g_i)$ を定数として式 (11.10) を解きます．ガウス–ニュートン法の繰り返し計算が進むにつれて，$w(g_i)$ は正しい値に収束していきます．

重み関数 $w(g_i)$ として，さまざまなものが提案されていますが，本書では，13.10 節に記載した Huber や Tukey の重み関数を使います．

11.3　MAP 推定による退化への対処

第 9 章で述べたセンサ融合の方法は，スキャンマッチングによる推定値とオドメトリの計測値を融合させるものでした．これは，スキャンマッチングで値が確定した後でオドメトリ値と融合するので，疎結合（loose-coupling）といわれます．この方法の欠点は，9.5 節の最後で述べたように，退化によってスキャンマッチングの推定位置がずれてオドメトリ値から遠く離れてしまう可能性があることです．すると，融合結果がスキャンマッチングやオドメトリの共分散による許容範囲の外に出てしまい，センサ融合してもよい結果が得られなくなります（図 11.3）．

これに対処するには，スキャンマッチングの最適化処理の段階でオドメトリ拘束をきかせることが有効です[39]．このように最適化処理の中で融合するアプローチは密結合（tight-coupling）と呼ばれ，MAP 推定の枠組みで行われます．**MAP 推定**（maximum a-posteriori estimation）は，ベイズ推定における事後確率を最大にするパラメータを求める推定法です．ベイズの定理で事後分布（事後確率の分布）は事前分布と尤度の積であり（13.4 節の 1 項参

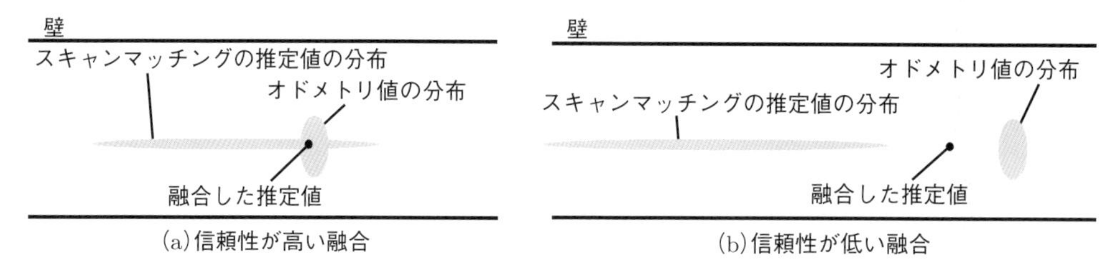

■ 図 11.3　センサ融合の様子

(b) のように，融合結果が共分散行列の楕円で示される許容範囲の外にある場合，推定値の信頼性は低い．

照)，SLAM においては，事前分布はオドメトリによるロボット位置の推定で得られ，尤度はスキャンマッチングによるロボット位置の推定で得られます．

ここでは，4.3 節で述べたグラフベース SLAM の式 (4.9) をもとに考えます．まず，式 (4.9) に式 (4.11) を代入して次式を得ます．

$$\begin{aligned} & p(\boldsymbol{x}_{0:t} \,|\, \boldsymbol{z}_{1:t}, \boldsymbol{a}_{1:t}, \boldsymbol{c}_{1:t}) \\ & \quad \approx \eta p(\boldsymbol{z}_t \,|\, \boldsymbol{x}_t, \bar{\boldsymbol{m}}_{t-1}, \boldsymbol{c}_t)\, p(\boldsymbol{x}_t \,|\, \boldsymbol{x}_{t-1}, \boldsymbol{a}_t)\, p(\boldsymbol{x}_{0:t-1} \,|\, \boldsymbol{z}_{1:t-1}, \boldsymbol{a}_{1:t-1}, \boldsymbol{c}_{1:t-1}) \end{aligned} \tag{11.11}$$

ここで行いたいことは，時刻 t のロボット位置を時刻 t のスキャンとオドメトリ値から求めることです．式 (11.11) は漸化式になっており，このうち，時刻 $t-1$ から t までの移動量と地図の推定を表しているのは，$p(\boldsymbol{z}_t \,|\, \boldsymbol{x}_t, \bar{\boldsymbol{m}}_{t-1}, \boldsymbol{c}_t)\, p(\boldsymbol{x}_t \,|\, \boldsymbol{x}_{t-1}, \boldsymbol{a}_t)$ の部分です．

これはベイズの定理によって，以下の式を展開した形になっています．

$$p(\boldsymbol{x}_t \,|\, \boldsymbol{z}_t, \bar{\boldsymbol{m}}_{t-1}, \boldsymbol{x}_{t-1}, \boldsymbol{a}_t, \boldsymbol{c}_t) = \eta_1 p(\boldsymbol{z}_t \,|\, \boldsymbol{x}_t, \bar{\boldsymbol{m}}_{t-1}, \boldsymbol{c}_t)\, p(\boldsymbol{x}_t \,|\, \boldsymbol{x}_{t-1}, \boldsymbol{a}_t) \tag{11.12}$$

左辺 $p(\boldsymbol{x}_t \,|\, \boldsymbol{z}_t, \bar{\boldsymbol{m}}_{t-1}, \boldsymbol{x}_{t-1}, \boldsymbol{a}_t, \boldsymbol{c}_t)$ は事後分布であり，事前分布 $p(\boldsymbol{x}_t \,|\, \boldsymbol{x}_{t-1}, \boldsymbol{a}_t)$ と尤度 $p(\boldsymbol{z}_t \,|\, \boldsymbol{x}_t, \bar{\boldsymbol{m}}_{t-1}, \boldsymbol{c}_t)$ の積で表されています．

MAP 推定では，式 (11.12) を最大化する $\boldsymbol{x}_t$ を求めます．そのために，この式を 4.3 節で行ったように非線形最小二乗問題に変換します．式 (4.3)，式 (4.4) を式 (11.12) に代入して，負の対数をとると

$$\begin{aligned} F_t &= (\boldsymbol{x}_t - \boldsymbol{g}(\boldsymbol{x}_{t-1}, \boldsymbol{a}_t))^{\mathsf{T}} \Sigma_{a_t}^{-1} (\boldsymbol{x}_t - \boldsymbol{g}(\boldsymbol{x}_{t-1}, \boldsymbol{a}_t)) \\ & \quad + \sum_i (\boldsymbol{z}_t^i - \boldsymbol{h}(\boldsymbol{x}_t, \boldsymbol{q}^{j_i}))^{\mathsf{T}} \Sigma_{z_t}^{-1} (\boldsymbol{z}_t^i - \boldsymbol{h}(\boldsymbol{x}_t, \boldsymbol{q}^{j_i})) \end{aligned} \tag{11.13}$$

となって，F_t を最小化する $\boldsymbol{x}_t$ を求める問題になります．

見やすさのため，$\boldsymbol{g}_t = \boldsymbol{g}(\boldsymbol{x}_{t-1}, \boldsymbol{a}_t)$，$\boldsymbol{e}_t = \boldsymbol{z}_t^i - \boldsymbol{h}(\boldsymbol{x}_t, \boldsymbol{q}^{j_i})$ とおき(注 1)，$A = \Sigma_{a_t}^{-1}$，$W_i = \Sigma_{z_t}^{-1}$ とします．さらに，t を省略して

$$F = (\boldsymbol{x} - \boldsymbol{g})^{\mathsf{T}} A (\boldsymbol{x} - \boldsymbol{g}) + \sum_i \boldsymbol{e}_i^{\mathsf{T}} W_i \boldsymbol{e}_i \tag{11.14}$$

を得ます．

これまでと同様に，$\boldsymbol{x}_0$ まわりの微小変位 $\delta\boldsymbol{x} = \boldsymbol{x} - \boldsymbol{x}_0$ を考え，$\boldsymbol{e}_i$ を線形化します．

$$\boldsymbol{e}_i(\boldsymbol{x}) \approx \boldsymbol{e}_i(\boldsymbol{x}_0) + J_i \delta\boldsymbol{x} \tag{11.15}$$

$$J_i := \left. \frac{\partial \boldsymbol{e}_i(\boldsymbol{x})}{\partial \boldsymbol{x}} \right|_{\boldsymbol{x}=\boldsymbol{x}_0}$$

$$\begin{aligned} F(\boldsymbol{x}) &\approx (\boldsymbol{x}_0 + \delta\boldsymbol{x} - \boldsymbol{g})^{\mathsf{T}} A (\boldsymbol{x}_0 + \delta\boldsymbol{x} - \boldsymbol{g}) \\ & \quad + \sum_{i=1}^{N} (\boldsymbol{e}_i(\boldsymbol{x}_0) + J_i \delta\boldsymbol{x})^{\mathsf{T}} W_i (\boldsymbol{e}_i(\boldsymbol{x}_0) + J_i \delta\boldsymbol{x}) \end{aligned} \tag{11.16}$$

(注 1) ここでは計測モデルをセンサ座標系で表していますが，7.2 節の 3 項で述べたように，外界センサが Lidar の場合は，地図座標系で $\boldsymbol{e}_i = R\boldsymbol{z}_t^i + \boldsymbol{t} - \boldsymbol{q}^{j_i}$ と表し，$\Sigma_{\boldsymbol{z}_t}$ を回転すれば，同じ結果が得られます．

そして，F の最小解を求めるために偏微分 $\dfrac{\partial F}{\partial \boldsymbol{x}} = 0$ を計算します．

$$\frac{\partial F}{\partial \boldsymbol{x}} \approx 2(A(\boldsymbol{x}_0 + \delta\boldsymbol{x} - \boldsymbol{g}))^\top + \sum_{i=1}^{N} 2(J_i^\top W_i \boldsymbol{e}_i(\boldsymbol{x}_0) + J_i^\top W_i J_i \delta\boldsymbol{x}) = 0 \tag{11.17}$$

これより

$$\left(\sum_{i=1}^{N} J_i^\top W_i J_i + A\right) \delta\boldsymbol{x} = -\sum_{i=1}^{N} J_i^\top W_i \boldsymbol{e}_i(\boldsymbol{x}_0) - A(\boldsymbol{x}_0 - \boldsymbol{g}) \tag{11.18}$$

となります．

式 (11.3) の代わりに式 (11.18) を用いてガウス–ニュートン法を行えば，オドメトリ値を組み込んだ ICP の最適化が実現されます．また，ICP での外れ値に対処するには，11.2 節の式 (11.10) と同様に，ロバストコスト関数の重みを式 (11.18) の $J_i^\top W_i J_i$ と $J_i^\top W_i \boldsymbol{e}_i(\boldsymbol{x}_0)$ に乗算します．

11.4　kd 木を用いたデータ対応づけ

ICP におけるデータ対応づけの方法として，7.2 節では線形探索を紹介しました．線形探索は全データを探索するので，データ数に比例して処理時間が増えます．そこで，8.5 節では，格子テーブルを用いた方法で処理時間の改善を図りました．ところが，11.7 節の 4 項で示すように，格子テーブルを単純に実装した場合，探索範囲が広くなると処理が遅くなるという問題があります．

これに対処するため，ここでは，最近傍探索手法を用いてデータ対応づけをさらに高速化する方法を紹介します．点群の**最近傍探索**（nearest neighbor search）とは，探索対象点（クエリ）P から距離の近い点群の部分集合を求めることで，2 次元や 3 次元のユークリッド空間を対象とする場合は，木構造の一種である **kd 木**（k-dimensional tree）がよく使われます．

木構造はデータを効率よく探索するデータ管理手法です．簡単のため，1 次元データ（スカラー）の集合 N を考えます．木構造では，N をある分割値（多くは中央値）との大小比較により部分集合 N_1 と N_2 に分割します．さらに，N_1 を N_{11} と N_{12}，N_2 を N_{21} と N_{22} に分割するということを繰り返します．分割が 1 段進むとデータはだいたい半分に分かれるので，データが 1 個に特定できる段数はおおむね $\log_2|N|$ 段になります．探索時は，クエリと各段の分割値とで大小を比較して，分割された集合のどちらかに進みます．たどるべき段数はたかだか $\log_2|N|$ なので，処理時間は $\log_2|N|$ に比例し，$|N|$ が大きくなれば，直線探索よりはるかに速くなります．

kd 木は k 次元データを扱う木構造であり，上記の分割を各軸（2 次元なら x 軸と y 軸）で順番に行います．たとえば，1 段目は x 軸，2 段目は y 軸，3 段目は x 軸で分割するようにします．値の分散が大きい軸を優先して分割する方法もあります．ただし，最近傍探索では，登録したデータとクエリが一致するとは限らないので，上記の探索で近傍点の候補を絞ったあと，その候補の中から距離が許容範囲内のものを選ぶという処理を行います．kd 木の詳細については，文献 57), 69) を参照してください．

近年は，kd 木のオープンソース・ライブラリが多数公開されています．有名なものに FLANN[79] があります．また，nanoflann[14] はヘッダファイルだけで書かれた軽量で使いやすいライブラリで，本書ではこれを用いています．

11.5 ループ閉じ込みのロバスト化

ループ検出は SLAM 技術の中でも最も難しい問題の 1 つであり，誤検出を完全になくすことはできません．ループ閉じ込みで用いるポーズ調整は最小二乗法に基づくため，ICP の場合と同様に外れ値に弱く，誤検出があると地図が歪んでしまいます．

そこで，ループの誤検出に影響されずに，ロバストにポーズ調整を行う技術が提案されています[105]．基本的なアイデアは，各ループ拘束に重みを導入し，誤検出されたループ拘束の重みを小さくして無効化するというものです．いま，$\boldsymbol{x}_s$ と $\boldsymbol{x}_t$ 間のループ拘束の重みを**スイッチ変数** s_{st} で表します．s_{st} はスカラーで，正規分布 $N(\gamma_{st}, \Xi_{st})$ にしたがうものとします．そして，ポーズ調整の式を次のように定義します．

$$
\begin{aligned}
J = &\sum_t (\boldsymbol{f}(\boldsymbol{x}_{t-1}, \boldsymbol{x}_t) - \boldsymbol{d}_t)^\top \Sigma_t^{-1} (\boldsymbol{f}(\boldsymbol{x}_{t-1}, \boldsymbol{x}_t) - \boldsymbol{d}_t) \\
&+ \sum_{(s,t)\in C} s_{st}^2 (\boldsymbol{f}(\boldsymbol{x}_s, \boldsymbol{x}_t) - \boldsymbol{d}_{st})^\top \Sigma_{st}^{-1} (\boldsymbol{f}(\boldsymbol{x}_s, \boldsymbol{x}_t) - \boldsymbol{d}_{st}) \\
&+ \sum_{(s,t)\in C} (\gamma_{st} - s_{st}) \Xi_{st}^{-1} (\gamma_{st} - s_{st})
\end{aligned}
\tag{11.19}
$$

4.3 節の 3 項で述べたポーズ調整の式 (4.8) と比べると，第 2 項がループ拘束でそこに s_{st}^2 が重みとして乗算されています．第 1 項はオドメトリ拘束で外れ値はないと仮定しています．第 3 項は，s_{st} がすべて 0 にならないための正則化項です．実装では，$\gamma_{st} = 1, \Xi_{st} = 1$ とします．

この手法では，ポーズ調整で J を最適化する際に，ロボット軌跡 $\boldsymbol{x}_{1:t}$ だけでなく s_{st} も変数となります．最適化の繰り返し過程で，誤検出のループ拘束に対する s_{st} の値が次第に小さくなってポーズ調整に寄与しなくなっていきます．

このようにスイッチ変数を用いる手法は外れ値の対処に有効なのですが，ポーズ調整の中でスイッチ変数 s_{st} の最適化も行うため，最適化の対象となる変数が増えて処理時間が余分にかかるという問題があります．

そこで，式 (11.19) を変形して，スイッチ変数を最適化計算の変数に加えることなく，閉形式で値を求める DCS（Dynamic Covariance Scaling）という方法が提案されました[2]．DCS では，式 (11.19) の J の極小値の条件として $\dfrac{\partial J}{\partial s_{st}} = 0$ を解いて，s_{st} を次のように求めます．

$$s_{st} = \min\left(1, \frac{2\Phi_{st}}{\Phi_{st} + \chi_{st}^2}\right) \tag{11.20}$$

$$\chi_{st}^2 = (\boldsymbol{f}(\boldsymbol{x}_s, \boldsymbol{x}_t) - \boldsymbol{d}_{st})^\top \Sigma_{st}^{-1} (\boldsymbol{f}(\boldsymbol{x}_s, \boldsymbol{x}_t) - \boldsymbol{d}_{st}) \tag{11.21}$$

ただし，$\Phi_{st} = \Xi_{st}^{-1} = 1$ です．この s_{st} を式 (11.19) に代入して，J を最小化する $\boldsymbol{x}_{1:t}$ を求めます．

スイッチ変数 s_{st} の値は，そのループ辺の両端のノード $\boldsymbol{x}_s, \boldsymbol{x}_t$ 間の相対位置がループ拘束の相対位置 $\boldsymbol{d}_{st}$ と大きくずれていると小さくなります．すると，そのループ拘束は外れ値の可能性が高いとして，ポーズ調整に寄与しなくなっていきます．

11.6 追加プログラムの実装

1 プログラムの構成

追加プログラムを実装するためのクラスを**表 11.1** に示します．ガウス–ニュートン法は，PoseOptimizer の派生クラス PoseOptimizerGN を定義して，フレームワークをカスタマイズする形で実装しています．MAP 推定も，派生クラス PoseOptimizerMAP で同様に実装しています．kd 木による最近傍探索も派生クラス DataAssociatorNN で，フレームワークをカスタマイズする形で実装しています．

ロバストコスト関数は PoseOptimizerGN や PoseOptimizerMAP に組み込まれていますが，そのテストを行うためにはフレームワーク側の改造が必要なため，ScanMatcherRB というクラスを追加しています．

また，ロバストポーズ調整は，新しいクラス RobustP2oDriver2D の中でロバスト化するかど

■ **表 11.1**　追加プログラムのカスタマイズクラス

プログラム名	内　容	詳　細
ScanMatcherRB	ロバストコスト関数のテスト	フレームワーク
NNFinder2D	kd 木による最近傍探索	
RobustP2oDriver2D	ロバストポーズ調整	
SlamBackEnd	ポーズ調整の呼び出し	
FrameworkCustomizer	フレームワークをカスタマイズする	
PoseOptimizerGN	コスト関数最小化	ガウス–ニュートン法
DataAssociatorNN	データ対応づけ	kd 木による最近傍探索
PoseOptimizerMAP	コスト関数最小化	MAP 推定

■表 11.2 カスタマイズのタイプ

	ガウス–ニュートン法	ロバストコスト	MAP 推定	kd 木	ロバストポーズ
cJ	○				
cK	○	○			
cL	○	○	○		
cM	○	○	○	○	
cN	○	○	○	○	○

うかを選択するようにしてあります．そのため，従来の P2oDriver2D を RobustP2oDriver2D で置き換えることにし，フレームワークのカスタマイズという形をとらずに実装しています．

表 11.2 に，この章におけるカスタマイズのタイプを示します．ロバストコストはスキャンマッチングのロバスト化，ロバストポーズはポーズ調整のロバスト化を意味します．この表では，cX がカスタマイズのタイプを表し（X = J〜N），関数 customizeX によって実装されます．この章のカスタマイズは変則的なものもあるため，そのソースコードはこの節の次項以降で個別に説明します．

2 スキャンマッチングの高速化の実装

ICP の最適化ステップをガウス–ニュートン法で実装したプログラムを**ソースコード 11.1** に示します．このソースコードでは，58〜62 行で共分散行列 W_i，64〜66 行で残差 $e_i(\boldsymbol{x}_0)$，74〜80 行でヤコビ行列 J_i を計算し，89〜90 行で式 (11.3)を解いて $\boldsymbol{x}$ を更新しています．56 行の addNoise 関数および 71 行の robustWeightHuber 関数は，次節のロバスト化で用いるもので，ここでは実行されません．

フレームワークのカスタマイズ例を**ソースコード 11.2** に示します．このカスタマイズは表 11.2 の cJ であり，customizeJ 関数で実装されます．前章の cI との違いは，poptGN (PoseOptimizerGN クラス）の部分です．PoseOptimizerGN は，最急降下法によるプログラム PoseOptimizerSL クラスと違い，CostFunction クラスの cfunc 関数を必要としません．しかし，フレームワークの基底クラスで cfunc を呼び出す部分があり，cfunc がないとエラーとなるため，ダミーで cfunc を入れています（5 行）．PoseOptimizerGN だけを使うと決まれば，フレームワークから cfunc に関する部分を削除してプログラムをコンパクトにしてもかまいません．

なお，ガウス–ニュートン法のプログラムを少し変えるだけで，レーベンバーグ–マーカート法を簡単に実装することができます．本書では扱いませんが，興味のある人は文献 92) を参照するとよいでしょう．

■ソースコード 11.1　コスト関数最適化の高速化

```
1  // コスト関数最小化の派生クラス
2  class PoseOptimizerGN : public PoseOptimizer {
3      ... 略
4  };
5
6  // データ対応づけ固定のもと，初期位置initPoseを与えて，ロボット推定位置estPoseを求める．
7  double PoseOptimizerGN::optimizePose(Pose2D &initPose, Pose2D &estPose) {
8    const static int MAX_STEPS = 10;
9    Pose2D pose = initPose;
10   double prevErr = 1000000;
11   for (int i=0; i<MAX_STEPS; ++i) {
12     Pose2D npose;
13     double curErr = calGaussNewton(pose, curLps, refLps, npose);
14     if (abs(prevErr - curErr) <= evthre) {   // 収束
15       if (curErr < prevErr) {
16         pose = npose;
17         prevErr = curErr;
18       }
19       break;
20     }
21     if (curErr < prevErr) {
22       pose = npose;
23       prevErr = curErr;
24     }
25     else
26       break;
27   }
28    estPose = pose;
29
30    return(prevErr);
31 }
32
33 double PoseOptimizerGN::calGaussNewton(const Pose2D &pose, vector<const LPoint2D*> &curLps,
     vector<const LPoint2D*> &refLps, Pose2D &newPose) {
34   double tx = pose.tx;
35   double ty = pose.ty;
36   double th = pose.th;
37   double a = DEG2RAD(th);
38   double cs = cos(a);
39   double sn = sin(a);
40
41   Eigen::Matrix3d JWJ = Eigen::Matrix3d::Zero(3,3);
42   Eigen::Vector3d JWe = Eigen::Vector3d::Zero(3);
43   double totalErr=0;
44
45   for (size_t i=0; i<curLps.size(); i++) {
46     const LPoint2D *clp = curLps[i];                          // 現在スキャンの点
47     const LPoint2D *rlp = refLps[i];                          // 参照スキャンの点
48
49     if (rlp->type != LINE)                                    // 法線のない点は使わない
```

```
50          continue;
51
52        double cx = clp->x;
53        double cy = clp->y;
54
55        if (hasOutliers)
56          addNoise(i, cx, cy);        // 外れ値テスト
57
58        Eigen::Matrix2d W;
59        W(0,0) = rlp->nx*rlp->nx;
60        W(1,0) = rlp->ny*rlp->nx;
61        W(0,1) = rlp->nx*rlp->ny;
62        W(1,1) = rlp->ny*rlp->ny;
63
64        Eigen::Vector2d e;
65        e(0) = (cs*cx - sn*cy + tx) - rlp->x;           // clpを推定位置で座標変換
66        e(1) = (sn*cx + cs*cy + ty) - rlp->y;
67        double err = e.transpose()*W*e;
68
69        double drho = 1;
70        if (beRobust)
71          drho = robustWeightHuber(err);
72  //        drho = robustWeightTukey(err);
73
74        Eigen::Matrix<double, 2, 3> J;
75        J(0,0) = 1;
76        J(0,1) = 0;
77        J(0,2) = -sn*cx - cs*cy;
78        J(1,0) = 0;
79        J(1,1) = 1;
80        J(1,2) = cs*cx - sn*cy;
81
82        Eigen::Matrix<double, 3, 2> A = drho*J.transpose()*W;
83
84        JWJ += A*J;
85        JWe += A*e;
86        totalErr += drho*err;
87      }
88
89      Eigen::Vector3d d = -JWJ.inverse()*JWe;
90      newPose.setVal(tx+d(0), ty+d(1), MyUtil::add(th, RAD2DEG(d(2))));
91
92      return(totalErr);
93  }
```

■ソースコード 11.2　フレームワークカスタマイズ例

```
1  void FrameworkCustomizer::customizeJ() {
2    pcmap = &pcmapLP;                                   // 部分地図ごとに管理する点群地図
```

```
3    RefScanMaker *rsm = &rsmLM;                    // 局所地図を参照スキャンとする
4    DataAssociator *dass = &dassGT;                // 格子テーブルによるデータ対応づけ
5    CostFunction *cfunc = &cfuncPD;                // 垂直距離をコストとする
6    PoseOptimizer *popt = &poptGN;                 // ガウスニュートン法による最適化
7    LoopDetector *lpd = &lpdSS;                    // 部分地図を用いたループ検出
8
9    略
10 }
```

3 スキャンマッチングのロバスト化の実装

ロバストコスト関数として Huber と Tukey（13.10 節参照）を用い，その重み関数を実装した例を**ソースコード 11.3** に示します．robustWeightHuber と robustWeightTukey が重み関数であり，ソースコード 11.1 で呼ばれます．evlimit は外れ値の閾値であり，これより大きいデータは外れ値とみなします．

ロバスト化の実装はこのように簡単なのですが，テストが少し面倒です．まず，テスト用にノイズを与える必要があります．26 行目の addNoise 関数は，テスト用に人為的ノイズを付加する関数です．本格的に模擬するのはたいへんなので，入力スキャンの一部の点に単純にノイズを加えるだけにします．ここでは，10 個おきに 3D 点の x, y 値に適当な定数を加えています．定数ではなく，乱数ノイズを与えてもよいです．

前節のソースコード 11.1 の 55 行において，hasOutliers に true が設定されていると，addNoise 関数により人為的ノイズが付加されます．hasOutliers の設定は，ソースコード 11.3 の 33 行の setHasOutliers 関数によって行います．

次に，ロバストコスト関数の有無による違いを比べるための切り替え関数を用意します．前節のソースコード 11.1 の 70 行の beRobust に true が設定されていると，重み関数の値 drho が計算され，82 行および 86 行で使われます．beRobust の設定は，ソースコード 11.3 の 37 行の setBeRobust 関数によって行います．

フレームワークのカスタマイズ例を**ソースコード 11.4** に示します．このカスタマイズは表 11.2 の cK であり，customizeK 関数で実装されます．上記の hasOutliers と beRobust を setHasOutliers 関数および setBeRobust 関数によって設定しています．

スキャンマッチングがロバストになったかどうかを確めるには，もう少し調整が必要です．ScanMather2D クラスでは，ICP のスコアが悪いと，オドメトリによる初期値をそのまま推定結果とするようになっています．そのため，外れ値によって ICP が破綻しても，オドメトリ値が得られるだけで，ICP の結果は表に出てきません．そこで，テスト用に ScanMatcherRB という特別なクラスをつくります．ソースコードは割愛しますが，ScanMatcherRB では ICP のスコアが悪くてもオドメトリ値で置き換えないようになっています．また，センサ融合は行いません．これにより，ICPの結果をロボット位置の推定値としてそのまま出力します．

ソースコード11.4の21～26行および30行は，ScanMatcherRBのインスタンスsmat2に対する設定処理です．

■ソースコード 11.3 ロバストコスト関数

```
class PoseOptimizerGN : public PoseOptimizer {
  ... 略

  double robustWeightHuber(double e) {
    double drho;
    if (e < evlimit*evlimit)
      drho = 1;
    else
      drho = evlimit/sqrt(e);

    return(drho);
  }

  double robustWeightTukey(double e) {
    double drho;
    if (e < evlimit*evlimit) {
      double r = e/(evlimit*evlimit);
      drho = (1-r)*(1-r);
    }
    else
      drho = 0;

    return(drho);
  }

  void addNoise(int i, double &cx, double &cy) {
    if (i%10 == 0) {
      cx += 0.3;
      cy += 0.3;
    }
  }

  void setHasOutliers(bool t) {
    hasOutliers = t;
  }

  void setBeRobust(bool t) {
    beRobust = t;
  }

  ... 略
};
```

■ソースコード 11.4　フレームワークカスタマイズ例

```
1  class FrameworkCustomizer {
2    ScanMatcherRB smat2;
3
4    ... 略
5  };
6
7  void FrameworkCustomizer::customizeK() {
8    pcmap = &pcmapLP;                            // 部分地図ごとに管理する点群地図
9    RefScanMaker *rsm = &rsmLM;                  // 局所地図を参照スキャンとする
10   DataAssociator *dass = &dassGT;              // 最近傍探索によるデータ対応づけ
11   CostFunction *cfunc = &cfuncPD;              // 垂直距離をコスト関数とする
12   PoseOptimizer *popt = &poptGN;               // ガウスニュートン法による最適化
13   LoopDetector *lpd = &lpdDM;                  // ダミーのループ検出
14
15 //  dass->setDthre(2.0);                       // 対応づけ範囲を2mにする
16   poptGN.setHasOutliers(true);                 // 外れ値を生成する
17   poptGN.setBeRobust(true);                    // ロバストコスト関数
18
19   略
20
21   smat2.setPointCloudMap(pcmap);
22   smat2.setRefScanMaker(rsm);
23   smat2.setScanPointResampler(&spres);
24   smat2.setScanPointAnalyser(&spana);
25   smat2.setPoseEstimator(&poest);
26   smat2.setPoseFuser(&pfu);
27
28   sfront->setLoopDetector(lpd);
29   sfront->setPointCloudMap(pcmap);
30   sfront->setScanMatcher(&smat2);
31 }
```

4　MAP 推定の実装

MAP 推定を実装したプログラムを**ソースコード 11.5** に示します．PoseEstimagorMAP が MAP 推定を行うクラスです．12〜17 行がオドメトリによる予測値を組み込んでいる部分で，式 (11.18) に相当します．この計算にオドメトリの共分散行列が必要になるので，PoseFuser クラスのインスタンスである pfu で計算したものを用いています．9.2 節のようなセンサ融合は行わないので，PoseFuser は本来必要ないのですが，オドメトリの共分散行列の計算を PoseFuser で行っており，ここではそれを流用しています．

フレームワークのカスタマイズ例を**ソースコード 11.6** に示します．このカスタマイズは表 11.2 の cL であり，customizeL 関数で実装されます．cK との違いは，逐次

SLAM に PoseOptimizerMAP を使うことです．一方，ループ検出用のスキャンマッチングは，オドメトリを使わないので，これまでと同じ PoseOptimizerGN を使います．このため，PoseEstimator2D のインスタンスを poest と poest2 の 2 つ用意し，それぞれに PoseOptimizerMAP および PoseOptimizerGN を設定します．そして，poest2 をループ閉じ込みの LoopDetectorSS に割り当てます．poest は，もともと ScanMatcherMAP に割り当ててあります．

■ソースコード 11.5　MAP 推定の実装

```
1  class PoseOptimizerMAP : public PoseOptimizer
2  {
3     ... 略
4  };
5
6  // 推定位置pose, 現在スキャン点群curLps, 参照スキャン点群refLps
7  double PoseOptimizerMAP::calGaussNewton(const Pose2D &pose, vector<const LPoint2D*> &curLps,
     vector<const LPoint2D*> &refLps, Pose2D &newPose) {
8
9    ... PoseOptimizerGN::calGaussNewtonの34行〜87行と同じ
10
11   // オドメトリによる予測値
12   Eigen::Matrix3d mcov;
13   calOdometryCovariance(predPose, mcov);
14   Eigen::Matrix3d W = MyUtil::svdInverse(mcov);
15   JWJ += W;
16   Eigen::Vector3d b(pose.tx-predPose.tx, pose.ty-predPose.ty, DEG2RAD(MyUtil::add(pose.th, -
       predPose.th)));
17   JWe += W*b;
18
19   Eigen::Vector3d d = -JWJ.inverse()*JWe;
20   newPose.setVal(tx+d(0), ty+d(1), MyUtil::add(th, RAD2DEG(d(2))));
21
22   return(totalErr);
23 }
24
25 void PoseOptimizerMAP::calOdometryCovariance(const Pose2D &predPose, Eigen::Matrix3d &mcov) {
26   Pose2D lastPose = pcmap->getLastPose();
27   Pose2D odoMotion;
28   Pose2D::calRelativePose(predPose, lastPose, odoMotion);
29   pfu.calOdometryCovariance(odoMotion, lastPose, mcov);
30 }
```

■ソースコード 11.6　フレームワークのカスタマイズ例

```
1
2  class FrameworkCustomizer {
3    PoseOptimizerMAP poptMAP;
```

```
4     PoseEstimatorICP poest;
5     PoseEstimatorICP poest2;
6
7     ... 略
8   };
9
10  void FrameworkCustomizer::customizeL() {
11    pcmap = &pcmapLP;                               // 部分地図ごとに管理する点群地図
12    poptMAP.setPointCloudMap(pcmap);
13
14    ...
15
16    PoseOptimizer *popt1 = &poptMAP;                // 逐次SLAM用. MAP推定あり
17    PoseOptimizer *popt2 = &poptGN;                 // ループ閉じ込み用. MAP推定なし
18    ...
19    lpdSS.setPoseEstimator(&poest2);
20
21    ...
22    poest.setPoseOptimizer(popt1);                  // 逐次SLAM用
23
24    ...
25    poest2.setPoseOptimizer(popt2);                 // ループ閉じ込み用
26
27    ...
28  }
```

5 *k*d 木を用いたデータ対応づけの実装

*k*d 木のライブラリとして，nanoflann[14] を用います．nanoflann はオープンソースのソフトウェアであり，C++ のヘッダファイルだけで構成され，使いやすく処理が速いという特長があります．

本書の SLAM プログラムで使いやすいように nanoflann をもとに作成したクラス NNFinder2D を**ソースコード 11.7** に示します．これを用いてデータ対応づけを行うプログラム例を**ソースコード 11.8** に示します．nnfin が NNFinder2D のインスタンスであり，21 行の nnfin->makeIndex(allLps) で検索対象の 3D 点群 allLps を登録し，35 行の nnfin->getNearestNeighbors(&glp, allLps, dthre) で，クエリ点 glp の最近傍点を allLps から求めます．dthre は距離閾値であり，これより遠い点しかない場合はヌル値 nullptr を返します．

フレームワークのカスタマイズ例を**ソースコード 11.9** に示します．このカスタマイズは表 11.2 の cM であり，customizeM 関数で実装されます．cL との違いは，dassNN（DataAssociatorNN クラス）の部分です．

■ソースコード 11.7 最近傍探索

```
 1 class NNFinder2D
 2 {
 3   ...
 4   my_kd_tree_t *index;
 5
 6   ...
 7
 8   const LPoint2D *getNearestNeighbor(const LPoint2D *clp, const std::vector<const LPoint2D*> &
       lps, double dthre) {
 9     double query[2] = {static_cast<double>(clp->x), static_cast<double>(clp->y)};
10     size_t num_results = 1;
11     std::vector<size_t> ret_index(num_results);
12     std::vector<double> out_dist_sqr(num_results);
13     index->knnSearch(query, num_results, &ret_index[0], &out_dist_sqr[0]);
14
15     if (!ret_index.empty()) {
16       double d = out_dist_sqr[0];                        // 二乗距離
17       if (d <= dthre*dthre) {
18         size_t idx = ret_index[0];
19         const LPoint2D *lp = lps[idx];
20         return(lp);
21       }
22     }
23     return(nullptr);
24   }
25 };
```

■ソースコード 11.8 kd 木を用いたデータ対応づけ

```
 1 class DataAssociatorNN : public DataAssociator
 2 {
 3 private:
 4   std::vector<const LPoint2D*> allLps;
 5   NNFinder2D *nnfin;
 6
 7 public:
 8   DataAssociatorNN() {
 9     nnfin = new NNFinder2D(1000);
10   }
11
12   ~DataAssociatorNN() {
13     delete nnfin;
14   }
15
16   // 参照スキャンの点rlpsをポインタにしてnntabに入れる
17   virtual void setRefBase(const std::vector<LPoint2D> &rlps) {
18     allLps.clear();
```

```
19      for (size_t i=0; i<rlps.size(); i++)
20        allLps.push_back(&rlps[i]);              // ポインタにして格納
21      nnfin->makeIndex(allLps);
22    }
23
24    virtual double findCorrespondence(const Scan2D *curScan, const Pose2D &predPose);
25  };
26
27  // 現在スキャンcurScanの各スキャン点をpredPoseで座標変換した位置に最も近い点を見つける
28  double DataAssociatorNN::findCorrespondence(const Scan2D *curScan, const Pose2D &predPose) {
29    curLps.clear();                                 // 対応づけ現在スキャン点群を空にする
30    refLps.clear();                                 // 対応づけ参照スキャン点群を空にする
31    for (size_t i=0; i<curScan->lps.size(); i++) {
32      const LPoint2D *clp = &(curScan->lps[i]);     // 現在スキャンの点．ポインタで．
33      LPoint2D glp;                                 // clpの予測位置
34      predPose.globalPoint(*clp, glp);              // relPoseで座標変換
35      const LPoint2D *rlp = nnfin->getNearestNeighbor(&glp, allLps, dthre);
36      if (rlp != nullptr) {
37        curLps.push_back(clp);
38        refLps.push_back(rlp);
39      }
40    }
41    double ratio = (1.0*curLps.size())/curScan->lps.size();         // 対応がとれた点の比率
42
43    return(ratio);
44  }
```

■ソースコード 11.9　フレームワークのカスタマイズ例

```
1  void FrameworkCustomizer::customizeM() {
2    ... customizeL()と同じ
3
4    DataAssociator *dass = &dassNN;                  // 最近傍探索によるデータ対応づけ
5
6    ... customizeL()と同じ
7
8    //  dass->setDthre(2.0);                         // 対応づけ範囲を2mにする
9  }
```

6　ロバストなポーズ調整の実装

11.5 節で説明した DCS によるロバストなポーズ調整の実装例を**ソースコード 11.10** に示します．35〜51 行でループ辺に対するスイッチ変数を計算し，55 行で情報行列の各要素にスイッチ変数を重みとして乗算しています．

■ソースコード 11.10 ロバストポーズ調整

```
1   class RobustP2oDriver2D
2   {
3     ... 略
4   };
5
6   // ポーズグラフpgをポーズ調整し，その結果のロボット軌跡をnewPosesに格納する．
7   void RobustP2oDriver2D::doP2o( PoseGraph &pg, vector<Pose2D> &newPoses, int N) {
8     vector<PoseNode*> &nodes = pg.nodes;                          // ポーズノード
9     vector<PoseArc*> &arcs = pg.arcs;                             // ポーズアーク
10
11    vector<p2o::Pose2D> pnodes;                                    // p2oのポーズノード集合
12    // ポーズノードをp2o用に変換
13    for (size_t i=0; i<nodes.size(); i++) {
14      PoseNode *node = nodes[i];
15      Pose2D pose = node->pose;                                    // ノードの位置
16      pnodes.push_back(p2o::Pose2D(pose.tx, pose.ty, DEG2RAD(pose.th)));
17    }
18
19    p2o::Con2DVec pcons;                               // p2oのポーズアーク集合
20    int outNum=0;
21    double sum=0;
22    int num=0;
23    int ln=0;
24    for (size_t i=0; i<arcs.size(); i++) {
25      PoseArc *arc = arcs[i];
26      PoseNode *src = arc->src;
27      PoseNode *dst = arc->dst;
28      Pose2D &relPose = arc->relPose;
29      p2o::Con2D con;
30      con.id1 = src->nid;
31      con.id2 = dst->nid;
32      con.t = p2o::Pose2D(relPose.tx, relPose.ty, DEG2RAD(relPose.th));
33
34      // ここをロバスト化する．ループアークにswitch変数で重み付け
35      double sw=1;                           // switch variable
36      if (dst->nid != src->nid+1) {          // ループアークならば以下を実行
37        if (hasOutliers)
38          addNoise(arc);                     // テスト用のノイズ付加
39        Pose2D &spose = src->pose;
40        Pose2D &dpose = dst->pose;
41        double chi2 = calChiError(spose, dpose, relPose, arc->inf);
42        double phi = 1;
43        if (beRobust)
44          sw = min(1.0, 2*phi/(phi + chi2));
45        sum += chi2;
46        ++num;
47        arc->sw = sw;
48        printf("sw=%1.5lf,␣src=%d,␣dst=%d\n", sw, src->nid, dst->nid);
49        if (chi2 > 1.0)
50          ++outNum;
```

```
51        }
52
53        for (int k=0; k<3; k++) {
54          for (int m=0; m<3; m++) {
55            con.info(k, m) = sw*sw*arc->inf(k,m);
56          }
57        }
58        pcons.push_back(con);
59      }
60      p2o::Optimizer2D opt;                                    // p2oインスタンス
61      std::vector<p2o::Pose2D> result = opt.optimizePath(pnodes, pcons, N);  // N回実行
62
63       // 結果をnewPoseに格納する
64      for (size_t i=0; i<result.size(); i++) {
65        p2o::Pose2D newPose = result[i];                       // i番目のノードの修正された位置
66        Pose2D pose(newPose.x, newPose.y, RAD2DEG(newPose.th));
67        newPoses.emplace_back(pose);
68      }
69    }
70
71    // スイッチ変数の値を決めるカイ2乗値を求める.
72    double RobustP2oDriver2D::calChiError(const Pose2D &spose, const Pose2D &dpose, const Pose2D &
        relPose, Eigen::Matrix3d &inf) {
73      Pose2D rpose;
74      Pose2D::calRelativePose(dpose, spose, rpose);
75      double dx = rpose.tx - relPose.tx;
76      double dy = rpose.ty - relPose.ty;
77      double dth = DEG2RAD(MyUtil::add(rpose.th, -relPose.th));
78      double result = dx*dx*inf(0,0) + dy*dy*inf(1,1) + dth*dth*inf(2,2) + dx*dy*(inf(0,1)+inf
          (1,0));  // 並進・回転間の相関はなしとする.
79      return(result);
80    }
81
82    // テスト用にループ拘束に大きな誤差を与えて外れ値とする.
83    void RobustP2oDriver2D::addNoise(PoseArc *arc) {
84      PoseNode *src = arc->src;
85      Pose2D &relPose = arc->relPose;
86
87      if (src->nid%2 == 0) {              // 始点ノードidが偶数ならノイズ入れる
88        relPose.tx += 2;
89        relPose.ty += 1;
90      }
91    }
```

SlamBackEnd で使うポーズ調整クラスを P2oDriver2D から RobustP2oDriver2D に変更します．RobustP2oDriver2D クラスは，hasOutliers=true のとき，addNoise 関数により人為的な外れ値を挿入します．この関数は，ループ辺の始点ノードの id（通番）が偶数のとき，ループ拘束値に大きなノイズを加えて外れ値にします．また，beRobust=true にすると，ロ

バストポーズ調整を行います．beRobust=false にすれば，10.6 節で用いた P2oDriver2D と同じ挙動をします．

カスタマイズ例を**ソースコード 11.11** に示します．このカスタマイズは表 11.2 の cN であり，customizeN 関数で実装されます．これはフレームワークによるカスタマイズではなく，hasOutliers と beRobust を true に設定するだけです．

■**ソースコード 11.11** フレームワークのカスタマイズ例

```
1 void FrameworkCustomizer::customizeN() {
2   ... customizeM()と同じ
3
4   SlamBackEnd *sback = sfront->getSlamBackend();
5   sback->setHasOutliers(true);
6   sback->setBeRobust(true);
7 }
```

11.7 動作確認

1 スキャンマッチングの高速化

スキャンマッチングを高速化したプログラムは FrameworkCustomizer::customizeJ で起動されます．SlamLauncher::customizeFramework で customizeJ を選択し，他はコメントアウトしてください．

このプログラムをデータセット corridor と hall に適用した結果を**図 11.4** に示します．第 10 章の図 10.8 と目視では区別がつかず，ガウス–ニュートン法でもよい結果が得られることが確認できます．

ガウス–ニュートン法と最急降下法との違いは処理時間です．第 10 章で使用した最急降下法＋直線探索とこの章のガウス–ニュートン法について，optimizePose 関数による ICP1 回あたりの平均処理時間を**表 11.3** に示します．ガウス–ニュートン法の方が数十倍高速であることがわかります．なお，使用したコンピュータの CPU は Intel Core i9-11950H で，Ubuntu 20.04 で実行しています．

2 スキャンマッチングのロバスト化

スキャンマッチングをロバスト化したプログラムは FrameworkCustomizer::customizeK で起動されます．SlamLauncher::customizeFramework で customizeK を選択してください．

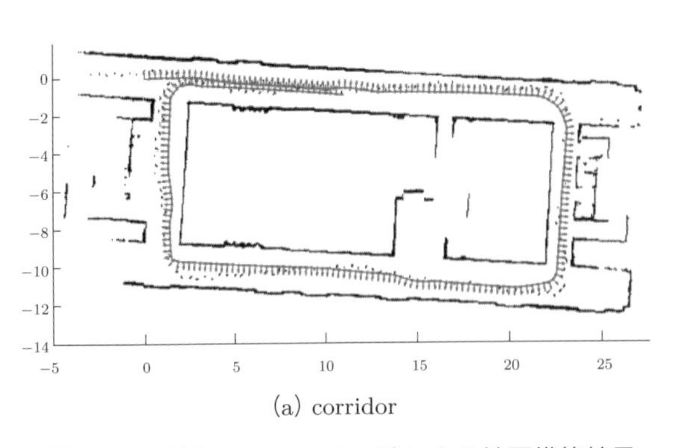

(a) corridor

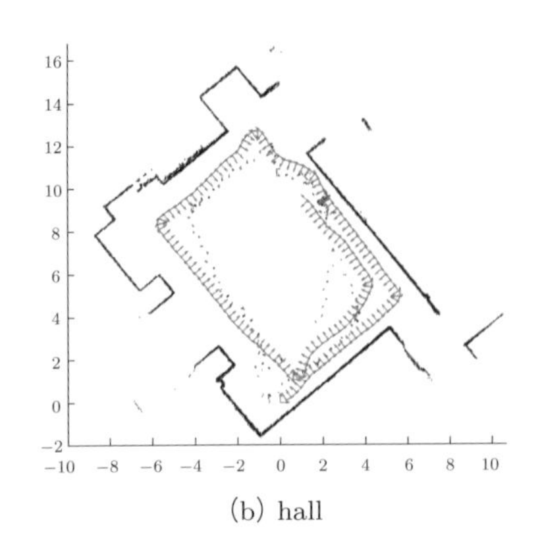

(b) hall

■ 図 11.4　ガウス–ニュートン法による地図構築結果

図 10.8 と目視では区別がつかない.

■ 表 11.3　ICP1 回あたりの平均処理時間〔ms〕

データセット	最急降下法 + 直線探索（poptSL）	ガウス–ニュートン法（poptGN）
corridor	0.801	0.026
hall	1.335	0.020

11.6 節の 3 項で述べたように，テスト用の ScanMatcherRB クラスは，ICP のスコアが悪くてもオドメトリ値で置き換えず，センサ融合も行わないため，退化には対処できなくなります．そこで，退化の少ない corridor-loops の一部をデータとして使います．

実行結果を**図 11.5** に示します．同図 (a) は，addNoise 関数によって人為的に ICP の対応点にノイズを加え，ロバストコスト関数は適用しなかった結果です．ノイズの影響で，ICP がうまく働かず，地図は大きく歪んでいます．

同図 (b) は，ノイズを加えた状態で，ロバストコスト関数として robustWeightHuber を用いた結果です．ノイズの影響は見られず，きれいな地図ができています．

人為的にノイズを加えれば地図が崩れるのは当然としても，自然に発生したノイズは地図の精度にどのくらい影響するのでしょうか？そこで，データ対応づけクラス DataAssociatorGT において，現在スキャン点と参照スキャン点を対応づける距離閾値（dthre）を 2.0 m に広げてみることにします．これは，FrameworkCustomizer::customizeK の中で，dassGT.setDthre(2.0) とすることで設定できます．これまでは dthre=0.2m としていたので，10 倍にしたことになります．

結果を同図 (c) に示します．生成された地図は少し歪んでおり，データ対応づけの許容範囲を広げると外れ値が生じて，地図生成に悪影響を与えることがわかります．この状態で，ロバストコスト関数をオンにすると，同図 (b) と同じ地図が得られます．このように自然に発生したノイズや外れ値にもロバストコスト関数は有効に働くことが確認できます．

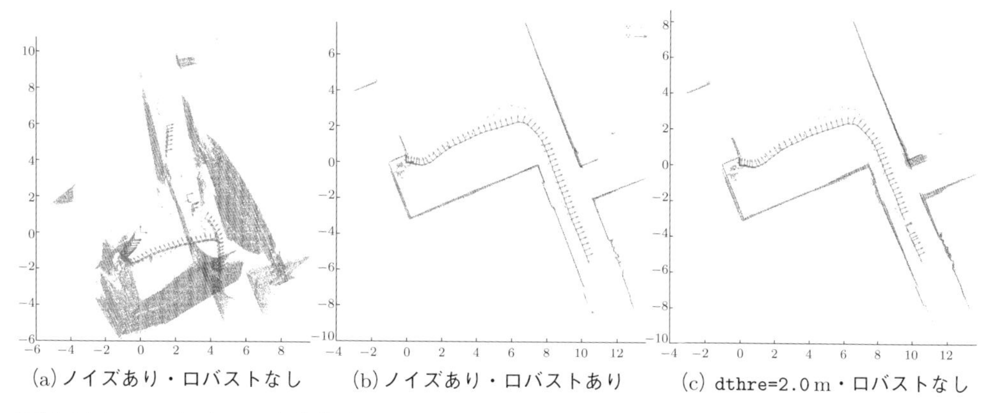

■ 図 11.5 ロバストコスト関数を用いた地図構築結果

対応点にノイズがあっても，ロバストコスト関数を用いると地図は崩れない．

3 MAP 推定による退化への対処

MAP 推定によって退化に対処するプログラムは FrameworkCustomizer::customizeL で起動されます．SlamLauncher::customizeFramework で customizeL を選択してください．

ここでも，前項と同様に，ScanMatcherRB クラスを用います．前項の customizeK では，センサ融合を行わないので，退化のあるデータを処理すると，**図 11.6** (a) のように地図がうまく生成できません．そこで，customizeL では，MAP 推定を行うクラス PoseOptimizerMAP を用います．

その結果を同図 (b) に示します．オドメトリ値がスキャンマッチングの段階で融合されるので退化によるずれが起きず，きれいな地図が得られています．また，データセット corridor や hall を処理した結果は，図 11.4 と同じになります．

MAP 推定の利点は，前述のように，9.2 節で述べた疎結合のセンサ融合よりも安定した融合結果が得られることです．疎結合のセンサ融合では，スキャンマッチングの推定値が退化によって飛んでしまい，オドメトリと融合可能な範囲を超えてしまう可能性があります．それに対して，MAP 推定ではスキャンマッチングの時点でオドメトリ値の制約がはたらくので，推定値が飛ぶようなことはなく，正しい融合値が得られます．

4 *k*d 木を用いたデータ対応づけ

*k*d 木を用いたデータ対応づけのプログラムは FrameworkCustomizer::customizeM で起動されます．SlamLauncher::customizeFramework で customizeM を選択してください．

対応点の距離閾値 dthre を変化させて，線形探索（dassLS），格子テーブル（dassGT），*k*d

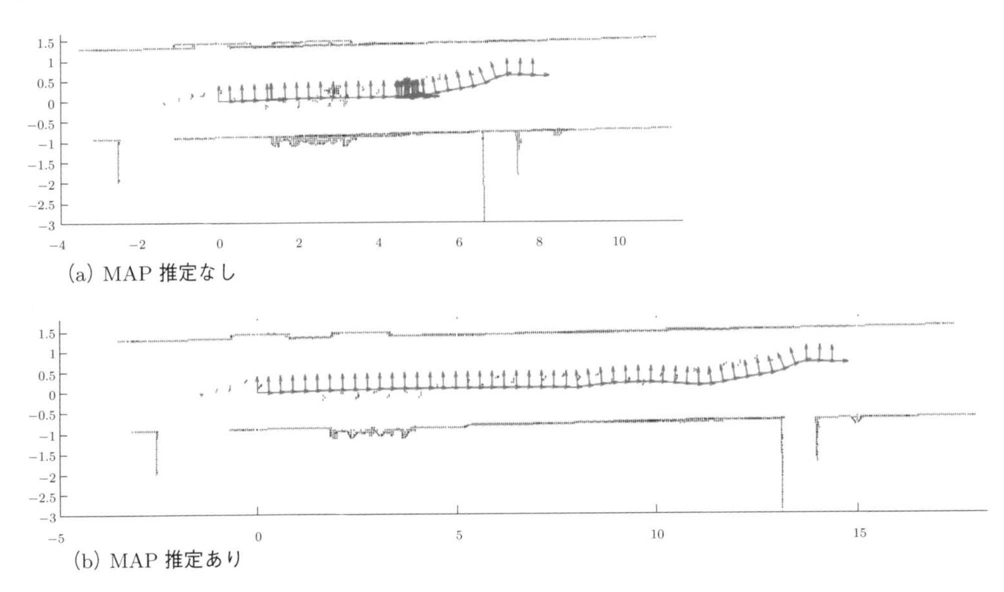

■ 図 11.6　MAP 推定による地図構築結果

退化が起きる環境でも，MAP 推定によりロボット位置がずれずに推定できている．

■ 表 11.4　距離閾値 dthre に対するデータ対応づけの処理時間〔ms〕の違い

dthre	線形探索（dassLS）	格子テーブル（dassGT）	*kd* 木（dassNN）
0.2	0.429	0.027	0.020
2.0	0.373	1.656	0.020

木（dassNN）による方法の処理時間を比較しました．用いたデータセットは corridor です．比較結果を**表 11.4** に示します．得られた地図は図 11.4 (a) と同じです．

対応点の距離閾値 dthre=0.2 m のときは，dassGT と dassNN で処理時間に差はありませんが，dthre=2.0 m では，dassNN ではほとんど変わらないのに対し，dassGT では非常に遅くなっています．これは，探索範囲が広がったことで，格子テーブルのセルを検索する回数が多くなったためと考えられます．8.7 節の 5 項のソースコード 8.7 の中で，探索範囲に含まれるセルをすべてたどり，セルに格納されたすべてのスキャン点をチェックしているため，時間がかかります．セルの代表点を使ったり，検索方法を工夫したりすれば，もう少し高速化ができますが，セルが小さい場合は効率はよくありません．

dassLS は，常に全点を探索するので，dthre によらず，時間がかかります．参照スキャンが小さい場合はよいのですが，参照スキャンの点数が増えると，それに比例して処理時間が増えることになります．

kd 木を用いることによって，現在スキャンと参照スキャンが離れていても，高速な点の対応づけが可能になります．これにより，たとえば，ロボットが高速に移動してスキャンの計測間

隔が大きくなっても，スキャンマッチングが可能になります．また，オドメトリによる次のロボット位置の予測がなくてもスキャンマッチングできる可能性が高くなります．ただし，前述のように，対応づけの範囲が広がれば外れ値も増えるので，ロバストコスト関数が必要になります．

5 ループ閉じ込みのロバスト化

ループ閉じ込みをロバスト化したプログラムは FrameworkCustomizer::customizeN で起動されます．SlamLauncher::customizeFramework で customizeN を選択してください．

図 11.7 に結果を示します．同図 (a) は，addNoise 関数によって人為的にループ辺にノイズを加え，setBeRobust 関数によるロバストポーズ調整は適用しなかった結果です．ノイズの影響で，ポーズ調整がうまく働かず，地図は大きく歪んでいます．

同図 (b) は，ノイズを加えた状態でロバストポーズ調整を実行した結果です．地図はきれいに生成できていることがわかります．

図 11.8 にスイッチ変数の値を示します．11.6 節の 6 項で述べたように，addNoise 関数では，ループ辺の始点ノード id（src->nid）が偶数のときに，人為的なノイズを加えるようにしていました．図 11.8 を見ると，始点ノード id が偶数の場合にスイッチ変数はほぼ 0 であり，奇数の場合は 1 であることがわかります．このことから，ノイズの入ったループ辺はスイッチ変数によって無効化され，ポーズ調整が正しく行われたことがわかります．

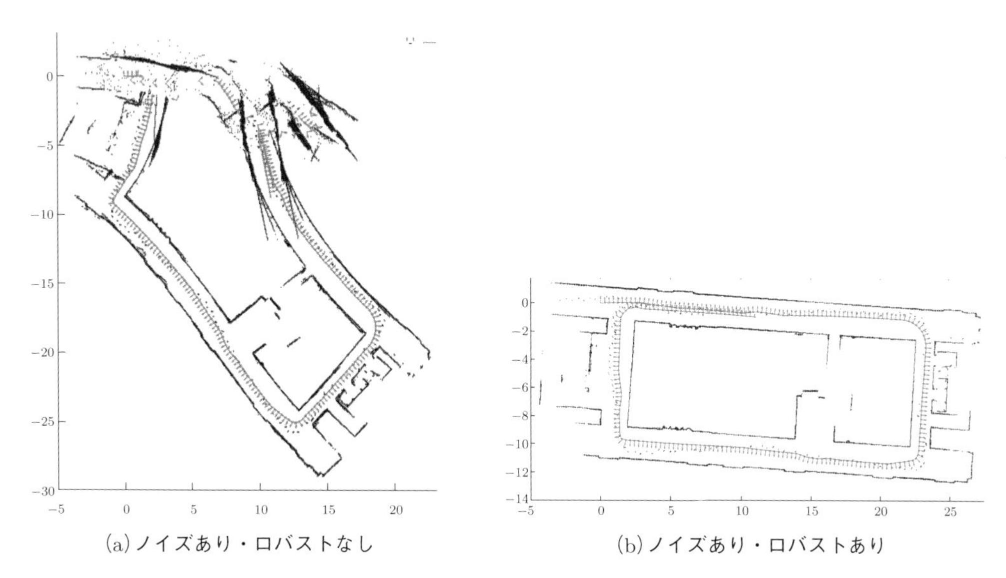

(a) ノイズあり・ロバストなし　　(b) ノイズあり・ロバストあり

■ **図 11.7**　ロバストポーズ調整によるループ閉じ込みの結果

ループ辺にノイズを入れても，ロバストポーズ調整を用いると地図は崩れない．

```
sw=1.00000, src=35, dst=1980
sw=1.00000, src=39, dst=1990
sw=1.00000, src=43, dst=2000
sw=0.00000, src=52, dst=2010
sw=1.00000, src=57, dst=2020
sw=0.00000, src=64, dst=2030
sw=0.00000, src=74, dst=2040
sw=0.00000, src=82, dst=2050
sw=0.00000, src=94, dst=2060
sw=1.00000, src=105, dst=2070
sw=0.00000, src=114, dst=2080
sw=0.00000, src=124, dst=2090
sw=1.00000, src=133, dst=2100
sw=0.00000, src=144, dst=2110
sw=1.00000, src=153, dst=2120
sw=0.00000, src=164, dst=2130
sw=0.00000, src=174, dst=2140
sw=1.00000, src=183, dst=2150
sw=0.00000, src=194, dst=2160
sw=0.00000, src=204, dst=2170
sw=0.00000, src=214, dst=2180
sw=0.00000, src=224, dst=2190
sw=1.00000, src=233, dst=2200
sw=0.00001, src=244, dst=2210
sw=1.00000, src=253, dst=2220
sw=0.00001, src=264, dst=2230
sw=1.00000, src=275, dst=2240
sw=0.00002, src=284, dst=2250
sw=0.00002, src=294, dst=2260
sw=0.00003, src=304, dst=2270
sw=0.00005, src=314, dst=2280
sw=0.00006, src=324, dst=2290
sw=1.00000, src=333, dst=2300
sw=1.00000, src=341, dst=2310
```

■ 図 11.8　スイッチ変数の値

sw はスイッチ変数，src は始点ノード id，dst は終点ノード id である．src が偶数のループ辺にノイズが入るが，その sw はほぼ 0 となっている．

CHAPTER 12

3D-SLAMの基礎

これまでは，2D-SLAMの実現方法を説明してきました．この章では，3D-SLAMを説明します．ここでは，2D-SLAMと同様に，Lidarを用いて3次元でスキャンマッチングを行うシステムを考えます．3D-SLAMの基本構造は2D-SLAMと同じですが，3次元になることで生じた問題に対処する必要があります．

- 点群の規模
  地図の対象空間が3次元になるため，点群の規模は2次元に比べて格段に大きくなります．膨大な3D点群をそのまま扱うと処理時間がかなり増えるため，リアルタイムで処理を行うには，点群の管理に工夫が必要です．
- 運動の自由度
  3次元空間の運動の自由度は6であり，2次元空間に比べて2倍に増えます．とくに回転自由度は1から3に増え，その扱いが難しくなります．3次元空間でのスキャンマッチングにおける回転成分の最適化は複雑なため，適切な回転表現を選ぶ必要があります．
  また，6自由度の運動では，2D-SLAMで用いた車輪オドメトリは一般には使えなくなり，内界センサとして主にIMUを用いることになります．このため，センサ融合の仕方も変わります．

なお，3D-SLAMのソースコードは本書で扱える分量ではなくなるため，基本原理についてだけ説明します．

関連知識

この章をより深く読むには，次の項目を確認しておくとよいでしょう．

線形代数（13.1節），最小二乗法（13.3節），点群の主成分分析（13.7節），垂直距離と共分散の関係（13.8節），3次元回転の表現（13.11節），3次元回転とリー代数（13.12節）

12.1 センサ

1 Lidar

3D-SLAM で用いるセンサのうち，2D-SLAM と違いが大きいのは Lidar です．3D-Lidar は屋外で使うことも多く，計測距離が長くて直射日光下でも計測できることが要求されるため，計測方法は ToF（time of flight）が主流です．3D-Lidar には，多層型，走査型，フラッシュ型などがあります．多層型は，2D-Lidar のような水平に走査する機構を重ねた構造をもちます．現状では，層数は 16～128 程度です．走査型は多層型を含みますが，より一般的に，レーザ光を水平だけでなく任意の方向に走査します．フラッシュ型は，レーザ光を走査せずに広範囲に一斉照射して距離画像を得ます．フラッシュ型は，レーザ光を走査しないので計測中に移動してもスキャンの歪みが生じないという利点がありますが，現状では視野は限定されます．**表 12.1** に，3D-Lidar の典型的な仕様を 2D-Lidar と比較して示します．

図 12.1 に多層型 3D-Lidar の例を示します．同図 (a) は，水平に走査するレーザ光を層状に重ねた様子の模式図です，多層型 3D-Lidar では，各層内では 0.1°～0.2° ごとに 3D 点が得られますが，層の間隔は 1°～2° であり，水平分解能と垂直分解能に大きな差があります．同図 (b) は，32 層の多層型 3D-Lidar で取得した 3D スキャンです．2D-Lidar に比べてスキャン点の個数が多く，物体の形状がとらえやすいことがわかります．スキャン点の個数が多いと，スキャンマッチングでの位置合わせの手がかりが増えるので，精度が良くなったり，退化が減るという長所があります．また，物体の形状を細かく表現できると，物体や場所を認識してラベルづけした地図（semantic map）を実現しやすくなります．一方，点の個数が多いと，SLAM の各処理で計算時間がかかるうえ，多くのメモリを消費するという短所があります．

■ 表 12.1　3D-Lidar の仕様

	最大計測距離	点数/s	水平視野	垂直視野	レート
2D-Lidar	4～100 m	10^2～10^4	180～360°	–	10～50 Hz
3D-Lidar	40～400 m	10^4～10^6	100～360°	20～180°	10～20 Hz

2 IMU

前章まで説明してきた 2D-SLAM では，車輪オドメトリを利用していました．3D-SLAM では，対象環境やロボットの種類によって，車輪オドメトリを使えないことが多くなります．

3D-SLAM でも，ロボットが平坦な地面や床面を走行する場合は，車輪オドメトリを使えます．しかし，起伏や段差のある地面を走行する場合は，車輪オドメトリで正確に移動量を計測

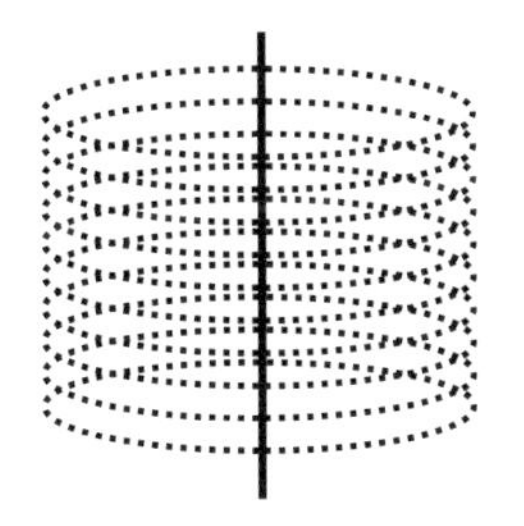

(a) レーザ光の走査の様子

(b) 3D スキャン（32 層）

■ 図 12.1　多層型 3D-Lidar の例

することは難しくなります．また，脚型ロボットでは機構的に車輪オドメトリは使えないため，脚の静力学から移動量計算を行うなどの方法がとられます．ドローンなどの空中ロボットでは，車輪オドメトリは機構的に不可能です．

3D-SLAM において，車輪オドメトリに代わってよく使われるのは IMU です．第 3 章で述べたように，IMU はジャイロと加速度センサを一体化したセンサです．ジャイロは，回転角速度を計測し，ロボット位置の回転成分を推定するのに使われます．加速度センサは，ロボットに加わる加速度を計測します．計測された加速度には，モータによる運動加速度，重力加速度，衝突や振動で生じる加速度などが混在します．加速度から並進量を求めるには，これらの中から運動加速度を取り出して積分する必要があります．

IMU は，車輪オドメトリと比べて次のような性質があります．まず，IMU で計測した回転量は，車輪のスリップの影響を受けないので，一般に車輪オドメトリよりも精度が高くなります．また，車輪オドメトリでは 1 自由度の回転量しか得られませんが，IMU では 3 自由度の回転量が計測できます．これらのことから，回転量の推定には IMU が有利といえます．

一方，並進量の推定では IMU の方が不利です．車輪オドメトリでは，車輪のスリップなどがなければ，かなり精度よくロボットの並進量を推定できます．しかし，IMU では，計測値が加速度であるため，加速度から位置を求めるのに積分を 2 回行う必要があります．単純に積分を行うと誤差がどんどん累積されるため，推定位置は真値から大きく離れてあっという間にどこかに飛んでいってしまいます．このため，IMU を並進量の推定に用いるには工夫が必要です．12.5 節で，IMU と 3D-Lidar をセンサ融合する方法を紹介します．

12.2　点群の扱い

この章の冒頭で述べたように，3D-SLAMでは点の個数が非常に多くなるという問題があります．そのため，3D点群を効率よく管理することが重要になります．

1　点群の均一化と削減

8.2節で述べたように，2D-SLAMでも，点群の空間分布のムラをとったり，個数を減らすことは重要でした．3D-SLAMでも同様であり，点数が多くなる分，重要性はより高くなります．

3D点の個数を減らす方法として，8.3節で述べた格子テーブルがよく用いられます．2D-SLAMでは，格子テーブルのセルは2次元でしたが，3D-SLAMでは3次元のセルを使います．この3次元の格子セルを**ボクセル**（voxel）と呼び，ボクセルをx, y, z方向に整列させたテーブルをボクセル格子テーブルと呼ぶことにします．このボクセル格子テーブルで点群を削減する方法をボクセル格子フィルタ（あるいはボクセルグリッドフィルタ）と呼びます．8.3節の図8.3と同様に，各ボクセル内の点群を1個の代表点に置き換えることで，点数の削減を行います．ボクセルは通常は立方体で定義しますが，各辺の長さが異なる直方体にすることも可能です．

ボクセル格子テーブルの実装にはいくつかの方法があります．最も単純なのは，プログラミング言語の3次元配列をそのままボクセル格子テーブルにすることです．すなわち，対象環境の3次元空間をx，y，zの各軸で均等に分割して，すべてのボクセルを3次元配列の要素に割り当てます．対象環境が小さければ，この方法で十分なことも多いですが，対象環境が大きくなると膨大なメモリが必要になります．たとえば，広さ（xy方向）が1 km四方で高さ (z方向) が0 m〜10 mの大きさの環境を1辺10 cmのボクセルで表すとすると，ボクセルの個数は$10000 \times 10000 \times 100 = 10^{10}$個になります．ボクセル1個を1バイトで表すと10 Gバイトのメモリが必要となり，PCで扱えない量ではないですが，あまり効率がよいとは言えません．

多くの場合，物体は3次元空間にまばらにしか存在しません．しかも，3D-Lidarで計測できるのは物体の表面だけであり，物体内部の点は計測できないのでボクセルに登録されません．これらのことから，実際に3D点が存在するボクセルは空間全体のボクセル数よりもずっと少なく，空のボクセルが大半を占めます．

このようにまばらな点群をボクセルで管理するには，ハッシュテーブルが便利です．**ハッシュテーブル**（hash table）はデータへの高速アクセスを実現するデータ構造の1つで，データを`(key, value)`の組で表し，`key`をハッシュテーブルに入力して，データの登録や検索を行います．STLやboostなど，C++の標準的なライブラリでは，`unordered_map`という名前でハッシュテーブルが提供されています．それ以外にも，高速なハッシュテーブルを実装した多くのソフトウェアが公開されています．

3D 点の場合，たとえば，座標値から次のように key をつくることができます．

$$i_x = \mathrm{floor}\left(\frac{x + S_x}{d_x}\right) \tag{12.1}$$

$$i_y = \mathrm{floor}\left(\frac{y + S_y}{d_y}\right) \tag{12.2}$$

$$i_z = \mathrm{floor}\left(\frac{z + S_z}{d_z}\right) \tag{12.3}$$

$$\mathtt{key} = i_z S_x S_y + i_y S_x + i_x \tag{12.4}$$

ただし，S_x，S_y，S_z は対象空間のサイズを表し，$-S_x \leq x \leq S_x$，$-S_y \leq y \leq S_y$，$-S_z \leq z \leq S_z$ とします．また，d_x，d_y，d_z はボクセルの 1 辺の長さです．なお，ハッシュテーブルのライブラリには複数の key に対応しているものもあり，その場合は，(i_x, i_y, i_z) をそのまま key にすることも可能です．

ハッシュテーブルの内部では，データ (key, value) はたとえば 1 次元配列に格納されています．ハッシュテーブルは，key が入力されるとハッシュ関数によってハッシュ値を計算し，そのハッシュ値を配列のインデックスとして，(key, value) にアクセスします．このアクセスにかかる計算量は key やハッシュ値の計算だけで，データ数には依存しないため，データ量が多くても高速にアクセスできます．ただし，実際は，異なる key に対して同じハッシュ値が得られることがあるため，データの衝突が起こります．この対処はハッシュテーブル側で行われます．

ボクセル格子テーブルを用いる際に問題になるのは，適切なボクセルサイズの設定です．ボクセルが小さいと点の削減効果が減り，消費メモリが増えます．また，ボクセル内の点群の重心や共分散を求める場合は，ボクセル内の点数が減るので，その精度が悪くなります．一方，ボクセルが大きいと点の削減効果が大きく，消費メモリは減ります．しかし，ボクセルの代表点はまばらになり，あまり減らしすぎると，スキャンマッチングに支障をきたす可能性もあります．また，1 つのボクセル内にさまざまな点が混ざって，ボクセル内での点群の形状が複雑になります．そのため，小さなボクセル内の点群は平面や直線などの単純な形状に限定されるのに対し，大きなボクセル内の点群はその形状の分類や判別に手間がかかるということも起こります．

2 近傍点検索の高速化

2D-SLAM と同様に，3D-SLAM でもデータ対応づけにおいて近傍点の検索が必要です．11.4 節で述べた kd 木は，3D 点にも適用できます．11.6 節の 5 項で紹介した nanoflann は

3次元点群にも対応しており，そのデータ対応づけプログラムは容易に3次元に拡張することができます．

前節で述べたボクセル格子テーブルをデータ対応づけに用いることも可能ですが，セルの代表点を用いるようにしないと高速化は望めません．また，ボクセルサイズが小さかったり，探索範囲が広かったりすると，探索対象のボクセル数が増えて検索時間は増加します．

kd 木の注意事項として，データの追加があります．一般的な kd 木では，データが増えた場合にデータの逐次追加はできず，kd 木を作成しなおす必要があります．データ量が増えるにつれて kd 木の作成処理は重くなるので，データ量を増やさない工夫が必要です．たとえば，スキャンマッチングで参照スキャンの kd 木をつくる際には，地図全体を参照スキャンにするのではなく，局所地図を参照スキャンにすることが有効です．局所地図の点数は少ないので，スキャンマッチングのたびに kd 木を作成しなおしても，コストは小さくてすみます．

なお，近年，逐次的にデータを追加することができる kd 木が開発されました[136)]．これを用いると，地図が拡大しつづけても，参照スキャンの kd 木を作成しなおす必要がなくなります．そのため，局所地図を用いずに全体地図のままでスキャンマッチングができるようになります．

12.3　回転の扱い

2D-SLAMに対して3D-SLAMで大きく変わることに回転の扱いがあります．2次元空間での回転は自由度が1しかないので，直感的に理解しやすく，スキャンマッチングの最適化計算において角度を変数として直接扱うことができました．一方，3次元空間での回転は自由度が3あり，回転のパラメータ表現も多様で，直感的な理解も難しくなります．また，スキャンマッチングの最適化計算も難しくなります．

3次元空間での回転の表現には，回転行列，オイラー角（ロール・ピッチ・ヨー），単位四元数，回転ベクトルなどがあります．これらの特徴を**表12.2**にまとめます．詳細については，13.11節で説明しています．各回転表現には一長一短があるため，目的に応じて使い分けることが重要です．

回転行列は回転の合成や逆変換を行列の積で表せるので便利ですが，パラメータが9個あるため，最適化計算でそのまま用いるのは困難です．

ロール・ピッチ・ヨーは，座標系の各軸まわりの角度で回転を表現するので直感的に把握しやすく，また，パラメータが3個なので最適化計算が（複雑ではあるが）可能だという利点があります．しかし，ジンバルロック[注1]という現象が生じるため，適用可能な角度範囲が限定

〔注1〕ある特異点において，同じ回転行列を表す角度の組が無限個あり，角度を一意に決められなくなること．2つの角度の和は一意に決まるので，自由度が1減ることになります．

■ 表 12.2 3 次元の回転表現

	パラメータ数	ジンバルロック	最適化	補 間	合 成
回転行列	9	なし	×	×	○
ロール・ピッチ・ヨー	3	あり	△	×	×
単位四元数	4	なし	△	○	○
回転ベクトル	3	なし	○	×	×

されます.

単位四元数は, ノルムが 1 である四元数であり, 回転の合成や逆変換を積の演算で表すことができます. また, ジンバルロックが生じないという利点があります. しかし, 自由度が 3 であるのにパラメータが 4 個あるため, ノルムが 1 という制約条件のもとで最適化計算をする必要があり, パラメータが 3 個の回転表現に比べると計算が複雑になります.

回転ベクトルは, ジンバルロックがなく, パラメータが 3 個なので微分による最適化計算が可能です. しかし, 回転の合成や逆変換などの計算は容易にはできません.

スキャンマッチングで用いる ICP では, 3 次元回転の微分を用いた最適化を行います. 12.4 節の 3 項で述べるように, リー代数を用いると, 微分による最適化計算が容易に実現できます. そのため, ICP の最適化にはリー代数を用いることが推奨されます. ただし, リー代数はきわめて局所的な回転表現なので, ロボット位置を保持するためには使えません. ロボット位置を保持するには合成が容易な回転行列や単位四元数が適していますが, 回転表現は相互に変換できるので, 目的に応じて使いやすいものを選ぶとよいでしょう.

12.4 スキャンマッチング

3D-SLAM においても, スキャンマッチングはロボット位置の推定に有効な手段です. ここでは, 3D 点群を用いた 6 自由度のスキャンマッチングの方法を説明します. 2D-SLAM との違いとして, 特徴点や特徴量の種類が多いこと, ICP の最適化計算での回転の扱いなどがあります.

1 特徴点の抽出

第 8 章で示したように, 2D-SLAM では, Lidar のスキャンに対して, 点間隔の均一化や法線ベクトルの抽出などの処理を行いました. 3D-SLAM でも, 同様の処理は重要です. しかも, 3D-Lidar で得られる点の個数は膨大なので, スキャンマッチングにそのまま利用するときわめて効率が悪くなります. そこで, 3D 点群から特徴点や特徴量を抽出し, それを用いてスキャンマッチングを行うと, 処理効率やマッチング精度が向上します.

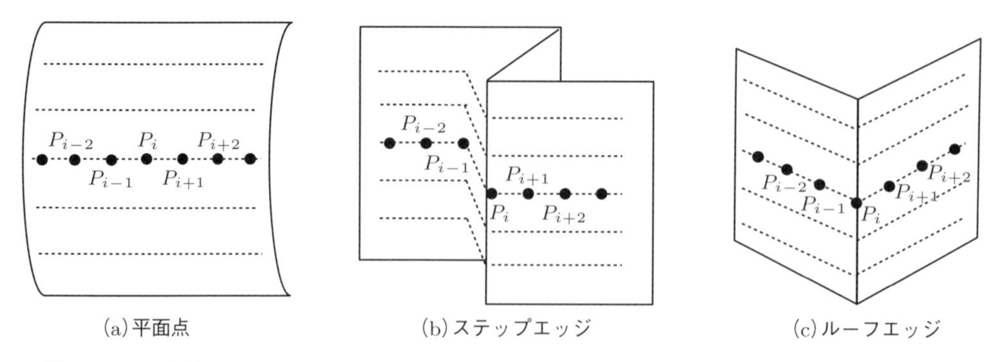

■ 図 12.2　走査線に沿った特徴点の検出

点線が走査線で，(a) では P_{i-2}〜P_{i+2} がすべて平面点，(b) と (c) では P_i だけがエッジ点で，残りは平面点である．

また，3D-Lidar のスキャン点は，点密度にムラがあります．多層型 3D-Lidar の場合は，水平方向の解像度は高いのですが，垂直方向は 16〜128 層程度と粗くなります．このため，垂直方向の特徴がとりにくいという問題があります．走査型 Lidar の場合も，レーザの走査線に沿った方向の解像度は高いですが，走査線間の解像度は粗くなります．

ここでは，大きく 3 種類に分けて説明します．

(1) スキャンの特徴点

3D-Lidar のスキャンから直接抽出できる主な特徴点として，平面点とエッジ点があります．これらの特徴点は高速に抽出できるので，リアルタイム性が必要な逐次 SLAM でとくに有用です．

平面点は，**図 12.2** (a) のように，平面あるいは滑らかな曲面上に存在する点です．曲面であっても，周囲が滑らかで法線ベクトルが定義できれば，その点での接平面を考えて，平面点として扱うことができます．

エッジとは，その周囲の形状が直線あるいは曲線に沿って急激に変化する部分のことです．同図 (b) の例では，手前の平面と奥の平面で段差を形成しており，この段差の境界線をステップエッジと呼びます．同図 (c) の例では，2 つの平面が直線で交わっており，この直線をルーフエッジと呼びます．ルーフエッジの逆で凹んだ形になっているものはバレーエッジと呼びます．これらのエッジ上の点を**エッジ点**と呼びます．

これらの特徴点の中では，平面点とステップエッジ点が安定して抽出でき，スキャンマッチングによく用いられます．ルーフエッジやバレーエッジは，ノイズや誤差によって抽出が不安定になるので，用いる場合は注意が必要です．

平面点とステップエッジ点を検出するには，次のスコアが便利です．前述のように，多層型や走査型の 3D-Lidar は，スキャンの走査方向に点密度が高い一方で，走査線の間隔は粗いという特性があります．そのため，走査線に沿って点の分布を調べた方が高い精度を期待できます．そこで，1つの走査線上のスキャン点 $\boldsymbol{p}_i$ の特徴スコアを，その前後のスキャン点列 $\boldsymbol{p}_{i-N}, \cdots, \boldsymbol{p}_{i-1}, \boldsymbol{p}_{i+1}, \cdots, \boldsymbol{p}_{i+N}$ を用いて，以下のように定義します[138])．

$$c = \frac{1}{2N\|\boldsymbol{p}_i\|}\left\|\sum_{j=-N}^{N}(\boldsymbol{p}_i - \boldsymbol{p}_{i+j})\right\| \tag{12.5}$$

多層型3D-Lidarの場合は，このスコアを各層に対して計算します．

c の意味は次のようになります．もし，$\boldsymbol{p}_i$ が平面点であれば，ベクトル $\boldsymbol{p}_i - \boldsymbol{p}_{i+j}$ は，j と $-j$ とで向きが逆になって互いに相殺するため，c は0に近くなります．もし，$\boldsymbol{p}_i$ がエッジ点であれば，その近傍点の中には $\boldsymbol{p}_i$ と離れた点が存在します．たとえば，図12.2(b)の点 P_{i-1} は P_i と奥行方向に離れています．そのため，ベクトル $\boldsymbol{p}_i - \boldsymbol{p}_{i+j}$ は相殺することなく，c は大きな値となります．したがって，c を適当な閾値で分けて，平面点かエッジ点か判定することができます．また，文献138)では，3D点列を c の値でソーティングし，c の大きい方から m_1 個をエッジ点，c の小さい方から m_2 個を平面点として採用しています．

スコア c でかなりの平面点とエッジ点を検出できますが，1本の走査線上で判定しているため，実際には平面上にはない点を平面点と判定する可能性があります．エッジ点も同様です．そのため，他の走査線にまたがって特徴点の判定を行うと検出をより確実にすることができます．その方法を次に説明します．

(A) 平面点

いま，図12.3(a)のように，点 P_i の近傍点をあらためて P_{i_j} と表記し，点 P_i が平面であるかどうかを調べます．まず，P_i の近傍点を用いて，法線ベクトルを求めます．センサ中心から点 P_i へのベクトルを $\boldsymbol{p}_i$ と表すと，P_i の法線ベクトルはベクトルの外積で求めることができます．

$$\boldsymbol{n}_i^k = \frac{(\boldsymbol{p}_{i_k} - \boldsymbol{p}_i) \times (\boldsymbol{p}_{i_{k+1}} - \boldsymbol{p}_i)}{\|(\boldsymbol{p}_{i_k} - \boldsymbol{p}_i) \times (\boldsymbol{p}_{i_{k+1}} - \boldsymbol{p}_i)\|} \tag{12.6}$$

ただし，$k = 1, 2, 3, 4$ で，$\boldsymbol{p}_{i_5} = \boldsymbol{p}_{i_1}$ とします．

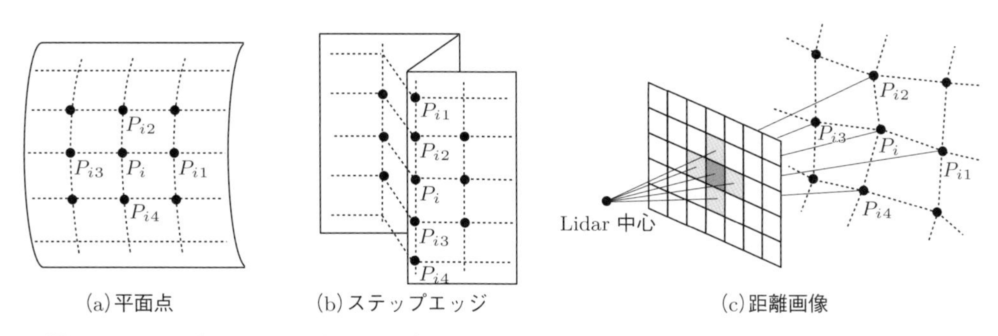

■図12.3　走査線をまたいだ特徴点の検出

$\boldsymbol{n}_i^k$ は三角形 $P_iP_{i_k}P_{i_{k+1}}$ の法線ベクトルですが，4近傍点（縦横の隣接点）を使うと，P_i を含む同様の三角形が4個できます．これらの点が乗っている面が完全な平面ならば，各三角形から計算した法線ベクトルは等しくなります．しかし，面に凹凸があると等しくなりません．

そこで，こうして計算した複数の法線ベクトルから有力なものを求めます．最も簡単な方法は平均値を計算することです．4近傍点を用いる場合は以下のようになります．

$$\bar{\boldsymbol{n}}_i = \frac{\sum_{k=1}^{4} \boldsymbol{n}_i^k}{\left\|\sum_{k=1}^{4} \boldsymbol{n}_i^k\right\|} \tag{12.7}$$

法線ベクトルが得られたら，それと各近傍点から平面の度合を計算します[78]．

$$C_i^k = \exp\left(-\alpha \sin^{-1} \frac{\bar{\boldsymbol{n}}_i \cdot (\boldsymbol{p}_{i+k} - \boldsymbol{p}_i)}{\|\boldsymbol{p}_{i+k} - \boldsymbol{p}_i\|}\right) \tag{12.8}$$

α は適当な重みです．C_i^k は，線分 P_iP_{i+k} と法線ベクトルのなす角が $90°$ のとき1となり，$90°$ から離れるにつれて小さくなります．したがって，C_i^k が大きいほど P_{i+k} は P_i と同一平面にあるといえます．C_i^k の合計あるいは平均をとれば，P_i の近傍が平面かどうかを判定する指標が得られます．文献78)では，もう少し複雑な指標を使っています．

平均値を使わずに有力な法線ベクトルを求めることもできます．最大コンセンサスを用いる方法は次のようになります．各 $\boldsymbol{n}_i^k$ に対して，互いに内積を求め，その値が閾値 th_0 以上になる個数 N_i^k を求めます．

$$N_i^k = \sum_{m=1}^{K} \mathrm{Tr}(\boldsymbol{n}_i^k \cdot \boldsymbol{n}_i^m \geq th_0) \tag{12.9}$$

Trは引数が真なら1，偽なら0を返す関数です．そして，N_i^k が最大となる $\boldsymbol{n}_i^k$ を $\boldsymbol{p}_i$ の法線ベクトルとして採用します．この方法は，P_i の近傍の一部に凹凸があって法線ベクトルの外れ値が生じる場合に，その外れ値を取り除いて，平らな部分の法線ベクトルを抽出することができます．どの N_i^k も小さい場合は，平面点ではないと判定します．この方法では，法線ベクトルの候補が多い方がよいので，4近傍点ではなく，8近傍点（縦横斜めの隣接点）を使うとよいでしょう．

(B) エッジ点

エッジ点の判定は，方向ベクトルを用いて行います．式(12.5)の指標 c によって，エッジ点と判定された点列を P_i とします．図12.3(b)では，P_{i_1}，P_{i_2}，P_i，P_{i_3}，P_{i_4} がエッジ点です．これらから方向ベクトルを計算します．

$$\boldsymbol{d}_i^k = \frac{\boldsymbol{p}_{i_k} - \boldsymbol{p}_i}{\|\boldsymbol{p}_{i_k} - \boldsymbol{p}_i\|} \tag{12.10}$$

ここでも，複数の方向ベクトルが得られるので，平面点のときと同じように，平均値や最大コンセンサスを用いて有力なものを選びます．このとき，方向ベクトルの向きを合わせておく必要があります．

(C) 近傍点群の取得

上記のように，特徴点を求めるには近傍点群が必要なので，近傍点群を効率よく得る仕組みがあると有用です．近傍点群を得る仕組みとして，8.5 節や 11.4 節で格子テーブルや kd 木を紹介しました．ここでは，多層型 3D-Lidar のスキャンに特化した仕組みを説明します．

多層型 3D-Lidar の多くでは，スキャン点列が $P_i = (r_i, \theta_i, \psi_i)$ の形で得られます．r_i は Lidar から物体（反射点）までの距離，θ_i，ψ_i は Lidar から物体へのレーザ光の方位で，それぞれ（Lidar 座標系での）水平角，垂直角と呼ぶことにします．

いま，多層型 3D-Lidar の層数を H，1 層あたりのスキャン点数を W とし，サイズが $W \times H$ の 2 次元配列 A をつくります．そして，各スキャン点 P_i に対して，その θ_i を A の横軸，ψ_i を A の縦軸に対応させ，対応する A の要素に r_i あるいは点 P_i そのものを入れます．この A を距離画像と呼びます．図 12.3 (c) にその様子を示します．距離画像 A を使うと，P_i の近傍点を画素の隣接関係から容易に求めることができます．

なお，式 (12.5) のように，スキャンの走査線に沿った近傍点だけでスコアを計算する方法では，距離画像は必要ありません．各走査線が区別できれば，走査線上の点列に対してスコア計算をすればよいです．

もし，データ形式が極座標系の点 (r_i, θ_i, ψ_i) ではなく，デカルト座標系の点 (x_i, y_i, z_i) で得られる場合は，次式で極座標系に変換すれば，距離画像をつくることができます(注 2)．

$$r_i = \sqrt{x_i^2 + y_i^2 + z_i^2} \tag{12.11}$$

$$\theta_i = \operatorname{atan2}(y_i, x_i) \tag{12.12}$$

$$\psi_i = \operatorname{atan2}\left(z_i, \sqrt{x_i^2 + y_i^2}\right) \tag{12.13}$$

(2) 主成分分析による形状分類

主成分分析（以下 PCA）を用いて，3D 点群の形状を分類することができます．主成分分析の詳細は，2D 点群を対象に 13.7 節で説明していますが，3D 点群でも同様の分析が可能です．

いま，3 次元点群 $Q = \{\boldsymbol{p}_k\}$，$\boldsymbol{p}_k = (x_k, y_k, z_k)^\mathsf{T}$ として，その共分散行列を次のように計算します．$\boldsymbol{p}_g$ は Q の重心です．

$$S = \frac{1}{N}\sum_{k}^{N}(\boldsymbol{p}_k - \boldsymbol{p}_g)(\boldsymbol{p}_k - \boldsymbol{p}_g)^\mathsf{T} = \begin{pmatrix} \sigma_x^2 & \sigma_{xy} & \sigma_{zx} \\ \sigma_{xy} & \sigma_y^2 & \sigma_{yz} \\ \sigma_{zx} & \sigma_{yz} & \sigma_z^2 \end{pmatrix} \tag{12.14}$$

〔注 2〕 atan2 はコンピュータ用の関数で，$\operatorname{atan2}(y, x) = \tan^{-1}\left(\frac{y}{x}\right)$ です．1 変数関数の $\operatorname{atan}\left(\frac{y}{x}\right)$ では，$x = 0$ のときに $\frac{y}{x}$ が計算不能となって値が不定になるため，2 変数関数の atan2 がよく使われます．

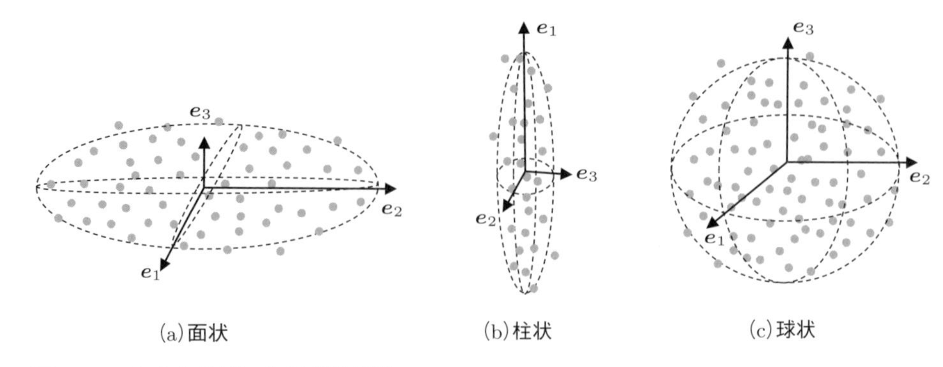

(a) 面状　(b) 柱状　(c) 球状

■ 図 12.4　主成分分析による形状分類

S を固有値分解すると

$$S = \lambda_1 \boldsymbol{e}_1 \boldsymbol{e}_1^\mathsf{T} + \lambda_2 \boldsymbol{e}_2 \boldsymbol{e}_2^\mathsf{T} + \lambda_3 \boldsymbol{e}_3 \boldsymbol{e}_3^\mathsf{T}$$

となります．ここで，$\boldsymbol{e}_1$，$\boldsymbol{e}_2$，$\boldsymbol{e}_3$ は固有ベクトル，λ_1，λ_2，λ_3 は固有値です．

この固有値と固有ベクトルによって，3D 点群の形状をおおまかに分類することができます．図 12.4 に模式図を示します．3D 点群では，直交した固有ベクトルが 3 個得られ，固有値は固有ベクトルの長さを表します．その固有ベクトルを軸とした楕円体で，3D 点群の形状を分類します．2 個の固有値が大きく，1 個の固有値が小さいと，同図 (a) のように，3D 点群の形は面状になります．1 個の固有値が大きく，2 個の固有値が小さいと，同図 (b) のように，3D 点群の形は柱状になります．3 個の固有値の大きさの違いが少なければ，同図 (c) のように，3D 点群の形は球状になります．

これらの点群のうち，スキャンマッチングに有用なのは面状点群と柱状点群です．ここでは，その代表点をそれぞれ面状点，柱状点と呼ぶことにします．面状点は，前節の平面点に相当します．柱状点は，前節のエッジ点と類似していますが，正確には異なります．点群が細長くて，両側にステップエッジがとれると柱状点になります．しかし，図 12.3 (b) のように，片側にしかステップエッジがない場合は，PCA で検出することはできません．

面状点の最小固有ベクトルは平面の法線ベクトルになります．柱状点の最大固有ベクトルは，ステップエッジの方向ベクトルになります．これらは，12.4 節の 2 項で述べるように，スキャンマッチングのコスト関数に利用されます．また，12.4 節の 2 項 (3) で述べるように，共分散行列をそのままコスト関数に用いる方法もあります．

PCA を行うときに重要なことは，計算対象とする 3D 点群の範囲です．スキャン 1 個や地図全域などの 3D 点群全体に対して PCA を行うと，多くの場合，どの固有値も大きくなって分類する意味がありません．PCA は局所的な形状分類に適しています．基本的には，各 3D 点の近傍の点群に対して PCA を行って，その 3D 点を平面点や柱状点に分類するのがよいと考えられます．

全3D点に対して近傍点群を求めてPCAを行うと処理時間が非常にかかるため，3D空間をボクセルに分割し，各ボクセル内の点群に対してPCAを行って，そのボクセルの代表点を平面点や柱状点に分類する方法がよくとられます．このとき注意すべきことは，ボクセルの大きさや分割の仕方によって，PCAの結果が変わることです．これに対処するために，ボクセルの大きさを数段階にしたり，ボクセルを重ねながら少しずつずらす，などの方法がとられることがあります[15)]．

PCAを用いる場合，なるべく点密度の高い点群に適用するのが望ましいです．点密度が小さいと，固有ベクトルのばらつきが大きくなり，面状点の法線ベクトルや柱状点の方向ベクトルが不安定になります．また，PCAは外れ値に弱いので，ノイズの多いデータでは，あらかじめ外れ値を除去しておく必要があります．

(3) 3D点の特徴量

これまで述べた特徴点や主成分分析による形状分類は，比較的高速に処理することができ，逐次SLAMでのスキャンマッチングに適しています．

一方，より複雑で高度な特徴量を3D点に付加して，物体認識や場所認識に用いる研究もあります．これまで，spin image[53)]，FPFH[95)]，SHOT[114)]など，多くの特徴量が提案されています．これらは，3D点の近傍点群から識別性のよい高次元の特徴ベクトルを算出します．これらの多くは，対象点の近傍の形状を反映したものになっています．3D点同士の比較において，特徴ベクトルが近ければ形状が似ていると判定され，それらの点は対応づけの候補になります．そして，点群同士の比較では，対応づけられた点が多く，対応点間の幾何学的整合性がとれていれば，それらの点群は同一であると判定されます．

これらの特徴量は，物体認識や物体追跡，場所認識などに応用されます．SLAMにおいても，ループ検出では，再訪点の距離が離れていることがあるため，高度な特徴量を用いて対応づけを行う研究がなされています[25), 36), 59)]．

3D点の特徴量は，一般に処理時間がかかるため，リアルタイム性が重視される逐次SLAMで使われることはあまりありません．逐次SLAMでは，対応づけする3D点はあまり距離が離れていないため，高度な特徴量を使わなくても対応づけが可能です．

3D点の特徴量の詳細については，各文献や書籍[57), 69)]を参照してください．

2 コスト関数

コスト関数の定義において，2D-SLAMでは8.6節の1項で垂直距離を用いましたが，3D-SLAMでも垂直距離を用います．2次元空間では，スキャン点が直線上にあるとして，その法線ベクトルを用いて垂直距離を計算しました．3次元空間では，スキャン点が平面上にある場合および直線上にある場合に垂直距離を定義できます．前者では平面の法線ベクトル，後者では直線の方向ベクトルが垂直距離を計算するために必要です．

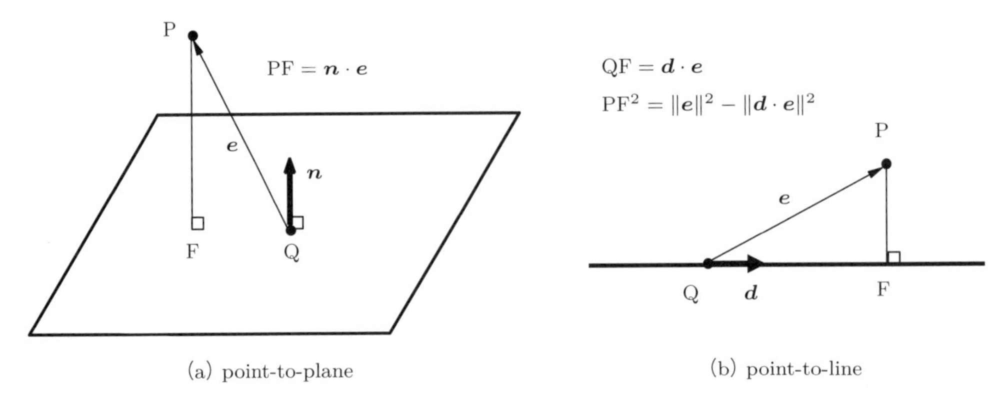

(a) point-to-plane　　(b) point-to-line

■ 図 12.5　垂直距離

いま，現在スキャン点を $\boldsymbol{p}_i$，データ対応づけによって $\boldsymbol{p}_i$ に対応づけられた参照スキャン点を $\boldsymbol{q}_i$ とします．ロボットの 3 次元位置を $\boldsymbol{x} = (R, \boldsymbol{t})$ とします．R は回転行列，$\boldsymbol{t}$ は並進ベクトルです．$\boldsymbol{p}_i$ を $\boldsymbol{x}$ で地図座標系に変換した点を $\boldsymbol{p}_i^w$ とすると，$\boldsymbol{p}_i^w = R\boldsymbol{p}_i + \boldsymbol{t}$ となります．

(1) point-to-plane

$\boldsymbol{q}_i$ は（微小）平面上の点として，その法線ベクトルを $\boldsymbol{n}_i$ とします．$\boldsymbol{p}_i^w$ と対応点 $\boldsymbol{q}_i$ の差を $\boldsymbol{e}_i = \boldsymbol{p}_i^w - \boldsymbol{q}_i$ とすると，$\boldsymbol{p}_i^w$ から $\boldsymbol{q}_i$ への垂直距離は $\boldsymbol{n}_i \cdot \boldsymbol{e}_i$ となります．図 12.5 (a) にこの様子を示します．

point-to-plane の ICP では，この垂直距離の二乗を最小化するコスト関数を用います．

$$
\begin{aligned}
F_1(\boldsymbol{x}) &= \sum_{i=1}^{N} \|\boldsymbol{n}_i \cdot \boldsymbol{e}_i\|^2 = \sum_{i=1}^{N} (\boldsymbol{n}_i^\top \boldsymbol{e}_i)^\top (\boldsymbol{n}_i^\top \boldsymbol{e}_i) \\
&= \sum_{i=1}^{N} \boldsymbol{e}_i^\top (\boldsymbol{n}_i \boldsymbol{n}_i^\top) \boldsymbol{e}_i = \sum_{i=1}^{N} \boldsymbol{e}_i^\top W_i \boldsymbol{e}_i
\end{aligned}
\tag{12.15}
$$

ここで，$W_i = \boldsymbol{n}_i \boldsymbol{n}_i^\top$ です．

(2) point-to-line

$\boldsymbol{q}_i$ は（微小）直線上の点として，その方向ベクトルを $\boldsymbol{d}_i$ とします．$\boldsymbol{p}_i^w$ と対応点 $\boldsymbol{q}_i$ の差を $\boldsymbol{e}_i = \boldsymbol{p}_i^w - \boldsymbol{q}_i$ とすると，$\boldsymbol{p}_i^w$ から $\boldsymbol{q}_i$ への垂直距離は三平方の定理から $\sqrt{\|\boldsymbol{e}_i\|^2 - \|\boldsymbol{d}_i \cdot \boldsymbol{e}_i\|^2}$ となります．図 12.5 (b) にこの様子を示します．

point-to-line の ICP では，この垂直距離の二乗を最小化するコスト関数を用います．

$$
\begin{aligned}
F_2(\boldsymbol{x}) &= \sum_{i=1}^{N} (\|\boldsymbol{e}_i\|^2 - \|\boldsymbol{d}_i \cdot \boldsymbol{e}_i\|^2) = \sum_{i=1}^{N} (\boldsymbol{e}_i^\top \boldsymbol{e}_i - \boldsymbol{e}_i^\top (\boldsymbol{d}_i \boldsymbol{d}_i^\top) \boldsymbol{e}_i) \\
&= \sum_{i=1}^{N} \boldsymbol{e}_i^\top (I - \boldsymbol{d}_i \boldsymbol{d}_i^\top) \boldsymbol{e}_i = \sum_{i=1}^{N} \boldsymbol{e}_i^\top W_i \boldsymbol{e}_i
\end{aligned}
\tag{12.16}
$$

ここで，$W_i = I - \boldsymbol{d}_i\boldsymbol{d}_i^\top$ です．また，歪対称行列 $\boldsymbol{d}_i^\wedge$（13.12 節の 2 項参照）を使って，$W_i = \boldsymbol{d}_i^\wedge(\boldsymbol{d}_i^\wedge)^\top$ と表すこともできます（注 3）．

(3) GICP

point-to-plane は，特徴点の法線ベクトルを用いてコスト関数を定義していました．法線ベクトルは，12.4 節の 1 項 (2) で述べたように，点群の共分散行列から求めることができます．法線ベクトルは平面点に限定されますが，共分散行列そのものを使えば，各 3D 点に対してより一般的にコスト関数を定義できそうです．

GICP（Generalized Iterative Closest Points）[96] は，このような考えにもとづいて，3D 点の形状を共分散行列で一般的に表し，コスト関数を定義します．さらに，point-to-plane では，片側（plane 側）の 3D 点の法線ベクトルしか考慮していませんが，GICP は両側の 3D 点の共分散行列を用います．この意味で，GICP は，point-to-plane を拡張した形をしており，plane-to-plane とも呼ばれます．

いま，データ対応づけによって対応のとれた 3D 点を $\boldsymbol{p}_i^w$，$\boldsymbol{q}_i$ とし，その共分散行列を C_i^p，C_i^q とします．点 $\boldsymbol{p}_i^w$ と対応点 $\boldsymbol{q}_i$ の差を $\boldsymbol{e}_i = \boldsymbol{p}_i^w - \boldsymbol{q}_i$ とすると，GICP のコスト関数は次のように定義されます．R はロボット位置 $\boldsymbol{x}$ の回転行列です．

$$F_3(\boldsymbol{x}) = \sum_{i=1}^{N} \boldsymbol{e}_i^\top (C_i^q + RC_i^p R^\top)^{-1} \boldsymbol{e}_i \tag{12.17}$$

ここで，$C_i^q + RC_i^p R^\top$ は，$\boldsymbol{e}_i = \boldsymbol{p}_i^w - \boldsymbol{q}_i$ の確率分布の共分散に相当します（注 4）．式 (12.17) は，$\boldsymbol{e}_i$ の二乗和をマハラノビス距離で重みづけした形になっています．

GICP は非常に一般的な形式をしており，3D 点の形状を考慮したコスト関数となっているので，高い精度が期待できます．その一方で，各点の共分散行列を求めるには PCA を行う必要があり，処理時間がかかるという問題があります．

3 ICP の最適化計算

7.2 節で説明したように，ICP は，データ対応づけとロボット位置の最適化を繰り返すことによって，ロボット位置を推定します．データ対応づけは，3D-SLAM においても 2D-SLAM と同様に，現在スキャンの 3D 点と最も近い参照スキャンの 3D 点を対応づけます．特徴点として平面点とエッジ点を用いる場合は，それぞれに分けて対応づけを行います．

一方，最適化計算は，回転成分の扱いが 2D-SLAM と 3D-SLAM とで大きく変わります．ここでは，リー代数を用いた回転成分の最適化を紹介します．

（注 3）$\|\boldsymbol{d}_i\|^2 = 1$ に注意して，$\boldsymbol{d}_i^\wedge(\boldsymbol{d}_i^\wedge)^\top$ の各成分を計算すれば $I - \boldsymbol{d}_i\boldsymbol{d}_i^\top$ と一致することがわかります．

（注 4）2 つの正規分布の和（差）の共分散は，それぞれの正規分布の共分散の和になります．ここでは，$\boldsymbol{p}_i$ に回転 R がかかっているので，C_i^p を R で変換します．並進 $\boldsymbol{t}$ による変換は共分散行列に影響しません．

現在スキャンの点を $\boldsymbol{p}_i$，データ対応づけによって $\boldsymbol{p}_i$ に対応づけられた参照スキャンの点を $\boldsymbol{q}_i$ とします．$\boldsymbol{p}_i$ はロボット座標系（センサ座標系）で，$\boldsymbol{q}_i$ は地図座標系で表されます．また，ロボットの3次元位置を $\boldsymbol{x} = (R, \boldsymbol{t})$ とします．R は回転行列，$\boldsymbol{t}$ は並進ベクトル (x, y, z) です．ここで，R_0 を現在の回転行列，その近傍での微小回転ベクトルを $\boldsymbol{\omega} = (\omega_x, \omega_y, \omega_z)$ とします．回転ベクトル $\boldsymbol{\omega}$ による回転行列 $R(\boldsymbol{\omega})$ は，行列指数関数 exp を用いて次のように表せます（13.12節の1項参照）．

$$
\begin{aligned}
&R(\boldsymbol{\omega}) = \exp(\boldsymbol{\omega}^\wedge) = \mathrm{Exp}(\boldsymbol{\omega}) \\
&\boldsymbol{\omega}^\wedge = \begin{pmatrix} 0 & -\omega_z & \omega_y \\ \omega_z & 0 & -\omega_x \\ -\omega_y & \omega_x & 0 \end{pmatrix}
\end{aligned}
$$

$\boldsymbol{\omega}^\wedge$ は回転ベクトル $\boldsymbol{\omega}$ からつくられる歪対称行列です．exp は歪対称行列を入力とするのに対し，Exp は回転ベクトルを入力としたいときに使う表記です．

この微小回転により，回転行列 R は

$$
R = R_0 R(\boldsymbol{\omega}) = R_0 \,\mathrm{Exp}(\boldsymbol{\omega}) \tag{12.18}
$$

と表せます．このように $\mathrm{Exp}(\boldsymbol{\omega})$ を R_0 の右に掛ける操作は右演算子（right operator）と呼ばれ，R_0 の回転の後に（回転する物体に張り付けられた）局所座標系での回転を加えたことを表します．一方，$\mathrm{Exp}(\boldsymbol{\omega})$ を R_0 の左に掛ける操作は世界座標系での回転を加えたことを表します．ICPの最適化計算ではどちらを使ってもよいのですが，IMUのデータはIMU座標系（局所座標系）で得られるので，IMUデータから回転行列を計算するには右演算子が便利です．本書では，IMUとの融合も考えるので，一貫して右演算子を使うことにします．

ICPの最適化は，2D-SLAMのときと同様に，式(12.19)を非線形最小二乗問題として解きます．

$$
\begin{aligned}
&F_1(\boldsymbol{x}) = \sum_{i=1}^{N} \boldsymbol{e}_i^\top(\boldsymbol{x}) W_i \boldsymbol{e}_i(\boldsymbol{x}) \\
&\boldsymbol{e}_i(\boldsymbol{x}) = R\boldsymbol{p}_i + \boldsymbol{t} - \boldsymbol{q}_i
\end{aligned} \tag{12.19}
$$

共分散行列 W_i を変えれば，前節で述べたpoint-to-planeとpoint-to-lineのどちらのコスト関数も統一的に扱えます．W_i は前節で述べたように，point-to-planeなら $W_i = \boldsymbol{n}_i \boldsymbol{n}_i^\top$，point-to-pointなら $W_i = \boldsymbol{d}_i^\wedge (\boldsymbol{d}_i^\wedge)^\top$ となります．これらは，現在スキャンと参照スキャンで点の対応がとれれば，$\boldsymbol{x}$ によらずに求めることができます．

式(12.19)をリー代数を用いて変形していきます．いま，$\boldsymbol{x} = (R, \boldsymbol{t})$ を $\boldsymbol{x}_0 = (R_0, \boldsymbol{t}_0)$ に微小な変位 $\delta\boldsymbol{x} = (\boldsymbol{\omega}, \delta\boldsymbol{t})$ を加えたものとして，次のように表します．

$$
\begin{aligned}
&R = R_0 \,\mathrm{Exp}(\boldsymbol{\omega}) \\
&\boldsymbol{t} = \boldsymbol{t}_0 + \delta\boldsymbol{t}
\end{aligned}
$$

すると，$\boldsymbol{e}_i(\boldsymbol{x})$ は次のように変形できます．

$$\begin{aligned}
\boldsymbol{e}_i(\boldsymbol{x}) &= R_0 \operatorname{Exp}(\boldsymbol{\omega})\boldsymbol{p}_i + \boldsymbol{t}_0 + \delta\boldsymbol{t} - \boldsymbol{q}_i \\
&\approx R_0(I + \boldsymbol{\omega}^\wedge)\boldsymbol{p}_i + \boldsymbol{t}_0 + \delta\boldsymbol{t} - \boldsymbol{q}_i \\
&= \boldsymbol{e}_i(\boldsymbol{x}_0) + R_0\boldsymbol{\omega}^\wedge\boldsymbol{p}_i + \delta\boldsymbol{t} \\
&\stackrel{\text{def}}{=} \boldsymbol{d}_i(\delta\boldsymbol{x})
\end{aligned} \tag{12.20}$$

この式の 2 行目では，$\operatorname{Exp}(\boldsymbol{\omega})$ をテイラー展開し，$\boldsymbol{\omega}$ は微小なのでその 2 次以上の項を無視して

$$\operatorname{Exp}(\boldsymbol{\omega}) = \exp(\boldsymbol{\omega}^\wedge) \approx I + \boldsymbol{\omega}^\wedge \tag{12.21}$$

となることを利用しています（13.12 節の 1 項参照）．

次に，$\boldsymbol{d}_i(\delta\boldsymbol{x})$ を用いて，式 (12.19) を書き直します．

$$F_2(\delta\boldsymbol{x}) = \sum_{i=1}^{N} \boldsymbol{d}_i^\mathsf{T}(\delta\boldsymbol{x}) W_i \boldsymbol{d}_i(\delta\boldsymbol{x}) \tag{12.22}$$

この新たなコスト関数 F_2 は，元のコスト関数 F_1 の近似ですが，重要なのは $\delta\boldsymbol{x}$ を変数としている点です．$\delta\boldsymbol{x}$ の回転成分は回転行列 R ではなく，微小な回転ベクトル $\boldsymbol{\omega}$ になっています．これは，回転行列の空間 $SO(3)$ ではなく，リー代数の空間でコスト関数を表していることになります（13.12 節の 2 項参照）．

コスト関数 F_2 は 11.1 節で述べたものと同じ形をしており，ガウス–ニュートン法で解くことができます．コスト関数の極小値を求めるために，$\dfrac{\partial F_2}{\partial \delta\boldsymbol{x}} = \boldsymbol{0}$ を満たす解を求めます．11.1 節と全く同様にして，ガウス–ニュートン法の解は次のようになります．なお，$\boldsymbol{d}_i(\boldsymbol{0}) = \boldsymbol{e}_i(\boldsymbol{x}_0)$ です．

$$\left(\sum_{i=1}^{N} J_i^\mathsf{T} W_i J_i\right)\delta\boldsymbol{x} = -\sum_{i=1}^{N} J_i^\mathsf{T} W_i \boldsymbol{d}_i(\boldsymbol{0}) \tag{12.23}$$

この式から極小値を求めるには，$\delta\boldsymbol{x} = \boldsymbol{0}$ におけるヤコビ行列 J_i が必要です．J_i は，次のように計算します．

$$\begin{aligned}
J_i(\delta\boldsymbol{x}) &= \frac{\partial \boldsymbol{d}_i(\delta\boldsymbol{x})}{\partial \delta\boldsymbol{x}} \\
&= \begin{pmatrix} \dfrac{\partial(\boldsymbol{e}_i(\boldsymbol{x}_0) + R_0\boldsymbol{\omega}^\wedge\boldsymbol{p}_i + \delta\boldsymbol{t})}{\partial\boldsymbol{\omega}} & \dfrac{\partial(\boldsymbol{e}_i(\boldsymbol{x}_0) + R_0\boldsymbol{\omega}^\wedge\boldsymbol{p}_i + \delta\boldsymbol{t})}{\partial\delta\boldsymbol{t}} \end{pmatrix} \\
&= \begin{pmatrix} -R_0\boldsymbol{p}_i & I_{3\times 3} \end{pmatrix}
\end{aligned}$$

ここで，$\boldsymbol{a}^\wedge\boldsymbol{b} = -\boldsymbol{b}^\wedge\boldsymbol{a}$ という関係が成り立つことから $\dfrac{\partial(\boldsymbol{a}^\wedge\boldsymbol{b})}{\partial\boldsymbol{a}} = -\boldsymbol{b}^\wedge$ となることを利用しています．$J_i = J_i(\delta\boldsymbol{x})|_{\delta\boldsymbol{x}=\boldsymbol{0}}$ ですが，$J_i(\delta\boldsymbol{x})$ は定数なので，そのまま J_i になります．

J_i が求まれば，11.1 節と同様に，式 (12.23) を $\delta\boldsymbol{x}$ について解き，得られた $\delta\boldsymbol{x}$ と $\boldsymbol{x}_0$ を使って，$\boldsymbol{x}$ を更新します．その $\boldsymbol{x}$ を次の $\boldsymbol{x}_0$ として，上記処理を繰り返してコスト関数を最適化します．まず，並進成分については，$\boldsymbol{t} \leftarrow \boldsymbol{t}_0 + \delta\boldsymbol{t}$ で $\boldsymbol{t}$ を更新し，その $\boldsymbol{t}$ を次の繰り返しにおける $\boldsymbol{t}_0$ にします．回転成分については注意が必要です．式 (12.23) を解いて得られる $\boldsymbol{\omega}$ は R_0 を基準にした回転なので，推定位置の回転行列は $R_0\,\mathrm{Exp}(\boldsymbol{\omega})$ となります．リー代数による計算はあくまで回転の近似なので，ここで回転行列の空間に戻すわけです（13.12 節の 2 項参照）．そして，$R_0\,\mathrm{Exp}(\boldsymbol{\omega})$ を次の R_0 にして，上記の処理を繰り返します．

M 推定を加えたい場合は，11.2 節と同様に行うことができます．また，11.3 節で述べた MAP 推定については，3D 空間では IMU を用いることになるため，次節で説明します．

12.5　Lidar と IMU のセンサ融合

12.1 節の 2 項で述べたように，3D-SLAM では内界センサとして IMU がよく用いられます．3D-Lidar と IMU でセンサ融合することで，ロボットの速い動きに追従することができ，ロバスト性や精度の向上を図ることができます．

IMU を用いる際に注意すべきことはバイアスです．IMU のジャイロによる回転量の推定値は，バイアスによって徐々にずれていきます．また，IMU の加速度センサにもバイアスがあり，加速度を 2 回積分して位置を推定すると，その誤差はあっという間に大きくなるため，加速度センサのバイアスの推定も重要です．

バイアスは，13.5 節で述べているように，センサ本体に起因する誤差で，そのセンサの外の基準や他のセンサデータを用いて補正する必要があります．しかし，IMU のバイアスは時間によって変動するため，あらかじめ補正することが難しいという問題があります．そこで，Lidar と IMU のセンサ融合では，Lidar のスキャンが入力されるたびに，その計測モデルを用いて IMU のバイアスを推定します．これにより，バイアスの時間変動に追従して補正をかけることが可能になります．

また，加速度センサのデータには，ロボットの運動加速度の他に重力加速度が加わっています．ロボットの移動量を推定するには，運動加速度と重力加速度を分離する必要があります．

Lidar と IMU をセンサ融合する枠組みとして，文献 135) の FAST-LIO がよく整理されています．FAST-LIO は，運動モデルにもとづいて IMU データからロボットの予測位置を計算し，計測モデルにもとづいてスキャンマッチングでロボット位置を求め，これら 2 つの位置を繰り返し拡張カルマンフィルタにより融合します．この節では，IMU を用いた運動モデルを文献 135) にもとづいて定式化します．

1 準　備

まず，以下の議論で必要な演算子として，⊞（ボックスプラス）と ⊟（ボックスマイナス）を定義します．

$$\begin{pmatrix} R \\ \boldsymbol{a} \end{pmatrix} \boxplus \begin{pmatrix} \boldsymbol{r} \\ \boldsymbol{b} \end{pmatrix} = \begin{pmatrix} R\,\mathrm{Exp}(\boldsymbol{r}) \\ \boldsymbol{a}+\boldsymbol{b} \end{pmatrix}$$
$$\begin{pmatrix} R_1 \\ \boldsymbol{a} \end{pmatrix} \boxminus \begin{pmatrix} R_2 \\ \boldsymbol{b} \end{pmatrix} = \begin{pmatrix} \mathrm{Log}(R_2^{\top} R_1) \\ \boldsymbol{a}-\boldsymbol{b} \end{pmatrix}$$

ただし，$R \in SO(3)$，$\boldsymbol{r} \in \mathbb{R}^3$，$\boldsymbol{a}, \boldsymbol{b} \in \mathbb{R}^n$ です．$\mathbb{R}^n$ は n 次元実数空間を表します．$\boldsymbol{r}$ は微小回転を表す回転ベクトルです．$\mathrm{Log}(R)$ は回転行列 R から回転ベクトルを計算する関数です（13.12 節の 2 項参照）．

⊞ は $SO(3)$ での回転の加法的合成と $\mathbb{R}^n$ の加法を組み合わせたもの，⊟ は $SO(3)$ での回転の減法的合成と $\mathbb{R}^n$ の減法を組み合わせたものです．

2 運動モデル

IMU のデータからロボットの運動モデルを構成する方法を説明します．4.3 節の 2 項で説明したように，運動モデルは，ロボットの動きをモデル化してその位置を予測するために用いられます．

簡単のため，IMU 座標系とロボット座標系を同一視し，IMU の状態ベクトル $\boldsymbol{x}$ を次のように定義します．また，IMU のデータを $\boldsymbol{u}$，そのノイズを $\boldsymbol{w}$ とします．

$$\boldsymbol{x} = (R^{\top}, \boldsymbol{p}^{\top}, \boldsymbol{v}^{\top}, \boldsymbol{b}_{\omega}^{\top}, \boldsymbol{b}_{a}^{\top}, \mathbf{g}^{\top})^{\top}$$
$$\boldsymbol{u} = (\boldsymbol{\omega}^{\top}, \boldsymbol{a}^{\top})^{\top}$$
$$\boldsymbol{w} = (\boldsymbol{n}_{\omega}^{\top}, \boldsymbol{n}_{a}^{\top}, \boldsymbol{n}_{b\omega}^{\top}, \boldsymbol{n}_{ba}^{\top})^{\top}$$

R は回転行列，$\boldsymbol{p}$ は位置，$\boldsymbol{v}$ は並進速度，$\boldsymbol{b}_{\omega}$ はジャイロのバイアス，$\boldsymbol{b}_{a}$ は加速度センサのバイアス，$\mathbf{g}$ は重力加速度です．R，$\boldsymbol{p}$，$\boldsymbol{v}$，$\mathbf{g}$ は地図座標系での値です．$\boldsymbol{b}_{\omega}$，$\boldsymbol{b}_{a}$ は IMU 座標系での値です．また，$\boldsymbol{\omega}$ と $\boldsymbol{a}$ は，それぞれ，IMU で計測した角速度と加速度で，IMU 座標系での値です．$\boldsymbol{n}_{\omega}$ と $\boldsymbol{n}_{a}$ は，それぞれ，$\boldsymbol{\omega}$ と $\boldsymbol{a}$ の白色ノイズ，$\boldsymbol{n}_{b\omega}$ と $\boldsymbol{n}_{ba}$ は，それぞれ，$\boldsymbol{b}_{\omega}$ と $\boldsymbol{b}_{a}$ のガウスノイズで，いずれも IMU 座標系での値です．

いま，IMU データの番号を i で表し，現在の状態 $\boldsymbol{x}_i$ に新たな IMU データを加えて，次の状態 $\boldsymbol{x}_{i+1}$ を予測することを考えます．Δt は IMU データの時間間隔です．

$$\boldsymbol{x}_{i+1} = \boldsymbol{x}_i \boxplus (\boldsymbol{f}(\boldsymbol{x}_i, \boldsymbol{u}_i, \boldsymbol{w}_i)\Delta t)$$

$$
\boldsymbol{f}(\boldsymbol{x}_i, \boldsymbol{u}_i, \boldsymbol{w}_i) = \begin{pmatrix} \boldsymbol{\omega}_i - \boldsymbol{b}_{\boldsymbol{\omega}_i} - \boldsymbol{n}_{\boldsymbol{\omega}_i} \\ \boldsymbol{v}_i \\ R_i(\boldsymbol{a}_i - \boldsymbol{b}_{\boldsymbol{a}_i} - \boldsymbol{n}_{\boldsymbol{a}_i}) + \mathbf{g}_i \\ \boldsymbol{n}_{b\boldsymbol{\omega}_i} \\ \boldsymbol{n}_{b\boldsymbol{a}_i} \\ \mathbf{0}_{3\times1} \end{pmatrix}
$$

$\boldsymbol{x}_{i+1}$ を展開すると以下のようになります．$\boldsymbol{f}$ の第一成分は IMU の角速度 $\boldsymbol{\omega}_i$ で得た微小回転であり，行列指数関数を介して R_i と合成されて R_{i+1} になります．

$$
\boldsymbol{x}_{i+1} = \begin{pmatrix} R_{i+1} \\ \boldsymbol{p}_{i+1} \\ \boldsymbol{v}_{i+1} \\ \boldsymbol{b}_{\boldsymbol{\omega}_{i+1}} \\ \boldsymbol{b}_{\boldsymbol{a}_{i+1}} \\ \mathbf{g}_{i+1} \end{pmatrix} = \begin{pmatrix} R_i \operatorname{Exp}((\boldsymbol{\omega}_i - \boldsymbol{b}_{\boldsymbol{\omega}_i} - \boldsymbol{n}_{\boldsymbol{\omega}_i})\Delta t) \\ \boldsymbol{p}_i + \boldsymbol{v}_i \Delta t \\ \boldsymbol{v}_i + (R_i(\boldsymbol{a}_i - \boldsymbol{b}_{\boldsymbol{a}_i} - \boldsymbol{n}_{\boldsymbol{a}_i}) + \mathbf{g}_i)\Delta t \\ \boldsymbol{b}_{\boldsymbol{\omega}_i} + \boldsymbol{n}_{b\boldsymbol{\omega}_i}\Delta t \\ \boldsymbol{b}_{\boldsymbol{a}_i} + \boldsymbol{n}_{b\boldsymbol{a}_i}\Delta t \\ \mathbf{g}_i \end{pmatrix}
$$

$\boldsymbol{x}_{i+1}$ はノイズ $\boldsymbol{w}_i$ によって不確実性をもつので，後述のようにして，その期待値と共分散行列を求めます．

運動モデルによる予測値は計測モデルと融合されて，ロボット位置の推定値が得られます．ここで注意すべきことは，IMU と Lidar のデータ取得間隔が異なることです．IMU のデータ取得周波数は 100 Hz 以上であるのに対し，多くの 3D-Lidar は 10 Hz 程度です．そのため，Lidar のスキャンがない間は IMU の運動モデルだけで状態を推定し，Lidar のスキャンが得られたときに，Lidar と IMU のセンサ融合を行うということになります．

いま，スキャン番号を k とし，$\bar{\boldsymbol{x}}_{k-1}$ を前回スキャン s_{k-1} でのセンサ融合で得た推定値とします．この $\bar{\boldsymbol{x}}_{k-1}$ を始点として IMU データを累積し，運動モデルによる予測値を計算します．現在の状態の予測値を $\hat{\boldsymbol{x}}_i$ とすると，次の状態の予測値 $\hat{\boldsymbol{x}}_{i+1}$ はノイズ $\boldsymbol{w}_i = \mathbf{0}$ と置いて運動モデルの期待値で動いたと考え，次式のように計算します．ただし，i は始点 $\bar{\boldsymbol{x}}_{k-1}$ からの IMU データの番号で，$\hat{\boldsymbol{x}}_0 = \bar{\boldsymbol{x}}_{k-1}$ です．

$$
\hat{\boldsymbol{x}}_{i+1} = \hat{\boldsymbol{x}}_i \boxplus (\boldsymbol{f}(\hat{\boldsymbol{x}}_i, \boldsymbol{u}_i, \mathbf{0})\Delta t)
$$

この式を用いて，IMU データが入るたびに次の状態を予測します．

ここで，誤差状態 $\tilde{\boldsymbol{x}}_i$ を真値 $\boldsymbol{x}_i$ と予測値 $\hat{\boldsymbol{x}}_i$ の差分として定義します．

$$
\begin{aligned}
\tilde{\boldsymbol{x}}_i &= \boldsymbol{x}_i \boxminus \hat{\boldsymbol{x}}_i = (\delta\boldsymbol{\theta}_i^\top, \tilde{\boldsymbol{p}}_i^\top, \tilde{\boldsymbol{v}}_i^\top, \tilde{\boldsymbol{b}}_{\boldsymbol{\omega}_i}^\top, \tilde{\boldsymbol{b}}_{\boldsymbol{a}_i}^\top, \tilde{\mathbf{g}}_i^\top)^\top \\
\delta\boldsymbol{\theta}_i &= \operatorname{Log}(\hat{R}_i^\top R_i)
\end{aligned}
$$

$\delta\boldsymbol{\theta}$ は，回転の差分を回転ベクトルで表現したもので，12.4 節 3 項の $\delta\boldsymbol{x}$ の $\boldsymbol{\omega}$ に相当します．回転行列から回転ベクトルに変換することで自由度が 3 になり，共分散行列の計算が容易になります．

誤差状態 $\tilde{\boldsymbol{x}}_{i+1}$ を線形化して，共分散行列を計算します．

$$\begin{aligned}\tilde{\boldsymbol{x}}_{i+1} &= \boldsymbol{x}_{i+1} \boxminus \hat{\boldsymbol{x}}_{i+1} \\ &= (\boldsymbol{x}_i \boxplus \boldsymbol{f}(\boldsymbol{x}_i, \boldsymbol{u}_i, \boldsymbol{w}_i)\Delta t) \boxminus (\hat{\boldsymbol{x}}_i \boxplus \boldsymbol{f}(\hat{\boldsymbol{x}}_i, \boldsymbol{u}_i, 0)\Delta t) \\ &\approx F_{\tilde{\boldsymbol{x}}}\tilde{\boldsymbol{x}}_i + F_{\boldsymbol{w}}\boldsymbol{w}_i\end{aligned} \tag{12.24}$$

ヤコビ行列 $F_{\tilde{\boldsymbol{x}}} = \left.\dfrac{\partial \tilde{\boldsymbol{x}}_{i+1}}{\partial \tilde{\boldsymbol{x}}_i}\right|_{\tilde{\boldsymbol{x}}_i=0}$ と $F_{\boldsymbol{w}} = \left.\dfrac{\partial \tilde{\boldsymbol{x}}_{i+1}}{\partial \boldsymbol{w}_i}\right|_{\boldsymbol{w}_i=0}$ の値と導出については，13.12 節の 4 項および文献 135) を参照してください．

式 (12.24) から，13.6 節の 1 項と同様にして，共分散行列 $\hat{P}_{i+1}$ を次のように計算できます．ただし，Q はノイズ $\boldsymbol{w}$ の共分散行列であり，IMU の誤差モデルから与えられます．

$$\hat{P}_{i+1} = F_{\tilde{\boldsymbol{x}}}\hat{P}_i F_{\tilde{\boldsymbol{x}}}^{\mathsf{T}} + F_{\boldsymbol{w}} Q F_{\boldsymbol{w}}^{\mathsf{T}} \tag{12.25}$$

3 計測モデル

Lidar のスキャンからロボットの計測モデルを構成する方法を説明します．基本的な構造は，12.4 節の 3 項と同じです．12.5 節の 2 項で述べたように，IMU 座標系をロボット座標系と同一視しているので，時刻 t_k の入力スキャン s_k を，そのときの IMU の位置を使って Lidar 座標系から地図座標系に変換します．IMU の位置は，状態変数 $\boldsymbol{x}_k$ の回転行列 R_k と位置 $\boldsymbol{t}_k$ なので，s_k の各スキャン点 $\boldsymbol{p}_j$ は $\boldsymbol{p}_j^w = R_k\boldsymbol{p}_j + \boldsymbol{t}_k$ に変換されます．

ただし，$\boldsymbol{p}_j$ は Lidar 座標系の値なので，IMU 座標系に変換する必要があります．Lidar 座標系と IMU 座標系の相対位置を $(R^{IL}, \boldsymbol{t}^{IL})$ とすると，$\boldsymbol{p}_j \leftarrow R^{IL}\boldsymbol{p}_j + \boldsymbol{t}^{IL}$ によって Lidar 座標系から IMU 座標系に変換することができます．これ以降，$\boldsymbol{p}_j$ にはこの処理を施してあるとして，定式化を進めます．

次に，$\boldsymbol{p}_j^w$ に対応する参照スキャン（地図）の点を $\boldsymbol{q}_j$ とし，計測モデルを以下のように定義します．

$$\boldsymbol{h}_j(\boldsymbol{x}_k) = G_j(\boldsymbol{p}_j^w - \boldsymbol{q}_j) = G_j(R_k\boldsymbol{p}_j + \boldsymbol{t}_k - \boldsymbol{q}_j) \tag{12.26}$$

G_j は，$\boldsymbol{p}_j$ が平面点の場合はその法線ベクトル $\boldsymbol{n}_j^{\mathsf{T}}$ になります．そうすると，$\boldsymbol{h}_j(\boldsymbol{x}_k)$ の二乗和 $\displaystyle\sum_j \boldsymbol{h}_j^{\mathsf{T}}(\boldsymbol{x}_k)\boldsymbol{h}_j(\boldsymbol{x}_k)$ は式 (12.15) と等価になります．また，$\boldsymbol{p}_j$ がエッジ点の場合はその方向ベクトル $\boldsymbol{d}_j$ を歪み対称行列に変形した $\boldsymbol{d}_j^{\wedge}$ になります．この場合，$\boldsymbol{h}_j(\boldsymbol{x}_k)$ の二乗和は式 (12.16) と等価になります．

なお，文献 135) では，スキャン点 $\boldsymbol{p}_j$ の計測ノイズを式 (12.26) に組み込んでいますが，ここでは簡単のため省略しています．

いま，スキャン取得時 k における状態 $\boldsymbol{x}_k$ の推定値を $\hat{\boldsymbol{x}}_k$ とします．$\hat{\boldsymbol{x}}_k$ はガウス–ニュートン法の繰り返しの最中の値であり，まだ最終的な解ではありません．$\boldsymbol{h}_j(\boldsymbol{x}_k)$ を $\hat{\boldsymbol{x}}_k$ のまわりにテイラー展開して，線形近似すると以下のようになります．

$$\begin{aligned}&\boldsymbol{h}_j(\boldsymbol{x}_k) \approx \boldsymbol{h}_j(\hat{\boldsymbol{x}}_k) + H_j(\boldsymbol{x}_k \boxminus \hat{\boldsymbol{x}}_k) + \boldsymbol{v}_j = \boldsymbol{h}_j(\hat{\boldsymbol{x}}_k) + H_j\tilde{\boldsymbol{x}}_k + \boldsymbol{v}_j \\ &\tilde{\boldsymbol{x}}_k = \boldsymbol{x}_k \boxminus \hat{\boldsymbol{x}}_k\end{aligned}$$

3次元回転が入っているため，通常は $(\boldsymbol{x}_k - \hat{\boldsymbol{x}}_k)$ となるところが $(\boldsymbol{x}_k \boxminus \hat{\boldsymbol{x}}_k)$ となっていることに注意してください．$\boldsymbol{v}_j$ はLidarの計測ノイズに起因する誤差で，正規分布にしたがうとします．

ヤコビ行列 H_j は以下のように計算されます．まず，$\boldsymbol{x}_k = \hat{\boldsymbol{x}}_k \boxplus \tilde{\boldsymbol{x}}_k$ なので，

$$
\begin{aligned}
\boldsymbol{h}_j(\boldsymbol{x}_k) &= \boldsymbol{h}_j(\hat{\boldsymbol{x}}_k \boxplus \tilde{\boldsymbol{x}}_k) \\
&= G_j((\hat{R}_k \boxplus \delta\boldsymbol{\theta}_k)\boldsymbol{p}_j + \hat{\boldsymbol{t}}_k + \tilde{\boldsymbol{t}}_k - \boldsymbol{q}_j) \\
&= G_j \hat{R}_k \operatorname{Exp}(\delta\boldsymbol{\theta}_k)\boldsymbol{p}_j + G_j(\hat{\boldsymbol{t}}_k + \tilde{\boldsymbol{t}}_k - \boldsymbol{q}_j)
\end{aligned}
$$

となり，並進成分による偏微分は $\dfrac{\partial \boldsymbol{h}_j(\boldsymbol{x}_k)}{\partial \tilde{\boldsymbol{t}}_k} = G_j$ になります．また，$\boldsymbol{h}_j(\boldsymbol{x}_k)$ は $\tilde{\boldsymbol{v}}$，$\tilde{\boldsymbol{b}}_{\boldsymbol{\omega}}$，$\tilde{\boldsymbol{b}}_a$，$\tilde{\mathbf{g}}$ に依存しないことから，それらによる偏微分は $\mathbf{0}$ になります．

回転成分については，12.4節の3項と同様にリー代数の空間に変換します．$\operatorname{Exp}(\delta\boldsymbol{\theta}_k) \approx I + \delta\boldsymbol{\theta}_k^{\wedge}$ を利用して

$$
G_j \hat{R}_k \operatorname{Exp}(\delta\boldsymbol{\theta}_k)\boldsymbol{p}_j \approx G_j \hat{R}_k (I + \delta\boldsymbol{\theta}_k^{\wedge})\boldsymbol{p}_j = G_j \hat{R}_k \boldsymbol{p}_j + G_j \hat{R}_k \delta\boldsymbol{\theta}_k^{\wedge}\boldsymbol{p}_j
$$

となり

$$
\frac{\partial \boldsymbol{h}_j(\boldsymbol{x}_k)}{\partial \delta\boldsymbol{\theta}_k} \approx \frac{\partial (G_j \hat{R}_k \delta\boldsymbol{\theta}_k^{\wedge}\boldsymbol{p}_j)}{\partial \delta\boldsymbol{\theta}_k} = -G_j \hat{R}_k \boldsymbol{p}_j^{\wedge}
$$

が得られます．

以上より，

$$
\begin{aligned}
H_j &= \frac{\partial \boldsymbol{h}_j(\boldsymbol{x}_k)}{\partial \tilde{\boldsymbol{x}}_k} \\
&= \begin{pmatrix} \dfrac{\partial \boldsymbol{h}_j(\boldsymbol{x}_k)}{\partial \delta\boldsymbol{\theta}_k} & \dfrac{\partial \boldsymbol{h}_j(\boldsymbol{x}_k)}{\partial \tilde{\boldsymbol{t}}_k} & \dfrac{\partial \boldsymbol{h}_j(\boldsymbol{x}_k)}{\partial \tilde{\boldsymbol{v}}_k} & \dfrac{\partial \boldsymbol{h}_j(\boldsymbol{x}_k)}{\partial \tilde{\boldsymbol{b}}_{\omega_k}} & \dfrac{\partial \boldsymbol{h}_j(\boldsymbol{x}_k)}{\partial \tilde{\boldsymbol{b}}_{a_k}} & \dfrac{\partial \boldsymbol{h}_j(\boldsymbol{x}_k)}{\partial \tilde{\mathbf{g}}_k} \end{pmatrix} \\
&\approx G_j \begin{pmatrix} -\hat{R}_k \boldsymbol{p}_j^{\wedge} & I_{3\times3} & \mathbf{0}_{3\times3} & \mathbf{0}_{3\times3} & \mathbf{0}_{3\times3} & \mathbf{0}_{3\times3} \end{pmatrix}
\end{aligned}
$$

となります．これは，12.4節の3項のヤコビ行列と同じ形をしています．

$\boldsymbol{p}_j$ が平面点の場合，G_j は 1×3 行列であり，H_j は 1×18 行列になります．$\boldsymbol{p}_j$ がエッジ点の場合，G_j は 3×3 行列であり，H_j は 3×18 行列になります．

4　運動モデルと計測モデルの融合

運動モデルと計測モデルを融合し，最小二乗法によって状態推定を行います．基本構造は11.3節のMAP推定と同じであり，ガウス–ニュートン法を用いて解きます．文献135)では，繰り返し拡張カルマンフィルタを用いて解いていますが，繰り返し拡張カルマンフィルタの更新計算はガウス–ニュートン法と等価であることが知られています[8)]．

運動モデルと計測モデルを融合したコスト関数を式(12.27)に示します．

$$F(\tilde{\boldsymbol{x}}_k) = (\boldsymbol{x}_k \boxminus \boldsymbol{g}_k)^{\mathsf{T}} \hat{P}_k^{-1} (\boldsymbol{x}_k \boxminus \boldsymbol{g}_k) + \sum_{j=1}^{m} (\boldsymbol{h}_j(\hat{\boldsymbol{x}}_k) + H_j \tilde{\boldsymbol{x}}_k)^{\mathsf{T}} S_j^{-1} (\boldsymbol{h}_j(\hat{\boldsymbol{x}}_k) + H_j \tilde{\boldsymbol{x}}_k) \tag{12.27}$$

ここで，$\boldsymbol{g}_k = \hat{\boldsymbol{x}}_{k-1} \boxplus \boldsymbol{f}(\hat{\boldsymbol{x}}_{k-1}, \boldsymbol{u}_{k-1}, \boldsymbol{0})\Delta t$ であり，これはスキャン取得時刻 k における運動モデルによる予測位置です．$\hat{P}_k$ はその予測位置の共分散行列で，式 (12.25) で計算されます．$\boldsymbol{g}_k$ と $\hat{P}_k$ はともに定数です．$\hat{\boldsymbol{x}}_k$ は，スキャン取得時刻 k における状態 $\boldsymbol{x}_k$ の推定値ですが，ガウス–ニュートン法の繰り返し処理の始点として働き，12.4 節の 3 項の $\boldsymbol{x}_0$ に相当します．また，$\tilde{\boldsymbol{x}}_k = \boldsymbol{x}_k \boxminus \hat{\boldsymbol{x}}_k$ であり，この $\tilde{\boldsymbol{x}}_k$ がガウス–ニュートン法で最適化の対象となる変数です．S_j はスキャン点 $\boldsymbol{p}_j$ に対する計測ノイズの共分散行列です(注 5)．

式 (12.27) の各項を線形化して最小二乗法で解けるように変形します．式 (12.27) の第 2 項は，12.5 節の 3 項と同様の計算によって，すでに線形化されています．そこで，式 (12.27) の第 1 項を $\tilde{\boldsymbol{x}}_k = \boldsymbol{0}$ のまわりでテイラー展開して $\tilde{\boldsymbol{x}}_k$ について線形化します．

$$\boldsymbol{x}_k \boxminus \boldsymbol{g}_k = (\hat{\boldsymbol{x}}_k \boxplus \tilde{\boldsymbol{x}}_k) \boxminus \boldsymbol{g}_k \approx \hat{\boldsymbol{x}}_k \boxminus \boldsymbol{g}_k + J\tilde{\boldsymbol{x}}_k \tag{12.28}$$

ここで，J は $\boldsymbol{x}_k \boxminus \boldsymbol{g}_k$ の $\tilde{\boldsymbol{x}}_k = \boldsymbol{0}$ におけるヤコビ行列です．J の回転成分以外の部分は $(\hat{\boldsymbol{x}}_k \boxplus \tilde{\boldsymbol{x}}_k) \boxminus \boldsymbol{g}_k = \hat{\boldsymbol{x}}_k + \tilde{\boldsymbol{x}}_k - \boldsymbol{g}_k$ となるので，その $\tilde{\boldsymbol{x}}_k$ による偏微分は I となります．

J の回転成分は，$\hat{\boldsymbol{x}}_k$ の回転行列を $\hat{R}_k$，$\boldsymbol{g}_k$ の回転行列を R_k，$\tilde{\boldsymbol{x}}_k$ の回転ベクトルを $\delta\boldsymbol{\theta}_k$ として，13.12 節 3 項の式 (13.45) を使って，リー代数の空間で次のように計算します．

$$\begin{aligned} J &= \left.\frac{\partial((\hat{R}_k \boxplus \delta\boldsymbol{\theta}_k) \boxminus R_k)}{\partial \delta\boldsymbol{\theta}_k}\right|_{\delta\boldsymbol{\theta}_k = \boldsymbol{0}} \\ &= \left. J_r^{-1}((\hat{R}_k \boxplus \delta\boldsymbol{\theta}_k) \boxminus R_k) J_r(\delta\boldsymbol{\theta}_k)\right|_{\delta\boldsymbol{\theta}_k = \boldsymbol{0}} \\ &= J_r^{-1}(\hat{R}_k \boxminus R_k) J_r(\boldsymbol{0}) = J_r^{-1}(\hat{R}_k \boxminus R_k) \end{aligned}$$

よって

$$J = \begin{pmatrix} J_r^{-1}(\hat{R}_k \boxminus R_k) & 0_{3\times15} \\ 0_{15\times3} & I_{15\times15} \end{pmatrix}$$

を得ます．ここで，J_r^{-1} は行列指数関数の微分の公式によく現れるヤコビ行列です．詳しくは，13.12 節の 3 項を参照してください．

これで各項の線形化ができたので，11.3 節と同様に MAP 推定の解を得ることができます．式 (12.28) で $\boldsymbol{b}_k = \hat{\boldsymbol{x}}_k \boxminus \boldsymbol{g}_k$，$\boldsymbol{z}_j = \boldsymbol{h}_j(\hat{\boldsymbol{x}}_k)$ とおいて，式 (12.27) を書き直します．

$$F(\tilde{\boldsymbol{x}}_k) = (\boldsymbol{b}_k + J\tilde{\boldsymbol{x}}_k)^{\mathsf{T}} \hat{P}_k^{-1} (\boldsymbol{b}_k + J\tilde{\boldsymbol{x}}_k) + \sum_{j=1}^{m} (\boldsymbol{z}_j + H_j \tilde{\boldsymbol{x}}_k)^{\mathsf{T}} S_j^{-1} (\boldsymbol{z}_j + H_j \tilde{\boldsymbol{x}}_k)$$

(注 5) 12.4 節の 3 項では S_j は考慮せず，単位行列 I として扱っていました．実装では，通常，σ を定数として $S_j = \sigma^2 I$ とすることが多いようです．

これを $\tilde{\boldsymbol{x}}_k$ で微分して極小値を求めます．

$$\frac{\partial F(\tilde{\boldsymbol{x}}_k)}{\partial \tilde{\boldsymbol{x}}_k} = \mathbf{0}$$

より

$$\left(J^\top \hat{P}_k^{-1} J + \sum_{j=1}^{m} H_j^\top S_j^{-1} H_j \right) \tilde{\boldsymbol{x}}_k = -J^\top \hat{P}_k^{-1} \boldsymbol{b}_k - \sum_{j=1}^{m} H_j^\top S_j^{-1} \boldsymbol{z}_j \tag{12.29}$$

を得ます．11.3 節や 12.4 節の 3 項と同様に，式 (12.29) を $\tilde{\boldsymbol{x}}_k$ について解き，$\hat{\boldsymbol{x}}_k \leftarrow \hat{\boldsymbol{x}}_k \boxplus \tilde{\boldsymbol{x}}_k$ として上記の処理を繰り返します．$\hat{\boldsymbol{x}}_k$ が閾値以上に変化しなくなったら終了します．

また，共分散行列は以下のようになります．

$$P_k = \left(J^\top \hat{P}_k^{-1} J + \sum_{j=1}^{m} H_j^\top S_j^{-1} H_j \right)^{-1}$$

12.6　ループ閉じ込み

3D-SLAM でもループ閉じ込みは必要です．2D-SLAM と比べると，運動自由度が 6 に増えるので処理の難しさは増えますが，基本的な概念や手法は同じです．

1　ループ検出

3D-SLAM でも，10.4 節で述べた方法でループ検出を行うことができます．ロボットの軌跡から再訪点の候補区域を求め，その近傍領域から再訪点候補をサンプリングします．そして，現在スキャンと各再訪点候補の参照スキャン（部分地図など）の間でスキャンマッチングを行い，得られた推定位置のうちスコアの高いものを再訪点とします．

3D 点群は 2D 点群よりも多様な特徴量が抽出できるので，特徴量にもとづいて再訪点候補を求める方法もあります．現在スキャンと似た特徴量を多く含む参照スキャンを検索して再訪点候補とします．再訪点候補が得られれば，上記と同様にスキャンマッチングで再訪点を確定します．

特徴量を用いる方法は以下のように行います．現在スキャンと参照スキャンの特徴をそれぞれ P，Q とすると，$p_i \in P$ と $q_j \in Q$ でよく対応する組 $\{(p_i, q_j) \mid P \times Q\}$ を特徴量の類似度から求め，その組から両スキャンの相対位置を計算します．最も単純な特徴は 3D 点であり，その場合，直線上にない 3 組の 3D 点があれば，相対位置を決めることができます．

3D 点群の数は膨大なので，3D 点をそのまま特徴として用いると計算量が大きくなってしまいます．そこで，特徴として平面や直線などの幾何図形を用いる方法があります．これらの幾何図形は 3D 点よりはるかに少ないので，計算量を削減することができます．再訪点の候補区域をカバーする部分地図の 3D 点群から平面，直線，球体の 3 種類のセグメントを抽出し，それらの対応づけを用いてマッチングを行います[123]．また，より高度な特徴として，3D 点群から一般物体をセグメントを抽出してマッチングに用いる方法もあります[25]．平面などの幾何図形よりもさらに個数が減るので，特徴的な物体が多い場所では，効率化が期待できます．

3D スキャンの特徴量を用いて再訪点候補を求める方法もあります．Scan Context[59] はスキャンから抽出した形状にもとづく特徴ベクトルであり，それを用いてスキャン同士の類似度を計算します．そして，現在スキャンと類似度の高い参照スキャンを再訪点候補とします．また，3D 点の局所記述子として高い性能が認められている SHOT に輝度情報を付加した ISHOT を用いて再訪点候補を求める方法も提案されています[36]．

2020 年代になって，深層学習を用いて 3D 点群からループ検出を行う研究も出てきました．LCDNet[18] や PADLoc[6] は，深層学習でループ検出とスキャンの位置合わせを行います．スキャン点群をいったんボクセルに変換してから畳み込みネットワークに入力して特徴量を抽出し，幾何学的特徴と意味論的特徴で学習を行い，幾何学的特徴で実行時のループ検出を行います．

2　ポーズ調整

ポーズグラフの構造は，2D-SLAM と同じです．そのため，ロボット位置が 3 次元になること以外はポーズ調整も 2D-SLAM と同じです．ポーズ調整でもロボット位置を変数とした最適化を行うので，スキャンマッチングのときと同様に，回転成分の最適化にはリー代数を用いることが望ましいです．

2D-SLAM で用いたオープンソースライブラリの p2o には，3 次元のポーズ調整も実装されています．新しいバージョンの p2o2 はリー代数による実装になっています．

12.7　3D-SLAM による地図の例

図 12.6 に，3D-SLAM で構築した地図の例を示します．同図 (a) はつくばチャレンジ 2023[127]，同図 (b) はつくばチャレンジ 2017[126] で得た 3D-Lidar のデータから生成した地図です．どちらのデータも，車輪型の移動ロボットに 3D-Lidar を搭載し，つくばチャレンジのコースを網羅するようにリモコン操縦でロボットを走行させて収集しました．これらの地図は，12.4 節で説明したスキャンマッチングを用いて構築しています．この例では，IMU は用いていません．同図 (a) のコースは分岐があるため全長約 6 km ありますが，つくばチャレンジの走行会ではそのうちの約 2 km の経路を自律で完走しました[51]．同図 (b) のコースは全長

約 2 km で，走行会ではその経路を自律で完走しました[注 6]．これらの図で，赤い線はデータ収集時のロボットの走行軌跡（ポーズグラフ），青い線はループ辺を表しています．

図 12.7 に，人間が 3D-Lidar を手に持って歩いて収集したデータから構築した地図の例を示します．この例でも IMU は用いていません．3D-Lidar を車輪型ロボットに載せた場合に比べ，人間が手に持って歩くと 3D-Lidar が揺れるため，スキャンの歪みが大きくなったり，移動量が大きくなったりして，SLAM の処理の難易度が少し上がります．しかし，これらの例では動きがあまり激しくないため，12.4 節の方法で安定して地図が構築できています．同図 (a) は大学キャンパスであり，建物が多い環境です．同図 (b) は市街地であり，図の右上から左下にかけて線路が通っており，データ収集の際はそこに掛かった跨線橋を歩いて渡っています．

図 12.8 に，3D-Lidar のスキャンだけでは地図構築が難しい例を示します．この例では，IMU を内蔵した 3D-Lidar を人間が手に持って，5 階建てのビルの最上階から階段を歩いて降りてデータを収集しました．同図は，IMU データを用いずに 3D-Lidar スキャンだけを用いて，12.4 節の方法で地図を構築した結果です．3D-Lidar だけでは階段での回転運動に追従できず，3D-Lidar の軌跡や地図が歪んでいるのがわかります．また，軌跡の誤差が大きいので，それにもとづいて配置されるスキャン点群の誤差も大きくなり，建物が黒く塗りつぶされたようになっています．

図 12.9 に，12.5 節の方法で 3D-Lidar と IMU をセンサ融合して地図を構築した例を示します．用いたデータセットは図 12.8 のものと同じですが，ここでは 3D-Lidar スキャンだけでなく IMU データも用いています．IMU データと融合することで，階段での回転運動に追従して，形の整った 3D-地図ができているのがわかります．また，この例ではループ閉じ込みを行っていませんが，誤差が非常に小さいためループがほぼ閉じているように見えます．

図 12.10 に，速い動きに対するロバスト性を確認した結果を示します．この例では，IMU を内蔵した 3D-Lidar を手に持って振り回しながら，大学キャンパスを歩いてデータを収集しました．同図 (a) は，3D-Lidar と IMU を融合した結果であり，速い動きがあっても破綻せずに地図が構築されています．ロール軸まわりのらせん運動，ピッチ軸まわりの上下振り運動，ヨー軸まわりの回転など，さまざまな動きに追従できています．一方，同図 (b) は 3D-Lidar スキャンだけで地図を構築した結果です．速い動きにまったく追従できず，3D-SLAM が破綻してスキャン点群がでたらめに配置されて，地図が真っ黒につぶれています．なお，この図の下半分は振り回す前のスキャンにより地図が正しく生成された部分です．

これらの結果から，IMU を併用することで速い動きに追従できるようになり，SLAM のロバスト性が大きく向上することがわかります．

〔注 6〕 実は，図 12.6 (b) は，1.3 節の図 1.3 (d) の 3D 版です．図 1.3 (d) は，多層型 3D-Lidar で撮ったデータから水平に近い層のデータを抽出して，2D-SLAM で地図を構築した結果です．2017 年の走行会ではこの 2D 地図を用いました．

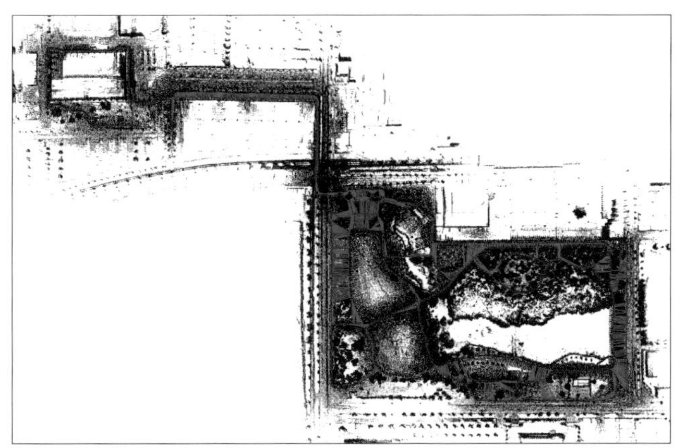

(a) つくばチャレンジ 2023 の地図

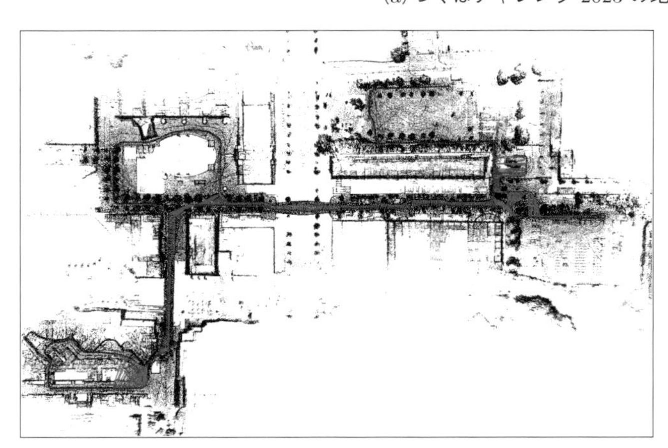
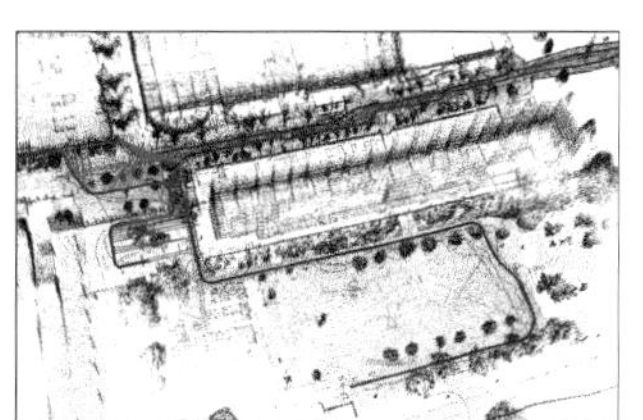
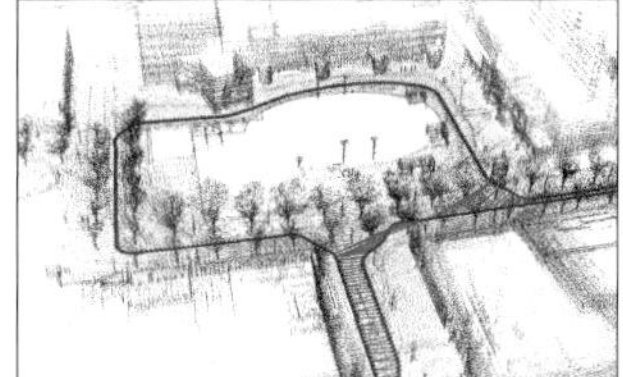

(b) つくばチャレンジ 2017 の地図

■ 図 12.6　車輪型ロボットで収集した 3D-Lidar スキャンによる 3D 地図の例

赤い線はロボットの走行軌跡，青い線はループ辺を表す．

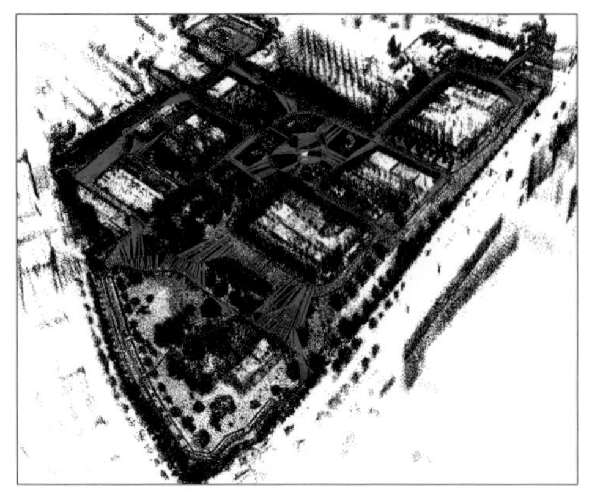

(a)大学キャンパス

(b)市街地

■ 図12.7　歩いて収集した3D-Lidarスキャンによる3D地図の例

赤い線は3D-Lidarの軌跡，青い線はループ辺を表す．

(a)前から見た図

(b)上から見た図

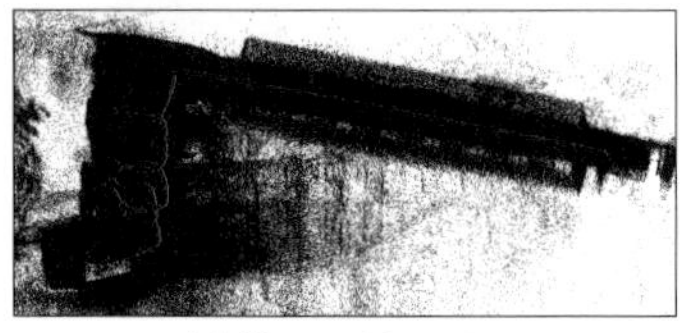

(c)横から見た図

■ 図12.8　歩いて収集した3D-Lidarスキャンによる3D地図の例

IMUデータと融合しなければ，動きに追従できず地図が歪む．赤い線は3D-Lidarの軌跡を表す．

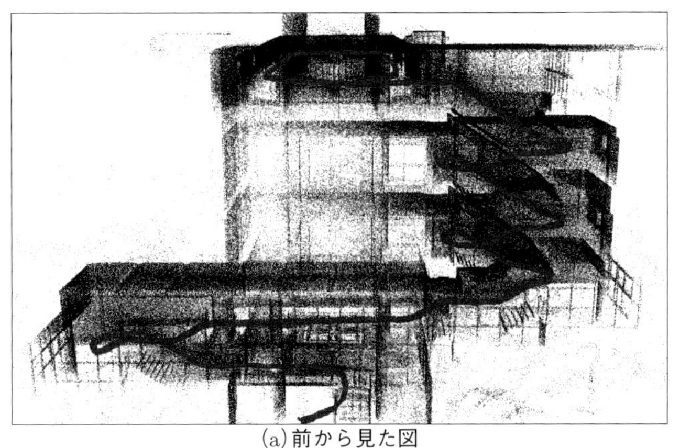

(a)前から見た図

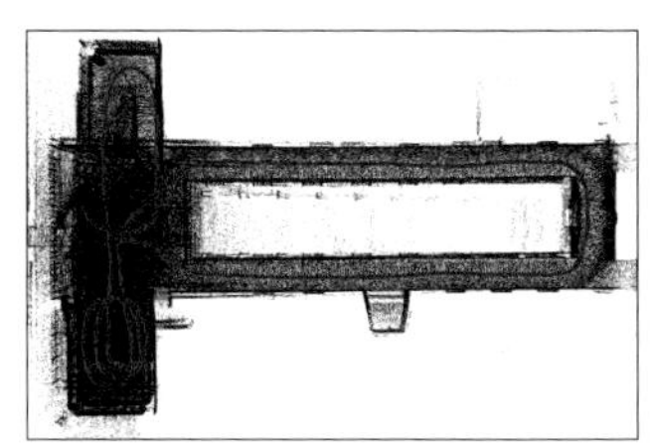

(b)上から見た図

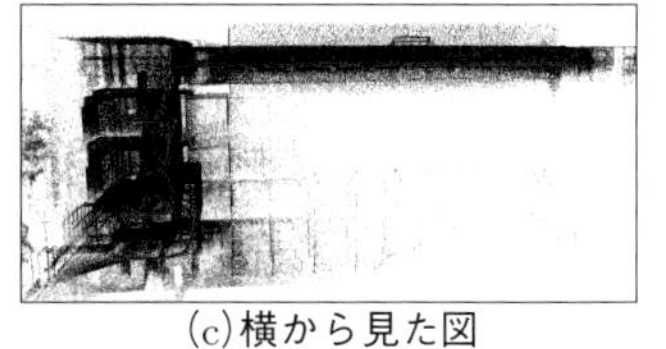

(c)横から見た図

■図12.9 歩いて収集した3D-LidarスキャンとIMUデータの融合による3D地図の例

IMUと融合することで，きれいな地図ができている．赤い線は3D-Lidar（IMU）の軌跡を表す．

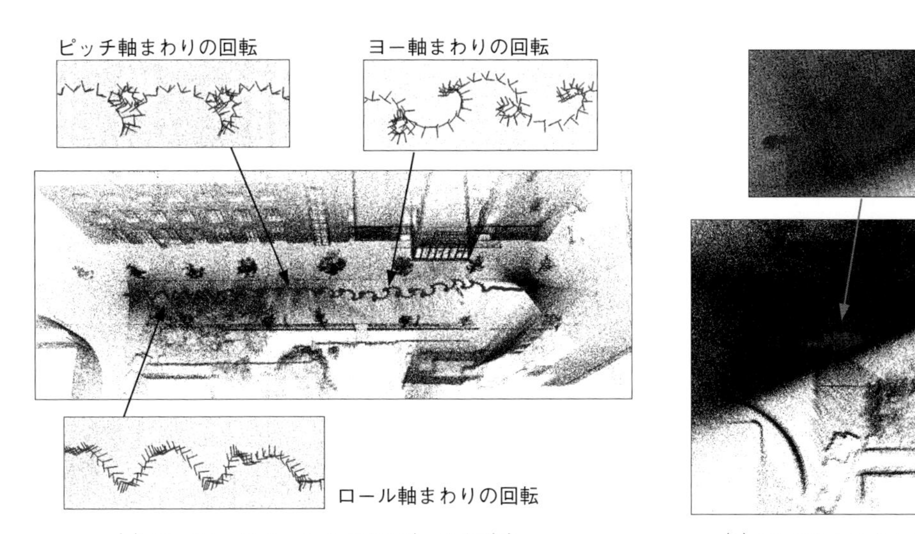

(a) 3D-LidarスキャンとIMUデータを融合　　(b) 3D-Lidatスキャンのみ

■図12.10 歩いて収集した3D-LidarスキャンとIMUデータによる3D地図の例

3D-Lidarを手に持って振り回しながら歩いた．IMUデータと融合しなければ，速い動きにまったく追従できず地図は構築できない．赤い線は3D-Lidar（IMU）の軌跡を表し，その拡大図では3D-Lidar（IMU）のセンサ座標系の各軸を表示している．

CHAPTER 13

SLAMの数学的基礎

SLAM を理解するためには，いくつかの数学的基礎が必要です．とくに，線形代数，確率統計，誤差解析，最小二乗法などは，SLAM に不可欠の理論です．

この章では，これらの基礎知識，および，共分散行列，ベイズフィルタ，M 推定，3 次元回転など SLAM にとって重要な知識を解説します．また，ソフトウェア開発技法として重要なフレームワークについても概説します．

この章は付録に近い位置づけですが，SLAM を深く知るための重要な知識が書かれています．紙面の都合上，詳細な説明は難しいので，本書に必要な知識だけを書いています．さらに深く知りたい読者は参考文献を参照してください．

13.1 線形代数

1 行列とベクトル

$m \times n$ 行列 A を次のように書きます．m が行数，n が列数です．

$$A = \begin{pmatrix} a_{11} & \cdots & a_{1n} \\ \vdots & \ddots & \vdots \\ a_{m1} & \cdots & a_{mn} \end{pmatrix}$$

$m = n$ の行列を**正方行列**と呼びます．$n \times n$ の正方行列を **$\boldsymbol{n}$ 次正方行列**と呼びます．

行と列を入れ替えた $n \times m$ の行列を**転置行列**と呼び，A^{T} と書きます．

$$A^{\mathsf{T}} = \begin{pmatrix} a_{11} & \cdots & a_{m1} \\ \vdots & \ddots & \vdots \\ a_{1n} & \cdots & a_{mn} \end{pmatrix}$$

n 次元ベクトル $\boldsymbol{x}$ を次のように書きます．n 次元ベクトルは $n \times 1$ 行列ととらえることもできます．

$$\boldsymbol{x} = \begin{pmatrix} x_1 \\ \vdots \\ x_n \end{pmatrix}$$

行列と同様に，ベクトルの転置を $\boldsymbol{x}^{\mathsf{T}} = (x_1, \ldots, x_n)$ と書きます．スペースの節約のために，

$\boldsymbol{x} = (x_1, \ldots, x_n)^\mathsf{T}$ という書き方もよくされます．

なお，本書で扱う行列とベクトルはすべて要素が実数のものです．これらを，それぞれ，実行列，実ベクトルといいます．

ここで，行列 A の各列をベクトルとしてみたものを**列ベクトル**といいます．A の一次独立な列ベクトルの個数の最大値を A の**階数**といいます．**一次独立**とは，その列ベクトルが他の列ベクトルの線形和で表せないことです．

対角要素がすべて 1 で，他の要素がすべて 0 の正方行列を**単位行列**と呼び，I と書きます．

$$I = \begin{pmatrix} 1 & \cdots & 0 \\ \vdots & \ddots & \vdots \\ 0 & \cdots & 1 \end{pmatrix}$$

$AB = I$ となる行列 B を A の**逆行列**といい，A^{-1} と書きます．逆行列の転置行列を $A^{-\mathsf{T}}$ と書きます．$A = A^\mathsf{T}$ となる行列を**対称行列**といいます．ここで，以下の式が成り立ちます．

$$(A^{-1})^{-1} = A$$
$$AA^{-1} = A^{-1}A$$
$$(AB)^{-1} = B^{-1}A^{-1}$$
$$(AB)^\mathsf{T} = B^\mathsf{T}A^\mathsf{T}$$
$$(A^\mathsf{T}A)^\mathsf{T} = A^\mathsf{T}A$$

なお，最後の式は，$A^\mathsf{T}A$ が対称行列になることを意味しています．

正方行列 A に対して**行列式** $|A|$ が定義されます．その数式上の定義は複雑ですが，直観的には，その行列によって図形を変換した際の図形の面積や体積の変化率に相当します．詳細は，線形代数の教科書を参照してください[44)]．行列式には次の性質があります．ここで，A，B は n 次正方行列とします．

$$|kA| = k^n|A|$$
$$|A^{-1}| = \frac{1}{|A|}$$
$$|A^\mathsf{T}| = |A|$$
$$|AB| = |A||B|$$
$$|I| = 1$$

正方行列 A に対して，次式を満たす λ を**固有値**，$\boldsymbol{u}$ を**固有ベクトル**といいます．

$$A\boldsymbol{u} = \lambda\boldsymbol{u}$$

固有値は $|A - \lambda I| = 0$ の解であり，A が n 次正方行列ならば，この式は λ の n 次方程式となり，重根（重複解）も含めて n 個の固有値があります．

A が対称行列のとき，固有値はすべて実数となり，また，固有ベクトルは互いに直交します．A が n 次対称行列のとき，その固有値と固有ベクトルをそれぞれ λ_i，$\boldsymbol{u}_i$ とすると，以下の式が成り立ちます．これを A の**固有値分解**といいます．

$$A = \sum_{i=1}^{n} \lambda_i \boldsymbol{u}_i \boldsymbol{u}_i^\top$$
$$A = U\Lambda U^\top$$
$$U^\top U = UU^\top = I$$

ただし

$$U = \begin{pmatrix} \boldsymbol{u}_1 & \cdots & \boldsymbol{u}_n \end{pmatrix}$$
$$\Lambda = \begin{pmatrix} \lambda_1 & \cdots & 0 \\ \vdots & \ddots & \vdots \\ 0 & \cdots & \lambda_n \end{pmatrix}$$

です．

また，A が対称行列ならば，その逆行列は次のように計算できます．

$$A^{-1} = \sum_{i=1}^{n} \lambda_i^{-1} \boldsymbol{u}_i \boldsymbol{u}_i^\top$$

すべての固有値が正の対称行列を**正定値行列**といいます．また，すべての固有値が非負の対称行列を**半正定値行列**といいます．

2　内積とノルム

n 次元ベクトル $\boldsymbol{a}, \boldsymbol{b}$ の**内積** · は次のように定義されます．

$$\boldsymbol{a} \cdot \boldsymbol{b} = \boldsymbol{a}^\top \boldsymbol{b} = \sum_{i=1}^{n} a_i b_i$$

また，n 次元ベクトル $\boldsymbol{x}$ の**ノルム** $\|\boldsymbol{x}\|$ は次のように定義されます．ただし，A は $m \times n$ 行列です．

$$||\boldsymbol{x}|| = \sqrt{\boldsymbol{x}^\top \boldsymbol{x}}$$
$$||A\boldsymbol{x}|| = \sqrt{(A\boldsymbol{x})^\top A\boldsymbol{x}} = \sqrt{\boldsymbol{x}^\top (A^\top A)\boldsymbol{x}}$$

n 次元ベクトルの**重みつきノルム**は次のように定義されます．W は n 次正方行列で，**重み行列**といいます．

$$\|\boldsymbol{x}\|_W = \sqrt{\boldsymbol{x}^\top W \boldsymbol{x}}$$

たとえば，$\boldsymbol{x} = \begin{pmatrix} x_1 & x_2 \end{pmatrix}^\top$

$$W = \begin{pmatrix} w_1 & 0 \\ 0 & w_2 \end{pmatrix}$$

とすると

$$\|\boldsymbol{x}\|_W^2 = \begin{pmatrix} x_1 & x_2 \end{pmatrix} \begin{pmatrix} w_1 & 0 \\ 0 & w_2 \end{pmatrix} \begin{pmatrix} x_1 \\ x_2 \end{pmatrix} = w_1 x_1^2 + w_2 x_2^2$$

となります．また

$$W = \begin{pmatrix} w_{11} & w_{12} \\ w_{21} & w_{22} \end{pmatrix}$$

とすると

$$\begin{aligned} ||\boldsymbol{x}||_W^2 &= \begin{pmatrix} x_1 & x_2 \end{pmatrix} \begin{pmatrix} w_{11} & w_{12} \\ w_{21} & w_{22} \end{pmatrix} \begin{pmatrix} x_1 \\ x_2 \end{pmatrix} \\ &= w_{11} x_1^2 + (w_{12} + w_{21}) x_1 x_2 + w_{22} x_2^2 \end{aligned}$$

となります．

重みつきノルムの一種に**マハラノビス距離**（Mahalanobis distance）があります．Σ を共分散行列（13.4 節参照）として，次のように定義されます．

$$||\boldsymbol{x}_1 - \boldsymbol{x}_2||_{\Sigma^{-1}} = \sqrt{(\boldsymbol{x}_1 - \boldsymbol{x}_2)^\top \Sigma^{-1} (\boldsymbol{x}_1 - \boldsymbol{x}_2)}$$

上記の重みつきノルムの記法にしたがえば，マハラノビス距離は $||\cdot||_{\Sigma^{-1}}$ と書くのがよいように思いますが，SLAM に関連する分野では，マハラノビス距離を $||\cdot||_\Sigma$ と書く例をよくみます．本書でも，この慣例にしたがって，マハラノビス距離と明記したうえで，$||\cdot||_\Sigma$ という記法を使います．

3 微　分

本書では，ベクトルの微分は最小二乗法や誤差伝播において使います(注 1)．

$$\frac{\partial y}{\partial \boldsymbol{x}} = \left(\frac{\partial y}{\partial x_1}, \ldots, \frac{\partial y}{\partial x_n} \right)^\top$$

$$\frac{\partial (\boldsymbol{x}^\top \boldsymbol{a})}{\partial \boldsymbol{x}} = \boldsymbol{a}$$

$$\frac{\partial (\boldsymbol{a}^\top \boldsymbol{x})}{\partial \boldsymbol{x}} = \boldsymbol{a}$$

$$\frac{\partial (\boldsymbol{x}^\top A \boldsymbol{x})}{\partial \boldsymbol{x}} = (A + A^\top) \boldsymbol{x}$$

$$\frac{\partial ||A\boldsymbol{x}||^2}{\partial \boldsymbol{x}} = \frac{\partial (\boldsymbol{x}^\top (A^\top A) \boldsymbol{x})}{\partial \boldsymbol{x}} = 2(A^\top A) \boldsymbol{x}$$

なお，最後の式は，$(A^\top A)$ が対称行列であることを用いています．

(注 1) ベクトルで微分する際の微分記号として，d を使う記法と ∂ を使う記法があるようですが，本書では ∂ を使います．

次に，入出力がベクトルの関数 $\boldsymbol{f}(\boldsymbol{x}) = (f_1(\boldsymbol{x}), \ldots, f_m(\boldsymbol{x}))^\top$ を考えます．これを $\boldsymbol{x}$ で偏微分した行列は**ヤコビ行列**（Jacobian matrix）といい，以下のように定義されます．出力がスカラーの場合（上記 $\dfrac{\partial y}{\partial \boldsymbol{x}}$）とは $x_1, \ldots, x_n$ の並びが異なる（転置）ことに注意してください．

$$J = \frac{\partial \boldsymbol{f}}{\partial \boldsymbol{x}} = \begin{pmatrix} \dfrac{\partial f_1}{\partial x_1} & \cdots & \dfrac{\partial f_1}{\partial x_n} \\ \vdots & \ddots & \vdots \\ \dfrac{\partial f_m}{\partial x_1} & \cdots & \dfrac{\partial f_m}{\partial x_n} \end{pmatrix}$$

また，多変数の 1 次元関数 $f(\boldsymbol{x})$ を $\boldsymbol{x}$ で 2 回微分した行列は**ヘッセ行列**（Hessian matrix）といい，以下のように定義されます．

$$H = \begin{pmatrix} \dfrac{\partial^2 f}{\partial x_1^2} & \cdots & \dfrac{\partial^2 f}{\partial x_1 \partial x_n} \\ \vdots & \ddots & \vdots \\ \dfrac{\partial^2 f}{\partial x_n \partial x_1} & \cdots & \dfrac{\partial^2 f}{\partial x_n^2} \end{pmatrix}$$

13.2　座標変換

ロボティクスでは，座標変換が頻繁に現れます．ここでは，2 次元での点の座標変換とロボット位置の座標変換を紹介します．3 次元でも同様に定義できます．

1　点の座標変換

図 13.1 のように，ロボットがセンサで点 Q をセンサ座標系での位置 $\boldsymbol{q}_1$ に計測したとします．

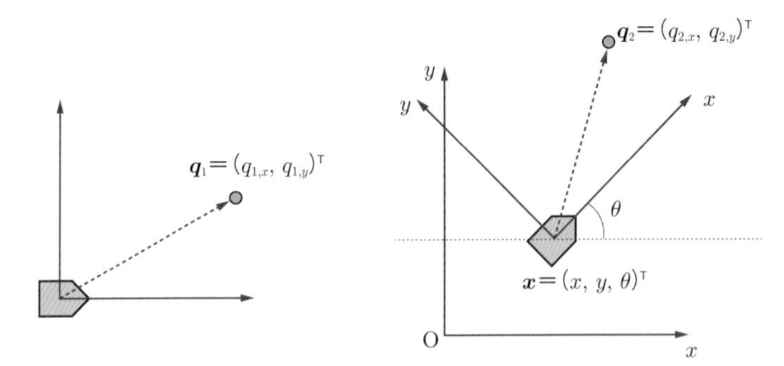

■ 図 13.1　点の座標変換

ここで，世界座標系（地図座標系）でのロボットの位置が $\boldsymbol{x}$ のとき，点 Q の世界座標系での位置 $\boldsymbol{q}_2$ は式 (13.1) になります．これは，いいかえれば，相対位置から絶対位置を求める計算です．

$$\begin{pmatrix} q_{2,x} \\ q_{2,y} \end{pmatrix} = \begin{pmatrix} \cos\theta & -\sin\theta \\ \sin\theta & \cos\theta \end{pmatrix} \begin{pmatrix} q_{1,x} \\ q_{1,y} \end{pmatrix} + \begin{pmatrix} x \\ y \end{pmatrix} \tag{13.1}$$

逆に，世界座標系で位置 $\boldsymbol{q}_2$ にある点 Q を，位置 $\boldsymbol{x}$ にいるロボットから見たときの位置 $\boldsymbol{q}_1$ は式 (13.2) になります．世界座標系の点をセンサで計測したときのセンサ座標系での位置を求めるときに使います．これは，いいかえれば，絶対位置から相対位置を求める計算です．

$$\begin{pmatrix} q_{1,x} \\ q_{1,y} \end{pmatrix} = \begin{pmatrix} \cos\theta & \sin\theta \\ -\sin\theta & \cos\theta \end{pmatrix} \begin{pmatrix} q_{2,x} - x \\ q_{2,y} - y \end{pmatrix} \tag{13.2}$$

2 ロボット位置の座標変換

ロボット位置は方向をもつため，その座標変換は点の座標変換より少し複雑になります．図 13.2 のように，ロボットが位置 $\boldsymbol{x}_1 = (x_1, y_1, \theta_1)^\mathsf{T}$ から $\boldsymbol{a} = (u, v, \phi)^\mathsf{T}$ だけ移動したとします．すると，移動先の位置 $\boldsymbol{x}_2 = (x_2, y_2, \theta_2)^\mathsf{T}$ は次のように計算されます．

$$\begin{pmatrix} x_2 \\ y_2 \\ \theta_2 \end{pmatrix} = \begin{pmatrix} \cos\theta_1 & -\sin\theta_1 & 0 \\ \sin\theta_1 & \cos\theta_1 & 0 \\ 0 & 0 & 1 \end{pmatrix} \begin{pmatrix} u \\ v \\ \phi \end{pmatrix} + \begin{pmatrix} x_1 \\ y_1 \\ \theta_1 \end{pmatrix}$$

これは，compounding 演算子 $\oplus$ を用いて，次のように表されます[100)]．

$$\boldsymbol{x}_2 = \boldsymbol{x}_1 \oplus \boldsymbol{a}$$

逆に，ロボットが $\boldsymbol{x}_1 = (x_1, y_1, \theta_1)^\mathsf{T}$ から $\boldsymbol{x}_2 = (x_2, y_2, \theta_2)^\mathsf{T}$ に移動したことがわかっている場合，その移動量 $\boldsymbol{a} = (u, v, \phi)^\mathsf{T}$ は次のように計算されます．

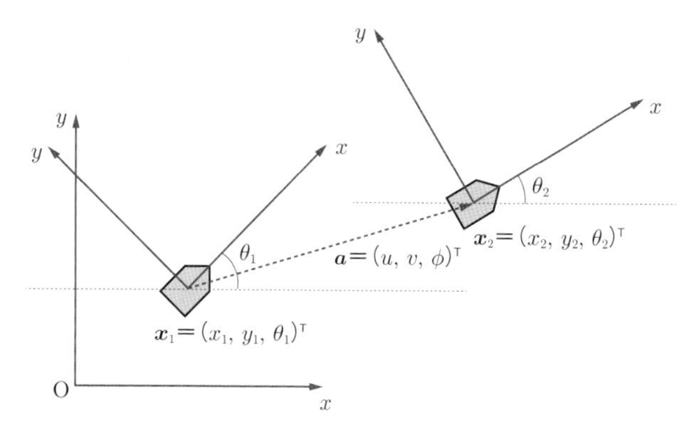

■ 図 13.2　ロボット位置の座標変換

$$\begin{pmatrix} u \\ v \\ \phi \end{pmatrix} = \begin{pmatrix} \cos\theta_1 & \sin\theta_1 & 0 \\ -\sin\theta_1 & \cos\theta_1 & 0 \\ 0 & 0 & 1 \end{pmatrix} \begin{pmatrix} x_2 - x_1 \\ y_2 - y_1 \\ \theta_2 - \theta_1 \end{pmatrix}$$

これは，inverse compounding 演算子 $\ominus$ を用いて，次のように表されます[71)].

$$\boldsymbol{a} = \boldsymbol{x}_2 \ominus \boldsymbol{x}_1$$

13.3　最小二乗法

1　線形の場合

A を $m \times n$ 行列，$\boldsymbol{x}$ を n 次元の変数ベクトル，$\boldsymbol{b}$ を m 次元の定数ベクトルとし，次の関係（連立 1 次方程式）が成り立っているとします．

$$A\boldsymbol{x} = \boldsymbol{b}$$

ここで，A の階数は n とします．すると，$m > n$ ならば，この連立方程式は厳密な解をもたないので，できるだけ $A\boldsymbol{x}$ が $\boldsymbol{b}$ に近くなるような $\boldsymbol{x}$ を求めます．この近さの基準として，二乗ノルムがよく用いられます．すなわち

$$g_1(\boldsymbol{x}) = \|A\boldsymbol{x} - \boldsymbol{b}\|^2$$

を最小化するわけです．これを**最小二乗法**（least squares method）といいます．

この解法はいろいろありますが，ここでは正規方程式を用いた方法を紹介します．g_1 を偏微分すると，g_1 が最小となる条件は

$$\frac{\partial g_1}{\partial \boldsymbol{x}} = 0$$

です．13.1 節の 3 項に記載した微分の公式を用いて，これを展開すると

$$\begin{aligned} \frac{\partial g_1}{\partial \boldsymbol{x}} &= \frac{\partial(\boldsymbol{x}^\top A^\top A\boldsymbol{x})}{\partial \boldsymbol{x}} - \frac{\partial(\boldsymbol{x}^\top A^\top \boldsymbol{b})}{\partial \boldsymbol{x}} - \frac{\partial(\boldsymbol{b}^\top A\boldsymbol{x})}{\partial \boldsymbol{x}} + \frac{\partial(\boldsymbol{b}^\top \boldsymbol{b})}{\partial \boldsymbol{x}} \\ &= 2(A^\top A)\boldsymbol{x} - A^\top \boldsymbol{b} - (\boldsymbol{b}^\top A)^\top \\ &= 2(A^\top A)\boldsymbol{x} - 2A^\top \boldsymbol{b} = \boldsymbol{0} \end{aligned}$$

となり

$$(A^\top A)\boldsymbol{x} = A^\top \boldsymbol{b}$$

が得られます．これを**正規方程式**（normal equation）と呼びます．$A^\top A$ が正則（逆行列が存在する）ならば

$$\boldsymbol{x} = (A^\top A)^{-1} A^\top \boldsymbol{b}$$

で解が求まります．

最小二乗法のわかりやすい解説に文献 55) があります．また，文献 60) には幾何学的に簡潔かつ明解な解説があります．

2 非線形の場合

$\boldsymbol{f}$ を $\mathbb{R}^n \to \mathbb{R}^m$（定義域が n 次元実数空間，値域が m 次元実数空間）の関数，$\boldsymbol{x}$ を n 次元の変数ベクトル，$\boldsymbol{b}$ を m 次元の定数ベクトルとし，次の関係が成り立っているとします．$\boldsymbol{f}(\boldsymbol{x})$ は，前項の $A\boldsymbol{x}$ のような一次式では表せない非線形関数とします．

$$\boldsymbol{f}(\boldsymbol{x}) = \boldsymbol{b}$$

この方程式において，$m > n$ の場合は，厳密な解が求まらないので，前項と同様に

$$g_2(\boldsymbol{x}) = \|\boldsymbol{f}(\boldsymbol{x}) - \boldsymbol{b}\|^2 \tag{13.3}$$

を最小化する $\boldsymbol{x}$ を求めます．

$\boldsymbol{f}$ が非線形関数の場合，**非線形最小二乗問題**となります．これを解くには，$\boldsymbol{f}$ を $\boldsymbol{x}_0$ のまわりでテイラー展開して，式 (13.3) に代入します．ただし，J は $\boldsymbol{x}_0$ における $\boldsymbol{f}$ のヤコビ行列です．なお，記号 $\approx$ は近似的に等しいことを表します．

$$\boldsymbol{f}(\boldsymbol{x}) \approx \boldsymbol{f}(\boldsymbol{x}_0) + J(\boldsymbol{x} - \boldsymbol{x}_0)$$
$$g_2(\boldsymbol{x}) \approx \|\boldsymbol{f}(\boldsymbol{x}_0) + J(\boldsymbol{x} - \boldsymbol{x}_0) - \boldsymbol{b}\|^2$$

ここで，$\boldsymbol{b}' = \boldsymbol{b} - \boldsymbol{f}(\boldsymbol{x}_0)$，$\Delta\boldsymbol{x} = \boldsymbol{x} - \boldsymbol{x}_0$ とおくと

$$g_2(\boldsymbol{x}) \approx \|J\Delta\boldsymbol{x} - \boldsymbol{b}'\|^2$$

となり，線形の最小二乗問題になるので，その解は正規方程式を解いて以下のように得られます．

$$(J^\top J)\Delta\boldsymbol{x} = J^\top \boldsymbol{b}' \tag{13.4}$$

よって，$\boldsymbol{x}$ は

$$\hat{\boldsymbol{x}} = \boldsymbol{x}_0 + \Delta\boldsymbol{x}$$

となります．$\hat{\boldsymbol{x}}$ は，$\boldsymbol{x}_0$ において線形化して得た解なので，式 (13.3) の最小解とは限りませんが，新たに，$\hat{\boldsymbol{x}}$ を $\boldsymbol{x}_0$ として，上記処理を収束するまでくり返すことで最小解が得られます．

なお，このようなくり返し法では，$\boldsymbol{x}_0$ の初期値の与え方に注意する必要があります．$\boldsymbol{x}_0$ の初期値によって結果が大きく変わる可能性があり，初期値がよくないと，局所解に落ちたり，発散したりします．このため，最小化を行う前に，よい初期値を探しておくことが重要です．

式 (13.4) は非線形関数の最適化手法であるニュートン法の近似になっています．ニュートン法では左辺の行列にヘッセ行列を使いますが，ヘッセ行列は計算が複雑だという問題があります．式 (13.4) は，ヘッセ行列のかわりに，ヤコビ行列の積 $J^\top J$ を用いた形になっており，ヘッセ行列に比べて計算が容易になります．この解法を**ガウス–ニュートン法**といいます．

3　重みつき最小二乗法

重みつき二乗ノルムを最小化する問題を**重みつき最小二乗問題**と呼びます．重み行列 W は対称行列であるとします．

$$g_3(\boldsymbol{x}) = \|A\boldsymbol{x} - \boldsymbol{b}\|_W^2 = (A\boldsymbol{x} - \boldsymbol{b})^\top W(A\boldsymbol{x} - \boldsymbol{b})$$

重みがないときと同様にして，g_3 を偏微分すると，g_3 が最小となる条件は

$$\begin{aligned}\frac{\partial g_3}{\partial \boldsymbol{x}} &= \frac{\partial(\boldsymbol{x}^\top A^\top W A\boldsymbol{x})}{\partial \boldsymbol{x}} - \frac{\partial(\boldsymbol{x}^\top A^\top W\boldsymbol{b})}{\partial \boldsymbol{x}} - \frac{\partial(\boldsymbol{b}^\top W A\boldsymbol{x})}{\partial \boldsymbol{x}} + \frac{\partial(\boldsymbol{b}^\top \boldsymbol{b})}{\partial \boldsymbol{x}} \\ &= 2(A^\top W A)\boldsymbol{x} - A^\top W\boldsymbol{b} - (\boldsymbol{b}^\top W A)^\top \\ &= 2(A^\top W A)\boldsymbol{x} - 2A^\top W\boldsymbol{b} = \boldsymbol{0}\end{aligned}$$

となり，正規方程式

$$(A^\top W A)\boldsymbol{x} = A^\top W\boldsymbol{b}$$

が得られます．

SLAM で重要なのは，マハラノビス距離のもとでの重みつき最小二乗問題です．これは，共分散行列 Σ に対して，$W = \Sigma^{-1}$ とおけば，上記の式がそのまま適用できます．

13.4　確率分布

1　確率密度と確率

SLAM で扱う確率は，ほとんどが「連続値の確率」です．ここでは，連続値の**確率分布** (probability distribution) について簡単に説明します．

変数 X がその定義域内の各値 x をとる確率が定まっているとき，X を**確率変数**といいます．確率変数の概念的な詳しい説明は文献 45) にあります．ここで，X が連続値（実数）の場合，ある値 x 単独では確率にはならず**確率密度** (probability density) といいます．次式のように，確率密度 $p(x)$ を一定区間 $[a, b]$ で積分すると確率 P が得られます．

$$P(a \leq X \leq b) = \int_a^b p(x)\,dx$$

また，確率密度は次の性質をもちます．

$$\int_{-\infty}^{\infty} p(x)\,dx = 1$$

上記のように，確率分布は，確率変数の値の区間を入れるとその確率を出す関数であり，確率密度が決まれば確率分布は決まります．

確率論で重要な概念である**条件つき確率**，**周辺確率**，**全確率の定理**，**ベイズの定理**を以下に示します．

$$\begin{aligned}
p(x\,|\,y) &= \frac{p(x,y)}{p(y)} && \cdots\cdots \quad \text{条件つき確率} \\
p(x) &= \int_{-\infty}^{\infty} p(x,y)\,dy && \cdots\cdots \quad \text{周辺確率} \\
p(x) &= \int_{-\infty}^{\infty} p(x\,|\,y)\,p(y)\,dy && \cdots\cdots \quad \text{全確率の定理} \\
p(x\,|\,y) &= \frac{p(y\,|\,x)\,p(x)}{p(y)} && \cdots\cdots \quad \text{ベイズの定理}
\end{aligned} \tag{13.5}$$

ここで，式 (13.5) によって周辺確率を求める操作を**周辺化**と呼びます．また，ベイズの定理の式で，$p(x\,|\,y)$ を事後分布，$p(x)$ を事前分布，$p(y\,|\,x)$ を尤度分布と呼びます．

2 つの確率変数 X, Y に関する**結合確率密度**を $p(x, y)$ と書きます．$p(x,y) = p(x)\,p(y)$ のとき，X と Y は独立であるといいます．また，$p(x, y\,|\,z) = p(x\,|\,z)\,p(y\,|\,z)$ のとき，X と Y は Z が与えられたもとで条件つき独立であるといいます．

2 正規分布

SLAM で重要な確率分布に**正規分布**（ガウス分布）があります．**図 13.3** に正規分布の例を示します．正規分布は，ガウスの誤差の三公理（注 2）を満たす確率分布で，物理量が 1 次元の場合は次の形をしています．

$$p(x) = \frac{1}{\sqrt{2\pi}\sigma} \exp\left\{ -\frac{(x-\bar{x})^2}{2\sigma^2} \right\}$$

ここで，$\bar{x}$ は**平均**（mean），σ^2 は**分散**（variance）です．正規分布は，この 2 つのパラメータで決まるので，これらを用いて $N(\bar{x}, \sigma^2)$ と表します．

また，多次元の量 $\boldsymbol{x} = (x_1, \ldots, x_n)^\mathsf{T}$ の場合は次のようになります．

$$p(\boldsymbol{x}) = \frac{1}{\sqrt{|2\pi\Sigma_x|}} \exp\left\{ -\frac{1}{2}(\boldsymbol{x}-\bar{\boldsymbol{x}})^\mathsf{T}\,\Sigma_x^{-1}(\boldsymbol{x}-\bar{\boldsymbol{x}}) \right\}$$

（注 2）「ガウスの誤差の三公理」とは，以下のとおりです．「正の誤差と負の誤差は頻度が同じ」「小さい誤差は大きい誤差より頻度が高い」「非常に大きな誤差は頻度が小さい」．

$$\Sigma_x = \begin{pmatrix} \sigma_{x_1}^2 & \sigma_{x_1 x_2} & \cdots & \sigma_{x_1 x_n} \\ \sigma_{x_2 x_1} & \sigma_{x_2}^2 & \cdots & \sigma_{x_2 x_n} \\ \vdots & \vdots & \ddots & \vdots \\ \sigma_{x_n x_1} & \sigma_{x_n x_2} & \cdots & \sigma_{x_n}^2 \end{pmatrix}$$

ここで，Σ_x は**共分散行列**（covariance matrix）と呼ばれます．共分散行列は半正定値行列です．行列式の性質から $|2\pi\Sigma_x| = (2\pi)^n|\Sigma_x|$ であることに注意してください．

データを $\boldsymbol{x}^{(i)} = (x_1^{(i)}, \ldots, x_n^{(i)})^\mathsf{T}$（$i = 1 \sim N$）とすると，平均，分散，共分散は次のように計算されます．これらの式は，正規分布のデータに限らず，任意のデータに適用できます．

$$\bar{x}_j = \frac{1}{N}\sum_{i=1}^{N} x_j^{(i)} \qquad \cdots\cdots \quad \text{平均}$$

$$\sigma_{x_j}^2 = \frac{1}{N}\sum_{i=1}^{N}(x_j^{(i)} - \bar{x}_j)^2 \qquad \cdots\cdots \quad \text{分散}$$

$$\sigma_{x_j x_k} = \frac{1}{N}\sum_{i=1}^{N}(x_j^{(i)} - \bar{x}_j)(x_k^{(i)} - \bar{x}_k) \qquad \cdots\cdots \quad \text{共分散}$$

なお，正規分布のほかに SLAM でよく使われる確率分布として**一様分布**（uniform distribution）があります．一様分布は，ある範囲で同じ値をとる確率分布です．一様分布は，外れ値の分布として使われることがあります．

$$p(x) = \begin{cases} c & (a \le x \le b) \\ 0 & (x < a,\, x > b) \end{cases}$$

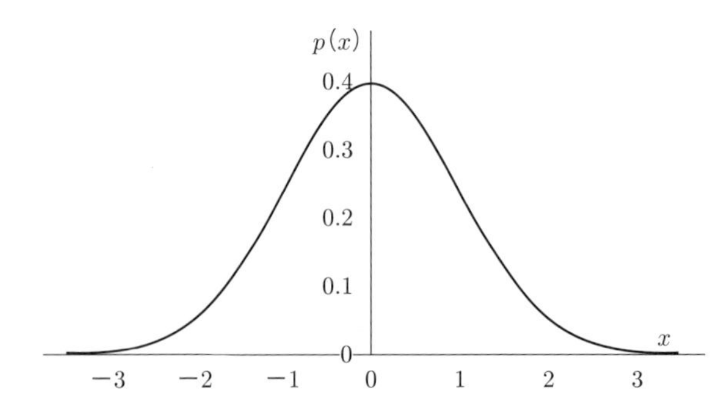

■ 図 13.3　1 次元正規分布 $N(0, 1)$ のグラフ

13.5 誤差解析

1 誤差の種類

センサデータには常に誤差が含まれるため，SLAM では，誤差の扱いが非常に重要になります．計測工学では，誤差を次の 3 つに分類します[106]．

- **偶然誤差**（random error）
  ランダムに起こる誤差で，原因が特定できないので，確率論にもとづいて統計処理によって対処します．
- **系統誤差**（systematic error）
  バイアスとも呼ばれます．センサや装置の位置ずれや非線形性，計測者のくせなどによって起こる誤差で，これによって推定値に偏りが生じます（平均が 0 にならない）．これは，通常，校正や補正によって対処します．
- **まちがい誤差**（mistake）
  計測者の記録ミスなど，人為的な誤差です．機械の場合でも，データの対応づけ誤りなどが原因で生じます．

(1) 偶然誤差

偶然誤差は統計的に扱えるので，誤差解析の理論が確立されています．ここでは，文献 111) にもとづいて簡単に説明します．

一般に，誤差は「測定値と真値の差」と定義されますが，真値を知ることはできません．そこで，次のように考えます．測定する物理量 x に対し，その最良推定値を x_b，誤差を δx として，測定値 $x^{(i)}$ を

$$x^{(i)} = x_b \pm \delta x$$

のように表します．これは，真値が区間 $(x_b - \delta x, x_b + \delta x)$ のどこかに存在することを表します．実際には，その区間に確実に存在する保証はなく，δx に応じた確率で存在するとします．たとえば，68% の確率で $(x_b - 5, x_b + 5)$ の範囲に存在するなどです．

このような誤差の確率分布として最もよく使われるのが前節で説明した正規分布です．SLAM でも多くの場合，偶然誤差については正規分布を仮定します．

また，測定値と最良推定値の差を**残差**（residual）と呼び，これは最小二乗法で扱われる重要な量です．

(2) 系統誤差

系統誤差にはさまざまなものがありますが，SLAM においては，センサ本体の誤差，センサの設置位置の誤差，車輪など駆動系の位置・寸法の誤差，温度・気圧・磁気などの環境要因による誤差，計測手法に内在する非線形性による誤差などが問題になります．

位置や寸法の誤差は，事前の校正によって対処します．たとえば，Lidar はロボット中心に置かれるとは限らないので，両者の相対位置を求めて，Lidar で得た位置をロボット中心に座標変換できるようにしておきます．この相対位置に誤差があると，Lidar で得たロボット位置に偏りが生じるので，何らかの基準を用いて相対位置を正確に計測する必要があります．さらに，ロボットが長時間稼働したことによる振動で，センサの設置位置がずれることがあります．このため，定期的に自動校正をするしくみを組み込むこともあります．

また，計測時間に余裕がある場合は，同じ対象に対する計測を異なる方法で複数回行って誤差を相殺することも行われます．たとえば，中心軸のずれは，180° 回転させて計測した値と平均すれば相殺することができます[81), 88)]．ただし，ロボットがリアルタイムで動く場合は，計測にそれほど時間をかけるわけにもいかないので工夫が必要です．

環境要因による誤差や非線形性による誤差は，あらかじめ特性曲線を求めておき，入力値やパラメータに応じた補正項を利かせることも行われます．また，システムの状態変数からバイアスを推定し，補正項を利かせる方法もあります．12.5 節で説明している IMU のバイアスの補正はその例です．

(3) まちがい誤差

まちがい誤差は，計測工学では，主に計測者のミスとして扱われます．計測器の値の読みまちがいや，データ記録時の書きまちがいなどです．

一方，ロボットにおいては，コンピュータが自動でデータの読み書きを行うので，プログラムのバグやデータフォーマットの不備を除けば，このようなミスはほとんどないといえます．それより重要なのは，データ対応づけにおける誤りです．「データ対応づけ」とは，センサで測定した値が，実世界のどの対象・物体を測定したものかを正しく特定することです．

SLAM においては，センサデータと地図上のランドマークの対応づけが非常に重要です．計測者が人間であれば，人間の高い認識・判断能力と適切な実験計画によって，データ対応づけを相当の正確さで行うことができます．しかし，ロボットが自動で行う場合はこれが難しく，データ対応づけの誤りによって，**外れ値**（outlier）が生じます．外れ値とは，計測値の中で平均からのずれが非常に大きい値のことです．

SLAM では，外れ値の対処が不可欠です．とくに，データの誤対応による外れ値の誤差は偶然誤差よりもはるかに大きいため，SLAM の処理に壊滅的な悪影響をおよぼします．このため，統計的検定，RANSAC[27)]，M 推定[41), 52)] など，さまざまな対処法が提案されています．また，外れ値の発生確率は正規分布では表せないので，一様分布など別の分布で表して確率的に扱うこともあります.

2 誤差の伝播

センサデータは，そのままで使うよりも，何らかの計算を施した上で利用するのが一般的です．SLAMにおいても，さまざまな関数を用いてセンサデータ処理を行います．このとき注意すべきことは，計算過程で誤差が伝播していくことです．

この**誤差伝播**（propagation of error）の量は，微分を用いて計算することができます[111]．センサデータ x を1変数関数 $f(x)$ で変換する場合，x の誤差 Δx に対する変換後の誤差 Δf は次のようになります．

$$\Delta f = \frac{df}{dx}\Delta x \tag{13.6}$$

f が線形関数で，Δx に偏りがなく平均が0ならば，Δf の平均も0になります．**図13.4**(a)にこの様子を示します(注3)．x が誤差によって $\bar{x}$ を中心に $\bar{x}-\Delta x$ から $\bar{x}+\Delta x$ まで左右対称に分布すると，f は $\bar{f}$ を中心に $\bar{f}-\Delta f$ から $\bar{f}+\Delta f$ まで上下対称に分布します．したがって，$f(x)$ の x に対する平均と分散は，それぞれ，$\bar{f}=f(\bar{x})$，$\sigma_f^2=\left(\frac{df}{dx}\right)^2\sigma_x^2$ になります．$f(x)=ax+b$ とすると，平均は $\bar{f}=a\bar{x}+b$，分散は $\sigma_f^2=a^2\sigma_x^2$ となります．

一方，$f(x)$ が線形関数でない場合，Δx に偏りがなくても，Δf には偏りが生じます．図13.4(b)にこの様子を示します．x が $\bar{x}$ を中心に $\bar{x}-\Delta x$ から $\bar{x}+\Delta x$ まで左右対称に分布したとしても，f は $\bar{f}-\Delta f_2$ から $\bar{f}+\Delta f_1$ まで分布し，その平均は $\bar{f}$（$=f(\bar{x})$）にはなりま

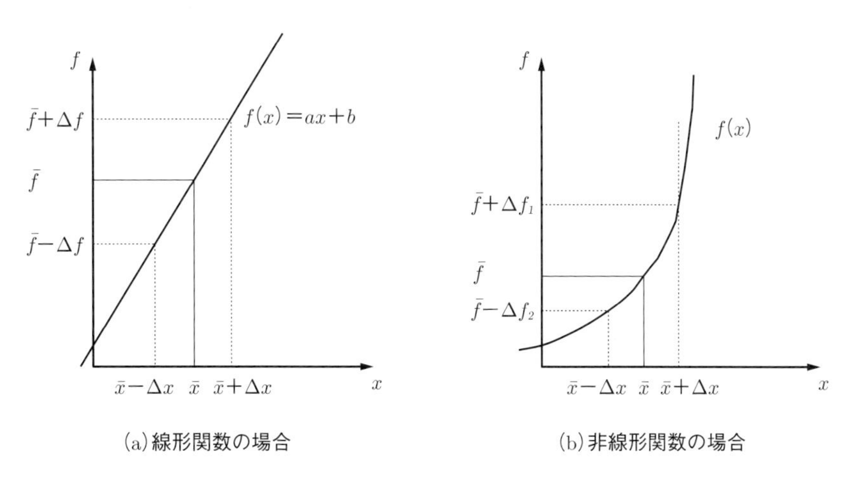

■ **図13.4** 誤差伝播

x を関数 f で変換すると，誤差 Δx は f に伝播して，誤差の大きさが変わる．

(注3) この図は $\Delta x > 0$ の場合を想定しています．

せん．そのため，式 (13.6) を用いて Δf を求める際は，Δx が大きい場合は偏りも大きくなることに注意する必要があります．

入出力がベクトルの関数 $\boldsymbol{f}(\boldsymbol{x}) = (f_1(\boldsymbol{x}), f_2(\boldsymbol{x}), \ldots, f_m(\boldsymbol{x}))^\top$ については，誤差 $\Delta\boldsymbol{f}$ とその共分散行列 Σ_f は次のようになります．J は $\boldsymbol{f}$ の $\boldsymbol{x}$ についてのヤコビ行列，Σ_x は $\Delta\boldsymbol{x}$ の共分散行列です．

$$\Delta\boldsymbol{f} = J\Delta\boldsymbol{x} \tag{13.7}$$

$$\Sigma_f = \Delta\boldsymbol{f}\Delta\boldsymbol{f}^\top = (J\Delta\boldsymbol{x})(J\Delta\boldsymbol{x})^\top = J(\Delta\boldsymbol{x}\Delta\boldsymbol{x}^\top)J^\top = J\Sigma_x J^\top \tag{13.8}$$

$$\Sigma_f = \begin{pmatrix} \sigma_{f_1}^2 & \sigma_{f_1 f_2} & \cdots & \sigma_{f_1 f_m} \\ \sigma_{f_2 f_1} & \sigma_{f_2}^2 & \cdots & \sigma_{f_2 f_m} \\ \vdots & \vdots & \ddots & \vdots \\ \sigma_{f_m f_1} & \sigma_{f_m f_2} & \cdots & \sigma_{f_m}^2 \end{pmatrix}$$

$$J = \begin{pmatrix} \dfrac{\partial f_1}{\partial x_1} & \dfrac{\partial f_1}{\partial x_2} & \cdots & \dfrac{\partial f_1}{\partial x_n} \\ \dfrac{\partial f_2}{\partial x_1} & \dfrac{\partial f_2}{\partial x_2} & \cdots & \dfrac{\partial f_2}{\partial x_n} \\ \vdots & \vdots & \ddots & \vdots \\ \dfrac{\partial f_m}{\partial x_1} & \dfrac{\partial f_m}{\partial x_2} & \cdots & \dfrac{\partial f_m}{\partial x_n} \end{pmatrix}$$

13.6　ロボット位置の共分散の計算

ここでは，ロボット位置に限定して，その共分散を計算する方法を記述します．ロボット位置は SLAM において処理の中核となるため，その共分散の計算方法を整理しておくことは重要です．

1　移動によるロボット位置の共分散

ここでは，文献 100) にもとづいて，移動によってロボット位置の共分散がどう変化するかを定式化します．図 13.5 に示すように，ロボットが位置 $\boldsymbol{x}_1 = (x_1, y_1, \theta_1)^\top$ から移動量 $\boldsymbol{a} = (u, v, \alpha)^\top$ だけ移動して，位置 $\boldsymbol{x}_2 = (x_2, y_2, \theta_2)^\top$ に着いたとします．

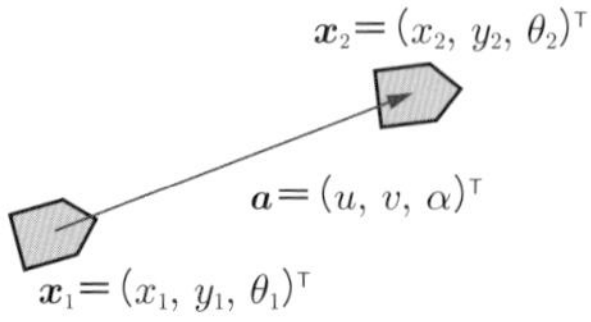

位置 $\boldsymbol{x}_1$ および $\boldsymbol{x}_2$ の共分散行列をそれぞれ Σ_1 と Σ_2，移動量 $\boldsymbol{a}$ の共分散行列を Σ_a とします．

■図 13.5　ロボットの移動

ここでの問題は，$\boldsymbol{x}_2$ と Σ_2 を求めることです．ほかはすべて既知とします．

まず，$\boldsymbol{x}_2$ は 13.2 節の 2 項で説明した compounding 演算子によって次式のように計算できます．$\boldsymbol{x}_2$ が確率変数であっても，その平均はこの式で計算できます．

$$\boldsymbol{x}_2 = \boldsymbol{x}_1 \oplus \boldsymbol{a} \tag{13.9}$$

展開して書くと，次のようになります．

$$\begin{aligned}
\begin{pmatrix} x_2 \\ y_2 \\ \theta_2 \end{pmatrix} &= \begin{pmatrix} \cos\theta_1 & -\sin\theta_1 & 0 \\ \sin\theta_1 & \cos\theta_1 & 0 \\ 0 & 0 & 1 \end{pmatrix} \begin{pmatrix} u \\ v \\ \alpha \end{pmatrix} + \begin{pmatrix} x_1 \\ y_1 \\ \theta_1 \end{pmatrix} \\
&= \begin{pmatrix} u\cos\theta_1 - v\sin\theta_1 + x_1 \\ u\sin\theta_1 + v\cos\theta_1 + y_1 \\ \alpha + \theta_1 \end{pmatrix}
\end{aligned} \tag{13.10}$$

ここで，式 (13.9) を関数 $\boldsymbol{f}$ を使って書き直します．

$$\begin{aligned}
\boldsymbol{x}_2 &= \boldsymbol{f}(\boldsymbol{x}_1, \boldsymbol{a}) \\
&= \begin{pmatrix} f_x(\boldsymbol{x}_1, \boldsymbol{a}) \\ f_y(\boldsymbol{x}_1, \boldsymbol{a}) \\ f_\theta(\boldsymbol{x}_1, \boldsymbol{a}) \end{pmatrix}
\end{aligned} \tag{13.11}$$

式 (13.8) を使うと，Σ_2 は

$$\Sigma_2 = J\Sigma_{1,a}J^\mathsf{T} \tag{13.12}$$

となります．ここで，$\Sigma_{1,a}$ は $\boldsymbol{x}_1$ と $\boldsymbol{a}$ をまとめた共分散，J は $\boldsymbol{f}$ の $\boldsymbol{x}_1$ と $\boldsymbol{a}$ に関するヤコビ行列で，それぞれ次のようになります．

$$\begin{aligned}
\Sigma_{1,a} &= \begin{pmatrix} \Sigma_1 & 0 \\ 0 & \Sigma_a \end{pmatrix} \\
J &= \begin{pmatrix}
\dfrac{\partial f_x}{\partial x_1} & \dfrac{\partial f_x}{\partial y_1} & \dfrac{\partial f_x}{\partial \theta_1} & \dfrac{\partial f_x}{\partial u} & \dfrac{\partial f_x}{\partial v} & \dfrac{\partial f_x}{\partial \alpha} \\
\dfrac{\partial f_y}{\partial x_1} & \dfrac{\partial f_y}{\partial y_1} & \dfrac{\partial f_y}{\partial \theta_1} & \dfrac{\partial f_y}{\partial u} & \dfrac{\partial f_y}{\partial v} & \dfrac{\partial f_y}{\partial \alpha} \\
\dfrac{\partial f_\theta}{\partial x_1} & \dfrac{\partial f_\theta}{\partial y_1} & \dfrac{\partial f_\theta}{\partial \theta_1} & \dfrac{\partial f_\theta}{\partial u} & \dfrac{\partial f_\theta}{\partial v} & \dfrac{\partial f_\theta}{\partial \alpha}
\end{pmatrix}
\end{aligned} \tag{13.13}$$

ただし，$\boldsymbol{x}_1$ と $\boldsymbol{a}$ は独立であるとして，$\Sigma_{1,a}$ の相関項（右上と左下の部分）は 0 にしています．

式 (13.10) と式 (13.11) から J を計算すると，次のようになります．

$$\begin{aligned}
J &= \left(\begin{array}{ccc|ccc} 1 & 0 & -u\sin\theta_1 - v\cos\theta_1 & \cos\theta_1 & -\sin\theta_1 & 0 \\ 0 & 1 & u\cos\theta_1 - v\sin\theta_1 & \sin\theta_1 & \cos\theta_1 & 0 \\ 0 & 0 & 1 & 0 & 0 & 1 \end{array}\right) \\
&= \left(J_x \mid J_a \right)
\end{aligned}$$

すると，式 (13.12) は次のようになります．

$$\Sigma_2 = \begin{pmatrix} J_x & J_a \end{pmatrix} \begin{pmatrix} \Sigma_1 & 0 \\ 0 & \Sigma_a \end{pmatrix} \begin{pmatrix} J_x^{\mathsf{T}} \\ J_a^{\mathsf{T}} \end{pmatrix}$$
$$= J_x \Sigma_1 J_x^{\mathsf{T}} + J_a \Sigma_a J_a^{\mathsf{T}} \tag{13.14}$$

この式は，9.3 節の 2 項で説明したオドメトリの共分散計算のもとになります．

また，オドメトリに限らず，移動によるロボット位置の不確実性の計算全般に適用できます．

2 ランドマーク計測によるロボット位置の共分散

ここでは，一度に多数のランドマークを計測した場合のロボット位置の共分散の計算方法を文献 41) にもとづいて（ただし，少し簡略化して）説明します．

ロボット（センサ）の位置を $\boldsymbol{x} = (x, y, \theta)^{\mathsf{T}}$，計測データを $\boldsymbol{z} = \boldsymbol{z}_1, \ldots, \boldsymbol{z}_n$，地図（ランドマークの列）を $\boldsymbol{m}$ とします．

本書の問題では，$\boldsymbol{x}$ は 3 次元，$\boldsymbol{z}_i = (z_{1,x}, z_{1,y})^{\mathsf{T}}$ は 2 次元ですが，$\boldsymbol{x}$ の次元が $\boldsymbol{z}$ の次元 $(= 2n)$ より小さければ，以下の議論は成り立ちます．特定の 1 時刻での計算なので，時刻の添え字は省略します．

$\boldsymbol{x}$ と $\boldsymbol{z}$ の間に以下の関係があるとします．$\boldsymbol{v}$ は誤差です．また，$\boldsymbol{m}$ は定数なので，簡単のため，これ以降は省略します．

$$\boldsymbol{z} = \boldsymbol{h}(\boldsymbol{x}, \boldsymbol{m}) + \boldsymbol{v} = \boldsymbol{h}(\boldsymbol{x}) + \boldsymbol{v}$$

これは，$\mathbb{R}^3 \to \mathbb{R}^n$（定義域が 3 次元で，値域が n 次元）の関数ですが，スキャンマッチングのように多くの計測データからロボット位置を特定する問題は，逆向きの $\mathbb{R}^n \to \mathbb{R}^3$ の関数となります．これは逆問題と呼ばれ，ここでは，次式の最小二乗問題として考えます．

$$||\boldsymbol{v}||^2_{\Sigma_z} = ||\boldsymbol{z} - \boldsymbol{h}(\boldsymbol{x})||^2_{\Sigma_z} \tag{13.15}$$

ただし，ここで用いている距離は，$\boldsymbol{z}$ の共分散行列 Σ_z によるマハラノビス距離です．

この式を最小化する $\boldsymbol{x}$ を 13.3 節の 2 項と 3 項で説明した重みつきの非線形最小二乗法で解いたとして，その解を $\hat{\boldsymbol{x}}$ とします．この節で求めるのは，$\hat{\boldsymbol{x}}$ におけるロボット位置の共分散行列です．

いま，$\boldsymbol{h}$ を $\boldsymbol{x}$ の真値 $\bar{\boldsymbol{x}}$ のまわりでテイラー展開します．ただし，$\boldsymbol{x}$ の 2 乗以上の項は無視しています．また，J は $\bar{\boldsymbol{x}}$ における $\boldsymbol{h}$ のヤコビ行列です．

$$\boldsymbol{h}(\boldsymbol{x}) \approx \boldsymbol{h}(\bar{\boldsymbol{x}}) + J(\boldsymbol{x} - \bar{\boldsymbol{x}})$$

すると

$$||\boldsymbol{z} - \boldsymbol{h}(\boldsymbol{x})||^2_{\Sigma_z} \approx ||\boldsymbol{z} - \boldsymbol{h}(\bar{\boldsymbol{x}}) - J(\boldsymbol{x} - \bar{\boldsymbol{x}})||^2_{\Sigma_z}$$

になります．

これを 13.3 節の 3 項で説明した重みつき最小二乗法にあてはめて，正規方程式をつくります．マハラノビス距離であることに注意してください．

$$\min\|A\boldsymbol{x} - b\|_{\Sigma}^{2} \rightarrow (A^{\top}\Sigma^{-1}A)\boldsymbol{x} = (A^{\top}\Sigma^{-1})\boldsymbol{b}$$

ここで，$A \rightarrow J$，$\boldsymbol{x} \rightarrow (\boldsymbol{x} - \bar{\boldsymbol{x}})$，$\boldsymbol{b} \rightarrow (\boldsymbol{z} - \boldsymbol{h}(\bar{\boldsymbol{x}}))$ とすると，正規方程式は

$$(J^{\top}\Sigma_z^{-1}J)(\boldsymbol{x} - \bar{\boldsymbol{x}}) = (J^{\top}\Sigma_z^{-1})(\boldsymbol{z} - \boldsymbol{h}(\bar{\boldsymbol{x}}))$$

となり，その解は

$$\hat{\boldsymbol{x}} = (J^{\top}\Sigma_z^{-1}J)^{-1}(J^{\top}\Sigma_z^{-1})(\boldsymbol{z} - \boldsymbol{h}(\bar{\boldsymbol{x}})) + \bar{\boldsymbol{x}} \tag{13.16}$$

となります．$\bar{\boldsymbol{x}}$ は定数なので，右辺は $\boldsymbol{z}$ の 1 次関数になります．これを $\boldsymbol{f}(\boldsymbol{z})$ とおくと，$\hat{\boldsymbol{x}} = \boldsymbol{f}(\boldsymbol{z})$ となり，$\boldsymbol{x}$ の共分散は，式 (13.8) より

$$\Sigma_x = J_f \Sigma_z J_f^{\top}$$

となります．$\boldsymbol{f}(\boldsymbol{z})$ は $\boldsymbol{z}$ の 1 次関数なので，J_f は式 (13.16) における $\boldsymbol{z}$ の係数そのままとなり

$$\begin{aligned}
\Sigma_x &= (J^{\top}\Sigma_z^{-1}J)^{-1}(J^{\top}\Sigma_z^{-1})\Sigma_z((J^{\top}\Sigma_z^{-1}J)^{-1}(J^{\top}\Sigma_z^{-1}))^{\top} \\
&= (J^{\top}\Sigma_z^{-1}J)^{-1}J^{\top}\Sigma_z^{-1}\Sigma_z\Sigma_z^{-1}J(J^{\top}\Sigma_z^{-1}J)^{-1} \\
&= (J^{\top}\Sigma_z^{-1}J)^{-1}(J^{\top}\Sigma_z^{-1}J)(J^{\top}\Sigma_z^{-1}J)^{-1} \\
&= (J^{\top}\Sigma_z^{-1}J)^{-1}
\end{aligned}$$

となります．上式の 1 行目から 2 行目への計算において，$(J^{\top}\Sigma_z^{-1}J)^{-1}$ は対称行列なので，転置しても変わらないことに注意してください．

以上より，$\boldsymbol{x}$ の共分散行列は $\Sigma_x = (J^{\top}\Sigma_z^{-1}J)^{-1}$ となります．J は真値 $\bar{\boldsymbol{x}}$ のまわりのヤコビ行列ですが，実際の計算では，推定値 $\hat{\boldsymbol{x}}$ のまわりのヤコビ行列を使います．

非線形最小二乗法では，式 (13.16) をくり返し解くことになるので，最終的に得られた解での $(J^{\top}\Sigma_z^{-1}J)^{-1}$ が求める共分散です．

また，ICP では，さらに点の対応づけも含めてくり返しを行うので，やはりその最終解での $(J^{\top}\Sigma_z^{-1}J)^{-1}$ を採用することになります．

13.7 点群の主成分分析

この節では，点群の大まかな形状を知る方法を紹介します．

まず，点群を $Q = \{\boldsymbol{q}_k\}$ として，その重心 $\boldsymbol{q}_g$ を求めます．

$$\boldsymbol{q}_g = \frac{1}{N}\sum_{k}^{N}\boldsymbol{q}_k$$

ただし，$N = |Q|$（点の個数）です．

次に，点群 Q は「ある対象物をセンサで計測した点の集合」と考え，その平均 $\boldsymbol{q}_g$ を中心にして，周囲の各点との位置の共分散を求めます．ここでは 2 次元の点 $\boldsymbol{q}_k = (x_k, y_k)^\mathsf{T}$ を考えますが，考え方は 3 次元の点にも適用できます．

$$
\begin{aligned}
S &= \frac{1}{N}\sum_{k}^{N}(\boldsymbol{q}_k - \boldsymbol{q}_g)(\boldsymbol{q}_k - \boldsymbol{q}_g)^\mathsf{T} \\
&= \frac{1}{N}\begin{pmatrix} \sum_k (x_k - x_g)^2 & \sum_k (x_k - x_g)(y_k - y_g) \\ \sum_k (x_k - x_g)(y_k - y_g) & \sum_k (y_k - y_g)^2 \end{pmatrix} \\
&= \begin{pmatrix} \sigma_x^2 & \sigma_{xy} \\ \sigma_{xy} & \sigma_y^2 \end{pmatrix}
\end{aligned}
$$

上式の S は 2×2 の対称行列なので，13.1 節の 1 項で述べた固有値分解により次のように表せます．

$$
S = \lambda_t \boldsymbol{t}\boldsymbol{t}^\mathsf{T} + \lambda_n \boldsymbol{n}\boldsymbol{n}^\mathsf{T}
$$

ここで，$\boldsymbol{t}$，$\boldsymbol{n}$ は固有ベクトル，λ_t，λ_n は固有値です．

共分散行列は半正定値行列であり，2 つの固有値は非負となります．13.1 節の 1 項で述べたように，対称行列の固有ベクトルは直交するので，固有ベクトルは楕円を構成し，$\boldsymbol{t}$，$\boldsymbol{n}$ は楕円の長径と短径になります．λ_t，λ_n は，それぞれ，長径，短径の長さになります．

図 13.6 に例を示します．同図左は，たとえば，L 字型の壁（コーナー）を Lidar で計測した例です．この場合，楕円は膨らんで円に近くなります．同図右は，直線的な壁を計測した例で，長径の長さが短径の長さよりずっと大きくなり，細長い楕円になります．なお，理想的な直線では $\lambda_n = 0$ となりますが，現実には，計測誤差のために 0 になることはありません．

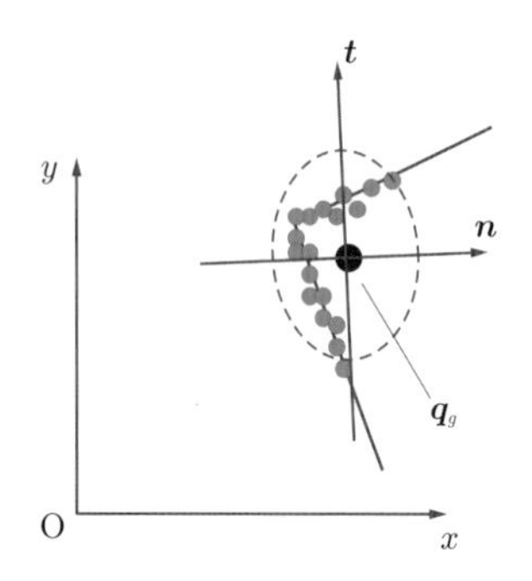

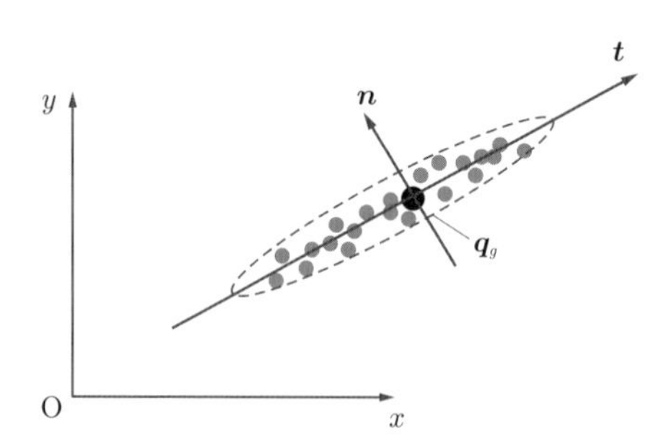

■ **図 13.6**　点群の主成分分析の模式図

$\boldsymbol{q}_g$ は点群の重心，$\boldsymbol{t}$ と $\boldsymbol{n}$ は主成分分析で得られた固有ベクトル．

このように共分散行列を固有値分解して，固有値の大きい固有ベクトルから並べて表すことを**主成分分析**（principal component analysis，PCA）といいます．主成分分析は多変量解析の手法の1つで，さまざまな応用がありますが，ここでは，2つの固有値の大きさにより，点群が直線かそうでないかを判定することに用いています．

ここで紹介した方法を実際の計測データに適用する際に注意すべきことは，Q を小さい範囲の局所領域にすることです．大きな範囲でとると，多様な形状が混在して楕円が円に近くなり，直線部分を見落とす可能性があります．

13.8　垂直距離と共分散の関係

垂直距離は，スキャン点の分布（共分散）を考慮したマハラノビス距離の特殊形とみなすことができます．これをもとに，ICP の垂直距離によるコスト関数が，重みつき最小二乗問題の一種であることが示されます．

垂直距離を用いたコスト関数を再掲します．

$$G_2(\boldsymbol{x}) = \frac{1}{N}\sum_{i=1}^{N} ||\boldsymbol{n}_i \cdot (R\boldsymbol{p}_i + \boldsymbol{t} - \boldsymbol{q}_{j_i})||^2 \tag{13.17}$$

見やすさのため，時刻 t，ICP のくり返し回数 k の添え字は省略しています．また，$\boldsymbol{n}_i$ は $\boldsymbol{q}_{j_i}$ の法線ベクトルで，本来は $\boldsymbol{n}_{j_i}$ と書くべきですが，この後の記述の煩雑さを避けるため，簡略化しています．

式 (13.17) が重みつき最小二乗問題であることを示します．見やすさのため，$\boldsymbol{d}_i = R\boldsymbol{p}_i + \boldsymbol{t} - \boldsymbol{q}_{j_i}$ とおきます．

$$\begin{aligned} G_2(\boldsymbol{x}) &= \sum_{i=1}^{N} ||\boldsymbol{n}_i \cdot \boldsymbol{d}_i||^2 = \sum_{i=1}^{N} (\boldsymbol{n}_i^\mathsf{T}\boldsymbol{d}_i)^\mathsf{T}(\boldsymbol{n}_i^\mathsf{T}\boldsymbol{d}_i) \\ &= \sum_{i=1}^{N} \boldsymbol{d}_i^\mathsf{T}\boldsymbol{n}_i\boldsymbol{n}_i^\mathsf{T}\boldsymbol{d}_i = \sum_{i=1}^{N} \boldsymbol{d}_i^\mathsf{T} W_i \boldsymbol{d}_i \end{aligned}$$

$$W_i = \boldsymbol{n}_i\boldsymbol{n}_i^\mathsf{T} \tag{13.18}$$

ここで，各点 $\boldsymbol{q}_{j_i}$ に対する W_i が何を意味するか考えてみましょう．13.7 節の方法で，$\boldsymbol{q}_{j_i}$ の周囲の点群の共分散行列 S_i を求めます．13.1 節の 1 項で述べたように，その逆行列 S_i^{-1} は次のように表せます．

$$S_i^{-1} = \lambda_{i,t}^{-1}\boldsymbol{t}_i\boldsymbol{t}_i^\mathsf{T} + \lambda_{i,n}^{-1}\boldsymbol{n}_i\boldsymbol{n}_i^\mathsf{T}$$

もし，$\boldsymbol{q}_{j_i}$ の周囲の点群が直線をなすとすると，S_i の固有ベクトルは直線方向 $\boldsymbol{t}_i$ と法線方向 $\boldsymbol{n}_i$ になり，法線方向の固有値 $\lambda_{i,n}$ は非常に小さくなります．そのため，$\lambda_{i,t}^{-1} \ll \lambda_{i,n}^{-1}$ となり

$$S_i^{-1} \approx \lambda_{i,n}^{-1} \boldsymbol{n}_i \boldsymbol{n}_i^\top \tag{13.19}$$

と近似できます．

式 (13.18) と式 (13.19) から，$W_i \approx \lambda_{i,n} S_i^{-1}$ となり，式 (13.17) は，共分散行列 S_i で定義されるマハラノビス距離による重みつき最小二乗問題となります．

13.9　正規分布の融合

本書で「確率分布の融合」というときは，「同じ確率変数に関する確率分布の積算」を意味します．ここでは，**正規分布の積**がどうなるかを調べます．正規分布の積は 9.2 節で説明したセンサ融合で使われるので，重要な知識です．

結論を先にいうと，同じ確率変数に関する正規分布の積は，正規分布になります．ただし，大きさは変化して，全積分して 1 になるという確率密度の性質は満たさなくなります．そのため，正規分布の積を確率密度にするためには，後述のスケール補正の係数が必要です．

いま，以下の 2 つの正規分布 $N(\boldsymbol{\mu}_1, \Sigma_1)$ と $N(\boldsymbol{\mu}_2, \Sigma_2)$ の融合を考えます．

$$p_1(\boldsymbol{x}) = \frac{1}{\sqrt{|2\pi\Sigma_1|}} \exp\left\{-\frac{1}{2}(\boldsymbol{x}-\boldsymbol{\mu}_1)^\top \Sigma_1^{-1}(\boldsymbol{x}-\boldsymbol{\mu}_1)\right\} \tag{13.20}$$

$$p_2(\boldsymbol{x}) = \frac{1}{\sqrt{|2\pi\Sigma_2|}} \exp\left\{-\frac{1}{2}(\boldsymbol{x}-\boldsymbol{\mu}_2)^\top \Sigma_2^{-1}(\boldsymbol{x}-\boldsymbol{\mu}_2)\right\} \tag{13.21}$$

これらを融合してできた正規分布を $N(\boldsymbol{\mu}, \Sigma)$ とします．

$$p(\boldsymbol{x}) = \frac{1}{\sqrt{|2\pi\Sigma|}} \exp\left\{-\frac{1}{2}(\boldsymbol{x}-\boldsymbol{\mu})^\top \Sigma^{-1}(\boldsymbol{x}-\boldsymbol{\mu})\right\} \tag{13.22}$$

$p_1(\boldsymbol{x})$ と $p_2(\boldsymbol{x})$ の積がこれに等しいとすると

$$p_1(\boldsymbol{x})\, p_2(\boldsymbol{x}) = \alpha p(\boldsymbol{x})$$

となります．α はスケール補正の係数です．これらの式から，$\boldsymbol{\mu}$，Σ を求めてみましょう．

まず，式 (13.20)，式 (13.21)，式 (13.22) の指数部を比べます．

$$(\boldsymbol{x}-\boldsymbol{\mu}_1)^\top \Sigma_1^{-1}(\boldsymbol{x}-\boldsymbol{\mu}_1) + (\boldsymbol{x}-\boldsymbol{\mu}_2)^\top \Sigma_2^{-1}(\boldsymbol{x}-\boldsymbol{\mu}_2)$$
$$(\boldsymbol{x}-\boldsymbol{\mu})^\top \Sigma^{-1}(\boldsymbol{x}-\boldsymbol{\mu})$$

同じ式になるには，各項の係数が等しくなければならないので，展開して，$\boldsymbol{x}$ の 2 次と 1 次の項を並べます．

$$\boldsymbol{x}^\top \Sigma^{-1} \boldsymbol{x} = \boldsymbol{x}^\top (\Sigma_1^{-1} + \Sigma_2^{-1}) \boldsymbol{x}$$
$$\boldsymbol{x}^\top \Sigma^{-1} \boldsymbol{\mu} + \boldsymbol{\mu}^\top \Sigma^{-1} \boldsymbol{x} = \boldsymbol{x}^\top (\Sigma_1^{-1}\boldsymbol{\mu}_1 + \Sigma_2^{-1}\boldsymbol{\mu}_2) + (\boldsymbol{\mu}_1^\top \Sigma_1^{-1} + \boldsymbol{\mu}_2^\top \Sigma_2^{-1}) \boldsymbol{x}$$

これらから，次の結果が得られます．

$$\Sigma = (\Sigma_1^{-1} + \Sigma_2^{-1})^{-1}$$
$$\boldsymbol{\mu} = \Sigma(\Sigma_1^{-1}\boldsymbol{\mu}_1 + \Sigma_2^{-1}\boldsymbol{\mu}_2)$$

さらに，残った因子を比較すると

$$\alpha\frac{1}{\sqrt{|2\pi\Sigma|}}\exp\left\{-\frac{1}{2}\boldsymbol{\mu}^\mathsf{T}\Sigma^{-1}\boldsymbol{\mu}\right\}$$
$$= \frac{1}{\sqrt{|2\pi\Sigma_1||2\pi\Sigma_2|}}\exp\left\{-\frac{1}{2}(\boldsymbol{\mu}_1^\mathsf{T}\Sigma_1^{-1}\boldsymbol{\mu}_1 + \boldsymbol{\mu}_2^\mathsf{T}\Sigma_2^{-1}\boldsymbol{\mu}_2)\right\}$$

となり，これより

$$\alpha = \frac{1}{\sqrt{|2\pi(\Sigma_1 + \Sigma_2)|}}\exp\left\{-\frac{1}{2}(\boldsymbol{\mu}_1^\mathsf{T}\Sigma_1^{-1}\boldsymbol{\mu}_1 + \boldsymbol{\mu}_2^\mathsf{T}\Sigma_2^{-1}\boldsymbol{\mu}_2 - \boldsymbol{\mu}^\mathsf{T}\Sigma^{-1}\boldsymbol{\mu})\right\}$$

が得られます．ただし，13.1 節の 1 項で述べた行列式の性質から

$$|\Sigma| = \frac{|\Sigma_1||\Sigma_2|}{|\Sigma_1 + \Sigma_2|}$$

であることを用いています．

図 13.7 に 1 次元正規分布の融合の例を示します．α による補正はしていないので，融合結果の山（点線）は低くなります．同図 (a) は，2 つの正規分布が近い場合で，融合結果の山は比較的高く，融合することは妥当であるといえます．同図 (b) は，2 つの正規分布が離れている場合で，融合結果の山は非常に低くなっています．この場合は，どちらかの正規分布が表して

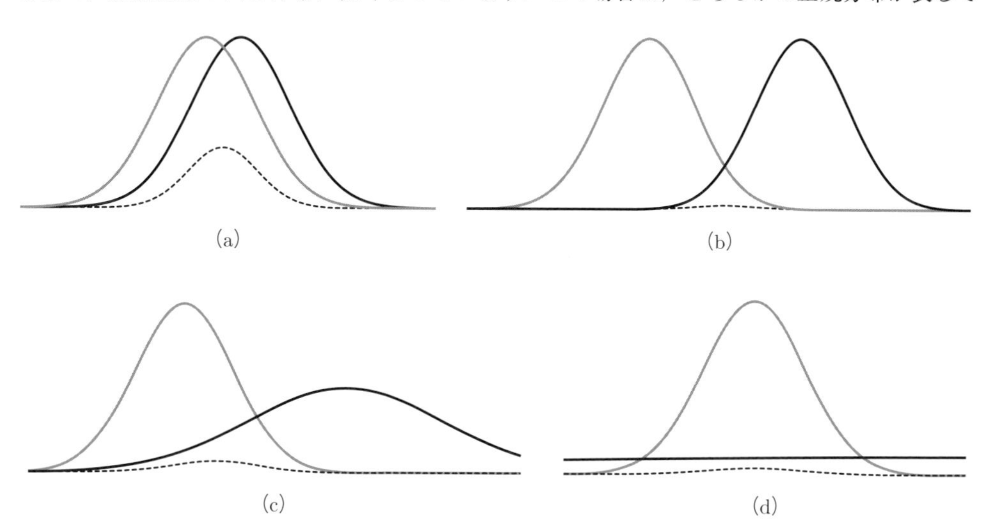

■ 図 13.7　正規分布の融合

実線が融合する正規分布，点線が融合結果の正規分布を表す．もとの正規分布が離れているか，あるいは，分散が大きいと，融合結果の山は低くなる．

いる推定に誤りがある可能性があります．たとえば，系統誤差によって平均がずれているとか，分散が本当はもっと大きい，などです．この場合，融合してもよい推定値は得られません．

もし，系統誤差はなくて平均は正しいとみなせる場合は，分散の設定に問題があるかもしれません．そこで，右側の正規分布の分散を大きくすると，同図 (c) のようになり，融合結果の山は少し高くなります．さらに，分散を大きくすると，同図 (d) のようになり，融合結果の平均（山のピーク）は左側の正規分布のピークと非常に近い位置になります．したがって，この場合は，融合は妥当であるといえそうです．

スケール補正の係数 α は，融合結果における山のピークの高さを表し，融合が妥当かどうかを示す指標の 1 つになりそうに見えますが，あまりあてにはなりません．なぜなら，図 13.7 (d) のように片方の正規分布の分散が大きければ，山のピークはどうしても小さくなるからです．よりよい指標は，たとえば，一方の正規分布の許容範囲内に，他方の正規分布から発生したデータが入りうるかどうかを調べることです．この許容範囲は，分布中心（平均）からのマハラノビス距離で決めます．マハラノビス距離は共分散の大きさで変わるので，上記のような分散に応じて融合の妥当性が変わることを表現できます．これをきちんと論じるには，統計的検定理論にもとづく必要がありますが，相当な数学的準備を必要とするので，本書では割愛します．なお，2.3 節の 2 項で述べた，位置制約によるデータ対応づけの背景には，このような根拠があります．

13.10　M 推定

最小二乗法には，入力データに外れ値があると推定値が大きくずれるという問題があります．外れ値に対処する方法として **M 推定**（maximum likelihood type estimation）があります[48), 65)]．

M 推定は，最尤推定を外れ値に対してロバストにするために考案されました．最尤推定（maximum likelihood estimation）は，計測データがしたがう確率分布のパラメータを推定する方法で，次のように定義されます．いま独立に計測されたデータ列 $\boldsymbol{y} = (y_1, \ldots, y_N)^\mathsf{T}$ がパラメータ $\boldsymbol{x}$ の関数だとすると，$\boldsymbol{y}$ が観測される同時確率密度は以下になります．

$$L(\boldsymbol{y} \,|\, \boldsymbol{x}) = \prod_{i=1}^{N} p_i(y_i \,|\, \boldsymbol{x}) \tag{13.23}$$

$p_i(y_i \,|\, \boldsymbol{x})$ は，$\boldsymbol{x}$ のもとで y_i が得られる確率密度であり，y_i に対して積分すると 1 になります．一方，$p_i(y_i \,|\, \boldsymbol{x})$ は y_i を固定して $\boldsymbol{x}$ の関数とみなすこともできます．その場合，$p_i(y_i \,|\, \boldsymbol{x})$ を $\boldsymbol{x}$ で積分しても 1 にはならないので，尤度と呼びます．

最尤推定は，計測データ $\boldsymbol{y}$ が与えられたときに未知のパラメータ $\boldsymbol{x}$ を推定します．いま，$\boldsymbol{f}(\boldsymbol{x}) = (f_1(\boldsymbol{x}), \ldots, f_N(\boldsymbol{x}))^\mathsf{T}$ を推定値，残差を $\boldsymbol{e} = (e_1, \ldots, e_N)^\mathsf{T}$ とすると，$e_i = y_i - f_i(\boldsymbol{x})$

であり，もしこれが平均 0，分散 σ_i^2 の正規分布にしたがうとすると，式 (13.23) は次のようになります．

$$L(\boldsymbol{y} \,|\, \boldsymbol{x}) = \prod_{i=1}^{N} \frac{1}{\sqrt{2\pi}\sigma_i} \exp\left\{-\frac{(y_i - f_i(\boldsymbol{x}))^2}{2\sigma_i^2}\right\} \tag{13.24}$$

と表せます．$L(\boldsymbol{y} \,|\, \boldsymbol{x})$ を最大にする $\boldsymbol{x}$ を求めるのが最尤推定です．最尤推定は，統計的に優れた性質を多くもつので[77)]，非常によく使われます．

最小二乗法は，計測誤差が正規分布にしたがう場合に，最尤推定と等価になります．式 (13.24) の両辺の負の対数をとると，C を定数として

$$-\operatorname{Log} L(\boldsymbol{y} \,|\, \boldsymbol{x}) = \sum_{i=1}^{N} \frac{(y_i - f_i(\boldsymbol{x}))^2}{2\sigma_i^2} + C$$

となります．このように，$-\operatorname{Log} L(\boldsymbol{y} \,|\, \boldsymbol{x})$ は二次形式になり，尤度 $L(\boldsymbol{y} \,|\, \boldsymbol{x})$ を最大にする $\boldsymbol{x}$ において最小となるので，最小二乗法と等価であることがわかります．

最小二乗法は，通常，計測データが正規分布にしたがって発生すると想定して適用されます．正規分布は平均から離れるにしたがって確率密度が急速に小さくなるので，計測データが正規分布にしたがうなら，外れ値はめったに発生しません．ところが，実際には，正規分布から逸脱する外れ値がしばしば発生します．たとえば，スキャンマッチングでは，2 つのスキャン間のデータ対応づけが正しければ，各点間の位置誤差は，ほとんどがセンサ由来のものとなり，正規分布に近くなると考えられます．しかし，誤って対応づけられた 2 点間の位置誤差は，多くの場合，正規分布から大きくはずれた外れ値になります．

そこで，計測データの誤差が正規分布よりもすそ野の広い分布にしたがうと考えて，最尤推定を一般化したのが M 推定です．正規分布よりもすそ野が広いと，平均から遠く離れたデータでも発生確率はそれほど小さくならないので，十分発生しうることをモデル化できます．

いま，$e_i = \dfrac{y_i - f_i(\boldsymbol{x})}{\sigma_i^2}$ として

$$F(\boldsymbol{x}) := \sum_{i=1}^{N} \rho(e_i) \tag{13.25}$$

の最小化を考えます．$\rho(e_i)$ は M 推定のコスト関数であり，$\rho(e_i) = e_i^2$ とすれば最小二乗法と一致します．

$F(\boldsymbol{x})$ の最小値を求めるために微分します．

$$\frac{\partial F}{\partial \boldsymbol{x}} = \sum_{i=1}^{N} \frac{\partial \rho(e_i)}{\partial \boldsymbol{x}} = \sum_{i=1}^{N} \frac{\partial \rho(e_i)}{\partial e_i}\frac{\partial e_i}{\partial \boldsymbol{x}} = \sum_{i=1}^{N} \psi(e_i)\frac{\partial e_i}{\partial \boldsymbol{x}}$$

$$\psi(e_i) = \frac{\partial \rho(e_i)}{\partial e_i}$$

■ 表 13.1　M 推定法の例[47)]

	コスト関数 $\rho(x)$	影響力関数 $\psi(x)$	重み関数 $w(x)$	範囲
最小二乗	$\frac{x^2}{2}$	x	1	−
Huber	$\frac{x^2}{2}$	x	1	$\lvert x\rvert \le k$
	$k\lvert x\rvert - \frac{k^2}{2}$	$\begin{cases} k & x > 0 \\ -k & x < 0 \end{cases}$	$\frac{k}{\lvert x\rvert}$	$\lvert x\rvert > k$
Tukey	$\frac{k^2}{6}\left(1-\left(1-\left(\frac{x}{k}\right)^2\right)^3\right)$	$x\left(1-\left(\frac{x}{k}\right)^2\right)^2$	$\left(1-\left(\frac{x}{k}\right)^2\right)^2$	$\lvert x\rvert \le k$
	$\frac{k^2}{6}$	0	0	$\lvert x\rvert > k$

$\psi(e_i)$ を影響力関数と呼びます．ここで，$w(e_i) = \dfrac{\psi(e_i)}{e_i}$ とおくと

$$\frac{\partial F}{\partial \boldsymbol{x}} = \sum_{i=1}^{N} w(e_i) e_i \frac{\partial e_i}{\partial \boldsymbol{x}} \tag{13.26}$$

となります．$w(e_i)$ を重み関数と呼びます．外れ値の影響を受けにくくするには，大きな e_i に対して $\psi(e_i)$ は有限で，$w(e_i)$ は 0 に近くなるとよいと考えられます．

$w(e_i)$ は e_i さらには $\boldsymbol{x}$ の関数なのですが，いったん定数とみなすと，式 (13.26) は重みつき最小二乗問題

$$F(\boldsymbol{x}) := \sum_{i=1}^{N} w(e_i) e_i^2$$

を微分したものになります．この最小二乗問題の解は，$\dfrac{\partial F}{\partial \boldsymbol{x}} = 0$ を満たす $\boldsymbol{x}$ です．

このように M 推定は，重みつき最小二乗問題とみなすことができます．ただし，$w(e_i)$ を定数として扱っていたので，上記は近似計算です．そこで，繰り返し法を用いて近似の精度を高めます[52), 65)]．すなわち，$n-1$ 回目の繰り返しで得た $\boldsymbol{x}$ の値を使って $w(e_i)$ を求め，それを用いて n 回目の $\dfrac{\partial F}{\partial \boldsymbol{x}} = 0$ を計算します．これを解が収束するまで繰り返します．

コスト関数としては，Huber，Tukey（Biweight）の他，多くのものが提案されています．**表 13.1** に，よく使われる Huber と Tukey のコスト関数，影響力関数，重み関数を示します．

13.11 3次元回転の表現

1 オイラー角とロール・ピッチ・ヨー

オイラー角（Euler angles）は，座標系の各軸まわりの回転を合成して任意の回転を表現する方法の総称で，軸の選び方により12通りの表し方があります．世界座標系か物体に固定した局所座標系かを区別すると24通りになります[19)]．

ロボティクスでよく使われる**ロール・ピッチ・ヨー**（roll-pitch-yaw）もオイラー角の一種です．ロールは前後方向の軸のまわりの回転，ピッチは左右方向の軸のまわりの回転，ヨーは上下方向の軸のまわりの回転を表します．座標系の xyz 軸のとり方は分野によって異なるため，ロール・ピッチ・ヨー軸と座標軸との対応も分野によって異なります．自動車や移動ロボットでは前方向に x 軸，左方向に y 軸，上方向に z 軸をとるので，ロール・ピッチ・ヨー軸はそれぞれ x 軸，y 軸，z 軸になります．航空分野では x 軸と y 軸は自動車の場合と同じですが，z 軸（ヨー軸）を下方向にとることが多いようです．コンピュータビジョンでは，z 軸をカメラの光軸方向（前方）にとり，x 軸（または y 軸）を上向きにとるため，z 軸をロール軸，x 軸（または y 軸）をヨー軸にします．ロボットアームでも，リンク方向を z 軸として，z 軸をロール軸，x 軸をヨー軸とすることが多いようです．

ここでは，自動車や移動ロボットの定義にしたがいます．世界座標系において，x 軸まわりの回転をロール（ψ），y 軸まわりの回転をピッチ（θ），z 軸まわりの回転をヨー（ϕ）として，それぞれの回転を合成して，任意の回転を表します．この場合のロール・ピッチ・ヨーの回転行列は次のように表すことができます．

$$
\begin{aligned}
R &= R_z(\phi)R_y(\theta)R_x(\psi) \\
&= \begin{pmatrix} \cos\phi & -\sin\phi & 0 \\ \sin\phi & \cos\phi & 0 \\ 0 & 0 & 1 \end{pmatrix} \begin{pmatrix} \cos\theta & 0 & \sin\theta \\ 0 & 1 & 0 \\ -\sin\theta & 0 & \cos\theta \end{pmatrix} \begin{pmatrix} 1 & 0 & 0 \\ 0 & \cos\psi & -\sin\psi \\ 0 & \sin\psi & \cos\psi \end{pmatrix} \\
&= \begin{pmatrix} \cos\phi\cos\theta & \cos\phi\sin\theta\sin\psi - \sin\phi\cos\psi & \cos\phi\sin\theta\cos\psi + \sin\phi\sin\psi \\ \sin\phi\cos\theta & \sin\phi\sin\theta\sin\psi + \cos\phi\cos\psi & \sin\phi\sin\theta\cos\psi - \cos\phi\sin\psi \\ -\sin\theta & \cos\theta\sin\psi & \cos\theta\cos\psi \end{pmatrix}
\end{aligned}
$$

回転行列 R の各要素を r_{ij} とすると，次式によって R からロール・ピッチ・ヨー角を求めることができます．

$$
\begin{aligned}
\phi &= \mathrm{atan2}(r_{21}, r_{11}) \\
\theta &= \mathrm{atan2}(-r_{31}, r_{11}\cos\phi + r_{21}\sin\phi) \\
\psi &= \mathrm{atan2}(r_{13}\sin\phi - r_{23}\cos\phi, -r_{12}\sin\phi + r_{22}\cos\phi)
\end{aligned}
$$

2 単位四元数

四元数（クォータニオン，quaternion）は 4 次元ベクトル $\boldsymbol{q} = (q_0, q_1, q_2, q_3)^\mathsf{T}$ として定義されます．$\boldsymbol{q} = (q_w, q_x, q_y, q_z)^\mathsf{T}$ と表記されることもよくあります．q_0（q_w）は実数成分またはスカラー部，q_1, q_2, q_3（q_x, q_y, q_z）は虚数成分またはベクトル部と呼ばれます．

四元数の積は以下のようになります．

$$\boldsymbol{qr} = \begin{pmatrix} q_0r_0 - q_1r_1 - q_2r_2 - q_3r_3 \\ q_0r_1 + q_1r_0 + q_2r_3 - q_3r_2 \\ q_0r_2 - q_1r_3 + q_2r_0 + q_3r_1 \\ q_0r_3 + q_1r_2 - q_2r_1 + q_3r_0 \end{pmatrix}$$

$\boldsymbol{q}$ の虚数成分の符号が反転した四元数 $\bar{\boldsymbol{q}} = (q_0, -q_1, -q_2, -q_3)$ を共役四元数と呼びます．四元数のノルムは次のように定義されます．

$$||\boldsymbol{q}|| = \sqrt{\boldsymbol{q}\bar{\boldsymbol{q}}} = \sqrt{q_0^2 + q_1^2 + q_2^2 + q_3^2}$$

$||\boldsymbol{q}|| = 1$ を満たす四元数を**単位四元数**（unit quaternion）と呼びます．3 次元回転は，単位四元数で表すことができます．いま，3 次元点を $\boldsymbol{p} = (p_x, p_y, p_z)$ とし，それを四元数で表したものを $\boldsymbol{p}' = (0, p_x, p_y, p_z)$ とします．$\boldsymbol{q}$ で $\boldsymbol{p}$ を回転させた点は，$\boldsymbol{qp}'\bar{\boldsymbol{q}}$ のベクトル部になります．2 つの単位四元数 $\boldsymbol{q}_1$，$\boldsymbol{q}_2$ で $\boldsymbol{p}$ を続けて回転させた点は $\boldsymbol{q}_2(\boldsymbol{q}_1\boldsymbol{p}'\bar{\boldsymbol{q}_1})\bar{\boldsymbol{q}_2} = (\boldsymbol{q}_2\boldsymbol{q}_1)\boldsymbol{p}'(\bar{\boldsymbol{q}_1}\bar{\boldsymbol{q}_2})$ となり，単位四元数の積 $\boldsymbol{q}_2\boldsymbol{q}_1$ で回転の合成を表すことができます．

なお，$\boldsymbol{q}$ と $-\boldsymbol{q}$ は同じ回転を表すため，$q_0 > 0$ という条件をつけます．

以下の式で，単位四元数から回転行列 R を求めることができます．

$$\begin{aligned} R &= \begin{pmatrix} q_0^2 + q_1^2 - q_2^2 - q_3^2 & 2(q_1q_2 - q_0q_3) & 2(q_1q_3 + q_0q_2) \\ 2(q_1q_2 + q_0q_3) & q_0^2 - q_1^2 + q_2^2 - q_3^2 & 2(q_2q_3 - q_0q_1) \\ 2(q_1q_3 - q_0q_2) & 2(q_2q_3 + q_0q_1) & q_0^2 - q_1^2 - q_2^2 + q_3^2 \end{pmatrix} \\ &= \begin{pmatrix} 1 - 2(q_2^2 + q_3^2) & 2(q_1q_2 - q_0q_3) & 2(q_1q_3 + q_0q_2) \\ 2(q_1q_2 + q_0q_3) & 1 - 2(q_3^2 + q_1^2) & 2(q_2q_3 - q_0q_1) \\ 2(q_1q_3 - q_0q_2) & 2(q_2q_3 + q_0q_1) & 1 - 2(q_1^2 + q_2^2) \end{pmatrix} \end{aligned}$$

以下の式で，回転行列 R から単位四元数を求めることができます．ただし，$q_0 > 0$ とし，R の要素を r_{ij} としています．

$$\begin{aligned} q_0 &= \frac{1}{2}\sqrt{r_{11} + r_{22} + r_{33} + 1} \\ q_1 &= -\frac{1}{4q_0}(r_{23} - r_{32}) \\ q_2 &= -\frac{1}{4q_0}(r_{31} - r_{13}) \\ q_3 &= -\frac{1}{4q_0}(r_{12} - r_{21}) \end{aligned}$$

$q_0 = 0$ の場合は，細かい場合分けが必要になります．詳細は，文献 98) を参照してください．

単位四元数の利点は回転の補間が容易にできることです．3 次元空間では，単純に角度を線形補間しても回転はうまく補間できず，**球面線形補間**（spherical linear interpolation，slerp）を行う必要があります．球面線形補間は，$0 \leq t \leq 1$ として，2 つの単位四元数 $\boldsymbol{q}_1$，$\boldsymbol{q}_2$ が表す回転の内挿を次の式で計算します．

$$\boldsymbol{q}_{12t} = \mathrm{slerp}(\boldsymbol{q}_1, \boldsymbol{q}_2, t) = \frac{\sin(1-t)\theta}{\sin\theta}\boldsymbol{q}_1 + \frac{\sin t\theta}{\sin\theta}\boldsymbol{q}_2 \tag{13.27}$$

slerp は，boost や Eigen などの C++ ライブラリで提供されています．

3　回転ベクトル

3 次元ベクトル $\boldsymbol{a} = (a_x, a_y, a_z)^\mathsf{T}$ で回転を表現する方法を**回転ベクトル**（rotation vector）といいます．これは，回転角の大きさを $||\boldsymbol{a}||$，回転軸の方向を $\dfrac{\boldsymbol{a}}{||\boldsymbol{a}||}$ とした回転を表します．

$\boldsymbol{a}$ による回転行列は，行列指数関数（13.12 節の 1 項参照）によって

$$R = \exp(\boldsymbol{a}^\wedge)$$
$$\boldsymbol{a}^\wedge = \begin{pmatrix} 0 & -a_z & a_y \\ a_z & 0 & -a_x \\ -a_y & a_x & 0 \end{pmatrix}$$

と表すことができます．これは，13.12 節の 2 項で述べる歪対称行列です．

実装においては，**ロドリーグ（ロドリゲス）の公式**を用いて回転行列を計算します．ただし，$\theta = ||\boldsymbol{a}||$ です．

$$R = \exp(\boldsymbol{a}^\wedge) = I + \frac{\sin\theta}{\theta}\boldsymbol{a}^\wedge + \frac{1-\cos\theta}{\theta^2}(\boldsymbol{a}^\wedge)^2 \tag{13.28}$$

回転行列から回転ベクトルへの変換式は以下のようになります．$\boldsymbol{a} = \theta\boldsymbol{l}$，$\boldsymbol{l} = (l_x, l_y, l_z)^\mathsf{T}$，$||\boldsymbol{l}|| = 1$ とします．

$$\theta = \cos^{-1}\left(\frac{r_{11} + r_{22} + r_{33} - 1}{2}\right)$$
$$l_x = -\frac{r_{23} - r_{32}}{L}, \quad l_y = -\frac{r_{31} - r_{13}}{L}, \quad l_z = -\frac{r_{12} - r_{21}}{L}$$
$$L = \sqrt{(r_{23} - r_{32})^2 + (r_{13} - r_{31})^2 + (r_{12} - r_{21})^2}$$

回転ベクトル $\boldsymbol{a} = \theta\boldsymbol{l}$ から単位四元数 $\boldsymbol{q}$ へは次のように変換できます．

$$q_0 = \cos\frac{\theta}{2}, \quad q_1 = l_x \sin\frac{\theta}{2}, \quad q_2 = l_y \sin\frac{\theta}{2}, \quad q_3 = l_z \sin\frac{\theta}{2}$$

単位四元数 $\boldsymbol{q}$ から回転ベクトル $\boldsymbol{a}$ へは，$\sin\dfrac{\theta}{2} = \sqrt{q_1^2 + q_2^2 + q_3^2}$ となることに注意して，次のように変換できます．

$$
\begin{aligned}
\theta &= 2\,\mathrm{atan2}\left(\sqrt{q_1^2+q_2^2+q_3^2}, q_0\right)\\
a_x &= \frac{\theta q_1}{\sqrt{q_1^2+q_2^2+q_3^2}}\\
a_y &= \frac{\theta q_2}{\sqrt{q_1^2+q_2^2+q_3^2}}\\
a_z &= \frac{\theta q_3}{\sqrt{q_1^2+q_2^2+q_3^2}}
\end{aligned}
$$

13.12　3 次元回転とリー代数

1　行列指数関数

準備として，**行列指数関数**を定義します．スカラーの場合，よく知られているように，指数関数は $\exp(x) = 1 + x + \frac{1}{2!}x^2 + \frac{1}{3!}x^3 + \cdots$ とテイラー展開できます．これを行列に拡張して，行列指数関数は次のように定義されます．

$$
\exp(X) := I + X + \frac{1}{2!}X^2 + \frac{1}{3!}X^3 + \cdots = \sum_{k=0}^{\infty}\frac{X^k}{k!} \tag{13.29}
$$

X は $n \times n$ の正方行列であり，上式から $\exp(X)$ も $n \times n$ の正方行列になります．

いま，t をスカラーの変数として $\exp(tX)$ を考えます．回転の場合，t は時刻とか角度などと解釈するとよいでしょう．$\exp(tX)$ の t についての微分は次のようになります．

$$
\frac{\partial \exp(tX)}{\partial t} = X\exp(tX) \tag{13.30}
$$

これは，行列指数関数の定義から導かれます．

$$
\begin{aligned}
\frac{\partial \exp(tX)}{\partial t} &= \frac{\partial\left(I + tX + \frac{1}{2!}t^2X^2 + \frac{1}{3!}t^3X^3 + \cdots\right)}{\partial t}\\
&= X + tX^2 + \frac{1}{2!}t^2X^3 + \cdots\\
&= X\left(I + tX + \frac{1}{2!}t^2X^2 + \cdots\right)\\
&= X\exp(tX)
\end{aligned}
$$

また，$\exp(X) = Y$ となる行列 X を Y の**行列対数関数**といい，$X = \mathrm{Log}(Y)$ と表します．回転行列に対する行列対数関数は次節で説明します．

2 リー代数

回転行列 R は次の条件を満たします．このような行列の集合を **3 次元特殊直交群**（special orthogonal group）$SO(3)$ と呼びます．

$$
\begin{aligned}
&RR^{\mathsf{T}} = I \\
&|R| = 1
\end{aligned}
$$

R を行列指数関数 $R = \exp(X)$ で表したとき

$$
X + X^{\mathsf{T}} = O \tag{13.31}
$$

が成り立ちます[54), 73)]．この関係を満たす行列 X を**歪対称行列**といいます．いま

$$
X = \begin{pmatrix} x_{11} & x_{12} & x_{13} \\ x_{21} & x_{22} & x_{23} \\ x_{31} & x_{32} & x_{33} \end{pmatrix}
$$

とすると，式 (13.31) より

$$
\begin{aligned}
&x_{11} = x_{22} = x_{33} = 0 \\
&x_{12} = -x_{21} \\
&x_{23} = -x_{32} \\
&x_{31} = -x_{13}
\end{aligned}
$$

となります．$x_{12} \to \omega_3$，$x_{23} \to \omega_1$，$x_{31} \to \omega_2$ と置き換えると

$$
X = \begin{pmatrix} 0 & -\omega_3 & \omega_2 \\ \omega_3 & 0 & -\omega_1 \\ -\omega_2 & -\omega_1 & 0 \end{pmatrix}
$$

となります．

このような行列 X の集合を $SO(3)$ に付随する**リー代数**（Lie algebra）$\mathfrak{so}(3)$ と呼びます．X は 3 個のパラメータからなるので，それを 3 次元ベクトルにした $\boldsymbol{\omega} = (\omega_1, \omega_2, \omega_3)^{\mathsf{T}}$ を X と同一視し，$\boldsymbol{\omega}$ の集合もリー代数と呼びます．

$\mathfrak{so}(3)$ の元 X は，A_x，A_y，A_z を基底として，以下のように表せます．

$$
X = \omega_1 A_x + \omega_2 A_y + \omega_3 A_z
$$

$$
A_x = \begin{pmatrix} 0 & 0 & 0 \\ 0 & 0 & -1 \\ 0 & 1 & 0 \end{pmatrix}, \quad A_y = \begin{pmatrix} 0 & 0 & 1 \\ 0 & 0 & 0 \\ -1 & 0 & 0 \end{pmatrix}, \quad A_z = \begin{pmatrix} 0 & -1 & 0 \\ 1 & 0 & 0 \\ 0 & 0 & 0 \end{pmatrix}
$$

いま，R_0 から微小量 $\boldsymbol{\omega}$ だけ回転させたときの回転行列 R は，$R = R_0 \exp(X)$ と表せます．これを R_0 のまわりでテイラー展開し，2 次以上の項を無視すると

$$
R = R_0 \exp(X) \approx R_0 (I + X) \tag{13.32}
$$

と近似できます．

これは，R_0 の近傍での微小回転を A_x，A_y，A_z を基底とした3個のパラメータ ω_1，ω_2，ω_3 が張る線形空間で近似していることを意味します．この線形空間がリー代数です．式(13.32)の右辺は，$\boldsymbol{\omega}=\mathbf{0}$ で R_0 となって，R に接する接平面になります．$\boldsymbol{\omega}=\mathbf{0}$ から離れると，この接平面は回転行列 R から離れていき，そのままでは回転を表さなくなります．そこで，$\boldsymbol{\omega}$ の変位分を行列指数関数 $\exp(X)$ で $SO(3)$ に変換して回転行列 $R_1=R_0\exp(X)$ を得ます．そして，$R_0\leftarrow R_1$ で R_0 を更新して上記の操作を繰り返すと，リー代数を用いて3次元回転の空間を渡り歩くことができます．

この仕組みは，3次元回転の最適値の探索に応用されます．12.4節の3項で示しているように，リー代数（$\mathfrak{so}(3)$）の空間で微分にもとづく最適化を行い，その結果を行列指数関数で $SO3$ に戻して回転の性質を保ちます．これを繰り返すことで，最適値を求めることができます．

この方法の利点は以下です．リー代数を使うと，R を3個のパラメータ $(\omega_1,\omega_2,\omega_3)$ で表現でき，3次元回転を最小個数のパラメータで表現できます．そのため，微分による制約なしの最適化計算で回転の最適値を求めることができます．それに対して，$SO(3)$ は，自由度が3なのに対して，パラメータ数は9個あって冗長であり，それらのパラメータで微分による最適化を行うことは困難です．単位四元数もパラメータ数が4個なので冗長であり，制約つきの最適化を行う必要があって面倒です．

さらに，リー代数は3個のパラメータの線形結合なので微分計算が非常に簡単です．ロール・ピッチ・ヨーによる回転表現では，ヤコビ行列を求めるのに複雑な計算を行う必要があり，プログラムの実装や計算時間の点で不利になります．また，ロール・ピッチ・ヨーでヘッセ行列を求めるには，気が遠くなるような複雑な2次微分の計算が必要ですが，リー代数を用いると，ヘッセ行列も簡単に計算することができます[110)]．

リー代数については，文献31), 54), 56), 103)に詳しく書かれているので，興味のある方は参照してください．

3　3次元回転に関する記法と公式

回転ベクトル $\boldsymbol{\omega}$ と歪対称行列 X を関係づける演算子にはさまざまな記法がありますが，本書では次のようにします．$\boldsymbol{\omega}$ から X をつくる演算子に $\wedge$(hat)，その逆の演算子に $\vee$(vee)を用い

$$X=\boldsymbol{\omega}^{\wedge} \tag{13.33}$$
$$\boldsymbol{\omega}=X^{\vee} \tag{13.34}$$

と表します．

2つの回転ベクトル $\boldsymbol{a}$，$\boldsymbol{b}$ について，以下の式が成り立ちます．これは行列とベクトルの積であることに注意してください．

$$\boldsymbol{a}^{\wedge}\boldsymbol{b} = -\boldsymbol{b}^{\wedge}\boldsymbol{a}$$

$SO(3)$ に対する行列指数関数は $R = \exp(\boldsymbol{\omega}^{\wedge})$ となり，前述のロドリーグの公式により，次のように求められます．ただし，$\theta = ||\boldsymbol{\omega}||$ です．

$$R = \exp(\boldsymbol{\omega}^{\wedge}) = I + \frac{\sin\theta}{\theta}\boldsymbol{\omega}^{\wedge} + \frac{1-\cos\theta}{\theta^2}(\boldsymbol{\omega}^{\wedge})^2$$

$\boldsymbol{\omega}^{\wedge}$ は歪対称行列なので，回転ベクトル $\boldsymbol{\omega}$ を入力にしたい場合は，$\mathrm{Exp}(\boldsymbol{\omega})$ という表記を使います．意味は $\exp(\boldsymbol{\omega}^{\wedge})$ と同じです．

一方，$SO(3)$ に対する行列対数関数 $\boldsymbol{\omega}^{\wedge} = \log(R)$ は，次のように求められます．

$$\boldsymbol{\omega}^{\wedge} = \log(R) = \frac{\theta}{2\sin\theta}(R - R^{\mathsf{T}})$$
$$\theta = \cos^{-1}\left(\frac{\mathrm{tr}(R)-1}{2}\right)$$

これは exp の逆関数であり，回転行列から歪対称行列を求める演算子です．回転ベクトルを出力にしたい場合は，$\mathrm{Log}(R)$ という表記を使います．

以下に，行列指数関数の性質を公式としてまとめます．リー代数でのさまざまな計算に有用です．

行列指数関数の性質として以下があります．

$$R\exp(\boldsymbol{\omega}^{\wedge})R^{\mathsf{T}} = \exp(R\boldsymbol{\omega}^{\wedge}R^{\mathsf{T}}) \tag{13.35}$$
$$\exp((t+s)\boldsymbol{\omega}^{\wedge}) = \exp(t\boldsymbol{\omega}^{\wedge})\exp(s\boldsymbol{\omega}^{\wedge}) \tag{13.36}$$
$$\exp(t\boldsymbol{\omega}^{\wedge}) = \exp(\boldsymbol{\omega}^{\wedge})^t \tag{13.37}$$
$$\exp(-\boldsymbol{\omega}^{\wedge}) = \exp(\boldsymbol{\omega}^{\wedge})^{-1} \tag{13.38}$$

微小量の回転 $\Delta\boldsymbol{\omega}$ に関する近似式として以下があります．

$$\mathrm{Exp}(\Delta\boldsymbol{\omega}) \approx I + \Delta\boldsymbol{\omega}^{\wedge} \tag{13.39}$$
$$\mathrm{Exp}(\boldsymbol{\omega} + \Delta\boldsymbol{\omega}) \approx \mathrm{Exp}(\boldsymbol{\omega})\,\mathrm{Exp}(J_r(\boldsymbol{\omega})\Delta\boldsymbol{\omega}) \tag{13.40}$$
$$\mathrm{Log}(\mathrm{Exp}(\boldsymbol{\omega})\,\mathrm{Exp}(\Delta\boldsymbol{\omega})) \approx \boldsymbol{\omega} + J_r^{-1}(\boldsymbol{\omega})\Delta\boldsymbol{\omega} \tag{13.41}$$

ただし

$$J_r(\boldsymbol{\omega}) = I - \frac{1-\cos(||\boldsymbol{\omega}||)}{||\boldsymbol{\omega}||^2}\boldsymbol{\omega}^{\wedge} + \frac{||\boldsymbol{\omega}|| - \sin(||\boldsymbol{\omega}||)}{||\boldsymbol{\omega}||^3}(\boldsymbol{\omega}^{\wedge})^2 \tag{13.42}$$
$$J_r^{-1}(\boldsymbol{\omega}) = I + \frac{1}{2}\boldsymbol{\omega}^{\wedge} + \left(\frac{1}{||\boldsymbol{\omega}||^2} - \frac{1+\cos||\boldsymbol{\omega}||}{2||\boldsymbol{\omega}||\sin||\boldsymbol{\omega}||}\right)(\boldsymbol{\omega}^{\wedge})^2 \tag{13.43}$$
$$= I + \frac{1}{2}\boldsymbol{\omega}^{\wedge} + \left(1 - \frac{||\boldsymbol{\omega}||}{2}\frac{\cos\frac{||\boldsymbol{\omega}||}{2}}{\sin\frac{||\boldsymbol{\omega}||}{2}}\right)\frac{(\boldsymbol{\omega}^{\wedge})^2}{||\boldsymbol{\omega}||^2} \tag{13.44}$$

です．

これらの公式を使って，さまざまな計算を行うことができます．例として，$\boldsymbol{w} = (\boldsymbol{x} \boxplus \boldsymbol{u}) \boxminus \boldsymbol{y}$ の $\boldsymbol{u}$ に関する偏微分 $\dfrac{\partial \boldsymbol{w}}{\partial \boldsymbol{u}}$ を計算します．

$$
\begin{aligned}
&\boldsymbol{w} = (\boldsymbol{x} \boxplus \boldsymbol{u}) \boxminus \boldsymbol{y} = \mathrm{Log}(\boldsymbol{y}^{\top} \boldsymbol{x}\, \mathrm{Exp}(\boldsymbol{u})) \\
&\mathrm{Exp}(\boldsymbol{w}) = \boldsymbol{y}^{\top} \boldsymbol{x}\, \mathrm{Exp}(\boldsymbol{u})
\end{aligned}
$$

式 (13.40) を使って

$$
\begin{aligned}
\mathrm{Exp}(\boldsymbol{w} + \Delta \boldsymbol{w}) &= \mathrm{Exp}(\boldsymbol{w})\, \mathrm{Exp}(J_r(\boldsymbol{w}) \Delta \boldsymbol{w}) \\
\mathrm{Exp}(\boldsymbol{w} + \Delta \boldsymbol{w}) &= \boldsymbol{y}^{\top} \boldsymbol{x}\, \mathrm{Exp}(\boldsymbol{u} + \Delta \boldsymbol{u}) \\
&= \boldsymbol{y}^{\top} \boldsymbol{x}\, \mathrm{Exp}(\boldsymbol{u})\, \mathrm{Exp}(J_r(\boldsymbol{u}) \Delta \boldsymbol{u}) \\
&= \mathrm{Exp}(\boldsymbol{w})\, \mathrm{Exp}(J_r(\boldsymbol{u}) \Delta \boldsymbol{u})
\end{aligned}
$$

となります．これより

$$
\begin{aligned}
&\mathrm{Exp}(\boldsymbol{w})\, \mathrm{Exp}(J_r(\boldsymbol{w}) \Delta \boldsymbol{w}) = \mathrm{Exp}(\boldsymbol{w})\, \mathrm{Exp}(J_r(\boldsymbol{u}) \Delta \boldsymbol{u}) \\
&J_r(\boldsymbol{w}) \Delta \boldsymbol{w} = J_r(\boldsymbol{u}) \Delta \boldsymbol{u} \\
&\frac{\partial \boldsymbol{w}}{\partial \boldsymbol{u}} = \left. \frac{\Delta \boldsymbol{w}}{\Delta \boldsymbol{u}} \right|_{\Delta \boldsymbol{u} \to \boldsymbol{0}} = J_r(\boldsymbol{w})^{-1} J_r(\boldsymbol{u})
\end{aligned}
\tag{13.45}
$$

4　IMU の運動モデルの導出

ここでは，12.5 節 2 項でのヤコビ行列 $F_{\tilde{\boldsymbol{x}}}$ と $F_{\boldsymbol{\omega}}$ の導出過程を説明します．

$\tilde{\boldsymbol{x}}_{i+1}$ を展開すると以下のようになります．ただし，$\hat{\boldsymbol{\omega}}_i = \boldsymbol{\omega}_i - \hat{\boldsymbol{b}}_{\boldsymbol{\omega}_i}$，$\hat{\boldsymbol{a}}_i = \boldsymbol{a}_i - \hat{\boldsymbol{b}}_{\boldsymbol{a}_i}$ とおいています．また，$\tilde{\boldsymbol{x}}_i = \boldsymbol{x}_i \boxminus \hat{\boldsymbol{x}}_i$ より，その成分について，$\hat{R}_i^{\top} R_i = \mathrm{Exp}(\delta \boldsymbol{\theta}_i)$，$\tilde{\boldsymbol{p}}_i = \boldsymbol{p}_i - \hat{\boldsymbol{p}}_i$ などとなることに注意してください．

$$
\begin{aligned}
\tilde{\boldsymbol{x}}_{i+1} &= \boldsymbol{x}_{i+1} \boxminus \hat{\boldsymbol{x}}_{i+1} \\
&= (\boldsymbol{x}_i \boxplus \boldsymbol{f}(\boldsymbol{x}_i, \boldsymbol{u}_i, \boldsymbol{w}_i) \Delta t) \boxminus (\hat{\boldsymbol{x}}_i \boxplus \boldsymbol{f}(\hat{\boldsymbol{x}}_i, \boldsymbol{u}_i, 0) \Delta t) \\
&= \begin{pmatrix}
R_i \mathrm{Exp}((\boldsymbol{\omega}_i - \boldsymbol{b}_{\boldsymbol{\omega}_i} - \boldsymbol{n}_{\boldsymbol{\omega}_i}) \Delta t) \\
\boldsymbol{p}_i + \boldsymbol{v}_i \Delta t \\
\boldsymbol{v}_i + (R_i(\boldsymbol{a}_i - \boldsymbol{b}_{\boldsymbol{a}_i} - \boldsymbol{n}_{\boldsymbol{a}_i}) + \mathbf{g}_i) \Delta t \\
\boldsymbol{b}_{\boldsymbol{\omega}_i} + \boldsymbol{n}_{b\boldsymbol{\omega}_i} \Delta t \\
\boldsymbol{b}_{\boldsymbol{a}_i} + \boldsymbol{n}_{b\boldsymbol{a}_i} \Delta t \\
\mathbf{g}_i
\end{pmatrix}
\boxminus
\begin{pmatrix}
\hat{R}_i \mathrm{Exp}((\boldsymbol{\omega}_i - \hat{\boldsymbol{b}}_{\boldsymbol{\omega}_i}) \Delta t) \\
\hat{\boldsymbol{p}}_i + \hat{\boldsymbol{v}}_i \Delta t \\
\hat{\boldsymbol{v}}_i + (\hat{R}_i(\boldsymbol{a}_i - \hat{\boldsymbol{b}}_{\boldsymbol{a}_i}) + \hat{\mathbf{g}}_i) \Delta t \\
\hat{\boldsymbol{b}}_{\boldsymbol{\omega}_i} \\
\hat{\boldsymbol{b}}_{\boldsymbol{a}_i} \\
\hat{\mathbf{g}}_i
\end{pmatrix} \\
&= \begin{pmatrix}
R_i \mathrm{Exp}((\hat{\boldsymbol{\omega}}_i - \tilde{\boldsymbol{b}}_{\boldsymbol{\omega}_i} - \boldsymbol{n}_{\boldsymbol{\omega}_i}) \Delta t) \\
\boldsymbol{p}_i + \boldsymbol{v}_i \Delta t \\
\boldsymbol{v}_i + (R_i(\hat{\boldsymbol{a}}_i - \tilde{\boldsymbol{b}}_{\boldsymbol{a}_i} - \boldsymbol{n}_{\boldsymbol{a}_i}) + \mathbf{g}_i) \Delta t \\
\boldsymbol{b}_{\boldsymbol{\omega}_i} + \boldsymbol{n}_{b\boldsymbol{\omega}_i} \Delta t \\
\boldsymbol{b}_{\boldsymbol{a}_i} + \boldsymbol{n}_{b\boldsymbol{a}_i} \Delta t \\
\mathbf{g}_i
\end{pmatrix}
\boxminus
\begin{pmatrix}
\hat{R}_i \mathrm{Exp}(\hat{\boldsymbol{\omega}}_i \Delta t) \\
\hat{\boldsymbol{p}}_i + \hat{\boldsymbol{v}}_i \Delta t \\
\hat{\boldsymbol{v}}_i + (\hat{R}_i \hat{\boldsymbol{a}}_i + \hat{\mathbf{g}}_i) \Delta t \\
\hat{\boldsymbol{b}}_{\boldsymbol{\omega}_i} \\
\hat{\boldsymbol{b}}_{\boldsymbol{a}_i} \\
\hat{\mathbf{g}}_i
\end{pmatrix}
\end{aligned}
$$

$$
= \begin{pmatrix} \mathrm{Log}((\hat{R}_i \,\mathrm{Exp}(\hat{\boldsymbol{\omega}}_i \Delta t))^\mathsf{T} R_i \,\mathrm{Exp}((\hat{\boldsymbol{\omega}}_i - \tilde{\boldsymbol{b}}_{\boldsymbol{\omega}_i} - \boldsymbol{n}_{\boldsymbol{\omega}_i})\Delta t)) \\ \boldsymbol{p}_i + \boldsymbol{v}_i \Delta t - (\hat{\boldsymbol{p}}_i + \hat{\boldsymbol{v}}_i \Delta t) \\ \boldsymbol{v}_i + (R_i(\hat{\boldsymbol{a}}_i - \tilde{\boldsymbol{b}}_{\boldsymbol{a}_i} - \boldsymbol{n}_{\boldsymbol{a}_i}) + \mathbf{g}_i)\Delta t - \hat{\boldsymbol{v}}_i - (\hat{R}_i \hat{\boldsymbol{a}}_i + \hat{\mathbf{g}}_i)\Delta t \\ \boldsymbol{b}_{\boldsymbol{\omega}_i} + \boldsymbol{n}_{b\boldsymbol{\omega}_i} \Delta t - \hat{\boldsymbol{b}}_{\boldsymbol{\omega}_i} \\ \boldsymbol{b}_{\boldsymbol{a}_i} + \boldsymbol{n}_{b\boldsymbol{a}_i} \Delta t - \hat{\boldsymbol{b}}_{\boldsymbol{a}_i} \\ \mathbf{g}_i - \hat{\mathbf{g}}_i \end{pmatrix}
$$

$$
= \begin{pmatrix} \mathrm{Log}(\mathrm{Exp}(\hat{\boldsymbol{\omega}}_i \Delta t)^\mathsf{T} \,\mathrm{Exp}(\delta\boldsymbol{\theta}_i) \,\mathrm{Exp}((\hat{\boldsymbol{\omega}}_i - \tilde{\boldsymbol{b}}_{\boldsymbol{\omega}_i} - \boldsymbol{n}_{\boldsymbol{\omega}_i})\Delta t)) \\ \tilde{\boldsymbol{p}}_i + \tilde{\boldsymbol{v}}_i \Delta t \\ \tilde{\boldsymbol{v}}_i + \hat{R}_i(\mathrm{Exp}(\delta\boldsymbol{\theta}_i)(\hat{\boldsymbol{a}}_i - \tilde{\boldsymbol{b}}_{\boldsymbol{a}_i} - \boldsymbol{n}_{\boldsymbol{a}_i}) - \hat{\boldsymbol{a}}_i)\Delta t + \tilde{\mathbf{g}}_i \Delta t \\ \tilde{\boldsymbol{b}}_{\boldsymbol{\omega}_i} + \boldsymbol{n}_{b\boldsymbol{\omega}_i} \Delta t \\ \tilde{\boldsymbol{b}}_{\boldsymbol{a}_i} + \boldsymbol{n}_{b\boldsymbol{a}_i} \Delta t \\ \tilde{\mathbf{g}}_i \end{pmatrix}
$$

$$
F_{\tilde{\boldsymbol{x}}} = \left.\frac{\partial \tilde{\boldsymbol{x}}_{i+1}}{\partial \tilde{\boldsymbol{x}}_i}\right|_{\tilde{\boldsymbol{x}}_i = 0}
= \begin{pmatrix} \mathrm{Exp}(-\hat{\boldsymbol{\omega}}_i \Delta t) & 0 & 0 & -J_r(\hat{\boldsymbol{\omega}}_i \Delta t)\Delta t & 0 & 0 \\ 0 & I & I\Delta t & 0 & 0 & 0 \\ -\hat{R}_i(\hat{\boldsymbol{a}}_i)^\wedge \Delta t & 0 & I & 0 & -\hat{R}_i \Delta t & I\Delta t \\ 0 & 0 & 0 & I & 0 & 0 \\ 0 & 0 & 0 & 0 & I & 0 \\ 0 & 0 & 0 & 0 & 0 & I \end{pmatrix}
$$

$$
F_{\boldsymbol{w}} = \left.\frac{\partial \tilde{\boldsymbol{x}}_{i+1}}{\partial \boldsymbol{w}_i}\right|_{\boldsymbol{w}_i = 0}
= \begin{pmatrix} -J_r(\hat{\boldsymbol{\omega}}_i \Delta t)\Delta t & 0 & 0 & 0 \\ 0 & 0 & 0 & 0 \\ 0 & -\hat{R}_i \Delta t & 0 & 0 \\ 0 & 0 & I\Delta t & 0 \\ 0 & 0 & 0 & I\Delta t \\ 0 & 0 & 0 & 0 \end{pmatrix}
$$

これらの式は，13.12 節 3 項の公式を使うことで導出できます．ページ数の都合により，ここでは $F_{\tilde{\boldsymbol{x}}}$ の (1,4) 成分だけ導出しておきます．

$$
\boldsymbol{w} = \mathrm{Log}(\mathrm{Exp}(\hat{\boldsymbol{\omega}}_i \Delta t)^\mathsf{T} \,\mathrm{Exp}(\delta\boldsymbol{\theta}_i) \,\mathrm{Exp}((\hat{\boldsymbol{\omega}}_i - \tilde{\boldsymbol{b}}_{\boldsymbol{\omega}_i} - \boldsymbol{n}_{\boldsymbol{\omega}_i})\Delta t))
$$
$$
\boldsymbol{u} = (\hat{\boldsymbol{\omega}}_i - \tilde{\boldsymbol{b}}_{\boldsymbol{\omega}_i} - \boldsymbol{n}_{\boldsymbol{\omega}_i})\Delta t
$$

とおき，式 (13.45) で $\boldsymbol{y} = \mathrm{Exp}(\hat{\boldsymbol{\omega}}_i \Delta t)$，$\boldsymbol{x} = \mathrm{Exp}(\delta\boldsymbol{\theta}_i)$ とあてはめると

$$
\frac{\partial \boldsymbol{w}}{\partial \tilde{\boldsymbol{b}}_{\boldsymbol{\omega}_i}} = \frac{\partial \boldsymbol{w}}{\partial \boldsymbol{u}} \frac{\partial \boldsymbol{u}}{\partial \tilde{\boldsymbol{b}}_{\boldsymbol{\omega}_i}} = J_r^{-1}(\boldsymbol{w}) J_r(\boldsymbol{u}) \frac{\partial \boldsymbol{u}}{\partial \tilde{\boldsymbol{b}}_{\boldsymbol{\omega}_i}}
$$

となります．これより

$$
\begin{aligned}
\left.\frac{\partial \boldsymbol{w}}{\partial \tilde{\boldsymbol{b}}_{\boldsymbol{\omega}_i}}\right|_{\tilde{\boldsymbol{x}}_i = \mathbf{0}, \boldsymbol{n}_{\boldsymbol{\omega}_i} = \mathbf{0}} &= J_r^{-1}(\mathbf{0}) J_r(\hat{\boldsymbol{\omega}}_i \Delta t) \frac{\partial \boldsymbol{u}}{\partial \tilde{\boldsymbol{b}}_{\boldsymbol{\omega}_i}} \\
&= -J_r(\hat{\boldsymbol{\omega}}_i \Delta t)\Delta t
\end{aligned}
$$

となります（注 4）.

13.13　ベイズフィルタによるSLAM

ベイズフィルタは，カルマンフィルタやパーティクルフィルタなど，ベイズ推定にもとづく時系列フィルタの総称です．ベイズフィルタを使えば，異なるセンサから得たデータを融合して信頼性の高い推定値を得ることができ，センサ融合のツールとしても重要です．ロボティクスにおけるベイズフィルタの解説は文献 112) に詳しく書かれています．この文献はロボティクスへの確率的アプローチのバイブル的な本ですが，それをさらにわかりやすく解説したものに文献 129) があります．また，統計分野からのわかりやすい解説書として，文献 43) があります．

1　拡張カルマンフィルタによるSLAM

時刻 t のロボット位置を $\boldsymbol{x}_t$ とし，地図 $\boldsymbol{m}$ は n 個のランドマーク $\boldsymbol{q}_j$ からなるとして，これらをまとめた状態変数を $\boldsymbol{u}_t = (\boldsymbol{x}_t, \boldsymbol{q}_1, \ldots, \boldsymbol{q}_n)$ とします．

拡張カルマンフィルタ（extended Kalman filter，EKF）を用いたSLAMでは，ロボット位置と地図の結合確率密度 $p(\boldsymbol{u}_t \,|\, \boldsymbol{z}_{0:t}, \boldsymbol{a}_{0:t})$ を 1 つの正規分布で表します．ここで，$\boldsymbol{z}_{0:t}$ と $\boldsymbol{a}_{0:t}$ は，それぞれ，時刻 $0 \sim t$ の外界センサの計測データと制御命令（オドメトリで得た移動量）の列です．

正規分布は期待値と共分散だけで決まるので，期待値 $\bar{\boldsymbol{u}}_t$ と共分散行列 Σ_t を求めればこの結合確率密度は決まります．拡張カルマンフィルタでは，これを運動モデルと計測モデルに分けて計算します[112]．

運動モデルは，$\boldsymbol{x}_t = \boldsymbol{g}(\boldsymbol{x}_{t-1}, \boldsymbol{a}_t)$ と表されます．これは，走行コマンド $\boldsymbol{a}_t$ を与えたときのロボット位置 $\boldsymbol{x}_t$ の予測値を計算するものです．ここで，$\boldsymbol{a}_t$ は正規分布 $N(\hat{\boldsymbol{a}}_t, M_t)$ にしたがうとします．また，関数 $\boldsymbol{g}$ はオドメトリのモデルから導出されます．$\boldsymbol{g}$ は非線形関数なのでテイラー展開によって線形化し，$\boldsymbol{x}_t$ の予測値と共分散を次のように得ます．

$$\begin{aligned}\tilde{\boldsymbol{x}}_t &= \boldsymbol{g}(\bar{\boldsymbol{x}}_{t-1}, \hat{\boldsymbol{a}}_t) \\ \tilde{\Sigma}_t &= G_t \Sigma_{t-1} G_t^{\mathsf{T}} + V_t M_t V_t^{\mathsf{T}}\end{aligned}$$

ここで，G_t は $\boldsymbol{x}_t$ に関する $\boldsymbol{g}$ のヤコビ行列，V_t は $\boldsymbol{a}_t$ に関する $\boldsymbol{g}$ のヤコビ行列です．

計測モデルは，$\boldsymbol{z}_t = \boldsymbol{h}(\boldsymbol{u}_t) + \boldsymbol{\beta}_t$ と表されます．$\boldsymbol{\beta}_t$ は誤差で，正規分布 $N(\mathbf{0}, Q_t)$ にしたがうとします．ランドマークを計測したら，計測モデルにもとづく残差 $\boldsymbol{z}_t - \boldsymbol{h}(\tilde{\boldsymbol{u}}_t)$ を用いて $\boldsymbol{u}_t$

（注 4）　文献 135) の式 (7) と比べると，式 (7) の $\mathbf{A}$ と上式の J_r には，$\mathbf{A}^{\mathsf{T}} = J_r$ という関係があります．

を更新します．ここで，$\tilde{\boldsymbol{u}}_t = (\tilde{\boldsymbol{x}}_t, \boldsymbol{q}_1, \ldots, \boldsymbol{q}_n)$ です．$\boldsymbol{h}$ は非線形関数なのでテイラー展開で線形化し，$\boldsymbol{u}_t$ の推定値と共分散を次のように更新します．

$$
\begin{aligned}
\bar{\boldsymbol{u}}_t &= \tilde{\boldsymbol{u}}_t + K_t(\boldsymbol{z}_t - \boldsymbol{h}(\tilde{\boldsymbol{u}}_t)) \\
\Sigma_t &= (I - K_t H_t)\tilde{\Sigma}_t \\
K_t &= \tilde{\Sigma}_t H_t^\top (H_t \tilde{\Sigma}_t H_t^\top + Q_t)^{-1}
\end{aligned}
$$

ここで，H_t は $\boldsymbol{u}_t$ に関する $\boldsymbol{h}$ のヤコビ行列です．

解 $\bar{\boldsymbol{u}}_t$ は，運動モデルの予測値 $\tilde{\boldsymbol{u}}_t$ と残差 $\boldsymbol{z}_t - \boldsymbol{h}(\tilde{\boldsymbol{x}}_t, \boldsymbol{q}_j)$ を K_t で重みづけした線形和になっています．K_t は**カルマンゲイン**と呼ばれ，運動モデルと計測モデルの精度に応じた重みをつけて最適値を得る働きをします．また，カルマンゲインは，$\boldsymbol{z}_t$ をセンサの計測空間の座標系から地図座標系に変換する働きもしています．

計測モデルはセンサ座標系で定義されるので，一般に，$\boldsymbol{x}_t$ と $\boldsymbol{z}_t$ の次元は違います．1 個の計測値ではロボット位置が決定しない場合でも，その計測値をロボット位置の制約として働かせることができます．

拡張カルマンフィルタは非線形関数を線形化しているので，その近似誤差に影響されます．そこで，上記の更新計算を繰り返し行うことで線形化による近似誤差を減らす**繰り返し拡張カルマンフィルタ**（iterated extended Kalman filter）が提案されています(注 5)．拡張カルマンフィルタの更新計算は，ガウス–ニュートン法の繰り返し計算の 1 ステップ分に相当し，繰り返し拡張カルマンフィルタの更新計算は，ガウス–ニュートン法と等価であることが知られています[8]．また，その共分散行列はガウス–ニュートン法で得られるヘッセ行列（ヤコビ行列の積）の逆行列に一致します．

これらのことから，繰り返し拡張カルマンフィルタを用いて SLAM を実装することは，運動モデルと計測モデルからガウス–ニュートン法を用いて SLAM を実装することと実質的に同じになります．ただ，繰り返し拡張カルマンフィルタはもともと運動モデルと計測モデルの融合という枠組みをもつので，SLAM と設計プロセスの親和性がよいといえます．一方，ガウス–ニュートン法はあくまで最適化手法であり，運動モデルや計測モデルの概念を含むわけではありません．

拡張カルマンフィルタで上記のように SLAM を実装すると，状態変数にランドマークが含まれるため，その計算量はランドマーク数の 2 乗で増えます[112]．このため，拡張カルマンフィルタによる SLAM はランドマークが少ない場合に向いています．

拡張カルマンフィルタの状態変数からランドマークをとり除いて，ロボット位置（および速度やバイアスなどの付加情報）だけを推定するようにすると，計算量を大幅に減らすことができます．さらに，繰り返し拡張カルマンフィルタを用いれば，最適化アプローチと同じ精度でロボット位置を推定することができます．ランドマーク位置は，推定したロボット位置を用い

(注 5) 繰り返しカルマンフィルタ（iterated Kalman filter）とも呼ばれます．

て外界センサの計測データを座標変換して求めます．12.5 節で紹介した FAST-LIO はこのようなアプローチをとっています．

2 パーティクルフィルタによる SLAM

パーティクルフィルタ（particle filter）は，多数の状態仮説をパーティクルで表し，各パーティクルがシミュレーションを行うようにして状態を推定します．

パーティクルフィルタを用いた SLAM として FastSLAM[112)] や GMapping[34)] があります．ランドマークを含めると状態ベクトルの次元が膨大になり，パーティクル数が不足するので，FastSLAM ではロボット軌跡だけをパーティクルで表します．すなわち，ロボット軌跡 $\boldsymbol{x}_{1:t}$ と地図 $\boldsymbol{m}$ の結合確率密度を式 (13.46) のように分解し，ロボット軌跡の分布 $p(\boldsymbol{x}_{1:t} \,|\, \boldsymbol{z}_{1:t}, \boldsymbol{a}_{1:t})$ をパーティクルフィルタで計算します．

ランドマーク位置の分布 $p(\boldsymbol{q}_j \,|\, \boldsymbol{x}_{1:t}, \boldsymbol{z}_{1:t})$ は，各パーティクルに対してカルマンフィルタで計算します．したがって，パーティクルごとに地図をもつことになります．

$$
\begin{aligned}
&p(\boldsymbol{x}_{1:t}, m \,|\, \boldsymbol{z}_{1:t}, \boldsymbol{a}_{1:t}) \\
&\quad = p(\boldsymbol{x}_{1:t} \,|\, \boldsymbol{z}_{1:t}, \boldsymbol{a}_{1:t}) \prod_j p(\boldsymbol{q}_j \,|\, \boldsymbol{x}_{1:t}, \boldsymbol{z}_{1:t})
\end{aligned}
\tag{13.46}
$$

定式化の詳細は文献 112) を，FastSLAM の性質については文献 7) を参照してください．

FastSLAM は多くのランドマークを扱うことができ，また，データ対応づけをパーティクルごとに行うため，ロバスト性が高まるという特長があります．しかし，誤差分布の形状やデータ対応づけの精度によっては，仮説が多数分岐してパーティクルが足りなくなる可能性があります．また，ループを明示的には検出しないので，ループ閉じ込みの調整が難しいという問題もあります．これらのことから，大規模な環境にはグラフベース SLAM のほうがよいと考えられています．

ただ，地図構築を行わず，目的を自己位置推定に限定すれば，推定すべき状態がロボット位置だけになって次元が小さくなり，パーティクルフィルタは非常に有用です．パーティクルフィルタは，正規分布に限らず，多峰性の確率分布にも使えるので，ロボット位置の仮説が複数ある場合も自然に対処することができます．また，プログラムの実装が比較的容易だという利点もあります．文献 3) では，パーティクルフィルタを用いて自己位置推定のさまざまな課題に対処する方法を解説しています．

13.14 バンドル調整

4.3 節で完全 SLAM 問題とポーズ調整について説明しました．ここでは，ポーズ調整の兄弟ともいえる**バンドル調整**（bundle adjustment）[89), 124)] について説明します．

これらの問題の違いは，拘束として用いる情報の種類にあります．**図 13.8** に，それぞれのグラフ表現を示します．同図で，$\boldsymbol{x}$ はロボット位置，$\boldsymbol{q}$ はランドマーク位置，$\boldsymbol{a}$ はロボットの制御（オドメトリデータなど），$\boldsymbol{z}$ はランドマーク計測値を表します．この図で，完全 SLAM 問題とポーズ調整は，図 4.2 のものと同じです．

完全 SLAM 問題のグラフでは，ロボット位置どうし，および，ロボット位置とランドマーク位置の間に拘束が張られています．これに対し，バンドル調整では，ロボット位置どうしの拘束はありません．

完全 SLAM 問題は，ロボットの移動量の予測値とランドマーク計測値を入力として，ロボット軌跡と全ランドマーク位置を推定する問題です[112)]．4.3 節でみたように，完全 SLAM 問題は次のような最小二乗問題に帰着します．

$$
\begin{aligned}
J = \boldsymbol{x}_0^\top \Sigma_0^{-1} \boldsymbol{x}_0 &+ \sum_t (\boldsymbol{x}_t - \boldsymbol{g}(\boldsymbol{x}_{t-1}, \boldsymbol{a}_t))^\top \Sigma_{a_t}^{-1} (\boldsymbol{x}_t - \boldsymbol{g}(\boldsymbol{x}_{t-1}, \boldsymbol{a}_t)) \\
&+ \sum_t \sum_i (\boldsymbol{z}_t^i - \boldsymbol{h}(\boldsymbol{x}_t, \boldsymbol{q}^{j_i}))^\top \Sigma_{z_t}^{-1} (\boldsymbol{z}_t^i - \boldsymbol{h}(\boldsymbol{x}_t, \boldsymbol{q}^{j_i}))
\end{aligned}
$$

これに対し，バンドル調整はカメラ軌跡とランドマーク位置の両方を推定しますが，カメラ運動の制御値は入力に含みません．その式は次のようになります．

$$
J = \sum_t \sum_i (\boldsymbol{z}_t^i - \boldsymbol{h}(\boldsymbol{x}_t, \boldsymbol{q}^{j_i}))^\top \Sigma_{z_t}^{-1} (\boldsymbol{z}_t^i - \boldsymbol{h}(\boldsymbol{x}_t, \boldsymbol{q}^{j_i}))
$$

ただし，$\boldsymbol{q}^{j_i}$ は，対応づけ変数 $\boldsymbol{c}_t^i$ によって $\boldsymbol{z}_t^i$ と対応づけられたランドマークです．バンドル調整は，カメラ画像による 3D 復元でよく用いられます．その場合，$\boldsymbol{m}$ は 3D 点の集合であり，$\boldsymbol{h}$ は画像への透視投影関数になります．なお，Lidar の場合もバンドル調整は可能です．

バンドル調整の変数はカメラ軌跡とランドマーク位置であり，完全 SLAM 問題と同様に，膨大な数になります．そこで，シュア補行列を用いて，いったん，カメラ軌跡だけの方程式を

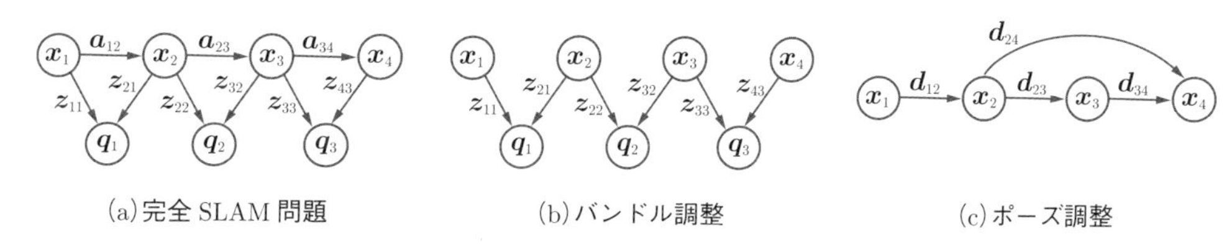

■ 図 13.8　各問題のグラフ表現

つくって解き，得られたカメラ軌跡を代入してランドマーク位置の方程式を解く，という 2 段階の処理が行われます[89), 124)]．完全 SLAM 問題でも同様の解き方が提案されています[112)]．

ポーズ調整とバンドル調整を比較すると，ポーズ調整は，準リアルタイム処理が可能なので，多くの SLAM システムで用いられていますが，精度はバンドル調整のほうが高くなります．このため，地図に高い精度が要求される場合は，ポーズ調整の後にバンドル調整を行って精度を高めることも考えられます．

13.15　オブジェクト指向フレームワーク

フレームワークはさまざまな意味をもつ言葉ですが，本書でいう**フレームワーク**とは，特定の応用分野で，プログラムを効率よく開発するためのひな形となるプログラムのことです．フレームワークでは，処理の骨組みはできており，具体的な応用に応じていくつかの処理ステップをカスタマイズすることで，目的のプログラムを開発します．

フレームワークは，プログラム開発を促進するためのソフトウェア部品群（ライブラリ）の一種ですが，通常のライブラリと比べて，構造や使い方に特徴があります．ライブラリは，「他のプログラムから呼び出される」部品を提供することに主眼があるのに対し，フレームワークは「他のプログラムを部品として呼び出す処理の骨組み」を提供することに主眼があります．これらの関係について，わかりやすい解説が文献 46) にあります．なお，フレームワークとライブラリは相反するものではなく，ライブラリがフレームワーク的なつくりになっていることもあるし，フレームワークの構成部品として他のライブラリやフレームワークが使われることもよくあります．

C++ や Java などのオブジェクト指向言語の性質を利用したフレームワークを**オブジェクト指向フレームワーク**といいます．1990 年代に盛んになり，いまではソフトウェア開発の重要なパラダイムになっています．

オブジェクト指向フレームワークでは，骨組みとなるプログラムはあらかじめつくられており，改造箇所を実装・置換することでプログラムをつくっていきます．オブジェクト指向言語では，クラス継承と仮想関数を利用してこれを実現します．なお，有名なソフトウェア開発技法のノウハウ集であるデザインパターン[32)] の Template method はフレームワークと深い関係があります．

図 13.9 にフレームワークの例を示します．これは本書のプログラムの一部を抜粋した模式図です．この図で，フレームワークとなっているのは `PoseEstimatorICP` のメンバ関数 `estimatePose` です．その中で呼び出される関数 `findCorrespondence` が改造箇所であり，その実行内容は，`PoseEstimatorICP` のメンバ変数 `dass` に設定されたクラスによって変わります．

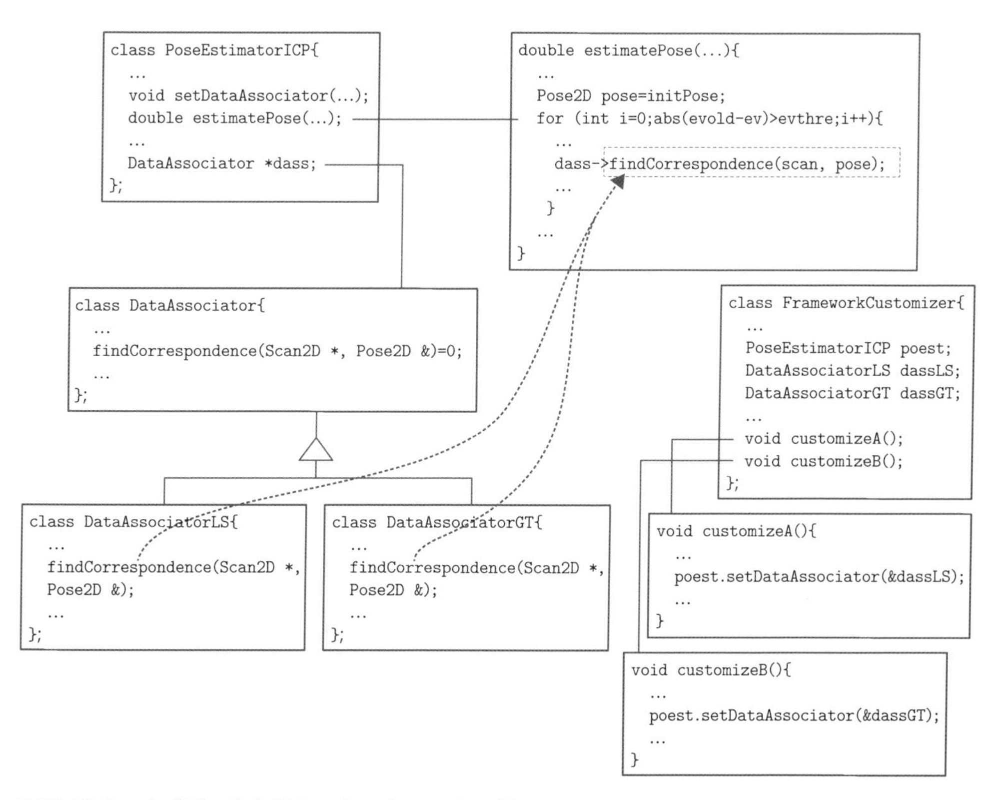

■ 図 13.9　オブジェクト指向フレームワークの例

findCorrespondence は DataAssociator のメンバ関数で，ここでは仮想関数として定義されています．もし，dass に派生クラス DataAssociatorLS のインスタンスが設定されれば，その findCorrespondence（線形探索による対応づけ）が実行されます．もし，派生クラス DataAssociatorGT のインスタンスが設定されれば，その findCorrespondence（格子テーブルによる対応づけ）が実行されます．

どの派生クラスを設定するかは，FrameworkCustomizer で決めます．そのメンバ関数 customizeA を実行すると DataAssociatorLS が，customizeB を実行すると DataAssociatorGT が，PoseEstimatorICP の dass に設定されます．

このようにすると，クラス PoseEstimatorICP やそのメンバ関数 estimatePose を修正することなく，DataAssociator の派生クラスを追加するだけで，プログラムを拡張することができます．つまり，骨組みであるフレームワークは変えずに，改造箇所を追加するだけでよいわけです．フレームワークは，プログラムの流用をシステマティックに行うしくみととらえることができます．一般に，似たタイプのタスクに関するプログラムはその構造が似ており，共通の骨組みを抽出することができます．経験のあるプログラマがよい骨組みをうまく抽出して，プログラムのひな形をつくっておけば，新しく参入したプログラマもそのひな形を利用してプログラムをすばやくつくることが可能になります．このような改造・流用を，オブジェクト指向のクラス継承と仮想関数というしくみによってシステマティックにできるようにしたひな形プログラムが，オブジェクト指向フレームワークです．

ただし，性質の違う新しいタスクが追加された場合など，既存のフレームワークでは対応しづらい場合が出てきます．そのときは，フレームワーク自体の更新・改良が必要になります．

参考文献

1) P. Agarwal and E. Olson: Variable reordering strategies for SLAM, *Proc. of IEEE/RSJ International Conference on Intelligent Robots and Systems (IROS)*, 2012.
2) P. Agarwal, G. D. Tipaldi, L. Spinello, C. Stachniss, and W. Burgard: Robust Map Optimization using Dynamic Covariance Scaling, *Proc. of IEEE International Conference on Robotics and Automation (ICRA)*, 2013.
3) 赤井直紀：LiDAR を用いた高度自己位置推定システム– 移動ロボットのための自己位置推定の高性能化とその実装例 –, コロナ社, 2022.
4) A. Ali-bey, B. Chaib-draa, and P. Giguere: MixVPR: Feature Mixing for Visual Place Recognition, *Proc. of IEEE/CVF Winter Conference on Applications of Computer Vision*, 2023.
5) R. Arandjelovic, P. Gronat, A. Torii, T. Pajdla, and J. Sivic: NetVLAD: CNN architecture for weakly supervised place recognition, *Proc. of IEEE Conference on Computer Vision and Pattern Recognition (CVPR)*, 2016.
6) J. Arce, N. Vödisch, D. Cattaneo, W. Burgard, and A. Valada: PADLoC: LiDAR-Based Deep Loop Closure Detection and Registration Using Panoptic Attention, *IEEE Robtics and Automation Letters*, Vol. 8, Issue 3, 2023.
7) T. Bailey, J. Nieto, et al.: Consistency of the FastSLAM Algorithm, *Proc. of IEEE International Conference on Robotics and Automation (ICRA)*, 2006.
8) B. M. Bell and F. W. Cathey: The Iterated Kalman Filter Update as a Gauss-Newton Method, *IEEE Trans. on Automatic Control*, Vol. 38, No. 2, pp. 294–297, 1993.
9) G. Berton, C. Masone, and B. Caputo: Rethinking Visual Geo-localization for Large-Scale Applications, *Proc. of IEEE Conference on Computer Vision and Pattern Recognition (CVPR)*, 2022.
10) P. J. Besl and N. D. Mckay: A Method of Registration of 3-D Shapes, *IEEE Trans. on Pattern Analysis and Machine Intelligence (PAMI)*, Vol. 14, No. 2, pp. 239–256, 1992.
11) P. Biber and W. Strasser: The normal distributions transform: a new approach to laser scan matching, *Proc. of IEEE/RSJ International Conference on Intelligent Robots and Systems (IROS)*, 2003.
12) C. M. Bishop: Pattern Recognition and Machine Learning, Springer, 2006.
13) J. Biswas and M. Veloso: Episodic Non-Markov Localization: Reasoning About Short-Term and Long-Term Features, *Proc. of IEEE International Conference on Robotics and Automation (ICRA)*, 2014.
14) J. L. Blanco and P. K. Rai: nanoflann: a C++ header-only fork of FLANN, a library for Nearest Neighbor (NN) with KD-trees, https://github.com/jlblancoc/nanoflann, 2014.
15) M. Bosse and R.Zlot: Continuous 3D Scan-Matching with a Spinning 2D Laser, *Proc. of IEEE International Conference on Robotics and Automation (ICRA)*, 2009.
16) M. Bosse, R.Zlot, and P. Flick: Zebedee: Design of a Spring-Mounted 3-D Range Sensor with Application to Mobile Mapping, *IEEE Trans. on Robotics (TRO)*, Vol. 28, No. 5, 2012.
17) B. Cao, A. Araujo, and J. Sim: Unifying Deep Local and Global Features for Image Search, *Proc. of European Conference on Computer Vision (ECCV)*, 2020.
18) D. Cattaneo, M. Vaghi, and A. Valada: LCDNet: Deep Loop Closure Detection and Point Cloud Registration for LiDAR SLAM, *IEEE Trans. on Robotics (TRO)*, Vol. 38, No. 4, 2022.

19) J. J. Craig: Introduction to Robotics: Mechanics and Control, Pearson, 2018.
20) A. J. Davison, I. D. Reid, N. D. Molton, and O. Stasse: MonoSLAM: Real-Time Single Camera SLAM, *IEEE Trans. on Pattern Analysis and Machine Intelligence (PAMI)*, Vol. 29, No. 6, 2007.
21) 出口光一郎：ロボットビジョンの基礎，コロナ社，2000.
22) F. Dellaert: Factor graphs and GTSAM: A hands-on introduction. Technical Report GT-RIM-CP&R-2012-002, Georgia Institute of Technology, 2012.
23) F. Dellaert and GTSAM Contributors: gtsam, https://github.com/borglab/gtsam, Georgia Tech Borg Lab, May, 2022.
24) P. Dellenbach, J. E. Deschaud, B. Jacquet, and F. Goulette: CT-ICP: Real-time Elastic LiDAR Odometry with Loop Closure, *Proc. of IEEE International Conference on Robotics and Automation (ICRA)*, 2022.
25) R. Dube D. Dugas, D. Stumm, et al.: SegMatch: Segment based place recognition in 3D point clouds, *Proc. of IEEE International Conference on Robotics and Automation (ICRA)*, pp. 5266–5272, 2017.
26) J. Engel, T. Schops, and D. Cremers: LSD-SLAM: Large-Scale Direct Monocular SLAM, *Proc. of European Conference on Computer Vision (ECCV)*, 2014.
27) M. Fischler and R. Bolles: Random Sample Consensus: a Paradigm for Model Fitting with Application to Image Analysis and Automated Cartography, *Communications ACM*, Vol. 24, pp. 381–395, 1981.
28) C. Forster, M. Pizzoli, and D. Scaramuzza: SVO: Fast Semi-Direct Monocular Visual Odometry, *Proc. of IEEE International Conference on Robotics and Automation (ICRA)*, 2014.
29) C. Forster, L. Carlone, F. Dellaert, and D. Scaramuzza: On-Manifold Preintegration for Real-Time Visual-Inertial Odometry, *IEEE Trans. on Robotics (TRO)*, Vol. 33, No. 1, pp. 1–21, 2017.
30) P. Furgale, T. D. Barfoot, and G. Sibley: Continuous-Time Batch Estimation using Temporal Basis Functions, *Proc. of IEEE International Conference on Robotics and Automation (ICRA)*, pp. 2088–2095, 2012.
31) E. Gallo: The SO(3) and SE(3) Lie Algebras of Rigid Body Rotations and Motions and their Application to Discrete Integration, Gradient Descent Optimization, and State Estimation, arXiv:2205.12572v4, 2023.
32) E. Gamma, R. Helm, R. Johonson, and J. Vlissides，本位田真一，吉田和樹監訳：オブジェクト指向における再利用のためのデザインパターン，ソフトバンク，1995.
33) A. Gordon, H. Li, R. Jonschkowski, and A. Angelova: Depth from Videos in the Wild: Unsupervised Monocular Depth Learning from Unknown Cameras, *Proc. of International Conference on Computer Vision (ICCV)*, 2019.
34) G. Grisetti, C. Stachniss, and W. Burgard: Improved Techniques for Grid Mapping with Rao-Blackwellized Particle Filters; *IEEE Trans. on Robotics (TRO)*, Vol. 23, No. 1, pp. 34–46, 2007.
35) G. Grisetti, S. Grzonka, et al.: Efficient Estimation of Accurate Maximum Likelihood Maps in 3D, *Proc. of IEEE/RSJ International Conference on Intelligent Robots and Systems (IROS)*, 2007.
36) J. Guo, P.V.K. Borges, C. Park, et al.: Local descriptor for robust place recognition using LiDAR intensity, *IEEE Robotics and Automation Letters*, Vol. 4, Issue 2, 2019.
37) 羽田靖史：自立移動ロボットの長時間活動に関する研究，筑波大学博士論文，2002.
38) 原 祥尭，坪内孝司，油田信一：法線方向の拘束を利用したスキャンマッチングと尤度分布決定による確率的自己位置推定，第 15 回ロボティクスシンポジア予稿集，2010.
39) Y. Hara, S. Bando, T. Tsubouchi, A. Oshima, I. Kitahara, and Y. Kameda: 6DOF Iterative Closest Point Matching Considering A Priori with Maximum A Posteriori Estimation, *Proc. of IEEE/RSJ International Conference on Intelligent Robots and Systems (IROS)*, 2013.
40) R.I. Hartley: In Defense of the Eight-Point Algorithm, *IEEE Trans. on Pattern Analysis and Machine*

Intelligence (PAMI), Vol. 19, No. 6, pp. 580–593, 1997.
41) R. Hartley and A. Zisserman: Multiple View Geometry in Computer Vision, Cambridge University Press, 2004.
42) W. Hess, D. Kohler, H. Rapp, and D. Andor: Real-Time Loop Closure in 2D LIDAR SLAM, *Proc. of IEEE International Conference on Robotics and Automation (ICRA)*, 2016.
43) 樋口知之：予測にいかす統計モデリングの基本，講談社，2011.
44) 平岡和幸，堀玄：プログラミングのための線形代数，オーム社，2004.
45) 平岡和幸，堀玄：プログラミングのための確率統計，オーム社，2004.
46) 平澤 章：オブジェクト指向でなぜつくるのか，日経 BP 社，2016.
47) 広中平祐編：現代数理科学事典, 大阪書籍, pp. 524–525, 1994.
48) P. J. Huber and E. M. Ronchetti, Robust Statistics, Second Edition, John Wiley & Sons, 2009.
49) K. Irie, M. Sugiyama, and M. Tomono: A Dependence Maximization Approach towards Street Map-Based Localization, *Proc. of IEEE/RSJ International Conference on Intelligent Robots and Systems (IROS)*, 2015.
50) K. Irie and M. Tomono: A Compact and Portable Implementation of Graph-based SLAM, ロボティクス・メカトロニクス講演会 2017.
51) 入江清，鈴木太郎，原祥尭，吉田智章，友納正裕：四脚ロボットを用いた屋外実環境ナビゲーション実験，ロボティクス・メカトロニクス講演会 2024.
52) 徐 剛，辻三郎：3 次元ビジョン，共立出版，1998.
53) A. E. Johnson and M. Hebert: Using spin images for efficient object recognition in cluttered 3d scenes. *IEEE Trans. on Pattern Analysis and Machine Intelligence (PAMI)*, Vol. 21, pp. 433–449, 1999.
54) 鏡慎吾：ロボット工学のためのリー群・リー代数入門, 日本ロボット学会誌, Vol. 41, No. 6, pp.511–517, 2023.
55) 金谷健一：これなら分かる最適化数学，共立出版，2005.
56) 金谷健一：3 次元回転 -パラメータ計算とリー代数による最適化-, 共立出版，2019.
57) 金崎朝子, 秋月秀一, 千葉直也：詳解 3 次元点群処理, 講談社, 2022.
58) N. Keetha, A. Mishra, J. Karhade., K. M. Jatavallabhula, S. Scherer, M. Krishna, and S. Garg: AnyLoc: Towards Universal Visual Place Recognition, *IEEE Robotics and Automation Letters*, Vol. 9, Issue 2, 2024.
59) G. Kim and A. Kim: Scan Context: Egocentric spatial descriptor for place recognition within 3D point cloud map, *Proc. of IEEE/RSJ International Conference on Intelligent Robots and Systems (IROS)*, 2018.
60) 小白井亮一：わかりやすい測量の数学—行列と最小二乗法—，オーム社，2009.
61) 国土交通省：https://www.mlit.go.jp/plateau/, PLATEAU by MLIT, (参照 2023-11-30)
62) K. Konolige and M. Agrawal: FrameSLAM: from Bundle Adjustment to Realtime Visual Mapping, *IEEE Trans. on Robotics (TRO)*, Vol. 24, Issue 5, pp. 1066–1077, 2008.
63) K. Konolige and J. Bowman: Towards lifelong visual maps, *Proc. of IEEE/RSJ International Conference on Intelligent Robots and Systems (IROS)*, 2009.
64) K. Konolige, G. Grisetti, et al.: Efficient Sparse Pose Adjustment for 2D Mapping, *Proc. of IEEE/RSJ International Conference on Intelligent Robots and Systems (IROS)*, 2010.
65) 小柳義夫：ロバスト推定法とデータ解析への応用, オペレーションズ・リサーチ：経営の科学, 23 (5), 274–279, 1978.
66) R. Kummerle, G. Grisetti, et al.: g2o: A General Framework for Graph Optimization, *Proc. of IEEE International Conference on Robotics and Automation (ICRA)*, 2011.
67) G. H. Lee, F. Fraundorfer, et al.: Robust Pose-Graph Loop-Closures with Expectation-Maximization, *Proc. of IEEE/RSJ International Conference on Intelligent Robots and Systems (IROS)*, 2013.

68) Q. Li, S. Chen, C. Wang, X. Li, C. Wen, M. Cheng, and J. Li: LO-Net: Deep Real-time Lidar Odometry, arXiv:1904.08242v2, 2020.
69) S. Liu, M. Zhang, P. Kadam, and C. C. Jay Kuo: 3D Point Cloud Analysis, Springer, 2021.
70) D. G. Lowe: Distinctive Image Features from Scale-Invariant Keypoints, *Int. J. Computer Vision*, Vol. 60, No. 2, pp. 91–110, 2004.
71) F. Lu and E. Millos: Globally Consistent Range Scan Alignment for Environment Mapping, *Autonomous Robots*, Vol. 4, Issue 4, pp. 333–349, 1997.
72) T. Lupton and S. Sukkarieh: Visual-Inertial-Aided Navigation for High-Dynamic Motion in Built Environments Without Initial Conditions, *IEEE Trans. on Robotics (TRO)*, Vol. 28, No. 1, pp. 61–76, 2012.
73) Y. Ma, S. Soatto, J. Kosecka, S.S. Sastry: An Invitation to 3-D Vision, Springer, 2004.
74) 八木康史，斎藤英雄 編：コンピュータビジョン最先端ガイド 3，増田 健：第 2 章 ICP アルゴリズム，アドコムメディア，2010.
75) D. Meyer-Delius, M. Beinhofer, and W. Burgard: Occupancy Grid Models for Robot Mapping in Changing Environments, *Proc. of AAAI Conference on Artificial Intelligence*, 2012.
76) M. Milford and G. Wyeth: SeqSLAM: Visual route-based navigation for sunny summer days and stormy winter nights, *Proc. of IEEE International Conference on Robotics and Automation (ICRA)*, 2012.
77) 蓑谷千凰彦：統計学入門 2，東京図書，2001.
78) F. Moosmann and C. Stiller: Velodyne SLAM, *Proc. of IEEE Intelligent Vehicles Symposium*, pp. 393–398, 2011.
79) M. Muja and D. G. Lowe: Scalable Nearest Neighbor Algorithms for High Dimensional Data, *IEEE Trans. on Pattern Analysis and Machine Intelligence (PAMI)*, Vol. 36, 2014.
80) R. Mur-Artal, J. M. M. Montiel and J. D. Tardos: ORB-SLAM: A Versatile and Accurate Monocular SLAM System, *IEEE Trans. on Robotics (TRO)*, Vol. 31, No. 5, pp. 1147–1163, October 2015.
81) 中川雅史：絵でわかる地図と測量，講談社，2015.
82) 中嶋秀朗：ゼロからはじめる SLAM 入門 –Python を使いロボット実機で実践！ ROS 活用まで–, 科学情報出版株式会社, 2022.
83) R. A. Newcombe, S. J. Lovegrove and A. J. Davison: DTAM: Dense Tracking and Mapping in Real-Time, *Proc. of International Conference on Computer Vision (ICCV)*, 2011.
84) C. Linegar, W. Churchill and P. Newman: Made to Measure: Bespoke Landmarks for 24-Hour, All-Weather Localisation with a Camera, *Proc. of IEEE International Conference on Robotics and Automation (ICRA)*, 2016.
85) D. Nister: An Efficient Solution to the Five-Point Relative Pose Problem, *Proc. of IEEE Conference on Computer Vision and Pattern Recognition (CVPR)*, 2003.
86) D. Nister, and H. Stewnius: Scalable Recognition with a Vocabulary Tree, *Proc. of IEEE Conference on Computer Vision and Pattern Recognition (CVPR)*, 2006.
87) A. Nuchter, K. Lingemann, J. Hertzberg, and H. Surmann: 6D SLAM–3D mapping outdoor environments, *Journal of Field Robotics archive*, Vol. 24 Issue 8-9, pp.699–722, August 2007
88) 大木正喜：測量学　第 2 版，森北出版，2016.
89) 八木康史，斎藤英雄 編：コンピュータビジョン最先端ガイド 3，岡谷貴之：第 1 章 バンドルアジャストメント，アドコムメディア，2010.
90) E. Olson, J. Leonard, et al.: Fast Iterative Alignment of Pose Graphs with Poor Initial Estimates, *Proc. of IEEE International Conference on Robotics and Automation (ICRA)*, 2006.
91) C. Park, P. Moghadam, S. Kim, A. Elfes, C. Fookes, and S. Sridharan: Elastic LiDAR Fusion: Dense Map-Centric Continuous-Time SLAM, *Proc. of IEEE International Conference on Robotics*

and Automation (ICRA), pp. 1206–1213, 2018.

92) W. H. Press, S. A. Teukolsky, W. T. Vetterling, and B. P. Flannery 著, 丹慶勝市, 奥村晴彦, 佐藤俊郎, 小林誠 訳：Numerical Recipes in C（日本語版）, 技術評論社, 1998.

93) E. Rublee, V. Rabaud, K. Konolige, and G. Bradski: ORB: an efficient alternative to SIFT or SURF, *Proc. of International Conference on Computer Vision (ICCV)*, pp. 2564–2571, 2011.

94) P. Ruchti, B. Steder, M. Ruhnke, and W. Burgard: Localization on OpenStreetMap Data using a 3D Laser Scanner, *Proc. of IEEE International Conference on Robotics and Automation (ICRA)*, 2015.

95) R. B. Rusu, N. Blodow, el al.: Fast Point Feature Histograms (FPFH) for 3D Registration, *Proc. of IEEE International Conference on Robotics and Automation (ICRA)*, 2009.

96) A. V. Segal, D. Haehnel, and S. Thrun: Generalized-ICP, *Proc. of Robotics: Science and Systems Conference (RSS)*, 2009.

97) J. Shi and C. Tomasi: Good Features to Track, *Proc. of IEEE Conference on Computer Vision and Pattern Recognition (CVPR)*, 1994.

98) K. Shoemake: Animating Rotation with Quaternion Curves, Proceedings of the 12th annual conference on Computer graphics and interactive techniques (SIGGRAPH'85), pp. 245–254, 1985.

99) J. Sivic and A. Zisserman: Video Google: A text retrieval approach to object matching in videos, *Proc. of International Conference on Computer Vision (ICCV)*, 2003.

100) R. Smith and P. Cheeseman: On the Representation and Estimation of Spatial Uncertainty, *International Journal on Robotics Research (IJRR)*, Vol. 5, No. 4, pp. 56–68, 1986.

101) R. Smith, M. Self and P. Cheeseman: Estimating Uncertainty Spatial Relationships in Robotics, *Proc. of Second Workshop on Uncertainty in Artificial Intell, AAAI*, 1986.

102) N. Snavely, S. M. Seitz, and R. Szeliski: Modeling the World from Internet Photo Collections, *International Journal of Computer Vision*, 2007.

103) J. Sola, J. Deray, and D. Atchuthan: A micro Lie theory for state estimation in robotics, arXiv:1812.01537v9, 2021.

104) H. Strasdat, J. M. Montiel et al.: Real-time Monocular SLAM: Why Filter?, *Proc. of IEEE International Conference on Robotics and Automation (ICRA)*, 2010.

105) N. Sunderhauf and P. Protzel: Towards a Robust Back-End for Pose Graph SLAM, *Proc. of IEEE International Conference on Robotics and Automation (ICRA)*, 2012.

106) 鈴木亮輔, 他：計測工学（新版）, 朝倉書店, 2014.

107) E. Takeuchi and T. Tsubouchi: 3-D Scan Matching using Improved 3-D Normal Distributions Transform for Mobile Robotic Mapping, *Proc. of IEEE/RSJ International Conference on Intelligent Robots and Systems (IROS)*, pp. 3068–3073, 2006.

108) E. Takeuchi and T. Tsubouchi: Multi Sensor Map Building based on Sparse Linear Equations Solver, *Proc. of IEEE/RSJ International Conference on Intelligent Robots and Systems (IROS)*, 2008.

109) K. Tateno, F. Tombari, I. Laina, and N. Navab: CNN-SLAM: Real-time dense monocular SLAM with learned depth prediction, *Proc. of IEEE Conference on Computer Vision and Pattern Recognition (CVPR)*, 2017.

110) C. J. Taylor and D. J. Kriegman: Minimization on the Lie Group SO(3) and Related Manifolds, Yale University Technical Report No. 9405, April, 1994.

111) John R. Taylor 著, 林茂雄, 馬場凉訳：計測における誤差解析入門, 東京化学同人, 2000.

112) S. Thrun, W. Burgard, et al.: Probabilistic Robotics, MIT Press, 2005.（邦訳）上田隆一訳：『確率ロボティクス』, 毎日コミュニケーションズ, 2007.

113) Z. Teed and J. Deng: DROID-SLAM: Deep Visual SLAM for Monocular, Stereo, and RGB-D Cameras, arXiv:2108.10869v2, 2022.

114) F. Tombari, S. Salti, and L. D. Stefano: Unique signatures of histograms for local surface description,

Proc. of European Conference on Computer Vision (ECCV), 2010.

115) M. Tomono: A Scan Matching Method using Euclidean Invariant Signature for Global Localization and Map Building, *Proc. of IEEE International Conference on Robotics and Automation (ICRA)*, 2004.

116) M. Tomono: 3-D Object Map Building Using Dense Object Models with SIFT-based Recognition Features, *Proc. of IEEE/RSJ International Conference on Intelligent Robots and Systems (IROS)*, 2006.

117) 友納正裕：ユークリッド変換に不変な特徴量を用いた二次元大域スキャンマッチング方式：日本ロボット学会誌，Vol. 25, No. 3, pp.66–77, 2007.

118) M. Tomono: Merging of 3D Visual Maps Based on Part-Map Retrieval and Path Consistency, *Proc. of IEEE/RSJ International Conference on Intelligent Robots and Systems (IROS)*, 2013.

119) M. Tomono: Line-based 3D Mapping from Edge-Points Using a Stereo Camera, *Proc. of IEEE International Conference on Robotics and Automation (ICRA)*, 2014.

120) M. Tomono and Takeaki Uno: Map Merging Using Cycle Consistency Check and RANSAC-based Spanning Tree Selection, *Proc. of IEEE/RSJ International Conference on Intelligent Robots and Systems (IROS)*, 2015.

121) 友納正裕：2D レーザスキャナによる SLAM における地図の点群表現とループ閉じ込み，第 22 回ロボティクスシンポジア予稿集，2017.

122) 友納正裕：ポーズグラフの重複削減による多重ループ検出の高速化，第 35 回日本ロボット学会学術講演会，2017.

123) M. Tomono: Loop detection for 3D LiDAR SLAM using segment-group matching, Advanced Robotics, Vol. 34, Issue 23, pp. 1530–1544, 2020.

124) B. Triggs, P. F. McLauchlan, et al.: Bundle Adjustment – A Modern Synthesis, *Vision Algorithm99, LNCS 1883*, pp. 298–372, 2000.

125) 坪内孝司：移動体の位置認識 in 計測自動制御学会編，金井喜美雄他著：ビークル，コロナ社，2003.

126) つくばチャレンジ実行委員会：https://tsukubachallenge.jp/2ndstage/tc2017/, つくばチャレンジ 2017, (参照 2024-04-18)

127) つくばチャレンジ実行委員会：https://tsukubachallenge.jp/2023/, つくばチャレンジ 2023, (参照 2024-04-18)

128) つくばチャレンジ実行委員会：https://tsukubachallenge.jp/2023/about/extra, つくばチャレンジ 2023EX with PLATEAU @つくばセンター広場, (参照 2023-11-30)

129) 上田隆一：詳解 確率ロボティクス Python による基礎アルゴリズムの実装, 講談社, 2019.

130) S. Vijayanarasimhan, S. Ricco, C. Schmid, R. Sukthankar, K. Fragkiadaki: SfM-Net: Learning of Structure and Motion from Video, arXiv:1704.07804, 2017.

131) A. Walcott-Bryant, M. Kaess, H. Johannsson, and J. J. Leonard: Dynamic Pose Graph SLAM: Long-term Mapping in Low Dynamic Environments, *Proc. of IEEE/RSJ International Conference on Intelligent Robots and Systems (IROS)*, 2012.

132) S. Wang, R. Clark, H. Wen and N. Trigoni: DeepVO: Towards End-to-End Visual Odometry with Deep Recurrent Convolutional Neural Networks, *Proc. of IEEE International Conference on Robotics and Automation (ICRA)*, 2017.

133) Y. Wang, Y. Sun, Z. Liu, S. E. Sarma, M. M. Bronstein, and J. M. Solomon: Dynamic Graph CNN for Learning on Point Clouds, arXiv:1801.07829v2, 2019.

134) T. Whelan, M. Kaess, J. J. Leonard and J.McDonald: Deformation-based Loop Closure for Large Scale Dense RGB-D SLAM, *Proc. of IEEE/RSJ International Conference on Intelligent Robots and Systems (IROS)*, 2013.

135) W. Xu, F. Zhang: FAST-LIO: A Fast, Robust LiDAR-inertial Odometry Package by Tightly-

Coupled Iterated Kalman Filter, *IEEE Robotics and Automation Letters*, Vol. 6, Issue 2, 2021.
136) W. Xu, Y. Cai, D He, J. Lin, F. Zhang: FAST-LIO2: Fast Direct LiDAR-inertial Odometry, *IEEE Trans. on Robotics (TRO)*, Vol. 38, Issue 4, pp. 2053–2073, August 2022.
137) 吉田智章，入江清，小柳栄次，友納正裕：3D スキャナとジャイロを用いた屋外ナビゲーションプラットホーム，計測自動制御学会論文集，Vol. 47, No. 10, 2011.
138) J. Zhang and S. Singh: LOAM: Lidar Odometry and Mapping in Real-time, *Proc. of Robotics: Science and Systems Conference (RSS)*, 2014.
139) J. Zhang and S. Singh: Visual-lidar Odometry and Mapping: Low-drift, Robust, and Fast, *Proc. of IEEE International Conference on Robotics and Automation (ICRA)*, 2015.
140) T. Zhou, M. Brown, N. Snavely, and D. G. Lowe: Unsupervised Learning of Depth and Ego-Motion from Video, *Proc. of IEEE Conference on Computer Vision and Pattern Recognition (CVPR)*, 2017.

索　引

数字・アルファベット

あ　行

か　行

さ　行

た　行

な　行

〈著者略歴〉
友納正裕（とものう　まさひろ）
東京大学大学院修士課程修了後，日本電気株式会社（NEC）に勤務．その後，筑波大学大学院博士課程を修了し，科学技術振興機構さきがけ研究者，東洋大学准教授．現在，千葉工業大学未来ロボット技術研究センター副所長．

SLAM入門
―ロボットの自己位置推定と地図構築の技術―（改訂2版）

2018年3月5日　第1版第1刷発行
2024年7月24日　改訂2版第1刷発行

著　者　友納正裕
発行者　村上和夫
発行所　株式会社 オーム社
郵便番号　101-8460
東京都千代田区神田錦町3-1
電話　03(3233)0641(代表)
URL　https://www.ohmsha.co.jp/

組版　清閑堂　　印刷　三美印刷　　製本　協栄製本
ISBN978-4-274-23219-0　Printed in Japan